AWS 高级网络
官方学习指南

（专项领域）

悉达多·周汗(Sidhartha Chauhan)

[美] 詹姆斯·迪瓦恩(James Devine)　　等著

艾伦·哈拉克米(Alan Halachmi)

姚　力　　　　　　　　　　译

清华大学出版社

北　京

北京市版权局著作权合同登记号　图字：01-2019-1264

图书在版编目(CIP)数据

AWS高级网络官方学习指南：专项领域 / (美)悉达多·周汗(Sidhartha Chauhan) 等著；姚力 译. —北京：清华大学出版社，2020.9
书名原文：AWS Certified Advanced Networking Official Study Guide: Specialty Exam
ISBN 978-7-302-55162-1

Ⅰ. ①A… Ⅱ. ①悉… ②姚… Ⅲ. ①云计算—指南 Ⅳ. ①TP393.027-62

中国版本图书馆CIP数据核字(2020)第048998号

责任编辑： 王　军
装帧设计： 孔祥峰
责任校对： 成凤进
责任印制： 杨　艳

出版发行： 清华大学出版社
　　　　　网　　址：http://www.tup.com.cn, http://www.wqbook.com
　　　　　地　　址：北京清华大学学研大厦A座　　　　邮　　编：100084
　　　　　社 总 机：010-62770175　　　　　　　　邮　　购：010-62786544
　　　　　投稿与读者服务：010-62776969，c-service@tup.tsinghua.edu.cn
　　　　　质 量 反 馈：010-62772015，zhiliang@tup.tsinghua.edu.cn
印 装 者： 大厂回族自治县彩虹印刷有限公司
经　　销： 全国新华书店
开　　本： 170mm×240mm　　　印　　张：25.75　　　字　　数：676 千字
版　　次： 2020 年 9 月第 1 版　　　印　　次：2020 年 9 月第 1 次印刷
定　　价： 128.00 元

产品编号：083298-01

　　大学毕业后我一直从事 Oracle 数据库方面的工作，对售前、售后、顾问服务都有所涉猎。2010 年左右，还在国外工作的我体会到了数据库市场的饱和度，一次偶然的机会听说了亚马逊 AWS。当时因为我对云计算的认知有限，所以并没有做深入研究。但是最近几年，云计算的浪潮推动了我对这个知识体系的探索，2018 年我通过了 AWS 系统架构师(2018 新版)的认证。在认证的学习过程中，对亚马逊浩如烟海的知识体系有了初步了解，随着学习的加深，也惊诧于它的博大精深。IT 经过几十年的沉淀积累已经从个人电脑、互联网发展到整合所有资源的云服务。

　　传统的网络服务是以硬件作为核心、不断迭代的产物。但是，在 AWS 提出了 VPC 的概念以后，软件的功能在云计算浪潮中对传统网络起到推波助澜的作用。我们可以借助软件将硬件网络虚拟化，通过软件简单地对物理网络灵活地进行分割和扩展，以满足云计算的要求。本书由 VPC 入手，一步步地讲述如何通过软件定义整个网络环境。

　　这次有幸翻译本书，也是一个再学习的过程。

　　"书到用时方恨少"，在翻译中，我深刻体会到自己文字表达能力有限，不当之处，敬请各位读者批评指正。

　　共勉！

姚力

云计算从根本上对信息技术行业的各个方面进行了"搅局"。用户不再购买硬件、存储或数据库。相反，他们使用基于消费的模型——按照每天或每小时存储的千兆字节数，或按照每小时、每分钟甚至每毫秒的计算量，根据需要进行租用。例如，到本书编写完成时为止，AWS的 Lambda 事件驱动函数计算服务的用户在使用 128MB RAM 时，对每个请求支付 0.000 000 2 美元，对每 100 毫秒的函数计算时间支付 0.000 000 208 美元，但只有在第一次用完 100 万个请求和每月 320 万个免费计算秒之后才开始收费。

这种"搅局"的一个关键部分是网络市场发生的根本性变化。多年来，网络是大型机计算模型的最后一个堡垒：垂直集成、极其复杂、发展非常缓慢、利润高得离谱。网络已经完全不同于服务器领域(见图 X.1)，在服务器领域的各个层面都出现了竞争：组件层面、产品服务器层面、操作系统层面，当然还有应用程序栈，包含数千个竞争对手。网络像是在倒退，就像以前一家公司生产从核心 ASIC 到最终路由器，从控制软件到协议栈的所有产品。

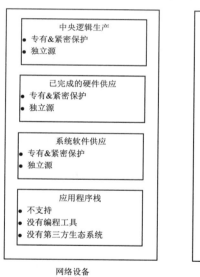

图 X.1　网络设备和通用服务器对比

网络世界正在发生变化的是网络设备中的所有组件都出现了各种竞争对手，并且云计算提供商的规模足以证明投资一个非常优秀的网络工程团队是合理的。现在我们拥有了另一种方法，而结果是：随着带宽不断增加和延迟不断改善，网络成本正在快速降低。

在自定义设计的路由器上运行自定义控制软件和协议栈来构建网络是一项重大工程，只有最大的运营商才有足够的规模来证明投资的合理性。只有那些能够支持完全定制的硬件和软件网络堆栈的从事研究和开发工作的公司才能获得更低的成本和更高的可用性。最大的可用性改进来自将复杂性集中在支持单一同质但庞大的全球网络工厂所需的东西上，而不是迫不得已同时支持由几代网络工程师实施的遍布全球企业的各种网络的大杂烩。

世界上的其他地区如何在物理网络级别从"搅局"的第一个级别获利？其实主要是在下一个级别。第二个级别的变更和"搅局"被松散地描述为"软件定义的网络"或 SDN。在这个级别上，一组协作的组件(网络设备、虚拟化管理程序、主机上的网络协处理器等)共同创建网络结构——CIDR 范围和子网、IP 地址、LAN、路由等动态地通过 API 软件进行控制。在这一领域，Amazon 虚拟私有云技术是业内规模最大且最成熟的 SDN 技术之一。当然，在这一领域还有许多其他有趣且重要的发展和举措。

第三个级别的变化和"搅局"是前两个级别的进一步发展，且刚刚开始在 AWS 中展现。让我们退一步思考，如果想通过软件定义网络行为，并且在云级别系统中进行部署，那么需要通过大规模的并行数据流动态地重写数据包。一个显而易见的例子就是从私有网络到互联网的出站数据流需要通过网络地址转换/端口地址转换(NAT/PAT)网关。从历史上看，NAT/PAT 用例仅限于单个网络设备，因为它有一个共享状态(端口/地址映射表)，所有数据流都需要不断访问该共享状态。支持大量高速连接的唯一方法是扩大设备的规模，但可用性成为挑战，即如果单个设备出现故障，那么所有连接都将丢失。

假设我们构建了一个分布式状态机，数百个协作主机有一个用于 NAT/PAT 的共享状态表，并且这个共享状态表可以在多个网络数据流上并行地运行。正如我当时在博客上所讨论的，这正是 AWS 对 NAT 网关服务所要实现的功能。最近，AWS 又发布了网络负载均衡服务，它在很多方面都是 NAT 网关服务的镜像服务。在这些服务以及正在开发的更多服务中，我们利用 AWS Cloud 的规模，借助于定制硬件，可在 Amazon 弹性计算云(Amazon EC2)上构建高可用、大规模的并行网络引擎。这些引擎在连接的两端都显示为 IP 地址，就像巨大的交换机或路由器。在"内部"和"外部"之间，单个 IP 地址可以是几十个或数百个强大的主机，以每个主机的最大速率(可能会以在线速率重写这些数据包)泵送数据包，并同时参与高可用、大规模、可扩展的并行以及分布式云架构的分布式状态机。

通过使用这些以及一系列其他新的技术，AWS 提供了一组强大的网络和安全功能，这些功能由软件动态定义，由硬件提供支持，并以非常低廉的成本实现。这项技术的受益人群是各种 IT 消费者，包括政府和大型企业，乃至创业公司、非营利组织以及小型企业。

我一直在谈论云网络系统的核心：它是如何构建的，它的内部是由什么构成的。但最重要的不是"如何"(在不断迭代和改进技术的过程中，可以并且肯定在底层动态变化着)，而是"什么"；也就是说，作为一名 IT 专业人员，你可以利用这些高级技术所展现的特性做些什么。

在本书中，AWS 专家将带你体验这些。在接下来的章节中，你将从基础知识开始，逐步了解 AWS Cloud 提供的最复杂的网络功能。在完成本学习指南后，你将具备获得 AWS 认证高级网络-专项认证所需的基本知识。

在云中联网最大的优势就是，网络不再是一个仅能由专家管理的、静态的且需要通过大量劳动和硬件花费才能发展的领域。网络现在可以通过现代安全开发/操作(DevOps)方法开发、部署以及管理强大且高度安全软件的组成部分。网络现在向构建者完全开放。那就从现在开始建造自己的网络吧！

James Hamilton

Amazon Web Services 副总裁，优秀工程师

Sidhartha Chauhan，Amazon Web Services 解决方案架构师

Sidhartha 与企业客户合作，设计高度可扩展的云架构。他对计算机网络技术有着特殊的爱好，并拥有北卡罗来纳州立大学计算机网络硕士学位，以及各种行业领先的认证。在加入 Amazon 之前，Sidhartha 曾与一家大型电信机构合作设计大型局域网(LAN)/广域网(WAN)。在业余时间，Sidhartha 为一支获奖的纽约印第安乐队弹吉他，他还喜欢摄影和健身。

James Devine，Amazon Web Services 解决方案架构师

使用 AWS 设计解决方案，帮助那些正在改变世界的非营利客户，这正是让 James 保持源动力的原因。他拥有阿勒格尼学院计算机科学学士学位和史蒂文斯理工学院计算机科学硕士学位。在加入 AWS 之前，James 是 MITRE 公司(一家非营利政府承包商)的高级基础设施工程师，他利用自己在基础设施方面的技能帮助各种政府组织解决一些最棘手的问题并从中认识到云计算的价值。

Alan Halachmi，Amazon Web Services 解决方案架构高级经理

Alan 领导着一支专业解决方案架构师团队，为公共部门客户提供支持。这些专家在地理空间信息系统(GIS)、高性能计算(HPC)和机器学习等领域具备深厚的专业知识。Alan 在网络和安全领域支持全球的公共部门组织。他持有认证信息系统安全专家(CISSP)证书以及六个 AWS 认证。他参与了解决方案架构师-助理考试、解决方案架构师-专业考试和高级网络-专项考试的开发。此外，他还撰写了多篇关于网络和安全融合点的 AWS 白皮书。在加入 Amazon 之前，他曾担任过多个领导职位，主要负责私营部门中那些已成立公司和创业公司的国土保护和身份识别系统。Alan 拥有杜克大学网络通信和信息安全学士学位。在业余时间，他喜欢家庭生活和摆弄新玩具。

Matt Lehwess，Amazon Web Services 首席解决方案架构师

Matt 在网络服务提供商领域担任网络工程师多年，在亚太地区和北美建立了大型广域网，部署数据中心技术及相关网络基础设施。因此，他主要在家里对 Amazon VPC、AWS 直连以及 Amazon 其他基础设施的产品和服务等领域展开工作。Matt 也是一名 AWS 公共演讲家，他喜欢

花时间帮助客户使用 AWS 云平台解决庞大规模引起的问题。在工作之余,Matt 是狂热的室内外攀岩爱好者,也是冲浪爱好者。当他怀念家乡澳大利亚的海浪时,就会从加利福尼亚旧金山的家中去圣克鲁斯,这样很快就能缓解任何想家的感觉。

Nick Matthews,Amazon Web Services 高级解决方案架构师

Nick 领导 AWS 合作伙伴支持组织的网络部门。他帮助 AWS 合作伙伴创建新的网络解决方案,并帮助传统网络产品在 AWS 上工作。他喜欢帮助 AWS 客户设计他们的网络以实现可扩展性和安全性。Nick 还在行业活动中演讲网络和安全方面的最佳实践。在加入 Amazon 之前,Nick 在思科工作了 10 年,主要从事 IP 语音(VoIP)、软件定义网络(SDN)和路由技术(思科认证互联网专家)。他成立了网络可编程性用户组(npug.net),帮助用户使用 SDN 和编程网络设备。在业余时间,他喜欢美食、畅饮和打沙滩排球。

Steve Morad,Amazon Web Services 解决方案构建者高级经理

Steve 拥有伊利诺伊州惠顿学院(Wheaton College)的计算机科学学士学位和弗吉尼亚理工大学(Virginia Tech)的工商管理硕士学位。他从大学毕业后就开始了自己的职业生涯,并参加了马戏团。此后,他在娱乐、金融服务和技术行业获得了系统管理、开发和体系结构方面的经验。Steve 作为首席解决方案架构师,为各种规模和成熟度级别的客户提供了长达五年的支持,并在 AWS 网络和安全领域拥有次强专项。他帮助开发了解决方案架构师助理、开发人员助理、系统操作助理、解决方案架构师专业、DevOps 专业和网络专项等各种考试。Steve 也是一名 AWS 公共演讲家,他已经开发了与网络相关的技术文章、白皮书和参考实践。Steve 目前是 AWS 解决方案构建者部门的高级经理。在工作之外,他喜欢助教足球守门员和观看孩子们的各种音乐合奏表演。

Steve Seymour,Amazon Web Services 首席解决方案架构师

Steve 是 AWS 团队中主要的解决方案架构师和网络专家,覆盖欧洲、中东和非洲。他利用自己的网络专业知识帮助各种规模的客户,从快速成长的创业公司到世界大型企业,通过 AWS 网络技术,满足并超越业务需求。Steve 在企业基础设施、数据中心实施和复杂 IP 通信需求的迁移项目方面拥有超过 15 年的工作经验。他热衷于运用这种经验帮助客户在 AWS 上取得成功。Steve 喜欢户外活动, 定期执教划船项目,每次旅行都会参加网络寻宝活动。

致　谢

感谢那些帮助我们开发和编写《AWS 高级网络官方学习指南(专项领域)》的贡献者。

首先，感谢我们所有家庭对编写本书的大力支持。因为你们的支持，我们才可以有足够的时间编写此书。本书的读者也对你们充满感激之情。

其次，非常感谢我们的同事 Dave Cuthbert 和 Dave Walker，他们分别撰写了自动化、风险和规范方面的章节。感谢 James Hamilton 撰写序言，感谢 Mark Ryland 和 Camil Samaha 对每页所做的贡献。

当编写本书时，我们描述的许多特性和服务都只在画板上。感谢产品和工程团队花时间为我们提供崭新的、令人兴奋的功能。我们的读者也会感谢你们！

当然，我们必须感谢所有帮助我们完成任务的支持团队成员：Nathan Bower 和 Victoria Steidel，他们是深思熟虑的技术编辑，审查和编辑了本书的所有内容；Mary Kay Sondecker 回答了我们提出的项目帮助方面的问题；我们的项目经理 Sharon Saternus 负责对我们这些作者的放猫(herding cat)行为！

为了提供高可用、可扩展、高性能以及灵活的架构，你需要了解很多东西。本学习指南旨在帮助你使用 AWS 开发适当的网络解决方案，并为你提供通过 AWS 认证高级网络-专项认证所需的知识。

本学习指南涵盖考试的相关主题，并提供其他关联知识以帮助你进一步理解概念。通过参照考试蓝图，本学习指南提供了通过考试所需知识的总览。虽然在第 2 章中，对 Amazon Virtual Private Cloud (Amazon VPC)网络的基础要点进行了回顾，但本学习指南不包括预考所涵盖的许多概念。我们还希望你已具有实际操作经验，能够构建和实施网络解决方案。

本学习指南首先介绍 AWS 网络，然后介绍考试相关主题，包括有关服务或主题的信息，最后是备考所需关键信息的考试要点部分。

每一章都包含练习，其中的上机实操旨在通过实践学习来帮助你巩固本章的主题。每一章还包含复习题，以评估所掌握的知识。注意，实际的考试问题需要结合多个概念才能确定正确的答案。本学习指南中的复习题仅注重特定章节的主题和概念。

本学习指南还包含一套 25 个问题的自测题以及两套练习题(每套 50 题)，以帮助你评估考试准备情况，还有帮助你学习和记忆备考所需关键点的抽认卡。

本书涵盖的内容

本书涵盖为准备 Amazon Web Services (AWS)认证高级网络-专项考试所需了解的主题。

第 1 章：高级网络简介　该章概述 AWS 全球基础设施、Amazon Virtual Private Cloud (Amazon VPC)以及其他 AWS 网络服务，简要介绍对 AWS 区域和可用区(Availability Zone，AZ)等概念，还描述各种网络功能在整个 AWS 基础设施中的位置。

第 2 章：Amazon VPC 与网络基础　该章回顾 Amazon VPC 的基础知识及其内部组件，内容涵盖在 Amazon VPC 中操作 IPv4 和 IPv6 所需的基础知识，后续章节将以该章提供的信息为基础。

第 3 章：高级 Amazon VPC　在该章中，你将学习高级 Amazon VPC 概念，如 AWS PrivateLink、VPC 端点和可转递路由。我们回顾了几种在不同的 VPC 中私有连接服务的方法。此外，还有一些高级的 IP 地址功能，例如弹性 IP 地址的回收。

第 4 章：虚拟私有网络(VPN)　该章旨在让你了解如何在 AWS 上设计虚拟私有网络(VPN)。我们将在 AWS 中详细介绍可用于终止 VPN 的各种选项。从 VPN 创建和管理的易用性、高可用性、可扩展性和其他功能方面评估这些选项。最后讨论 AWS 中 VPN 使用的各种设计模式(包括转递路由)。

第 5 章：AWS Direct Connect　在该章中，我们将扩展部署 AWS Direct Connect 所涉及的构件，从直连地点的物理连接开始，到供应过程，最后介绍虚拟接口的逻辑配置。托管连接和专用连接都包含在公共和私有虚拟接口中，包括与直连网关的集成。

　　第 6 章：域名系统与负载均衡　该章首先概述域名系统和 Amazon EC2 DNS。然后描述 Amazon Route 53，包括域注册和路由策略。最后，该章深入讨论 Elastic Load Balancing 和三种负载均衡器类型：CLB、ALB 和 NLB。

　　第 7 章：Amazon CloudFront　该章介绍 Amazon CloudFront 服务及其组件，以及如何使用 Amazon CloudFront 配送为静态、动态和流式对象提供服务。

　　第 8 章：网络安全　该章重点介绍由 AWS 服务提供或通过它启用的网络安全功能。你将了解从网络边缘站点到单个 Amazon EC2 实例的各种网络安全选项。该章还将讨论 AWS 产品的新功能，通过人工智能和机器学习保护有关网络基础设施的信息。

　　第 9 章：网络性能　该章讨论网络性能。这里简要回顾网络性能的组件，它们如何在 AWS 中实现，以及如何配置应用以获得更好的网络性能。该章还通过回顾一些用例，讨论网络性能对应用程序的重要性。

　　第 10 章：自动化　该章介绍如何在 AWS 上自动化网络的部署和配置。首先，将学习如何通过创建 AWS CloudFormation 模板和堆栈将网络基础设施作为代码来维护，以及如何使用 AWS CodePipeline 大规模地连续部署此基础设施。最后讨论使用 Amazon CloudWatch 监控网络健康和性能以及如何创建警报，以便在出现问题时发出警报。

　　第 11 章：服务要求　该章讨论 VPC 中启动的 AWS 服务，将每个服务的服务要求映射到相应的网络要求。了解每个服务的网络要求将有助于在考试中设计和评估适当的网络架构。

　　第 12 章：混合网络架构　该章介绍如何使用技术和 AWS Cloud 服务设计混合网络架构。我们将详细介绍如何利用 AWS Direct Connect 以及虚拟私有网络(VPN)实现通用的混合 IT 应用架构。我们还深入探讨转递 VPC 架构、关于实现这个架构的各种设计构件以及各种用例。

　　第 13 章：网络故障排除　该章首先讨论传统的和 AWS 提供的网络故障排除工具。然后，描述常见的故障排除场景以及在每个场景中应采取的步骤。

　　第 14 章：计费　在该章中，将介绍与网络相关的 AWS 计费中涉及的要素，考虑与 Amazon EC2、VPN、AWS Direct Connect 和 Elastic Load Balancing 相关的数据处理费用、数据传输费用和小时服务费用等因素。该章还将专门讨论可用区和 AWS 区域之间的数据传输。

　　第 15 章：风险与规范　在该章中，你将了解在使用云计算时的一系列风险和合规注意事项。该章首先回顾威胁建模、访问控制和加密，然后讨论网络监控和恶意活动检测。最后，你将了解如何对 AWS 工作负载执行渗透和漏洞评估。

　　第 16 章：场景和参考架构　该章介绍通过结合不同的 AWS 网络组件以满足常见客户需求的场景和参考架构。这些场景包括通过实现跨多个区域和地点的网络，连接到企业共享服务以及创建混合网络。

考试目标

　　AWS 认证的高级网络-专项考试适用于有设计和实施可扩展网络基础设施经验的人员。你应该理解的考试概念包括：

- 使用 AWS 设计、开发和部署基于云的解决方案
- 根据基本架构最佳实践实施核心 AWS 服务

- 设计和维护所有 AWS 服务的网络架构
- 利用工具自动化 AWS 网络任务

通常，候选认证者应了解以下内容：

- AWS 联网细微差别及其与 AWS 服务集成的关系
- 高级网络架构和互连选项(例如，IP VPN 和 MPLS/VPLS)
- OSI 模型中的网络技术及其对实施决策的影响
- 自动化脚本和工具的开发
- 以下各项任务的设计、实施和优化：
  - ➢ 路由架构
  - ➢ 面向全球企业的多区域解决方案
  - ➢ 高可用性连接解决方案
- CIDR 和子网(IPv4 和 IPv6)
- IPv6 转递挑战
- 针对网络安全功能的通用解决方案，包括 WAF、IDS、IPS、DDoS 保护以及经济型拒绝服务/可持续性(EDoS)
- 使用 AWS 技术的专业经验
- 实施 AWS 安全最佳实践的经验
- 了解 AWS 存储选项及其底层的一致性模型

考试涵盖了六个不同的领域，每个领域都可分为目标和子目标。

目标图

表 Q.1 列出了考试中的每个领域和权重比例，以及本书中涉及相应目标和子目标的各章。

表 Q.1　目标图

领域	考试比例	涉及的各章(编号)
知识点 1.0：大规模设计和实现混合 IT 网络架构	23%	1、3、4、5、12、16
1.1 实现混合 IT 的连接性		4、12
1.2 在指定场景下，决定适当的混合 IT 架构连接解决方案		3、4、12、16
1.3 解释使用 AWS Direct Connect 扩展连接的过程		5
1.4 评估利用 AWS Direct Connect 的设计替代方案		1、4、5、12
1.5 定义混合 IT 架构的路由策略		3、4、5、12
知识点 2.0：设计和实施 AWS 网络	29%	1、2、3、6、7、8、9、10、13、14、16
2.1 应用 AWS 网络概念		1、2、3、10、13
2.2 根据客户要求，在 AWS 上定义网络架构		8、10、16
2.3 根据对现有实施的评估提出优化设计		10、16
2.4 确定专用工作负载的网络需求		6、7、9

(续表)

领域	考试比例	涉及的各章(编号)
2.5 根据客户和应用需求决定适当的架构		3、6、7、8、9、10
2.6 根据网络设计和应用数据流评估和优化成本分配		14
知识点 3.0: 自动化 AWS 任务	**8%**	8、10
3.1 评估 AWS 中网络部署的自动化备选方案		10
3.2 评估 AWS 中用于网络运营和管理的基于工具的备选方案		8、10
知识点 4.0: 配置与应用服务集成的网络	**15%**	1、2、6、7、11、12
4.1 充分利用 Amazon Route 53 功能		1、6
4.2 评估混合 IT 架构中的 DNS 解决方案		6、12
4.3 确定 AWS 中 DHCP 的适当配置		2
4.4 在指定场景中，决定 AWS 生态系统中适当的负载均衡策略		1、6
4.5 确定内容分发策略以优化性能		1、6、7
4.6 协调 AWS Cloud 服务要求与网络要求		11
知识点 5.0: 安全与规范的设计和实施	**12%**	1、3、4、5、8、12、15
5.1 评估符合安全和合规目标的设计要求		3、8、15
5.2 评估支持安全和合规目标的监控策略		8、15
5.3 评估用于管理网络数据流的 AWS 安全功能		1、8、15
5.4 利用加密技术保护网络通信		4、5、8、12、15
知识点 6.0: 网络管理、优化以及故障排除	**13%**	13
6.1 对指定的场景排除并解决网络问题		13

自测题

1. AWS 托管的 VPN 连接选项支持哪些虚拟私有网络(VPN)协议？

   A. IPsec

   B. 通用路由封装

   C. 动态多点 VPN

   D. 第二层隧道协议

2. 在 Amazon Elastic Compute Cloud (Amazon EC2)上终止 VPN 时，你将如何在虚拟私有云(VPC)中垂直扩展虚拟私有网络(VPN)吞吐量，使宕机时间最少？

   A. 将多个弹卡连接到负责 VPN 终点的现有 Amazon EC2 实例

   B. 停止 Amazon EC2 实例并将实例类型更改为较大的实例类型。启动实例

   C. 获取实例的快照。使用此快照启动更大的新实例，并将弹性 IP 地址从现有实例移动到新实例

   D. 启动更大实例类型的新 Amazon EC2 实例。将 Amazon Elastic Block Store (Amazon EBS)磁盘从现有实例移动到新实例

3. 创建 1Gbps AWS Direct Connect 需要以下哪项？

    A. 开放最短路径优先(OSPF)

    B. 802.1Q VLAN

    C. 双向转发检查(BFD)

    D. 单模式光纤

4. 通过 AWS 管理控制台下载的授权书-连接设施分配(LOA-CFA)文件能向 AWS Direct Connect 地点提供商提供以下哪一项？

    A. 连接的 AWS 端的交叉连接端口详细信息

    B. 连接的客户端的交叉连接端口详细信息

    C. 交叉连接分配的 AWS 区域

    D. 交叉连接的账单地址

5. 你有一个三层的 Web 应用。你必须将此应用移动到 AWS。作为第一步，你决定将 Web 层移到 AWS，同时保持应用程序层和数据库层在户内。在迁移的初始阶段，Web 层将在 AWS 和户内部署服务器。你将如何设计这种设置？(选择两个答案)

    A. 设置 AWS Direct Connect 私用虚拟接口(VIF)

    B. 使用网络负载均衡器将数据流分配到户内的 Web 层以及 VPC 中

    C. 设置 AWS Direct Connect 公用 VIF

    D. 设置从户内到 AWS 的 IPsec VPN，在 VGW 中终止

    E. 使用典型的负载均衡器将数据流分配到户内的 Web 层以及 VPC 中

6. 你已经建立了转递虚拟私有云(VPC)架构。你使用 AWS Direct Connect 和分离的虚拟私有网关(VGW)连接到中央 VPC。你希望所有到生产分支 VPC 的混合 IT 数据流通过中转中央 VPC。你还希望到测试 VPC 的本地流量绕过转递 VPC，直接到达测试分支 VPC。考虑到最小延迟和最大安全性，你将如何构建此解决方案？

    A. 将 AWS Direct Connect 连接专用虚拟接口(VIF)设置到 AWS Direct Connect 网关，将测试 VPC 的 VGW 连接到 AWS Direct Connect 网关

    B. 将公共 IP 地址分配给测试 VPC 中的 Amazon Elastic Compute Cloud (Amazon EC2) 实例，并通过 AWS Direct Connect 公共 VIF 使用公共 IP 地址访问这些资源

    C. 在测试 VPC 中建立一个从分离 VGW 到 Amazon EC2 实例的 VPN

    D. 在测试 VPC 中建立一个从分离 VGW 到 VGW 的 VPN

7. 你已经创建了 IPv4 CIDR 为 10.0.0.0/27 的虚拟私有云(VPC)。你可以创建的最大 IPv4 子网数量是多少？

    A. 1

    B. 2

    C. 3

    D. 4

8. 在 us-east-1 中创建一个新的虚拟私有云(VPC)，并在此 VPC 中提供三个子网。以下哪项陈述是正确的？

    A. 默认情况下，这些子网无法相互通信；需要创建路由

    B. 默认情况下，所有子网都是公共的

    C. 所有子网都有彼此的路由

D. 每个子网将具有相同的无类域间路由(CIDR)块

9. 你的网络小组已决定将 192.168.0.0/16 虚拟私有云(VPC)实例全部迁移到 10.0.0.0/16。以下哪项是有效的?

    A. 将新的 10.0.0.0/16 无类域间路由(CIDR)范围添加到 192.168.0.0/16 VPC, 将实例的现有地址更改为 10.0.0.0/16 空间

    B. 将初始 VPC CIDR 范围更改为 10.0.0.0/16 CIDR

    C. 创建新的 10.0.0.0/16 VPC, 使用 VPC 伙伴将工作负载迁移到新的 VPC

    D. 在 192.168.0.0/16 空间中使用网络地址转换(NAT), 在 10.0.0.0/16 空间中使用 NAT 网关

10. Amazon CloudFront 源发端访问身份(OAI)的作用是什么?

    A. 通过预加载视频流提高 Amazon CloudFront 的性能

    B. 允许将网络负载均衡器用作源发端服务器

    C. 限制对 Amazon EC2 Web 实例的访问

    D. 仅限特殊的 Amazon CloudFront 用户访问 Amazon Simple Storage Service (Amazon S3)桶

11. 支持 Amazon CloudFront 实时消息协议(RTMP)媒体流需要哪些类型的配送? (选择两个答案)

    A. 对媒体文件的 RTMP 分派

    B. 对媒体播放器的 Web 分派

    C. 对媒体文件的 Web 分派

    D. 对媒体文件和媒体播放器的 RTMP 分派

    E. Amazon CloudFront 不支持 RTMP 流

12. 从公司内部拨打国际号码的语音呼叫必须通过安装在虚拟私有云(VPC)公用子网中自定义 Linux Amazon 机器映像(AMI)上的开源会话边界控制器(SBC)。SBC 处理实时媒体和语音信号。国际长途电话的声音常常很嘈杂,很难听清楚对方在说什么。有什么方法可以提高国际语音通话的质量?

    A. 将 SBC 放入置放组以减少延迟

    B. 向实例添加额外的网络接口

    C. 使用应用负载均衡器将负载分配到多个 SBC

    D. 启用实例的增强型网络功能

13. 你的大数据团队正试图确定为什么他们的概念验证运行缓慢。在演示中,他们试图从 Amazon Simple Storage Service (Amazon S3)的 c4.8xl 实例中摄取 100TB 的数据。他们已经启用了增强网络。他们应该如何提高 Amazon S3 的摄取率?

    A. 在户内运行演示,并从 AWS Direct Connect 访问 Amazon S3 以减少延迟

    B. 将数据摄取拆分到多个实例上,例如两个 c4.4xl 实例

    C. 将实例放置在单个置放组里面,并且使用 Amazon S3 端点

    D. 在实例和 Amazon S3 之间放置网络负载均衡器,以实现更高效的负载均衡和更好的性能

14. AWS CloudFormation 变更集可用于以下哪种目的? (选择两个答案)

    A. 检查现有资源是否已在 AWS CloudFormation 之外进行了更改

B. 检查当前堆栈和新模板之间的不同

C. 通过编辑变更集从新模板指定将哪些更改应用于堆栈

D. 将以前的更新回滚到现有堆栈

E. 在连续传递管道中执行批准更改后的堆栈更新

15. 你已经创建了一个 AWS CloudFormation 堆栈来管理账户中的网络资源，目的是允许非特权用户对该堆栈进行更改。但是，当用户尝试更改和更新堆栈时，用户收到拒绝权限错误。原因可能是什么？

A. 堆栈没有附加允许更新的堆栈策略

B. 用户没有调用 CloudFormation:UpdateStack 应用程序编程接口(API)的权限

C. 模板没有附加允许更新的堆栈策略

D. 堆栈没有附加允许更新的 AWS Identity and Access Management (IAM)服务角色

16. 你正在尝试使用 VPC A 中的实例解析驻留在 VPC B 中的实例的主机名。这两个 VPC 在同一区域内进行伙伴连接。必须采取什么措施才能启用此功能？

A. 通过在伙伴 VPC 的 VPC B 中将 enableDnsHostnames 的值设置为 false，禁用 DNS 主机名

B. 为 VPC 伙伴连接启用允许从伙伴 VPC 解析 DNS 的值

C. 构建从 VPC A 中的实例到 VPC B 的 VGW 的 IP 安全(IPsec)隧道以允许 VPC 之间的 DNS 解析

D. 在 VPC B 中构建自己的 DNS 解析器，并将 VPC A 的实例指向该解析器

17. 使用 Amazon Route 53 时，使用 EDNS0 扩展需要执行以下哪项操作？

A. 调整域名系统(DNS)记录的生存时间(TTL)

B. 通过向 DNS 协议添加可选扩展来提高地理位置路由的准确性

C. 通过删除对 DNS 协议不必要的扩展来提高地理位置路由的准确性

D. 在私用托管区域中创建地理位置资源记录集

18. 将 Amazon CloudFront 分发与 AWS Lambda@Edge 函数关联时会发生什么？

A. AWS Lambda 在 VPC 中部署

B. AWS Lambda@Edge 为电子邮件通知创建 Amazon Simple Notification Service (Amazon SNS)主题

C. Amazon CloudFront 在 Amazon CloudFront 区域边缘缓存中拦截请求和响应

D. Amazon CloudFront 在 Amazon CloudFront 边缘站点中拦截请求和响应

19. 在 VPC 的新子网中部署 Amazon Relational Database Service (Amazon RDS)后，应用开发人员报告说他们无法从 VPC 的另一个子网连接到数据库。必须采取什么行动？

A. 创建到 Amazon RDS 子网的 VPC 伙伴连接

B. 启用多可用区部署

C. 建立到 Amazon RDS 实例子网的路由

D. 在 Amazon RDS 入站安全组中添加应用服务器安全组

20. 以下哪项技术可用于减轻恶意破坏者对 Amazon Route 53 的影响？

A. 对已知可靠的用户的请求进行分类和排序

B. 利用客户提供的白名单/黑名单 IP 地址

C. 使用客户定义的 Amazon Route 53 安全组阻止数据流

D. 将可疑的 DNS 请求重定向到蜜罐响应程序

21. 你正在负责公司的 AWS 资源，并且你注意到来自公司没有客户的外国 IP 地址的大量数据流量。对流量的进一步调查表明，流量源正在扫描 Amazon EC2 实例上的开放端口。下列哪个资源可以拒绝 IP 地址访问 VPC 中的实例？

    A. 安全组

    B. 互联网网关

    C. 网络 ACL

    D. AWS PrivateLink

22. AWS 使用什么框架在 Amazon EC2 虚拟机监控程序上围绕客户-客户分离的效果提供独立的确认？

    A. HIPAA

    B. ISO 27001

    C. 服务组织控制 SOC 2

    D. PCI DSS

23. 将应用程序负载均衡器放在两个有状态的 Web 服务器前面。用户在访问网站时开始报告间歇性的连接问题。为什么网站没有响应？

    A. 网站需要打开端口 443

    B. 在应用程序负载均衡器上需要打开黏性会话功能

    C. Web 服务器需要将安全组设置为允许 0.0.0.0/0 中的所有传输控制协议(TCP)数据流

    D. 子网的网络 ACL 需要允许有状态的连接

24. 你创建了一个新实例，并且可以通过 SSH 从公司网络连接到它的私有 IP 地址。但是，该实例没有互联网访问。内部政策禁止直接访问互联网。访问互联网需要什么？

    A. 给实例分配一个公用 IP 地址

    B. 确保实例安全组中的端口 80 和端口 443 未设置为拒绝访问

    C. 在私有子网中部署网络地址转换(NAT)网关

    D. 确保子网路由表中有默认路由连接到户内网络

25. 你在 VPC A 和 VPC B 以及 VPC B 和 VPC C 之间创建了虚拟私有云(VPC)伙伴连接。你可以在 VPC A 和 VPC B 之间进行通信，也可以在 VPC B 和 VPC C 之间进行通信，但不能在 VPC A 和 VPC C 之间进行通信。必须做些什么才能允许 VPC A 和 VPC C 之间通信？

    A. 建立网络 ACL 以允许数据流

    B. 在 VPC A 和 VPC C 之间创建额外的伙伴连接

    C. 修改 VPC A 和 VPC C 的路由表

    D. 在 VPC A 和 VPC C 中的安全组添加一条规则

自测题答案

1. A。只有 IPsec 是受支持的 VPN 协议。

2. C。如需垂直缩放，需要将实例类型更改为较大的实例。设置备用实例并将 IP 移动到此实例的结果是减少宕机时间。宕机时间将等于实例重新创建互联网协议安全(IPsec)隧道和建立边界网关协议(BGP)邻居关系所需的时间。这个步骤会自动完成，也可根据 Amazon EC2 实例上的软件手动启动。如果终止现有实例并更改其实例类型，那么还需要忍受启动实例所需的额外宕机时间。

3. D。AWS Direct Connect 支持以太网传输的单模式光纤 1000BASE-LX 或 10GBASE-LR 连接。你的设备必须支持 802.1Q VLAN；但是，创建虚拟接口需要使用 802.1Q。创建连接不需要 802.1Q。

4. A。LOA-CFA 提供交叉连接的 AWS 侧端口分配的详细信息，并提供完整的分界线和接口详细信息。客户有责任提供交叉连接客户末端的详细信息。文档中没有其他地区或客户的信息。

5. A 和 B。设置 AWS Direct Connect 私用 VIF 将启用与 VPC 的连接。使用具有连接能力的网络负载均衡器可以将数据流负载均衡到 VPC 和户内服务器。

6. A。测试 VPC 可以直接通过私有 VIF 访问。当存在更安全的替代方案时，使用公共 IP 访问 Amazon EC2 实例不是好的实践。选项 C 是可能的，但会导致额外的延迟。

7. B。你在 VPC 中可以拥有的最小子网大小是/28。一个/27 无类域间路由(CIDR)可以包含两个/28 子网。

8. C。当提供一个 VPC 时，每个路由表都有一个不可变的本地路由，允许所有子网互相路由数据流。

9. C。不能将不同的 RFC1918 CIDR 范围添加到现有的 VPC，也不能在现有子网上使用新的 CIDR 范围。此外，NAT 网关将不支持自定义 NAT。唯一的选择是伙伴连接到新的 VPC。

10. D。这是保证 Amazon S3 桶中的内容仅由 Amazon CloudFront 访问的最简单方法。

11. A 和 B。当为 Amazon CloudFront 使用 RTMP 分派时，需要向最终用户同时提供分派的媒体文件和媒体播放器。你需要两种类型的分派：一种是为媒体播放器提供服务的 Web 分派，另一种是为媒体文件提供服务的 RTMP 分派。

12. D。增强型网络可以帮助减少抖动和网络性能。置放组和较低的延迟对离开 VPC 的数据流没有帮助。网络接口不影响网络性能。应用程序负载均衡器不会帮助解决性能问题。

13. B。使用多个实例将提高性能，因为任何到 Amazon S3 的指定数据流都被限制为 25Gbps。移动实例不会增加 Amazon S3 带宽。置放组也不会增加 Amazon S3 带宽。Amazon S3 不能放在网络负载均衡器的后面。

14. B 和 E。AWS CloudFormation 变更集根据现有堆栈和新模板之间的差异计算而来。这样可以随后应用于更新堆栈。AWS CloudFormation 不会检查底层资源，以查看它们是否已被更改。变更集不能编辑或反转。

15. D。堆栈可以附加 IAM 服务角色，该角色指定在管理堆栈时允许 AWS CloudFormation 执行的操作。如果堆栈没有附加 IAM 服务角色，那么在这种情况下，堆栈将使用调用方的凭据(非特权用户的凭据)。堆栈策略还允许保留资源，但没有策略是所有操作都允许的。如果用户没有调用 CloudFormation:UpdateStack 的权限，那么在尝试任何资源更新之前都会发生错误。

16. B。通过 VPC 伙伴连接支持 DNS 解析；但是，必须为伙伴连接启用 DNS 解析。

17. B。为了提高地理定位路由的准确性，Amazon Route 53 支持 EDNS0 的 eds-client-subnet 扩展。

18. D。将 Amazon CloudFront 分发与 AWS Lambda@Edge 函数关联时，Amazon CloudFront 会在 Amazon CloudFront 边缘站点拦截请求和响应。Lambda@Edge 函数用于响应区域或最靠近客户的边缘站点的 Amazon CloudFront 事件。

19. D。安全组控制对 Amazon RDS 的访问。

20. A。AWS 边缘站点对数据流进行分类和优先级排序，以减轻恶意破坏的影响。

21. C。网络 ACL 规则可以拒绝数据流。

22. D。PCI DSS 审核报告包含在 AWS 虚拟机监控程序中有关客户-客户分离的声明。如果客户-客户分离保证不足以满足自己的威胁模型，那么也可以使用 Amazon EC2 专用实例。

23. B。黏性会话将会话与同一个 Web 服务器保持在一起，以方便有状态的连接。

24. D。由于可以访问实例，但不能访问互联网，因此没有通过户内网络到互联网的默认路由。

25. B。VPC 伙伴连接不可转递。

目　录

第1章　高级网络简介 ················1

1.1　AWS 全球基础设施 ···········1

　　1.1.1　区域 ························2

　　1.1.2　可用区 ····················2

　　1.1.3　边缘站点 ·················3

1.2　Amazon Virtual Private Cloud
(Amazon VPC) ··················3

　　1.2.1　Amazon VPC 的运作机制 ·······3

　　1.2.2　Amazon VPC 以外的服务 ·······4

1.3　AWS 网络服务 ···············5

　　1.3.1　Amazon Elastic Compute Cloud
(Amazon EC2) ·······5

　　1.3.2　Amazon Virtual Private Cloud
(Amazon VPC) ·······6

　　1.3.3　AWS Direct Connect ·······6

　　1.3.4　Elastic Load Balancing ·······6

　　1.3.5　Amazon Route 53 ···········6

　　1.3.6　Amazon CloudFront ·······6

　　1.3.7　Amazon GuardDuty ·······7

　　1.3.8　AWS WAF ·················7

　　1.3.9　AWS Shield ···············7

1.4　本章小结 ·····················7

1.5　复习资源 ·····················7

1.6　考试要点 ·····················8

1.7　练习 ··························8

1.8　复习题 ·······················9

第2章　Amazon VPC 与网络基础 ·········13

2.1　Amazon VPC 简介 ··········13

2.2　子网 ·························16

2.3　路由表 ·······················18

2.4　IP 地址访问 ·················19

　　2.4.1　IPv4 地址 ················19

　　2.4.2　IPv6 地址 ················20

2.5　安全组 ·······················21

2.6　网络访问控制列表(ACL) ·······23

2.7　互联网网关 ···················24

2.8　网络地址转换(NAT)实例与 NAT
网关 ·························25

　　2.8.1　NAT 实例 ·················26

　　2.8.2　NAT 网关 ·················26

2.9　单出口互联网网关 ···········27

2.10　虚拟私有网关、客户网关以及
虚拟私有网络 ···············28

2.11　VPC 端点 ····················29

2.12　VPC 伙伴连接 ···············30

2.13　置放组 ·······················32

2.14　弹性网络接口 ···············33

2.15　DHCP 选项集 ···············33

2.16　Amazon DNS 服务器 ·········34

2.17　VPC 流日志 ·················34

2.18　本章小结 ····················36

2.19　复习资源 ····················38

2.20　考试要点 ····················38

2.21　练习 ·························40

2.22　复习题 ·······················42

第3章　高级 Amazon VPC ·············45

3.1　VPC 端点 ····················45

　　3.1.1　VPC 端点与安全 ··········46

　　3.1.2　VPC 端点策略 ············46

3.2　VPC 端点概述 ···············46

　　3.2.1　网关 VPC 端点 ···········46

　　3.2.2　接口 VPC 端点 ···········47

3.3　网关 VPC 端点 ··············47

　　3.3.1　Amazon S3 端点 ··········47

　　3.3.2　Amazon DynamoDB 端点 ·······49

　　3.3.3　在远程网络上访问网关端点······49

　　3.3.4　保护网关 VPC 端点 ········50

3.4 接口 VPC 端点 ·············· 50
　　3.4.1 针对客户与合作伙伴服务的
　　　　　AWS PrivatLink ·········· 51
　　3.4.2 比较 AWS PrivateLink 与 VPC
　　　　　伙伴网络 ·············· 52
　　3.4.3 AWS PrivateLink 服务商考虑
　　　　　事项 ················ 53
　　3.4.4 AWS PrivateLink 服务消费者
　　　　　考虑事项 ·············· 54
　　3.4.5 访问共享服务 VPC ········ 54
3.5 转递路由 ················ 55
3.6 IP 选址功能 ·············· 58
　　3.6.1 调整 VPC 大小 ·········· 58
　　3.6.2 VPC 调整考虑事项 ······· 59
　　3.6.3 IP 地址功能 ··········· 60
　　3.6.4 跨账户网络接口 ········· 60
3.7 本章小结 ················ 61
3.8 考试要点 ················ 61
3.9 复习资源 ················ 62
3.10 练习 ·················· 63
3.11 复习题 ················· 68

第4章 虚拟私有网络(VPN) ········· 73
4.1 VPN 简介 ··············· 73
4.2 站点对站点 VPN ············ 74
　　4.2.1 使用 VGW 作为 VPN 终止
　　　　　端点 ················ 74
　　4.2.2 将 Amazon EC2 实例用作 VPN
　　　　　终止端点 ·············· 80
　　4.2.3 户内网络的 VPN 终止端点
　　　　　(客户网关) ············ 87
4.3 客户端到站点(client-to-site)VPN ·· 88
4.4 设计方案 ················ 90
4.5 本章小结 ················ 92
4.6 考试要点 ················ 93
4.7 复习资源 ················ 94
4.8 练习 ·················· 95
4.9 复习题 ················· 98

第5章 AWS Direct Connect ········· 101
5.1 AWS Direct Connect 概述 ······ 101

5.2 物理连接 ················ 102
　　5.2.1 AWS Direct Connect 地点 ···· 102
　　5.2.2 专用连接 ············· 102
　　5.2.3 准备流程 ············· 103
　　5.2.4 AWS Direct Connect 合作
　　　　　伙伴 ················ 105
5.3 逻辑连接 ················ 106
5.4 弹性连接 ················ 109
　　5.4.1 单连接 ·············· 109
　　5.4.2 双连接：单个站点 ······· 110
　　5.4.3 单连接：双站点 ········· 110
　　5.4.4 双连接：双站点 ········· 111
　　5.4.5 虚拟接口配置 ·········· 111
　　5.4.6 双向转发检测 ·········· 112
　　5.4.7 VPN 与 AWS Direct Connect ··· 112
5.5 计费 ·················· 115
　　5.5.1 端口-小时 ············ 115
　　5.5.2 数据传输 ············· 115
5.6 本章小结 ················ 116
5.7 考试要点 ················ 117
5.8 复习资源 ················ 117
5.9 练习 ·················· 117
5.10 复习题 ················· 119

第6章 域名系统与负载均衡 ········· 121
6.1 域名系统与负载均衡简介 ······ 121
6.2 域名系统 ················ 121
　　6.2.1 DNS 概念 ············· 122
　　6.2.2 DNS 解析步骤 ·········· 124
　　6.2.3 记录类型 ············· 125
6.3 Amazon EC2 DNS 服务 ········ 127
　　6.3.1 Amazon EC2 DNS 与
　　　　　Amazon Route 53 ········ 129
　　6.3.2 Amazon EC2 DNS 与
　　　　　VPC 伙伴网络 ·········· 129
　　6.3.3 与简单活动目录一起使用
　　　　　DNS ················ 129
　　6.3.4 自定义 Amazon EC2 DNS
　　　　　解析器 ··············· 130
6.4 Amazon Route 53 ··········· 131

6.4.1 域名注册 ················ 132
6.4.2 转移域名 ················ 133
6.4.3 域名系统服务 ·········· 133
6.4.4 托管区 ··················· 134
6.4.5 支持的记录类型 ······· 135
6.4.6 路由策略 ················ 135
6.4.7 简单路由策略 ·········· 135
6.4.8 权重路由策略 ·········· 136
6.4.9 基于延迟的路由策略 ·· 136
6.4.10 故障转移路由策略 ··· 136
6.4.11 地理位置路由策略 ··· 137
6.4.12 多值应答路由策略 ··· 138
6.4.13 路由 DNS 的数据流 ·· 139
6.4.14 地理邻近路由策略
(仅针对数据流) ········· 139
6.4.15 关于健康检查的更多知识···· 140
6.5 Elastic Load Balancing ··········· 142
6.5.1 负载均衡器的类型 ····· 143
6.5.2 Elastic Load Balancing 的概念··· 148
6.5.3 弹性负载均衡器的配置··· 149
6.6 本章小结 ························ 153
6.7 考试要点 ························ 154
6.8 复习资源 ························ 156
6.9 练习 ···························· 156
6.10 复习题 ························· 160
第7章 Amazon CloudFront ············· 163
7.1 Amazon CloudFront 简介 ······ 163
7.2 内容分发网络简介 ··········· 163
7.3 AWS CDN：Amazon
CloudFront ······················ 164
7.3.1 Amazon CloudFront 基础········ 164
7.3.2 Amazon CloudFront 如何分发
内容 ························· 165
7.3.3 Amazon CloudFront 边缘站点··· 168
7.3.4 Amazon CloudFront 区域边缘
缓存 ························· 168
7.3.5 Web 配送 ················ 169
7.3.6 动态内容以及高级功能··· 169
7.3.7 HTTPS ···················· 173

7.3.8 Amazon CloudFront 与 AWS
Certificate Manager (ACM) ······ 174
7.3.9 失效对象(仅适用于 Web
配送) ·······················174
7.3.10 Amazon CloudFront 与
AWS Lambda@Edge ····· 175
7.3.11 Amazon CloudFront 字段级
加密 ·························175
7.4 本章小结 ························ 176
7.5 考试要点 ························ 176
7.6 复习资源 ························ 177
7.7 练习 ···························· 177
7.8 复习题 ·························· 180
第8章 网络安全 ····················· 183
8.1 监管 ···························· 184
8.1.1 AWS Organizations ······· 184
8.1.2 AWS CloudFormation ····· 184
8.1.3 AWS Service Catalog ····· 185
8.2 数据流安全 ···················· 186
8.2.1 边缘站点 ················ 186
8.2.2 边缘站点与区域 ········ 189
8.2.3 区域 ····················· 193
8.3 AWS 安全服务 ··············· 198
8.3.1 Amazon GuardDuty ······· 198
8.3.2 Amazon Inspector ········· 198
8.3.3 Amazon Macie ············ 198
8.4 检测与响应 ···················· 199
8.4.1 SSH 登录尝试 ··········· 199
8.4.2 网络数据流分析 ········ 201
8.4.3 IP 信誉度 ··············· 203
8.5 本章小结 ························ 204
8.6 复习资源 ························ 205
8.7 考试要点 ························ 207
8.8 练习 ···························· 208
8.9 复习题 ·························· 210
第9章 网络性能 ····················· 213
9.1 网络性能基础 ·················· 213
9.1.1 带宽 ····················· 213
9.1.2 延迟 ····················· 214

9.1.3　抖动 ································ 214
9.1.4　吞吐量 ························· 214
9.1.5　数据包丢失 ················· 214
9.1.6　每秒数据包数 ············· 214
9.1.7　最大传输单元 ············· 215
9.2　Amazon EC2 网络特点 ······ 215
9.2.1　实例网络 ····················· 215
9.2.2　增强型网络 ················· 216
9.3　性能优化 ···························· 218
9.3.1　增强型网络 ················· 218
9.3.2　巨型帧 ························· 218
9.3.3　网络信用 ····················· 218
9.3.4　实例带宽 ····················· 219
9.3.5　数据流性能 ················· 219
9.3.6　负载均衡器性能 ·········· 219
9.3.7　VPN 性能 ··················· 219
9.3.8　AWS Direct Connect 性能 ··· 220
9.3.9　VPC 中的服务质量(QoS) ········ 220
9.4　示例应用 ···························· 220
9.4.1　高性能计算 ················· 221
9.4.2　实时媒体 ····················· 221
9.4.3　数据处理、摄入以及备份 ··· 221
9.4.4　户内数据传输 ············· 222
9.4.5　网络设备 ····················· 223
9.5　性能测试 ···························· 223
9.5.1　Amazon CloudWatch 度量 ··· 224
9.5.2　测试方法 ····················· 225
9.6　本章小结 ···························· 226
9.7　复习资源 ···························· 226
9.8　考试要点 ···························· 227
9.9　练习 ·································· 228
9.10　复习题 ···························· 233

第 10 章　自动化 ························239
10.1　自动化网络简介 ··············· 239
10.2　基础设施即代码 ··············· 239
10.2.1　模板与堆栈 ··············· 240
10.2.2　堆栈依赖 ··················· 242
10.2.3　错误与回滚 ··············· 245
10.2.4　模板参数 ··················· 247

10.2.5　通过变更集验证更改 ··· 249
10.2.6　保留资源 ··················· 249
10.2.7　配置非 AWS 资源 ······ 250
10.2.8　安全最佳实践 ············ 251
10.2.9　配置管理 ··················· 252
10.2.10　持续递送 ················· 252
10.3　网络监控工具 ················· 254
10.3.1　监控网络健康度量 ····· 254
10.3.2　为异常事件创建报警 ··· 256
10.3.3　收集文本日志 ············ 257
10.3.4　将日志转换为度量 ····· 259
10.4　本章小结 ························· 259
10.5　考试要点 ························· 260
10.6　复习资源 ························· 261
10.7　练习 ······························ 261
10.8　复习题 ···························· 266

第 11 章　服务要求 ····················269
11.1　服务要求简介 ················· 269
11.2　弹性网络接口 ················· 269
11.3　AWS Cloud 服务及其网络
　　　要求 ······························ 269
11.3.1　Amazon WorkSpaces ··· 269
11.3.2　Amazon AppStream 2.0 ······· 270
11.3.3　AWS Lambda (在 VPC 中) ··· 270
11.3.4　Amazon ECS ·············· 271
11.3.5　Amazon EMR ············· 272
11.3.6　Amazon Relational Database
　　　　Service (Amazon RDS) ······· 273
11.3.7　AWS Database Migration
　　　　Service (AWS DMS) ······· 273
11.3.8　Amazon Redshift ········ 273
11.3.9　AWS Glue ················· 274
11.3.10　AWS Elastic Beanstalk ······· 274
11.4　本章小结 ························· 275
11.5　考试要点 ························· 276
11.6　复习资源 ························· 276
11.7　练习 ······························ 277
11.8　复习题 ···························· 279

第 12 章　混合网络架构⋯⋯⋯⋯⋯283
12.1　混合架构简介⋯⋯⋯⋯⋯283
12.2　应用架构⋯⋯⋯⋯⋯⋯⋯284
　　12.2.1　三层 Web 应用程序⋯⋯⋯284
　　12.2.2　活动目录⋯⋯⋯⋯⋯286
　　12.2.3　域名系统(DNS)⋯⋯⋯287
　　12.2.4　需要持续网络性能的应用⋯⋯287
　　12.2.5　混合操作⋯⋯⋯⋯⋯288
　　12.2.6　远程应用：Amazon
　　　　　　Workspaces⋯⋯⋯⋯289
　　12.2.7　应用存储访问⋯⋯⋯289
　　12.2.8　应用互联网访问⋯⋯292
12.3　在 AWS Direct Connect 上访问
　　　VPC 端点以及客户托管端点⋯292
12.4　在混合 IT 中使用转递路由⋯295
　　12.4.1　转递 VPC 架构考量⋯296
　　12.4.2　转递 VPC 场景⋯⋯⋯299
12.5　本章小结⋯⋯⋯⋯⋯⋯⋯301
12.6　考试要点⋯⋯⋯⋯⋯⋯⋯303
12.7　复习资源⋯⋯⋯⋯⋯⋯⋯304
12.8　练习⋯⋯⋯⋯⋯⋯⋯⋯⋯304
12.9　复习题⋯⋯⋯⋯⋯⋯⋯⋯307

第 13 章　网络故障排除⋯⋯⋯⋯⋯311
13.1　网络故障排除简介⋯⋯⋯311
13.2　故障排除方法⋯⋯⋯⋯⋯311
13.3　网络故障解决工具⋯⋯⋯312
　　13.3.1　传统工具⋯⋯⋯⋯⋯312
　　13.3.2　AWS 自带工具⋯⋯⋯312
13.4　故障排除常见场景⋯⋯⋯314
　　13.4.1　互联网连接⋯⋯⋯⋯314
　　13.4.2　VPN⋯⋯⋯⋯⋯⋯⋯314
　　13.4.3　IKE 阶段 1 和 IKE 阶段 2
　　　　　　故障排除⋯⋯⋯⋯⋯315
　　13.4.4　AWS Direct Connect⋯⋯316
　　13.4.5　安全组⋯⋯⋯⋯⋯⋯316
　　13.4.6　网络访问控制列表(ACL)⋯316
　　13.4.7　路由⋯⋯⋯⋯⋯⋯⋯317
　　13.4.8　VPC 伙伴连接⋯⋯⋯317

　　13.4.9　AWS Cloud 服务相关的
　　　　　　连接⋯⋯⋯⋯⋯⋯⋯318
　　13.4.10　Amazon CloudFront 连接⋯318
　　13.4.11　Elastic Load Balancing
　　　　　　 功能⋯⋯⋯⋯⋯⋯⋯319
　　13.4.12　域名系统⋯⋯⋯⋯⋯319
　　13.4.13　达到服务限制⋯⋯⋯320
13.5　本章小结⋯⋯⋯⋯⋯⋯⋯320
13.6　考试要点⋯⋯⋯⋯⋯⋯⋯320
13.7　复习资源⋯⋯⋯⋯⋯⋯⋯321
13.8　练习⋯⋯⋯⋯⋯⋯⋯⋯⋯322
13.9　复习题⋯⋯⋯⋯⋯⋯⋯⋯324

第 14 章　计费⋯⋯⋯⋯⋯⋯⋯⋯⋯327
14.1　计费简介⋯⋯⋯⋯⋯⋯⋯327
　　14.1.1　服务或端口小时费用⋯328
　　14.1.2　数据传输类型⋯⋯⋯329
　　14.1.3　场景⋯⋯⋯⋯⋯⋯⋯331
14.2　本章小结⋯⋯⋯⋯⋯⋯⋯334
14.3　考试要点⋯⋯⋯⋯⋯⋯⋯334
14.4　复习资源⋯⋯⋯⋯⋯⋯⋯335
14.5　练习⋯⋯⋯⋯⋯⋯⋯⋯⋯335
14.6　复习题⋯⋯⋯⋯⋯⋯⋯⋯336

第 15 章　风险与规范⋯⋯⋯⋯⋯⋯339
15.1　一切从威胁建模开始⋯⋯339
　　15.1.1　规范与范围⋯⋯⋯⋯340
　　15.1.2　审计报告和其他文件⋯⋯340
15.2　所有者模型与网络管理角色⋯341
15.3　控制对 AWS 的访问⋯⋯341
　　15.3.1　AWS Organizations⋯⋯⋯343
　　15.3.2　Amazon CloudFront 配送
　　　　　　中心⋯⋯⋯⋯⋯⋯⋯343
15.4　加密选项⋯⋯⋯⋯⋯⋯⋯343
　　15.4.1　AWS API 调用与互联网 API
　　　　　　端点⋯⋯⋯⋯⋯⋯⋯343
　　15.4.2　选择加密套件⋯⋯⋯344
　　15.4.3　AWS 环境传输过程中的
　　　　　　加密⋯⋯⋯⋯⋯⋯⋯344
　　15.4.4　在负载均衡器和 Amazon
　　　　　　CloudFront PoP 中进行加密⋯345

15.5 网络活动监控 ·············· 345
15.5.1 AWS CloudTrail ·············· 345
15.5.2 AWS Config ·············· 346
15.5.3 Amazon CloudWatch ·············· 347
15.5.4 Amazon CloudWatch Logs ···· 347
15.5.5 Amazon VPC Flow Logs ······ 348
15.5.6 Amazon CloudFront ······· 348
15.5.7 其他日志源 ·············· 349
15.6 恶意活动检测 ·············· 349
15.6.1 AWS Shield 以及反 DDoS
手段 ·············· 349
15.6.2 AWS VPC Flow Logs 分析 ···· 350
15.6.3 Amazon CloudWatch 报警
以及 AWS Lambda ·············· 351
15.6.4 AWS Marketplace 以及其他
第三方产品 ·············· 351
15.6.5 Amazon Inspector ·············· 352
15.6.6 其他合规检查工具 ············· 352
15.7 渗透测试以及脆弱性评估 ······ 353

15.7.1 渗透测试授权范围和例外 ··· 353
15.7.2 申请和接收渗透测试授权 ··· 353
15.8 本章小结 ·············· 355
15.9 考试要点 ·············· 355
15.10 复习资源 ·············· 356
15.11 练习 ·············· 357
15.12 复习题 ·············· 360

第 16 章 场景和参考架构 ·············· 363
16.1 场景和参考架构简介 ·············· 363
16.2 混合网络场景 ·············· 363
16.3 多地点弹性恢复 ·············· 366
16.4 本章小结 ·············· 369
16.5 复习资源 ·············· 370
16.6 考试要点 ·············· 371
16.7 练习 ·············· 371
16.8 复习题 ·············· 373

附录 复习题答案 ·············· 375

第 1 章

高级网络简介

本章涵盖的 AWS 认证高级网络-专项考试目标包括但不局限于以下知识点。

知识点 1.0：大规模设计和实现混合 IT 网络架构
- 1.4 评估利用 AWS Direct Connect 的设计替代方案

知识点 2.0：设计和实施 AWS 网络
- 2.1 应用 AWS 网络概念

知识点 4.0：配置与应用服务集成的网络
- 4.1 充分利用 Amazon Route 53 功能
- 4.4 在指定场景中，决定 AWS 生态系统中适当的负载均衡策略
- 4.5 确定内容分发策略以优化性能

知识点 5.0：安全与规范的设计和实施
- 5.3 评估用于管理网络数据流的 AWS 安全功能

　　网络是连接整个世界的基础，在日常生活中起着非常重要的作用，但是也常被我们忽略。虽然像互联网这样的网络架构可能是地球上分布最广的组织体系，但是它们只有在运营效率降低的时候才会被重视。这样的对比使得网络在学习和工作中变得更具吸引力。网络除了自身的分布式特点以外，现代网络是新旧技术结合的产物。互联网协议(Internet Protocol，IP)和传输控制协议(Transmission Control Protocol，TCP)早在 20 世纪 70 年代就已经建立，虽然技术一直被迭代更新，但是它们仍旧支撑着当前的互联网。同时，一些创新技术，例如高级封装、自动化和不断改进的网络安全机制，不断地推动网络功能的进化。AWS 在推动云网络的进程中创新了 Amazon Virtual Private Cloud (Amazon VPC)，在 Amazon 网络环境中为客户提供自己的逻辑网络区段，并能实现快速按需分配。

　　本学习指南详细涵盖了 AWS 认证高级网络-专项考试的内容，回顾了与 Amazon 全球基础设施相关的主题和众多区域 AWS 网络功能、户内混合网络和 AWS 边缘网络。建议你在学习本书之前，对传统网络概念有较深入的理解并且已经通过 AWS 认证解决方案架构师-助理考试。

1.1　AWS 全球基础设施

　　AWS 在全球的基础设施中运行。此网络由 Amazon 运营，遍布各大洲。在这个基础网络

设施下，数据在 AWS 区域、可用区、边缘站点以及客户多元连接设备中自由通信。除 AWS GovCloud(美国)和中国外，此网络上的所有节点都使用 AWS 全球基础设施。AWS 全球基础设施的结构如图 1.1 所示。

图 1.1　AWS 全球基础设施

1.1.1　区域

区域**(Region)**是 AWS 运营云服务(例如 Amazon Elastic Compute Cloud，又称为 Amazon EC2)的地理区域。

AWS 区域与其他区域之间各自独立，这样的设计提供了故障隔离、容错性和稳定性。

多数 AWS Cloud 服务在一个区域中运行。因为这些区域相对独立，所以只有与指定区域相关的资源可见。也就是说，本区域的客户内容只保留在本区域之内，除非手动迁移到另一个区域。

1.1.2　可用区

一个区域由两个或两个以上的可用区**(Availability Zone，AZ)**构成。每个 AZ 由一个或更多个数据中心组成。AWS 在设计建造每个 AZ 时采用不同的风险防范措施，例如，综合考量电力中断、洪泛区、地块构造等因素对 AZ 的影响。AZ 之间通过低延时的高速光纤网进行连接。AZ 之间的通信速度通常在两毫秒之内。

Amazon 运营着国际一流的高可用数据中心，虽然在同一地区发生故障的情况并不多见，但是任何故障发生都可能影响资源的可用性。例如，如果在单一区域中运行 Amazon EC2 时发生故障，那么所有的实例都不可用。在创建 Amazon EC2 实例时，可以手动或者由 AWS 自动选择 AZ，从而使实例分布在多个 AZ 中，这样即使一个实例发生故障，其他 AZ 中没有受到影响的实例也可以继续应对用户的请求。

1.1.3　边缘站点

AWS 使用全球边缘站点**(Edge Location)**网络，在低延时的网络环境中向终端用户分发数据内容。这种内容分发网络又称为 Amazon CloudFront，它通过 AWS 域名服务(Domain Name System，DNS)——Amazon Route 53，将最终用户的请求发送到处理这些请求的最佳 Amazon CloudFront 边缘站点，Amazon 通常优先选择延迟最低的边缘站点处理请求。

在边缘站点区域内，Amazon CloudFront 首先检查用户请求数据是否存放在高速缓存中，如果数据已经在高速缓存中，Amazon CloudFront 立即将数据返回给用户。如果数据没有存放在高速缓存中，Amazon CloudFront 会将请求发送给相同数据类型的源发端服务器，然后由源发端服务器将数据发送回 Amazon CloudFront 的边缘站点服务器。

1.2　Amazon Virtual Private Cloud (Amazon VPC)

Amazon Virtual Private Cloud (Amazon VPC)提供了一个在 AWS Cloud 中逻辑独立的专有网络。你可以在这个虚拟专有网络中创建 Amazon EC2 实例资源。此外，用户完全操控整个虚拟网络环境，包括 IP 地址范围、子网的建立、路由表的配置以及网络网关等。可以在 Amazon VPC 中使用 IPv4 或 IPv6，安全且便捷地访问资源和应用。

1.2.1　Amazon VPC 的运作机制

Amazon VPC 在你定义的逻辑网络中创建资源。这个网络类似于在传统数据中心运行的网络结构，但是对传统网络的延展性和许多功能进行了改进。Amazon VPC 继续使用传统的网络概念，例如子网、IP 地址和状态防火墙等。

但是 Amazon VPC 的底层机制与标准化的户内网络架构有所不同。试想共享的环境中每个用户拥有自己独立的网络，并且众多用户每天对网络配置进行成千上万次的更改(传统网络环境很难适应这个需求)，AWS 创新性地满足了这个需求，支持日常百万级别的活跃网络用户，并且增强了与传统网络相比更强大的延展性、高性能、灵活性和安全性。虽然 Amazon VPC 的底层技术不在考试范围之列，但是理解它的工作机制有助于我们思考它的运行方式以及功能。

Amazon VPC 架构由多个部件构成，例如 Amazon DNS 服务器、实例元数据(instance metadata)和动态主机配置协议(Dynamic Host Configuration Protocol，DHCP)服务器，以及支持 VPC 底层 Amazon EC2 实例的物理服务器。这些物理服务器拥有自己的 IP 地址。客户在 VPC 上创建 Amazon EC2 实例后，由 AWS 决定这些实例由哪个物理服务器运行。这个决策基于多个因素，包括目标 AZ、实例类型、实例租赁期，以及实例是否为置放组(placement group)成员。当使用不同的 AWS 账户创建 Amazon VPC 实例时，实例仅对账户本身可视，其他账户看不到此实例。

租户访问隔离是 Amazon VPC 的核心功能。Amazon VPC 使用映射服务来获知指定 VPC 包含的资源。这个映射服务从底层的 AWS 基础设施中抽象出 VPC。对任何给定的 VPC 来说，此映射服务保留其所有资源的信息，例如 VPC 的 IP 地址，以及本资源在其上运行的底层物理服务器的 IP 地址。映射服务是每个 VPC 拓扑结构的权威信息源。

现在我们假设 VPC 的 Amazon EC2 实例 A，在通过 IPv4 与另一个 Amazon EC2 实例 B 进行通信时，实例 A 播放一个地址解析协议(Address Resolution Protocol，ARP)数据包以获取实例 B 的介质访问控制(Media Access Control，MAC)地址。实例 A 上的这个 ARP 数据包被服务器的虚拟管理软件(Hypervisor)拦截。Hypervisor 查看映射服务，判断实例 B 是否在 VPC 中。如果是，那么它会获取实例 B 的 IP 地址。之后，Hypervisor 给实例 A 返回一个合成的 ARP 响应，此响应带有实例 B 的 MAC 地址。

实例 A 现在准备好向实例 B 发送一个 IP 网络数据包。这个 IP 网络数据包中除了含有实例 A 的源 IP 地址和实例 B 的目标 IP 地址外，还把自己封装在由实例 A 的源地址和实例 B 的 MAC 目标地址组成的以太网(Ethernet)的报头部分。在这之后，以太网数据包由实例 A 的网络接口进行传送。

综上所述，实例 A 发出的数据包，首先由服务器的 Hypervisor 截获，Hypervisor 查看映射服务以获取实例 B 所在物理服务器的 IPv4 地址。一旦映射服务提供所需数据，实例 A 发出的数据包就由这个特定的 VPC 封装在 VPC 报头部分，然后再次对由实例 A 所属的物理服务器的源 IP 地址和实例 B 所属的物理服务器的目标 IPv4 地址组成的 IP 包进行封装。这个数据包最后放置在 AWS 网络中。

当数据包到达实例 B 所属的物理服务器后，数据包外部的 IPv4 和 VPC 报头部分被检查。实例的 Hypervisor 查看映射服务，以确认实例 A 在指定的物理服务器和接收数据包指定的 VPC 中存在。映射服务确认映射正确后，Hypervisor 将剥除数据包的外部封装部分，并将数据包由实例 A 送达实例 B 的网络接口。

以上关于 Amazon VPC 数据包交换的详细描述，应该为你提供了清晰的理由。例如，为什么 Amazon VPC 不支持网络的广播(broadcast)和多播(multicast)。这些相同的理由也解释了为什么数据包嗅探(packet sniffing)功能在 VPC 下不能正常工作。希望上面的例子在你推理和探求 Amazon VPC 的运行机制和功能时，对你有所帮助。

1.2.2　Amazon VPC 以外的服务

许多 AWS Cloud 服务在 Amazon VPC 以外的地区提供服务。这些服务包括：
- 边缘站点(例如，Amazon Route 53 和 Amazon CloudFront)
- 直接由 VPC 内部提供的服务[例如，Amazon Relational Database Service (Amazon RDS) 和 Amazon　Workspaces]
- VPC 内的端点[例如，Amazon DynamoDB 和 Amazon Simple Storage Service (Amazon S3)]
- VPC 以外的公有服务端点[例如，Amazon S3 和 Amazon　简单队列服务(Amazon SQS)]

AWS Cloud 服务在前文描述的全球基础设施上运行。当在互联网上直接使用这些服务时，例如边缘站点和公有服务端点，它们由特定的服务机制(如策略和白名单)控制网络的行为。当使用 VPC 直接对应的服务时，一般是通过网络接口或 VPC 的端点来实现的。此外，还可以使用 Amazon VPC 的功能，如安全组(security group)、网络访问控制列表(Access Control List，ACL)、路由表等。

对考试来说，我们应当理解 AWS Cloud 服务如何与网络架构集成，以及如何运用它们控制网络的行为。我们不需要理解 AWS 实现某个服务时的具体机制，但理解这些实施模式可以帮助我们开发高延展性、高性能和高可用的架构。

图 1.2 为 AWS 服务地点的概览图。

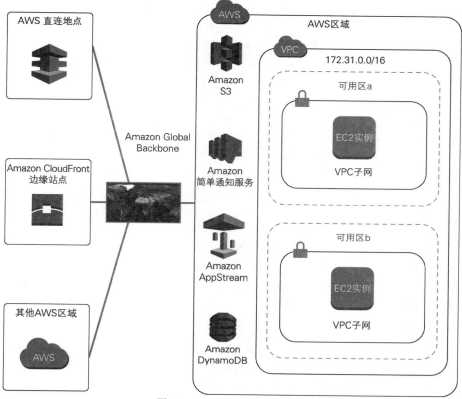

图 1.2　AWS 服务地点的概览图

1.3　AWS 网络服务

AWS 提供了众多服务，可以将这些服务结合起来使用，以满足企业内部需求。本节将介绍与网络相关的 AWS Cloud 服务。后续章节将继续深入讨论与考试相关的服务。

1.3.1　Amazon Elastic Compute Cloud (Amazon EC2)

Amazon Elastic Compute Cloud (Amazon EC2)提供了一个在云端可以调整计算能力大小的 Web 服务。它允许企业在 Amazon 数据中心获得虚拟的服务器并且利用这些资源创建和运行软件系统。企业可以选择多种操作系统和资源配置(例如，内存、CPU 和存储)，以优化不同类型的应用程序。Amazon EC2 提供了一个真正的虚拟计算环境，企业在这个环境中启动基于不同操作系统的计算资源，通过定制应用程序加载它们，以及在保持全方位控制的同时管理网络访问权限。

1.3.2　Amazon Virtual Private Cloud (Amazon VPC)

Amazon Virtual Private Cloud (Amazon VPC)提供了一个在 AWS Cloud 中逻辑独立的专有网络，你可以在这个虚拟专有网络中使用 AWS 资源。企业用户操控整个虚拟网络环境，包括 IP 地址范围的选择、子网的建立、路由表的配置以及网络网关的设置等。此外，企业用户还可以通过软/硬件 VPN 连接或者 AWS Direct Connect 的专线方式扩展企业内部的数据中心网络与 AWS 网络互联。我们将会在第 2 和 3 章中对 Amazon VPC 进行更深入的讨论。

1.3.3　AWS Direct Connect

AWS Direct Connect 允许企业内部数据中心和 AWS 建立专用的网络连接。这样，企业内部数据中心、办公室、托管中心(AWS)可以通过直连与 AWS 建立私有网络连接，从而大大降低了企业网络成本，提高了网络带宽输出，并且提供了相比基于互联网 VPN 连接更可持续的网络体验。AWS Direct Connect 方式将在第 5 章中深入讨论。

1.3.4　Elastic Load Balancing

Elastic Load Balancing 自动将应用程序数据流量平均分配到多个 Amazon EC2 实例中。这个功能给企业应用程序无缝提供了所需的负载均衡能力，大大提高了企业应用程序的容错性需求。

Elastic Load Balancing 将在第 6 章中深入讨论。

1.3.5　Amazon Route 53

Amazon Route 53 是一个高可用、高可扩展的 DNS 服务。它给开发人员和企业提供了一种非常可靠和低成本的方式，当终端用户需要路由到互联网应用程序时，将可读的名字(如 www.example.com)翻译成 IP 地址(如 192.0.2.1)，通过 IP 地址，计算机可以实现互联。Amazon Route 53 也可以同时作为域名注册商使用，允许客户直接从 AWS 购买和管理域名。第 6 章将深入讨论 Amazon Route 53。

1.3.6　Amazon CloudFront

Amazon CloudFront 是一个全球内容分发网络(Content Delivery Network，CDN)，这个网络将数据、视频、应用程序和应用程序编程接口(Application Programming Interface，API)以低延时和高速率的方式安全地传送给企业用户。Amazon CloudFront 与 AWS 紧密结合，无论是在物理地点与 AWS 全球基础设施直接相连，还是从软件意义上而言，CDN 的所有软件与 AWS 的其他云服务都可以无缝协作。这些软件包括 AWS Distributed Denial of Service (DDoS)的 AWS Shield、Amazon S3、Elastic Load Balancing 和作为应用程序源的 Amazon EC2 实例，以及在靠近内容分派用户地区运行定制代码的 AWS Lambda 服务。Amazon CloudFront 将在第 7 章中进行深入讨论。

1.3.7　Amazon GuardDuty

Amazon GuardDuty 是一种用于持续安全监控、威胁检测的解决方案，提供了蓄意或未授权的活动对 AWS 账户内的应用程序和服务可能造成危害的可视度。GuardDuty 可以检测黑客的侦查攻击(例如，端口探查、端口扫描以及企图获取账户登录信息，等等)，也可以检测被感染的 Amazon EC2 实例(例如，提供恶意流氓软件、比特币开采以及 DDoS 攻击的 Amazon EC2 实例)。此外，Amazon GuardDuty 还可以检测已经被攻击的账户(例如，未授权的基础设施部署、AWS CloudTrail 篡改以及异常的 API 调用，等等)。在检测到威胁后，该解决方案会提供安全调查结果。每个调查结果包括严重度级别、调查结果的详细证据以及操作建议。GuardDuty 将在第 8 章中进行深入讨论。

1.3.8　AWS WAF

AWS WAF 用于帮助防范 Web 应用的普通攻击和滥用，这些攻击可能影响应用的可用性、降低安全性以及损耗过多的系统资源。AWS WAF 通过可定制化的 Web 安全策略允许企业用户打开或阻止某个使用 Web 应用的网络通道。AWS WAF 将在第 8 章中进行深入讨论。

1.3.9　AWS Shield

AWS Shield 是一个用于防范 AWS 中的 Web 应用不受 DDoS 攻击的服务。AWS Shield 提供了实时监测和自动内嵌式调解机制，以降低应用的宕机时间和潜在风险。AWS Shield 有两个级别：标准和高级。所有 AWS 用户都享有 AWS Shield 提供的免费标准服务，本级别服务提供自动检测功能。AWS Shield 标准服务可以防范大多数在网络层和传输层对目标网站和应用进行 DDoS 攻击带来的风险。AWS Shield 将在第 8 章中进行深入讨论。

1.4　本章小结

AWS 在全球多个地区提供了高可用的设备服务技术。这些地区由区域和可用区组成。AWS 提供网络以及横跨边缘站点的网络功能，同时，具有支持 VPC 以及混合网络的功能。AWS 运营的全球网络连接着这些地区网络。

Amazon VPC 提供了一个安全且易于访问资源和应用的虚拟网络环境，可完全由用户控制和管理。

本章介绍了与 AWS 网络相关的基础服务，以及本书后面讲解高级网络知识时所需的相关背景知识。

1.5　复习资源

AWS 全球基础设施：https://aws.amazon.com/about-aws/global-infrastructure/

Amazon EC2：https://aws.amazon.com/ec2/

Amazon VPC：https://aws.amazon.com/vpc/

AWS Direct Connect：https://aws.amazon.com/directconnect/

Elastic Load Balancing：https://aws.amazon.com/elasticloadbalancing/

Amazon Route 53：https://aws.amazon.com/route53/

Amazon CloudFront：https://aws.amazon.com/cloudfront/

AWS WAF：https://aws.amazon.com/waf/

AWS Shield：https://aws.amazon.com/shield/

1.6　考试要点

理解全球基础设施　AWS 在全球基础设施上运行，AWS 网络由 Amazon 独立运营，全球基础设施使数据在区域、可用区、边缘站点以及客户交叉连接设备之间流动。AWS 网络上节点之间的数据流均使用 AWS 全球基础设施。

理解区域　区域是地理地区，AWS Cloud 服务(如 Amazon EC2)在区域中运行。AWS 区域之间各自独立。大多数 AWS Cloud 服务在一个区域中运行。因为区域是独立分开的，所以存放在一个区域中的数据内容会保留在本区域中，除非手动移到另一个区域。

理解可用区　可用区(AZ)由一个或多个数据中心组成，它属于区域，AZ 在设计时考虑到了与其他 AZ 故障的隔离。AZ 提供了低成本、低延时、在同一区域中与其他 AZ 的高带宽网络连接。将资源分放在不同的 AZ 中，可以防止单一地区的服务中断对用户网站或应用造成影响。

理解 Amazon VPC　Amazon VPC 是 AWS 架构中独立的逻辑网络。VPC 包括很多资源，例如 Amazon EC2 实例，同时 VPC 内部提供了具有路由功能的映射服务。

理解 AWS Cloud 服务如何协调工作　你应该了解 AWS Cloud 服务如何与企业用户的综合网络架构相结合以及如何控制管理网络行为。你不需要了解某个 AWS 服务的具体工作机制。但是理解这些服务的实施模型，有助于开发可扩展、高性能以及高可用的架构。

应试窍门

你应该合理地管理考试时间，不要把过多的时间浪费在被难住的问题上，可以先把它们标记下来以备复查之用。在完成所有试题后再安排复查时间。应对标记的试题答案进行检查，直至得到满意的答案为止。

1.7　练习

练习 1.1

复习网络服务文档

浏览与前面介绍的网络服务产品资料相关的所有网站。

1. 浏览 AWS 全球基础设施网站。复习 AWS 区域以及可用区的相关内容。熟悉 AWS 全球基础设施。

2. 浏览 Amazon VPC 产品文档。复习产品详情以及常见问题解答(FAQ)。熟悉与产品相关的其他链接。

3. 浏览 AWS Direct Connect 产品文档。复习产品详情以及常见问题解答。熟悉与产品相关的其他链接。

4. 浏览 Elastic Load Balancing 产品文档。复习产品详情以及常见问题解答。熟悉与产品相关的其他链接。

5. 浏览 Amazon Route 53 产品文档。复习产品详情以及常见问题解答。熟悉与产品相关的其他链接。

6. 浏览 Amazon CloudFront 产品文档。复习产品详情以及常见问题解答。熟悉与产品相关的其他链接。

7. 浏览 AWS WAF 产品文档。复习产品详情以及常见问题解答。熟悉与产品相关的其他链接。

8. 浏览 Amazon Shield 产品文档。复习产品详情以及常见问题解答。熟悉与产品相关的其他链接。

在完成本练习之后，你将熟悉与 AWS 网络相关的产品，以及相关文档资料和 AWS 补充文档的出处。

1.8　复习题

1. 以下哪些服务提供 AWS 与数据中心、办公室或托管服务中心的私有连接？
   A. Amazon Route 53
   B. AWS Direct Connect
   C. AWS WAF
   D. Amazon VPC

2. 哪个 AWS 服务在向终端用户分发内容时使用边缘站点？
   A. Amazon VPC
   B. AWS Shield
   C. Amazon CloudFront
   D. Amazon EC2

3. 以下哪种说法正确？
   A. AWS 区域包含多个边缘站点网络
   B. 边缘站点包含多个可用区
   C. 可用区包含多个 AWS 区域
   D. AWS 区域包含多个可用区

4. 以下哪种说法描述了 AWS 在全球以物理区域划分数据中心的群组？
   A. 端点
   B. 集合
   C. 服务器队列
   D. 区域

5. 与使用单个数据中心相比，以下哪个 AWS 区域的功能允许在更加高可用、高容错和易扩展的环境中运行生产系统？
   A. 可用区
   B. 复制区域

C. 地理管辖区

D. 计算机中心

6. 以下哪个 AWS Cloud 服务提供了逻辑独立的区域，允许在自定义逻辑网络中运行 AWS 资源？

A. Amazon SWF

B. Amazon Route 53

C. Amazon VPC

D. AWS CloudFormation

7. 以下哪个 AWS Cloud 服务提供了 DDoS 攻击防范缓解功能？

A. AWS Shield

B. Amazon Route 53

C. AWS Direct Connect

D. Amazon EC2

8. AWS 全球基础设施架构由几个公司运营？

A. 1

B. 2

C. 3

D. 4

9. Amazon VPC 允许以下哪个功能？

A. 从户内网络的连接

B. 创建自定义的逻辑网络

C. 对客户数据进行边缘站点缓存

D. 网络阈值预警

10. 以下哪个 Amazon VPC 组成构件保留了当前客户环境的拓扑图？

A. 路由表

B. 映射服务

C. 边界网关协议

D. 内部网关协议

11. 创建 VPC 时，可以定义以下哪些项？

A. AWS 数据中心

B. 802.1x 认证方式

C. 虚拟局域网标签

D. IPv4 地址区间范围

12. Amazon Route 53 允许执行以下哪个操作？

A. 创建子网

B. 注册域名

C. 定义路由表

D. 修改状态防火墙

13. 以下哪个服务在 AWS 连接企业网络时能够提供更加持续的网络体验？

    A. Amazon Direct Connect

    B. Amazon CloudFront

    C. 基于 Internet 的 Virtual Private Network (VPN)

    D. Amazon Route 53

14. 以下哪个 AWS Cloud 服务可以自定义 Web 安全策略？

    A. Amazon Route 53

    B. AWS Shield

    C. AWS WAF

    D. GuardDuty

15. 以下哪个服务可以提高 AWS 中 Amazon EC2 应用的容错度？

    A. AWS Direct Connect

    B. Elastic Load Balancing

    C. AWS Shield

    D. AWS WAF

第2章

Amazon VPC 与网络基础

本章涵盖的 AWS 认证高级网络-专项考试目标包括但不局限于以下知识点。

知识点 2.0：设计和实施 AWS 网络
- 2.1 应用 AWS 网络概念

知识点 4.0：配置与应用服务集成的网络
- 4.3 确定 AWS 中 DHCP 的适当配置

Amazon Virtual Private Cloud (Amazon VPC)允许客户在 AWS Cloud 中定义虚拟网络，这样就可以在 AWS 中创建自己独立的逻辑区域，类似于在户内数据中心设计和实施独立的网络。

本章将复习 Amazon VPC 的核心构件，帮助你学习和掌握考试内容。本章后面的练习将增强你在云中创建 Amazon VPC 所需的技能。如果想通过 AWS 认证高级网络-专项考试，就需要对 Amazon VPC 技术和排查错误有较深入的理解，所以强烈建议你完成本章中所有的练习。

2.1 Amazon VPC 简介

Amazon VPC 是 Amazon Elastic Compute Cloud (Amazon EC2)服务的网络层，它允许你在 AWS 区域创建自己的虚拟网络。你可以多方位控制 VPC，包括选择 IP 地址范围、创建子网、配置路由表和网络网关，以及设置网络安全。在一个区域内可以创建多个 VPC。即使一个 VPC 与另一个 VPC 之间的 IP 地址有重叠，也不影响每个 VPC 逻辑独立的特性。你可以在 VPC 中运行 AWS 资源，例如 Amazon EC2 实例。

在创建 VPC 时，必须使用无类别域间路由(Classless Inter-Domain Routing，CIDR)块分配一个 IPv4 地址范围，例如 10.0.0.0/16。我们可以选择任何 IPv4 地址范围，但是 CIDR 块在 Amazon VPC 中以私有地址对待。Amazon 不会把这个网络在互联网中公示。如果需要和互联网连接，或者需要与其他具有互联网端点的 AWS Cloud 服务通信，可以给资源分配全球唯一并且公有的 IPv4 地址。创建 VPC 以后，初始设置的 IPv4 地址不可以修改。VPC IPv4 地址可以在最大/16(总共 65 536 个地址)和最小/28 (总共 16 个地址)之间，这个地址选择范围不能与 VPC 相连的其他网络地址重叠。

也可以在 VPC 中创建 IPv6 地址。IPv6 的地址范围是固定的/56(共 4 722 366 482 869 645 213 696 个地址)并且由 Amazon 自己的 IPv6 分配表进行分配。从 Amazon 接收到的 IPv6 地址是全球单播地址(Global Unicast Address，GUA)空间。Amazon 会将这个地址在互联网中公示，所以这些

IPv6 地址是公开的。如果将互联网网关(Internet Gateway，本章稍后讨论)与 VPC 结合使用，那么 VPC 就可以访问互联网。

提示：

创建 VPC 时需要 CIDR 块。VPC 中的每一个资源无论是否使用 IPv4 进行网络通信，都需要分配 IPv4 地址。所以，VPC 中可用的 IPv6 地址个数受 IPv4 地址可用池的限制。

提示：

最新的 AWS IP 地址区间已在网页 https://ip-ranges.amazonaws.com/ip-ranges.json 上以 JSON 格式列出。

VPC 可以在双栈(dual-stack)模式下运行。这意味着 VPC 中的资源，可采用 IPv4、IPv6 或二者兼顾的方式进行通信。虽然 VPC 允许双栈模式，但是实际操作中 IPv4 和 IPv6 是独立管理的。所以，在配置路由和安全构件时需要对每个 IP 地址类型分别进行配置。

表 2.1 列出了 Amazon VPC 中 IPv4 和 IPv6 地址的区别。

表 2.1 IPv4 与 IPv6 地址的对比

IPv4 地址	IPv6 地址
32 位地址，采用十进制.间隔格式	128 位，采用十六进制:间隔格式
所有 Amazon VPC 默认且必须不能删除	可选
Amazon VPC CIDR 块大小为/16～/28	Amazon VPC CIDR 块大小固定为/56
可以选择 VPC 中的私有 IPv4 CIDR 块地址	Amazon 从 IPv6 地址池中分配 IPv6 CIDR 块，用户不能自己选择
区分公有和私有地址，需要使用公有 IPv4 地址访问互联网	不区分公有和私有地址。IPv6 是 GUA 公有地址，安全由路由和安全策略管理

注意：

在 Amazon VPC 之前，用户创建的 EC2 实例与其他用户共享在单一的网络中，这种 EC2 环境现在被称为 EC2 传统模式。2013 年 12 月以后创建的 AWS 账户仅支持 Amazon VPC 模式。EC2 传统模式在考试中没有涉及，因此本书后面对 EC2 传统模式不再讨论。

为简化新用户对 Amazon VPC 的使用体验，AWS 账户在每个可用区(Availability Zone，AZ)中创建了一个默认的 VPC，这个默认 VPC 包含一个默认的子网。这个默认 VPC 分配的 CIDR 块是 172.31.0.0/16。默认的 VPC 中没有打开 IPv6 功能。

图 2.1 阐述了一个地址区间为 10.0.1.0/24 的 VPC，这个 VPC 包含两个不同地址区间的子网(10.0.0.0/24 与 10.0.1.0/24)，子网分别放在不同的可用区中，并且包含一张已经定义的本地路由表。

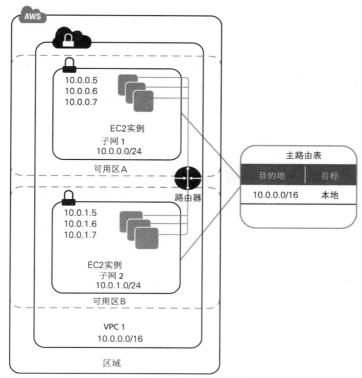

图 2.1　VPC、子网与路由表

Amazon VPC 包含以下概念和构件：

- 子网
- 路由表
- IP 地址
- 安全组
- 网络访问控制列表(Network Access Control List，ACL)
- 互联网网关
- 网络地址转换(Network Address Translation，NAT)实例与 NAT 网关
- 单出口互联网网关(Egress Only Internet Gateway，EIGW)
- 虚拟私有网关(Virtual Private Gateway，VGW)、客户网关以及虚拟私有网络(Virtual Private Network，VPN)
- VPC 端点
- VPC 伙伴网络
- 置放组(placement group)
- 弹性网络接口
- DHCP 选项集
- DNS 服务器
- VPC 流日志

2.2 子网

子网是 VPC 的一部分，整个驻留在单一的可用区之内。VPC 可以横跨一个区域(region)中的所有可用区，子网不能横跨一个以上的可用区。在一个可用区内，可以创建 0 个、1 个或多个子网。在创建子网时，需要指定目标可用区以及从 VPC CIDR 块中分配一个连续的 IPv4 地址块。之后，就可以在一个或多个子网中运行 Amazon EC2 资源，例如 Amazon Relational Database Service (Amazon RDS)。

子网的最大地址间由 VPC IPv4 CIDR 范围决定。子网的最小地址区间是/28 (总共 16 个 IPv4 地址)。例如，如果创建一个 VPC，IPv4 CIDR 地址为 10.0.0.0/16，那么可以创建/28 的多个子网。当然，也可在大小为/16 的可用区中创建单一的子网。AWS 预留子网中的前 4 个和最后一个 IPv4 地址作为内部网络使用。例如，如果一个子网的大小被定义为/28，那么它包含 16 个 IPv4 地址，减去 AWS 需要的 5 个 Ipv4 地址，最后这个子网剩下 11 个 IPv4 地址可以供你使用。

提示：
Amazon VPC 不会对广播和多播网络数据流进行转发。所以，可以自行定义子网大小而不必担心网络性能以及网络数据转发带来的影响。

如果对 Amazon VPC 与一个 IPv6 地址块进行关联，那么也可以选择给已经存在的子网关联一个 IPv6 CIDR 块。每个 IPv6 子网拥有/64 的固定前缀长度，并且这个 CIDR 范围是从 VPC 的/56 CIDR 块中进行分配的。当指定 IPv6 子网的地址范围时，你控制了子网 IPv6 前缀的最后 8 个字节，这称为子网标识符。图 2.2 显示了十六进制(Hex)与二进制(Bin)的表达及使用格式(Use)。例如，如果给 VPC 分配 IPv6 地址 2001:0db8:1234:1a00::/56，那么可以指定值是从低位开始顺序的 8 位字节。

Hex:	2	0	0	1:	0	d	b	8:	1	2	3	4:	1	a	0	0	::/64
Bin:	0010	0000	0000	0001	0000	1101	1011	1000	0001	0010	0011	0100	0001	1010	0000	0000	
Use:						VPC CIDR ID									Subnet	ID	

图 2.2 子网标识符

在图 2.2 中，子网 1 使用子网标识符 00，CIDR 块地址是 2001:db8:1234:1a00::/64。注意 IPv6 标记格式不需要显示前导 0，所以 2001:0db8:1234:1a00::/56 与 2001:db8:1234:1a00::/56 是等同的。此外，任何单个连续为 0 的部分可以标记为双冒号(::)。

如果没有使用 IPv6 地址，也可以对 IPv6 CIDR 块与子网进行分离。如果子网没有相应的 IPv6 CIDR，也可以对 IPv6 CIDR 与 Amazon VPC 进行分离。此后，可以向 Amazon 申请新的 IPv6 CIDR。

注意：
如果将 IPv6 CIDR 与 VPC 分离，那么以后再从 Amazon 申请得到新的 IPv6 块时，CIDR 地址可能会不同。

对 IPv4 和 IPv6 来说，子网可以归类为公有的、私有的或仅限于 VPN。表 2.2 比较了这些子网类型，图 2.3 举例进行了说明。无论哪一种子网类型，内部的 IPv4 地址区间永远是私有地

址(也就是说，AWS 不会在互联网中公布这个地址)，而内部的 IPv6 地址区间永远是 GUA(AWS 在互联网中公布的公有地址)。

表 2.2　IPv4 与 IPv6 子网

	IPv4	IPv6
公有子网(子网 1)	与路由表相关(本章后面讨论)，包含指向互联网网关的路由记录	
私有子网(子网 2)	路由表中没有指向互联网网关的记录，但是可能包含指向 NAT 实例或 NAT 网关的路由记录(本章后面讨论)	路由表中没有指向互联网网关的记录，但是可能包含指向单出口互联网网关的路由记录(本章后面讨论)
仅限于 VPN 的子网(子网 3)	路由表将网络数据定向给 VPC 的 VGW(本章后面讨论)或者运行 VPN 软件的 Amazon EC2 实例	路由表将网络数据定向给运行 VPN 软件的 Amazon EC2 实例

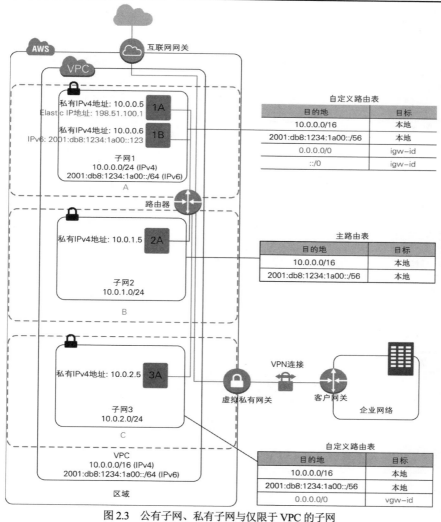

图 2.3　公有子网、私有子网与仅限于 VPC 的子网

注意：
虽然子网在 AWS 文档中经常被引用为"公有"或"私有"的，但它们的本质功能是相同的。如果严格区分公有子网和私有子网的话，它们的区别在于路由是否与互联网网关相连。

默认的 VPC 在区域的每个可用区内包含一个公有子网，这个公有子网的掩码是/20。

警告：
用户应当注意不要删除默认 VPC，否则，对其他依赖默认 VPC 的服务可能会带来意想不到的后果。

2.3 路由表

VPC 中的每个子网都包含名为隐式路由器的逻辑构件。隐式路由器是路由在子网中确定的下跳网关。这些路由决策由路由表管理，每个路由表中包含许多路由记录。可以创建自定义路由表，从而定义具体的路由策略。自定义路由表可以与一个或多个子网相关。VPC 也包含一个可以修改的主路由表。这个主路由表可以由没有与自定义路由表进行显式关联的子网使用。

每个路由记录，或者说路由，都包括目的地和目标。路由的目的地可以是 CIDR 块或是 VPC 网关端点中的前缀列表(本章后面讨论)。路由的目标包括互联网网关、NAT 网关、单出口互联网网关、虚拟私有网关、VPC 网关端点、VPC 节点或弹性网络接口。

每个路由表包括一个或多个本地路由记录，这些路由记录与 IPv4 或 IPv6 CIDR 块关联。每个路由表包括目标为本地(local)的 CIDR 区间，这些记录不能删除。不能在路由表中添加本地路由以外的特定路由。本地路由表中的记录保证了 VPC 中的所有资源都包含自己到其他资源的路由。

当隐式路由器接收到网络数据包时，下跳路由目标由特定的路由优先策略决定。路由表包含本地、静态以及动态的路由。VPC CIDR 块的路由是本地的。显式配置的路由是静态的。 动态路由从 VGW(见稍后的讨论)传播而来。表 2.3 描述了路由优先级。记得前面我们提到过 Amazon VPC 在操作 IPv6 时采用的是双栈模式，也就是说，对于 IPv4 与 IPv6，路由线路的评估是独立执行的。

表2.3　路由优先级

优先级	描述
1	本地路由，即使 CIDR 中存在更具体的路由
2	最具体的路由(匹配最长前缀的路由记录)
3	如果记录前缀相同，静态路由优先于动态路由
4	从 AWS 直连中传播的动态路由(见稍后的讨论)
5	由 VGW VPN 连接配置的静态路由(见稍后的讨论)
6	由 VPN 传播的动态路由(见稍后的讨论)

你应当记住路由表的以下要点：

- VPC 包含隐式路由
- VPC 自带可以修改的主路由表
- 在 VPC 中可以创建自定义路由表
- 每个子网都与一个路由表关联，路由表控制子网的路由。如果没有指定子网相关路由，那么子网使用主路由表
- 可以将自定义路由表设置为主路由表，这样新的子网将自动与自定义路由表关联
- 每个路由记录都定义了目的地 CIDR 和目标。例如，目的地址 172.16.0.0/12 的网络数据流向目标是 VGW
- AWS 使用预设的路由优先级决定路由线路

2.4　IP 地址访问

VPC 中的资源使用 IP 地址与本网络以及互联网中的其他资源通信。Amazon EC2 与 Amazon VPC 同时支持 IPv4 与 IPv6 地址访问协议。

Amazon EC2 与 Amazon VPC 需要使用 IPv4 地址协议。当创建 VPC 时，需要分配 IPv4 CIDR 块。Amazon EC2 的其他功能，例如实例元数据(instance metadata)以及 Amazon DNS 服务器也需要使用 IPv4。

分配给 VPC 的 IPv4 CIDR 块是由 Amazon 管理的私有地址区间，即使这个地址块是互联网中的可路由地址。如果希望将实例与互联网连接，或者让实例与其他具有公共端点的 AWS Cloud 服务通信，则需要分配公有 IPv4 地址。本节涉及多种分配 IPv4 地址的方法。

也可以选择与 VPC 以及子网关联 IPv6 CIDR 块，并且给子网中的资源分配 IPv6 地址。IPv6 是可以在互联网中访问的公有地址。IPv6 地址有多种类型。本节讨论 IPv6 地址类型以及如何给 Amazon EC2 实例分配 IPv6 地址。

2.4.1　IPv4 地址

VPC 中的 IPv4 地址从广义上可以分为公有地址和私有地址。私有地址是由 VPC 中的 CIDR 分配的。这些地址可以自动或手动分配。公有 IP 地址由 Amazon 的可路由 IPv4 地址池分配。实例的公有 IPv4 地址可以在创建时分配或者在创建后使用 IPv4 Elastic IP 地址动态分配。

Amazon EC2 实例在启动的图形化界面中获得 IPv4 地址。可以选择在目标子网的地址区间内未使用的 IP 地址。如果创建时没有指定 IP 地址，那么 Amazon 会从可用子网的地址池中分配私有 IP 地址。由主界面分配的 IP 地址在实例关闭前会一直保留。在创建 Amazon EC2 实例时可以关联多个弹性网络接口(本章后面讨论)以及二级私有 IP 地址。附加了弹性网络接口的私有 IP 地址会一直保留，除非网络接口被删除。

Amazon EC2 实例可以在创建时自动获取或者在创建后动态获取公有 IPv4 地址。所有 VPC 子网都具有一个可修改的属性，这个属性决定子网中创建的弹性网络接口是否自动接收公有 IPv4 地址。也可以通过手动分配地址取消这个属性或者拒绝公有 IPv4 地址的自动分配。

注意:
实例在创建后,不能手动将自动分配的公有 IP 地址与实例分离。在一些情况下,这个地址会自动释放,例如当停止或中断实例时,但是释放的地址不能重新使用。

Elastic IP 地址是静态的、公有的 IPv4 地址,可以由用户在账户中分配(从地址池中获得)以及从账户中释放(交还地址池)。Elastic IP 地址可从 Amazon 管理的区域 IPv4 地址池中获取。Elastic IP 地址允许在底层系统结构不定期变更的情况下,保留一组固定的 IPv4 地址。

提示:
在 AWS 文档以及本书中,公有 IP 地址有两个含义。虽然 Elastic IP 地址是公有可路由地址,但是用户可能看到公有 IP 地址或 Elastic IP 地址。根据上下文,公有 IP 地址可能指的是任何公有可路由地址,或者指的是实例第一次动态分配的公有地址,而不是 Elastic IP 地址。

以下是考试中关于 Elastic IP 地址需要掌握的要点:
- 必须在 VPC 中事先分配 Elastic IP 地址后,再将这个地址分配给实例
- Elastic IP 地址与区域关联。一个区域的 Elastic IP 地址不能分配给另一个区域的 VPC 实例
- 私有 IPv4 地址与 Elastic IP 地址是一对一的关系。用户实例接收由 Elastic IP 地址映射的私有地址作为目的地的网络数据
- 可以将 Elastic IP 地址映射从一个私有地址更换到另一个私有地址,它们可以是同一区域和账户下的同一个 VPC 或不同的 VPC
- Elastic IP 地址与 AWS 账户保持关联,除非进行手动释放
- 可免费使用分配给实例的第一个 Elastic IP 地址,但是实例必须保持运行。每个实例额外的 Elastic IP 地址以及未与运行实例关联的 Elastic IP 地址,都需要交纳一定的按小时计算的费用

2.4.2   IPv6 地址

IPv6 协议在操作上使用更广泛的地址区间。对于考试来说,需要理解链路地址(Link-Local Address,LLA)与 GUA。链路地址是由 fe80::/10 IPv6 CIDR 地址块预留的地址。对于许多 IPv6 进程使用的动态连接(on-link)地址,包括 DHCPv6 与网络邻居发现协议(Neighbor Discovery Protocol,NDP),都需要链路地址。NDP 是 IPv6 版本的 IPv4 地址解析协议(Address Resolution Protocol)。

VPC 内置路由可以被 LLA 访问。Amazon VPC 要求接口的 LLA 遵从改良的 EUI-64 格式,这样弹性网络接口的 48 位 MAC 地址就可以转换为 64 位的接口标识。如图 2.4 所示,改良后的 EUI-64 地址是通过翻转最重要的第七位并将 FF:FE 插入这个地址来创建的。LLA 仅对链路或 VPC 子网的弹性网络接口有意义。LLA 网络数据包处理能力在给弹性网络接口分配 GUA 后生效。

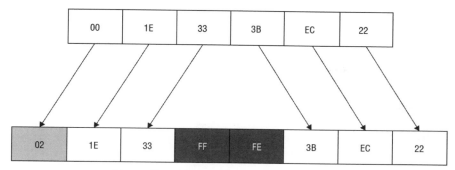

图 2.4　将 48 位 MAC 转换为改良的 64 位 EUI-64

Amazon 保留了从区域互联网注册商(Regional Internet Registry，RIR)分配到的大量 IPv6 GUA 地址。你的实例必须使用 Amazon GUA 才能实现 IPv6 在互联网中的通信。VPC 从 Amazon 的公有 IPv6 地址池中分配 IPv6 块以获取 GUA。Amazon 将为你分配固定大小为/56 的 CIDR 块，然后对需要 IPv6 的每个子网关联固定大小为/64 的 IPv6 CIDR 块。虽然不能对 VPC 的/56 地址分配进行控制，但是可以对 IPv6 子网/64 的低位字节进行分配。对 IPv6 地址的子网来说，可以给弹性网络接口分配 IPv6 地址。

为弹性网络接口分配 IPv6 地址时可以采用两种方法。可以在启动前后手动或自动分配。类似于 IPv4，可以配置子网属性，给新的子网弹性网络接口自动分配 IPv6 地址。子网属性在实例启动时会对 IPv6 GUA 进行自动分配。对于 IPv4 来说，可以在启动时取消这个属性。如果希望手动分配 IPv6 GUA，那么可以在启动时指定 IPv6 地址以取消自动地址分配。正在运行的实例也可以接收 IPv6 地址。当给正在运行的实例分配 IPv6 地址时，可以指定 IPv6 地址或者让 Amazon VPC 自动选择 IPv6 地址。

2.5　安全组

安全组(Security Group)是有状态的防火墙，用于控制 AWS 资源以及 Amazon EC2 实例中网络数据流的出入。所有 Amazon EC2 实例在启动时都需要安全组。如果在启动时没有指定安全组，那么会给实例分配所在 VPC 的默认安全组。没有被修改的默认安全组允许该安全组内的所有通信，并且允许所有出站网络数据流；其他网络数据传输默认被禁止。虽然可以改变默认安全组的规则，但是不能删除默认安全组。表 2.4 描述了默认安全组的设置。

表 2.4　安全组规则

入站			
源	协议	端口范围	注释
sg-xxxxxxxx	全部	全部	允许同一安全组的其他实例的入站网络数据流
出站			
目的地	协议	端口范围	注释
0.0.0.0/0	全部	全部	允许所有出站网络数据流

(续表)

::/0	全部	全部	允许所有 IPv6 出站数据流。本规则在使用 VPC 关联 IPv6 CIDR 块时有效

提示：
如果修改了默认安全组的出站规则，AWS 就不会自动把出站规则添加到 VPC 使用的 IPv6 CIDR 块中。

对每个安全组来说，在添加控制实例的入站规则的同时，也添加了另外一条独立的出站规则。例如，表 2.5 描述了 Web 服务器的安全组。

表 2.5　Web 服务器的安全组

入站			
源	协议	端口范围	注释
0.0.0.0/0	TCP	80	允许所有指向端口 80 的入站数据流
用户网络共用 IP 地址范围	TCP	22	允许由公司网络进入的 SSH 数据流
用户网络共用 IP 地址范围	TCP	3389	允许由公司网络进入的远程桌面协议(RDP)
出站			
目的地	协议	端口范围	注释
与 MySQL 数据库关联的安全组 ID (sg-xxxxxxxx)	TCP	3306	允许 MySQL 出站数据流访问指定安全组内的实例
与微软 SQL Server 关联的安全组 ID (sg-xxxxxxxx)	TCP	1433	允许微软 SQL Server 数据库出站数据流访问指定安全组内的实例

如果用户 VPC 与同一区域内的另外一个 VPC 存在伙伴连接(peering connection)，那么用户可以引用伙伴连接 VPC 中的安全组。这个功能允许在创建安全组时自动适应伙伴网络节点的更新，包括自动缩放(Auto Scaling)事件。如果在伙伴 VPC 中删除所引用的安全组，那么安全组的规则属性将被标记为 stale。

注意：
当给实例应用安全组后，更新将在主网络接口上生效。

以下是考试中关于安全组需要掌握的要点：

- 每个 VPC 可以创建最多 500 个安全组
- 每个安全组中可以添加最多 50 个出入站规则
- 每个网络接口可以关联最多 5 个安全组
- 可以指定允许规则，但是不能指定禁用规则，这是安全组与网络 ACL 的重要区别所在
- 对入站和出站数据流可以指定不同的规则
- 默认情况下，安全组在没有添加入站规则时，任何入站数据流都是禁止的
- 默认情况下，新的安全组拥有允许所有出站数据流的出站规则。可以删除这个规则或者添加允许特定出站数据流的出站规则
- 安全组是有状态的。也就是说，对入站数据流的应答数据允许出站，无论出站规则如何设置，此特征对出站数据流同样有效。这是安全组与网络 ACL 的重要区别所在
- 同一个安全组内的实例不能相互通信，除非添加允许它们通信的规则
- 实例启动后，可以修改与之关联的安全组，修改在几秒后生效

2.6　网络访问控制列表(ACL)

网络 ACL 是子网级别上的另外一层安全控制机制，相当于无状态的防火墙。网络 ACL 是一个有顺序的列表，AWS 根据这个列表的最低序列号码规则进行评估，决定是否允许与 ACL 关联的子网络数据流的进出。每个网络 ACL 都包含一个禁止所有数据流的规则，此规则不能修改。创建 VPC 时，所有子网与可以修改的默认网络 ACL 关联。默认网络 ACL 允许 IPv4 的所有入站和出站数据流。当创建自定义的网络 ACL 时，初始设置禁止所有入站和出站数据流，可以添加规则，允许指定数据流。还可以添加类似安全组的规则，设置网络 ACL，这样就可以增加对 VPC 的额外安全保护；或者使用默认网络 ACL，默认网络 ACL 对子网范围内的数据流没有限制。每个子网都必须与网络 ACL 相关。如果用户 VPC 关联了 IPv6 CIDR 块，那么 Amazon 会自动添加允许出站和入站 IPv6 数据流的规则。

 提示：

如果修改默认网络 ACL 的入站规则，VPC 之后又与 IPv6 CIDR 相关，则 AWS 不会自动添加允许规则。这一特征对默认网络 ACL 的出站规则也同样适用。

表 2.6 列举了安全组与网络 ACL 的区别。准备考试时，你应当记住这些不同之处。

表 2.6　安全组与网络 ACL 的对比

安全组	网络 ACL
网络接口级别	子网级别
仅支持允许规则	支持允许与禁止规则
有状态：自动允许返回数据流，无论规则如何设置	无状态：返回数据流需要用户定义
AWS 评估所有规则，决定是否允许数据流	按照规则数字由小到大的顺序决定是否允许数据流

2.7 互联网网关

互联网网关是可横向扩展、集容错性与高可用性于一体的 Amazon VPC 构件，它允许 VPC 中的实例与互联网进行通信。互联网网关在 VPC 的路由表中是目标，可以路由互联网数据流。

对 IPv4 而言，当网络数据流由实例发送给互联网时，互联网网关将任何私有 IPv4 地址翻译为关联的公有 IPv4 地址。Amazon EC2 实例在创建时可以分配公有的 IPv4 地址，或者使用 IPv4 的 Elastic IP 地址。互联网网关保留实例的私有 IPv4 地址与公有 IPv4 地址的一对一映射关系。在实例从互联网接收网络数据流以后，互联网网关将目标地址(公有 IPv4 地址)翻译为私有 IPv4 地址，然后在适当的时候将数据流转发给 VPC。

因为 IPv6 地址由 Amazon 的 GUA 块分配，所以 VPC 中的 Amazon EC2 实例知道自己的公有 IPv6 地址。当网络数据流由实例发送给互联网时，互联网网关对源 IPv6 地址进行转发。在实例从互联网接收网络数据流以后，互联网网关使用匹配的 GUA 将网络数据流转发给 Amazon EC2 目标实例。

在创建具有互联网访问功能的公有子网时必须完成以下事项：

- 创建并且将互联网网关与 VPC 关联
- 在关联子网的路由表中创建路由，从而将非本地网络数据流(IPv4 的 0.0.0.0/0 或 IPv6 的::/0)发送给互联网网关
- 配置网络 ACL 与安全组规则，允许相关网络数据流在实例中传播

需要完成以下事项，才能让 Amazon EC2 实例发送与接收互联网数据流：

- 分配公有 IPv4 地址或 Elastic IP 地址
- 分配 IPv6 GUA

可以指定默认路由(IPv4 的 0.0.0.0/0 或 IPv6 的::/0)或 IP 地址区间。例如，可以定义在 AWS 以外且仅局限于公司端点的公有 IP 地址。

图 2.5 阐述了一个 IPv4 CIDR 块地址为 10.0.0.0/16 的 VPC，它的一个子网地址区间是 10.0.0.0/24，此外还包括一个路由表、一个相连的互联网网关以及一个 Amazon EC2 实例，这个 Amazon EC2 实例包含一个私有 IPv4 地址以及一个 Elastic IP 地址。路由表中包含两个路由记录：第一个是本地路由，用于允许 VPC 之间的通信；另一个是默认路由，用于将非本地数据流发送给互联网网关(igw-id)。注意 Amazon EC2 实例有一个公有 IPv4 地址 (Elastic IP 地址=198.51.100.2)；这个 Amazon EC2 实例可以通过互联网访问，发出数据流并返回。

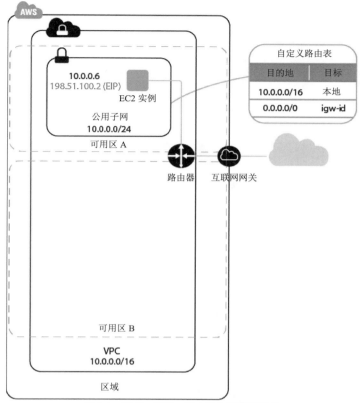

图 2.5 VPC、子网、路由表与互联网网关

2.8 网络地址转换(NAT)实例与 NAT 网关

理论上,在 VPC 私有子网内启动的所有实例,即使通过互联网网关也不能直接访问互联网。也就是说,子网路由表不包含指向互联网网关的路由。更重要的是,由 VPC 外部发起的连接不能访问私有子网内的实例。 但是在一些情况下,例如打补丁、更新应用软件或者使用应用程序编程接口(API)对互联网端点进行调用等,私有子网内的 IPv4 实例可能需要对互联网进行出站访问。AWS 提供了 NAT 实例与 NAT 网关,允许部署在私有子网内的 IPv4 实例获得互联网的出站访问能力。对常见的用例,我们建议使用 NAT 网关,而不建议使用 NAT 实例。因为 NAT 网关与 NAT 实例相比能提供更好的可用性、高带宽以及较少的管理投入。注意,虽然本书中使用名词 NAT 来描述这两种功能,但是 NAT 实例与 NAT 网关均使用多对一的 IPv4 转换,又称为端口地址转换(Port Address Translation,PAT)。

NAT 不支持 IPv6。IPv6 协议的功能之一就是提供端对端的连接。如果需要创建私有 IPv6 子网,请参考 2.9 节。

2.8.1 NAT 实例

NAT 实例是 Amazon Linux 主机镜像(Amazon Machine Image，AMI)，作用就是接收来自私有子网的实例数据流，然后将源数据流的 IPv4 地址转换为 NAT 实例的私有 IPv4 地址，最后将数据流转发给互联网网关，互联网网关执行一对一的 NAT 地址转换功能，将数据流发送给公有 IPv4 地址。NAT 实例保留了具有转发数据流状态的转换表，从而将互联网的应答数据流返回给私有子网内适当的实例。

为了允许私有子网内的实例通过 NAT 实例以及互联网网关访问互联网资源，必须执行以下操作:

- 创建 NAT 实例的安全组，指定访问互联网所需的出站规则，如端口、协议以及 IP 地址
- 在公有子网中启动一个 Amazon Linux NAT AMI 实例，将此实例与 NAT 安全组关联
- 禁用 NAT 实例的 Source/Destination Check 属性
- 如果启动实例时没有使用公有 IPv4 地址，那么需要分配 Elastic IP 地址并且将这个地址与 NAT 实例关联
- 配置与私有子网关联的路由表，将互联网相关的数据流定向给 NAT 实例(例如，i-1a2b3c4d)

提示:
Amazon 提供了预置的 Linux AMI，可以用来运行 NAT 实例。这些 AMI 的名称中包含字符串 amzn-ami-vpc-nat，因此可以在 Amazon EC2 控制台中查询到它们。

以上配置允许私有子网内的实例发送互联网出站数据流，但是禁止实例接收由互联网发送的入站数据流。

2.8.2 NAT 网关

NAT 网关是由 AWS 管理的资源，与 NAT 实例类似，但是更易于管理并且在一个可用区内就能够实现高可用性。

必须执行以下步骤，才能允许私有子网内的实例通过 NAT 网关访问互联网资源:

- 在公有子网中创建 NAT 网关
- 给 NAT 网关分配并且关联 IPv4 Elastic IP 地址
- 配置与私有子网关联的路由表，将进出互联网的数据流定向给 NAT 网关(例如，nat-1a2b3c4d)

与 NAT 实例类似，NAT 网关允许互联网出站数据流，但是禁止实例接收由互联网发送的入站数据流。

提示:
如果需要创建独立于 AZ(可用区)的架构，那么应该在每个 AZ 中创建 NAT 网关，然后配置子网路由表，使得 NAT 网关内的所有资源在同一个 AZ 中。

注意：

通过使用多个不同的用户数据协议(User Datagram Protocol，UDP)或 TCP 端口，PAT 实现了对单个 IP 地址的超载。以上功能限制 NAT 网关对目的 IP、端口与协议元组只能同时发送大约 65 000 个数据流。

2.9　单出口互联网网关

IPv6 协议的目的之一是提供端对端的连接。所以对于 IPv6，Amazon 不支持 NAT 或网络前缀转换。每个启用数据包处理的 IPv6 实例至少需要一个 GUA。顾名思义，这些地址是全球唯一的，是公有的、可路由的 IPv6 地址。

如果 Amazon EC2 实例不需要通过互联网进行访问，那么在这种情况下，对于 IPv4 地址，可以通过在 VPC 中创建与 NAT 实例或 NAT 网关关联的私有子网进行保护。

为了给 IPv6 提供类似对称的 NAT 功能，Amazon 创建了单出口互联网网关(Egress-only Internet Gateway，EIGW)。EIGW 是可平行扩展、高容错且高可用的 VPC 构件，允许 IPv6 内的实例出站数据流与互联网通信。但是，EIWGW 禁止由互联网发送的数据流与实例连接。同 NAT 实例与 NAT 网关不同，EIGW 没有地址转换功能。这样，实例的 IPv6 地址端对端可视。

对于考试来说，应当理解 Amazon VPC IPv6 双栈模式实现的本质。当配置私有子网内的实例与互联网通信时，IPv4 中与子网路由表关联的默认路由(目的地)指向(目标)NAT 实例或 NAT 网关。相应地，NAT 实例或 NAT 网关驻留在公有子网内，并且包含指向互联网网关的默认路由。对 IPv6 来说，相同的私有子网路由表包含指向连接 VPC 的 EIGW 默认路由。图 2.6 展示了单出口互联网网卡，VPC 中的 IPv6 网络数据流可以访问互联网。

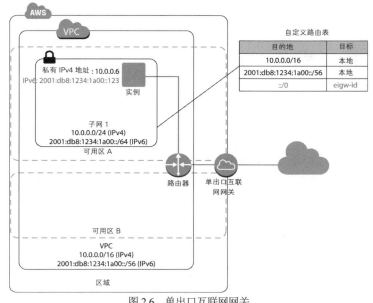

图 2.6　单出口互联网网关

2.10 虚拟私有网关、客户网关以及虚拟私有网络

可以通过硬件或软件 VPN 对现有数据中心与 VPC 进行连接。这两种方式都可以将 VPN 延伸到数据中心。如果使用 AWS 提供的 VPN 硬件方式创建 VPN，就需要配置虚拟私有网关、客户网关以及 VPN 连接。

虚拟私有网关(VGW)是 VPC 中的一个逻辑构件，它提供针对 AWS 管理模式下的 VPN 连接与 AWS Direct Connect(后面将讨论)模式的边缘路由(edge routing)。对于考试来说，你需要理解 VGW 负责管理边缘路由信息，此信息与 VPC 路由表是独立分开的。从概念上讲它是一个下跳路由器(next-hop router)。为了使用 AWS 管理的 VPN 连接，必须创建 VGW 并将其与 VPC 相连。

客户网关是 VPN 连接中远端的物理设备或软件应用，它必须包含一个静态的 IPv4 地址。客户网关可以位于执行 NAT 功能的设备的后面。可在 VPC 中定义客户网关。

一旦创建了 VGW 与客户网关，最后一个步骤就是创建 VPN 连接。VPN 隧道协商必须由客户网关发起。在隧道协商完成并且创建后，数据流就会在隧道中传送。图 2.7 阐明了企业网络与 VPC 之间的一个 VPN 连接。

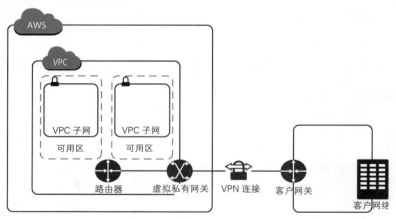

图 2.7　包含 VPN 连接的 VPC 与企业网络相连

独立的 VPN 连接包括两个互联网协议安全(IPsec)隧道，这样设计是为了增加 VPC 的高可用性。Amazon 不定时地对 VPN 执行维护。维护工作可能暂时禁用两个隧道之一。

当创建 VPN 连接时，必须指定计划的路由类型。如果客户网关支持边界网关协议(BGP)，那么需要给 VPN 连接配置动态路由；否则，配置静态路由连接。使用静态路由时，必须输入与 VGW 通信的网络路由。你的资源如果需要直接通过 VGW 或者跨越 VPN 隧道将网络数据流路由回送给企业网络，就需要配置路由传播或者由静态路由发送给 VGW。本书第 4 章"虚拟私有网络(VPN)"将对 VPN 的一些选项做进一步讨论。

Amazon 将提供所需的知识，帮助网络管理员配置客户网关并通过 VGW 建立 VPN 连接。

当启动运行 VPN 软件的 Amazon EC2 实例时，就可以创建与 VPC 相连的软件 VPN 连接。在这种情况下，实例必须拥有公有 IPv4 地址，可以由互联网访问，并且在安全组中包含正确的网络端口以及协议。另外，你必须对 Amazon EC2 实例禁用 Source/Destination Check 属性。一

且配置完成，就可以更新相关的路由表，将适当的目的网络转发给目标实例的弹性网络接口。当使用基于实例的软件 VPN 端点时，你应该负责扩展性、可用性以及系统性能。

以下是考试中关于 VGW、客户网关以及 VPN 需要掌握的要点：

- VGW 是 VPN 连接中 Amazon 一端的终点
- 客户网关是 VPN 连接中远端的硬件或软件应用
- 必须启动从客户网关到 VGW 的 VPN 通道。
- VGW 同时支持到 BGP 的动态路由以及静态路由
- VPN 连接包含两个隧道，提供通向 VPC 的高可用性

2.11　VPC 端点

VPC 端点允许对 VPC 与 AWS 支持的服务和 VPC 端点服务(由 AWS PrivateLink 支持)进行私有连接，而无需互联网网关、NAT 设备、VPN 连接以及 AWS Direct Connect 连接。VPC 端点具有可横向扩展、高容错以及高可用的特点。VPC 端点有两种类型：接口与网关。接口端点(由 AWS PrivateLink 支持)使用了 VPC 中带有私有 IP 地址的弹性网络接口，弹性网络接口可用作流向所支持服务的网络数据入口。网关端点在路由表中为所支持服务的指定路由使用路由表目标。端点允许 VPC 中的资源使用私有 IPv4 地址与 VPC 外部资源进行通信。VPC 内的资源不需要公有 IPv4 地址。此外，VPC 与端点之间的网络数据不会离开 Amazon 网络。

网关端点目前支持与 Amazon Simple Storage Service (Amazon S3)和 Amazon DynamoDB 之间的通信。接口端点支持 Amazon Kinesis Streams、Elastic Load Balancing API、Amazon EC2 API、Amazon EC2 系统管理(SSM)、AWS Service Catalog、其他账户托管的端点服务以及所支持的市场合作伙伴服务。第 3 章 "高级 Amazon Virtual Private Cloud (Amazon VPC)" 将对端点服务做进一步讨论。将来，更多的 AWS Cloud 服务会加入并支持端点服务。

注意：
VPC 端点仅支持 IPv4 网络数据流。

在创建端点时必须完成以下事项：
- 指定 VPC
- 指定服务。Amazon 服务由前缀列表标识，格式是 com.amazonaws.<region>.<service>
- 指定策略。可以打开访问权限或者创建自定义策略，自定义策略可以随时修改
- 指定路由表。在路由表中添加路由记录，路由记录可以作为目的地服务前缀列表的标识并将端点指定为目标。

提示：
可以使用 VPC 前缀列表作为安全组的出站规则。

图 2.8 展示了一个例子，路由表(子网 1)将所有互联网数据流(0.0.0.0/0)传输到互联网网关。

在子网 1 内，所有流向另一个 AWS Cloud 服务(例如，Amazon S3 或 Amazon DynamoDB)的数据流将被发送给互联网网关，从而与那个服务进行通信。

图 2.8 同时展示了另一个路由表(子网 2)将同一区域目的地为子网内 Amazon S3 的数据流传送给网关端点。

在使用 Amazon S3 网关端点时，可以通过创建桶(bucket)策略进一步细化访问控制，桶策略使用的是 VPC 端点数据。通过使用 VPC 端点，Amazon S3 桶策略允许基于 VPC 标识或特定 VPC 端点标识的访问。但是，Amazon S3 桶策略在使用 VPC 端点时不支持基于 IP 地址的策略。因为可以创建多个 IP 地址重叠的 VPC，所以如果通过基于 IP 的桶策略来评估 VPC 端点，那么并不会增加实质性的安全手段。

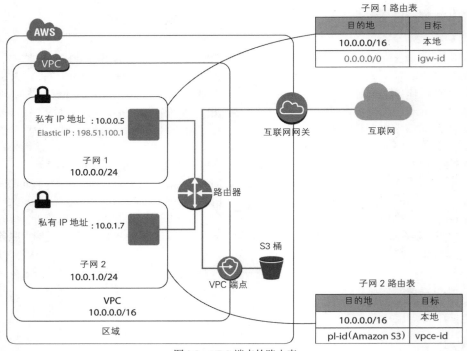

图 2.8　VPC 端点的路由表

2.12　VPC 伙伴连接

VPC 伙伴连接是介于两个 VPC 之间的网络连接，它允许一个 VPC 内的实例与另一个 VPC 内的实例进行通信，就像它们在同一个 VPC 网络内进行通信。可以在自己的 VPC 之间或者另一个 AWS 账户下的 VPC 之间创建 VPC 伙伴连接。VPC 伙伴连接支持同一区域或同一 Amazon 分区内的另外一个区域。Amazon 提供区域之间 VPC 伙伴连接数据流之间的数据加密。VPC 伙伴连接既不是网关也不是 Amazon VPN 连接，在通信中不会产生单点失败。

AWS Cloud 中的资源都拥有唯一的 Amazon 资源名称(Amazon Resource Name，ARN)。这

些 ARN 被用作多种用途,包括组建标识与访问管理(Identity and Access Management,IAM)策略。ARN 的第一个成分是分区。Amazon 通过分区将具有共性却唯一的操作需求的区域分组成独立的管辖区。标准的 AWS 区域分区名为 aws。中国区资源使用的分区名称为 aws-cn。AWS GovCloud(美国)区资源使用的分区名称为 aws-us-gov。

　　VPC 伙伴连接由请求/接收(request/accept)协议创建。初始发送者所在的 VPC 将请求发送给另外一个伙伴 VPC 节点的接收者。如果所有 VPC 伙伴节点在同一个账户中,就由 VPC ID 标识。如果 VPC 伙伴节点在不同账户中,就由账户 ID 与 VPC ID 联合标识。VPC 伙伴节点的接收者在 7 天之内可以选择接收或拒绝初始 VPC 伙伴节点的请求。7 天后,请求过期失效。

　　VPC 伙伴连接通信一旦创建成功,两个伙伴节点都需要添加另一个节点的路由。每个路由记录使用伙伴节点连接 ID(pcx-xxxxxxxx)作为目标。如果没有添加路由,那么 VPC 内置路由不允许数据流跨越伙伴节点。在图 2.9 中,VPC A 应当通过伙伴节点添加通往 10.0.0.0/16 的路由,VPC B 应当通过伙伴节点添加通往 172.16.0.0/16 的路由。

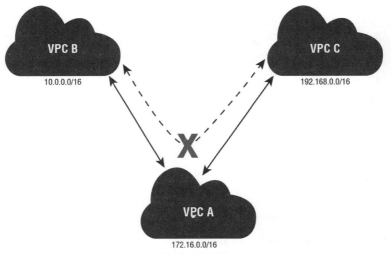

图 2.9　VPC 伙伴连接不支持转递(transitive)路由

提示:

可以在伙伴节点路由表中使用部分前缀。当节点 VPC 不需要访问整个 CIDR 区间时,这种方法会有所帮助。

　　一个 VPC 可能包含多个伙伴连接。VPC 之间的伙伴连接是一对一的关系,也就是说,两个 VPC 之间不能包含两个伙伴协议。此外,伙伴连接不支持转递路由,如图 2.9 所示。

　　在图 2.9 中,VPC A 包含到两个不同 VPC 的两个伙伴连接:分别是 VPC B 和 VPC C。所以,VPC A 可以直接与 VPC B 和 VPC C 通信。由于伙伴连接不支持转递路由,因此 VPC A 不能作为 VPC B 与 VPC C 之间数据流的转递点。为使 VPC B 与 VPC C 之间实现通信,需要在它们之间创建显式的伙伴连接。

如果在同一个区域中创建伙伴,那么可以在伙伴 VPC 中引用安全组,还可以在伙伴 VPC 内实现 DNS 主机名解析。默认情况下,如果为伙伴 VPC 中的实例使用公有 DNS 主机名,会返回公有 IPv4 地址。通往实例的数据流会传送给互联网网关。当伙伴节点启用 DNS 解析功能时,实例会返回私有 IPv4 地址。数据流流向伙伴连接。每个 VPC 必须启用 DNS 主机名以及本地 DNS 解析,并且允许伙伴 VPC 节点的 DNS 解析。对 IPv6 来说,Amazon VPC 与 Amazon EC2 仅使用公有 GUA,所以只要路由表配置正确,数据流就会流向伙伴连接。

以下是考试中关于网络伙伴节点需要掌握的要点:

- 不能在 VPC 之间创建与 CIDR 块匹配或重叠的伙伴连接
- 伙伴连接仅限在同一 Amazon 分区中
- 同一区域内的伙伴可以引用伙伴 VPC 中的安全组
- 同一区域内的伙伴可以打开主机解析功能,接收伙伴实例的私有 IPv4 地址
- Amazon 对不同区域中的伙伴数据流进行数据加密
- VPC 伙伴连接不支持转递路由
- 在两个 VPC 之间不能拥有一个以上的伙伴连接
- 对于一些特定的应用(如 Web 服务),使用 VPC 端点的优势更大。VPC 伙伴节点通常提供对子网与 CIDR 区间更广阔的访问范围。对于特定的应用,VPC 端点允许 VPC 之间的连接
- 巨型帧(Jumbo Frame)仅支持同一区域内的伙伴
- IPv6 仅支持同一区域内的伙伴

2.13　置放组

置放组(Placement Group)是单个可用区内实例的逻辑分组。置放组中的实例在 Amazon 网络基础设施中彼此靠近,从而实现低延迟、高数据包转发率以及高网络吞吐量。置放组适用于类似于高性能计算(High Performance Computing,HPC)的工作负载,因为在处理这类工作负载时节点间的网络效率非常重要。我们推荐用户在置放组中使用增强网络类型的实例(将在第 9 章"网络性能"中讨论)。

置放组可以使实例在 Amazon 基础设施的某个分区内共存,因此建议在一次启动时打开所有需要的实例。虽然置放组允许增加或删除实例,但风险是,置放组所在的 Amazon 网络分区可能没有额外的容量。

以下是考试中关于置放组需要掌握的要点:

- 置放组仅限于单个可用区内
- 实例之间的最大网络输出取决于最慢的实例
- 对同一区域内的 Amazon EC2 和 Amazon S3 来说,置放组之外的网络数据流最高为 25Gbps,其他数据流最高为 5Gbps
- 置放组同时支持 IPv4 与 IPv6

关于置放组的更详细知识将在第 9 章描述。

2.14　弹性网络接口

弹性网络接口**(Elastic Network Interface)**是一种虚拟网络接口,可以与 VPC 内的实例绑定。弹性网络接口仅适用于 VPC 并且在创建时与子网关联。每个弹性网络接口拥有一个主 IPv4 私有地址、一个 MAC 地址以及至少一个安全组。弹性网络接口也可以拥有一个二级私有 IPv4 地址、一个或多个 Elastic IP 地址、一个公有 IPv4 地址以及一个或多个 IPv6 地址。Amazon EC2 实例在拥有第二个弹性网络接口后,可以出现在不同的子网中。弹性网络接口在创建时独立于实例,并且与绑定实例的生命周期无关。如果相关实例失败,可以通过将弹性网络接口与替换实例绑定从而保留 IP 地址,但不能将主网络接口与 Amazon EC2 实例解绑。

多个弹性网络接口允许用户在 VPC 中使用网络与安全设备,例如,在唯一的子网中创建具有工作负载/角色的双重驻留(dual-homed)实例,或者创建一种低成本、高可用的解决方案。弹性网络接口可以绑定正在运行的实例(热绑定),或者绑定已停止运行的实例(暖绑定),以及在启动实例时绑定(冷绑定)。但是,多弹性网络接口不能作为 NIC 聚合(teaming)使用。

注意:
自动缩放(Auto Scaling)仅支持单网络接口启动配置(launch configuration)。如果某些方案需要多个网络接口与自动缩放,则可以在实例启动后通过自动方式对多个网络接口与实例进行绑定。

每个实例允许的最大弹性网络接口个数以及弹性网络接口支持的最大 IPv4 与 IPv6 地址个数取决于 Amazon EC2 实例类型。

以下是考试中关于弹性网络接口需要掌握的要点:

- 弹性网络接口需要一个主 IPv4 地址并且通常至少与一个安全组关联
- 弹性网络接口可以绑定正在运行的实例(热绑定),或者绑定已停止运行的实例(暖绑定),以及在启动实例时绑定(冷绑定)
- 不能将主网络接口分离
- 弹性网络接口仅限于可用区(AZ)。当多个弹性网络接口与一个实例绑定时,实例与弹性网络接口必须在同一个 AZ 中
- 在 Amazon EC2 实例中,不能使用可提高网络带宽功能的 NIC 聚合(teaming)

2.15　DHCP 选项集

动态主机配置协议(Dynamic Host Configuration Protocol,DHCP)是一种将配置信息传递给 IP 网络中主机的标准。DHCP 消息的选项域包括配置参数。参数中包括域名、域名服务器以及 NetBIOS 节点类型。

AWS 在创建 VPC 时会自动创建并关联一个 DHCP 选项集,这个 DHCP 选项集包括以下两个选项。

域名服务器:默认为 Amazon 提供的 DNS

域名：默认为用户所在区域对应的 Amazon 内部域名

Amazon 提供的 DNS 是 Amazon DNS 服务器。在打开 Amazon DNS 服务器后，Amazon EC2 实例可以解析互联网中的目的地域名以及同一区域内的 VPC 伙伴网络节点。

VPC 中的 DHCP 选项集允许用户修改分配给 Amazon EC2 资源的主机名和域名。如果需要给实例分配自己的域名，那么需要创建一个自定义 DHCP 选项集，然后把它分配给 VPC。可以在 DHCP 选项集中配置以下数值。

域名服务器：最多 4 个域名服务器的 IP 地址，用逗号隔开

域名：指定要求的域名(例如，mycompany.com)

ntp 服务器：最多 4 个网络时间协议(Network Time Protocol，NTP)服务器的 IP 地址，用逗号隔开

netbios 名称服务器：最多 4 个 NetBIOS 名称服务器的 IP 地址，用逗号隔开

netbios 节点类型：设置为 2

每个 VPC 只能包含一个指定的 DHCP 选项集。

2.16 Amazon DNS 服务器

域名服务(Domain Name Service)提供了将主机名解析为 IP 地址的标准方法。Amazon VPC 提供了内置的 DNS 服务器。DNS 服务与 VPC 内实例的 Amazon EC2 主机名解析功能在使用控制台助手创建 VPC 时默认打开。Amazon VPC 属性 enableDnsSupport 决定了 Amazon DNS 功能是否在 VPC 中允许使用。Amazon VPC 属性 enableDnsHostnames 决定了 Amazon EC2 实例是否接收主机名。

Amazon DNS 服务器在保留的 IP 地址上运行，这些 IP 地址基于为 VPC IPv4 CIDR 加上 2 以后得到的地址范围。例如，对于使用 172.16.0.0/16 的 VPC，DNS 服务器的 IP 地址从 172.16.0.2 开始可用。Amazon DNS 服务器也使用 IP 地址 169.254.169.253。Amazon DNS 服务器可以与 Amazon Route 53 私有托管区以及 AWS Directory Service 集成使用(二者将在第 6 章 "域名系统与负载均衡" 中描述)。

如果 DHCP 选项集中的 domain-name-servers 被设置为使用 Amazon DNS 服务器，那么 Amazon EC2 实例会分配私有的完全限定域名(Fully Qualified Domain Name，FQDN)作为实例的 IPv4 地址。如果为实例分配了公有 IPv4 地址，那么也会分配公有 FQDN。当 VPC 中的实例使用其他实例的公有 FQDN 来查询 Amazon DNS 服务器时，Amazon DNS 服务器返回私有 IPv4 地址。可以在同一区域中的 VPC 伙伴节点之间启用同样的功能。

注意，一些 AWS Cloud 服务(包括 Amazon EMR)需要实例来解析自身的 FQDN。

2.17 VPC 流日志

VPC 流日志(Flow Log)是 Amazon VPC 的一项功能，用于捕获 VPC 中的 IP 数据流信息。这些流量数据存放在 Amazon CloudWatch Logs 中。VPC 流日志功能可以在 VPC、子网以及网络接口级别启用。日志大约每 10 分钟发布一次。表 2.7 显示了 VPC 流日志中收集的信息。

表2.7　VPC 流日志的数据成分

字段	描述
version(版本)	VPC 流日志版本
account-id(账户 ID)	流日志的 AWS 账户 ID
interface-id(接口 ID)	流日志使用的网络接口 ID
srcaddr	源 IPv4 或 IPv6 地址。网络接口的 IPv4 地址永远是私有 IPv4 地址
dstaddr	目的地 IPv4 或 IPv6 地址。网络接口的 IPv4 地址永远是主私有 IPv4 地址
srcport	源数据流端口
dstport	目的地数据流端口
protocol(协议)	网络数据流互联网编号授权委员会(IANA)的协议编号
packets(包)	捕获期内传送的数据包个数
bytes(字节数)	捕获期内传送的字节数
start(开始)	捕获期的开始时间，以 Unix 秒为单位
end(结束)	捕获期的结束时间，以 Unix 秒为单位
action(行为)	数据流相关行为。 • 接受(ACCEPT)：表示安全组或网络 ACL 允许数据流 • 拒绝(REJECT)：表示安全组或网络 ACL 禁止数据流
log-status(日志状态)	流日志具有以下状态。 • OK：数据正常记录在 Amazon CloudWatch Logs 中 • NODATA：捕获期内没有从网络接口发送或接收的网络数据流 • SKIPDATA：捕获期内一些流日志记录被忽略，这可能是因为内部处理能力有限或者内部错误

  VPC 流日志有几个方面的用处，包括异常检测与排错。异常检测将在第 8 章"网络安全"中涉及。日志对排错也有用处。比如，当由互联网到 Amazon EC2 实例的入站数据包在日志中出现两次记录(一次是接受(ACCEPT)状态行为，另一次是拒绝(REJECT)状态行为)时，就可以获知网络 ACL 验证通过但是安全组验证失败。日志显示这个行为是因为在目标实例的安全组被校验之前，数据流的网络 ACL 在进入子网时被校验。

  VPC 流日志在以下一些情况下不会收集信息：

- Amazon EC2 实例与 Amazon DNS 服务器通信
- Windows 实例与 Amazon Windows 许可激活服务器通信
- 由 169.254.169.254 出入的实例元数据(metadata)流
- DHCP 数据流
- 以内置路由为目的地的数据流

2.18 本章小结

本章复习了 Amazon VPC 与 Amazon EC2 的核心概念。简单来说，Amazon VPC 允许你在 AWS Cloud 中创建自己的私有虚拟网络。你可以在 AWS 中提供自己的逻辑独立的区域，就像设计和实施数据中心独立的网络一样。VPC 一旦创建，就可以启动私有网络中的众多资源了。

VPC 的核心构件如下。

- DHCP 选项集
- IPv4
- 网络访问控制列表(ACL)
- 路由表(route table)
- 安全组(security group)
- 子网(Subnet)

VPC 包含以下可选构件：

- Amazon DNS 服务器
- 弹性网络接口
- 网关(互联网网关、EIGW、NAT 网关、VGW 以及客户网关)
- 虚拟私有网络
- IPv6
- NAT 实例
- 置放组
- VPC 端点
- VPC 流日志
- VPC 伙伴节点

子网可以是公有的、私有的或者仅限于 VPN 的。公有子网由关联的路由表将子网的数据流定向到 VPC 的互联网网关。私有子网关联的路由表没有将子网的数据流定向到 VPC 的互联网网关。仅限于 VPN 的子网由关联的路由表将子网的数据流定向到 VPC 的 VGW，但是没有通向互联网的路由。无论哪一种子网类型，内部的 IPv4 地址区间都是私有的，而内部的 IPv6 地址区间都是 AWS 提供的 GUA 公有地址。

VPC 中的每个子网都包含名为隐式路由器的逻辑构件。隐式路由器是路由在子网中确定的下一个切换网关。这些路由决策由路由表管理。你可以创建自定义路由表，以定义特定的路由策略。自定义路由表可以与一个或多个子网相关联。VPC 还包含一个可以修改的主路由表。这个主路由表在所有子网没有明确与自定义路由表关联时使用。每个路由表含有一个或多个路由记录，路由记录指明了与 VPC 相关的 IPv4 或 IPv6 CIDR 块。

互联网网关提供 VPC 网关到互联网的数据流服务。互联网网关允许由互联网发起的 IPv4 或 IPv6 数据流传送到 Amazon EC2 实例。NAT 网关与 NAT 实例允许由子网内发起的 IPv4 数据流到达互联网。类似地，EIGW 允许来自子网的 IPv6 数据流到达互联网，而不允许来自互联网的入站数据流。

VGW 可连接到 VPN 连接中 AWS 一端的 VPN 端点。客户网关是 VPN 连接中客户源一端的物理设备或软件应用。当 VPC 的这两个构件创建以后，最后一个步骤就是创建 VPN 连接。

每个 Amazon VPN 连接包括两个隧道，用以提供高可用功能。在从协商隧道的 VPN 连接的远端生成数据流之后，隧道随之创建。

VPC 端点能够在 VPC 和其他 AWS Cloud 服务或 VPC 之间创建私有连接，而无须通过互联网或 NAT 实例、VPN 连接或 AWS Direct Connect 进行访问。AWS Cloud VPC 伙伴连接是两个 VPC 之间的网络连接，这种连接方式允许任何 VPC 内的实例之间相互通信，就像它们在同一个网络之内。可以在自定义的 VPC 之间或者 Amazon 分区内 AWS 账户下的 VPC 之间创建伙伴连接。VPC 伙伴连接也可以跨区域使用。VPN 伙伴连接既不是网关也不是 VPN 连接，并且在通信中不会产生单点失败。同一个区域内的 VPN 伙伴连接可以共享安全组与 DNS 主机名解析。

安全组是虚拟的、有状态的防火墙，用于控制通向 Amazon EC2 实例的出站与入站数据流。当你第一次在 VPC 中启动 Amazon EC2 实例时，可以指定与 Amazon EC2 实例关联的安全组或者使用默认安全组。默认安全组允许与之关联的所有实例之间相互通信并且允许所有出站数据流。可以更改默认安全组的规则，但不能删除默认安全组。

网络 ACL 是另外一个网络安全管理层，可在子网级别用作无状态防火墙。创建 VPC 时，同时会自动创建可修改的网络 ACL 与子网关联，以允许所有入站和出站数据流。默认的网络 ACL 允许所有入站和出站数据流。如果创建自定义的网络 ACL，那么初始配置会禁止所有入站和出站数据流，直到创建其他不同的访问规则。

置放组允许在 Amazon 基础设施中启动一组相互邻近的 Amazon EC2 实例。这个网络的近距离属性允许高带宽、高数据包转发率以及高网络吞吐量。置放组对性能要求严格的工作负载尤为重要，例如 HPC。

弹性网络接口是与 VPC 中的 Amazon EC2 实例绑定的虚拟网络接口。每个弹性网络接口包含一个主 IPv4 地址、一个 MAC 地址以及至少一个安全组。在将第二个弹性网络接口连接到 Amazon EC2 实例后，将允许双重驻留(dual-homed)。弹性网络接口在创建时独立于某个实例，并且与绑定实例的生命周期无关。如果相关实例失败，那么可以将弹性网络接口与替换实例绑定，从而保留 IP 地址。不能将主网络接口与 Amazon EC2 实例解绑。

Amazon VPC 同时支持 IPv4 与 IPv6 地址。在创建 VPC 时可以选择/16 与/28 之间的 IPv4 CIDR 地址块。Elastic IP 地址是静态的、公有 IPv4 地址，从区域内的 IPv4 地址池中分配，并且在使用后释放回区域的 IPv4 地址池。Elastic IP 地址允许用户在底层系统结构不定期变更的情况下，保留一组固定的 IPv4 地址。你还可以有选择性地从 Amazon GUA 空间中将地址范围为/56 的 IPv6 CIDR 块与 Amazon VPC 关联。必须启用 VPC 中的 IPv6、子网以及 Amazon EC2 实例才能够使用这个协议。

VPC 中的 DHCP 选项集允许将 Amazon EC2 主机分配给自己的资源。为了能够将域名分配给用户实例，需要创建自定义 DHCP 选项集，之后将它分配给 VPC。

Amazon DNS 服务器提供了 Amazon VPC 中的 DNS 解析服务。Amazon DNS 集成了 Amazon Route 53 与 AWS Directory Service。当同一区域内的两个 VPC 成为伙伴网络以后，就可以跨越伙伴网络为 Amazon EC2 实例启用 DNS 解析服务了。

VPC 流日志提供了定期观察网络数据流信息的服务。日志数据大约每隔 10 分钟推送到 Amazon CloudWatch Logs 中。VPC 流日志对了解网络数据流非常有用，包括异常检测与排错。

2.19　复习资源

Amazon EC2：https://aws.amazon.com/documentation/ec2/
Amazon VPC：https://aws.amazon.com/documentation/vpc/

2.20　考试要点

理解什么是 VPC 以及 VPC 的核心构件和选件。 VPC 是 AWS Cloud 中逻辑独立的网络。VPC 由以下核心构件组成：子网(公有的、私有的以及仅限于 VPN 的)、路由表、安全组、网络 ACL、IPv4 以及 DHCP 选项集。可选组件包括网关(互联网网关、EIGW、NAT 网关、VGW 以及客户网关)、虚拟私有网络(VPN)、Elastic IP 地址、端点、伙伴连接、NAT 实例、置放组、弹性网络接口、Amazon DNS、VPS 流日志以及 IPv6。

理解子网的作用。 子网是 VPC 的 IP 地址区间中的分段，可以在子网中对独立的资源进行分组。子网由 CIDR 块定义，例如 10.0.1.0/24 和 10.0.2.0/24，并且在可用区内。

区分公有子网、私有子网以及仅限于 VPN 的子网。 如果子网数据流经路由流向互联网网关，那么这个子网就是公有子网。如果子网数据流没有流向互联网网关或 EIGW 的路由，那么这个子网就是私有子网。如果子网数据流没有流向互联网网关或 EIGW 的路由，但是具有流向 VGW 的数据流路由，那么这个子网就是仅限于 VPN 的子网。

理解路由表的作用。 路由表包含决定网络数据流方向的路由规则。每个子网可以有自己的路由表。这些路由规则由隐式路由器根据路由优先级判断后执行。VPC 中有一个不能修改的本地路由记录，这个本地路由记录在所有路由表都存在，它允许同一 VPC 中的但在不同子网内的 Amazon EC2 实例之间相互通信。

理解互联网网关的作用。 互联网网关是可横向扩展、集容错性与高可用性于一体的 Amazon VPC 构件，它允许 VPC 中的实例与互联网进行通信。互联网网关具有高容错性，且不必考虑带宽。互联网网关提供了 VPC 路由表中的目标，VPC 路由表需要包含互联网可路由数据流记录。此外，互联网网关还执行实例的由私有 IPv4 到公有 IPv4 地址映射的 NAT 地址转换功能。

理解 NAT 在 VPC 中的作用。 NAT 实例或 NAT 网关允许私有子网中的实例发起通往互联网的出站数据流。这个功能可以使互联网出站通信，例如下载补丁和更新，但是阻止实例接收由互联网节点发起的入站数据流。

理解 EIGW 在 VPC 中的作用。 设计 IPv6 协议的目的就是提供点到点的连接服务。所以，Amazon 不支持 IPv6 的 NAT 功能。EIGW 允许私有子网中的实例发起通往互联网的出站数据流，但是阻止实例接收由互联网节点发起的入站数据流。

理解 VGW 的角色。 VGW 是 VPC 中的逻辑构件，用于提供针对 AWS 管理模式下 VPN 连接与 AWS Direct Connect(将在第 5 章中讨论)模式的边缘路由功能。VGW 保留边缘路由记录信息，这个记录与 VPC 路由表中的记录是独立分开的。VGW 是下跳路由器(next-hop router)，根据由 VPC 和绑定的 VPN 或 AWS Direct Connect 连接接收到的信息来决定路由。

理解从网络到 VPC 的 VPN 连接所需的构件。 在 Amazon 网络与用户网络之间创建的 VPN 连接中，VGW 是 AWS 一端与 VPN 端点的连接设备。客户网关是 VPN 连接中用户一端的物理设备或软件应用。VPN 连接包含两个 IPsec 隧道，隧道由客户网关一端发起创建。

理解端点为 VPC 提供的优势。 VPC 端点允许用户创建 VPC 与 AWS Cloud 服务之间或者 VPC 之间的私有连接，而无须访问互联网，也不需要通过 NAT 实例、VPN 连接或 AWS Direct Connect。端点仅支持本地区域内的服务。

理解 VPC 伙伴连接。 VPC 伙伴连接是两个 VPC 之间的网络连接，这种连接方式允许任何 VPC 内的资源之间相互通信，就像它们在同一个网络之内。伙伴连接通过请求/接收协议创建。转递伙伴连接不受支持，并且伙伴连接只能在同一 Amazon 分区内的 VPC 之间使用。同一区域的伙伴节点可跨越共享安全组以及 Amazon DNS 信息。在不同区域的 VPC 之间也可以创建伙伴网络。

区别安全组与网络 ACL。 安全组应用在网络接口级别。用户可以在多个子网中拥有多个实例，实例中的成员可以 在同一个安全组中。安全组是静态的，也就是说，无论出站规则如何，出站数据流都自动允许。网络 ACL 应用在子网级别，数据流是无状态的。需要在网络 ACL 中允许入站和出站数据流，这样子网的资源才能通过特定的协议进行通信。同一子网内，实例的数据流不需要网络 ACL 的验证。

了解置放组的功能以及使用原因。 置放组保证一组 Amazon EC2 实例在 Amazon 网络中启动时相互邻近。置放组仅限于独立的可用区之内。导致的结果是低延迟、高数据包转发率和高网络吞吐量。使用置放组的 Amazon EC2 实例需要启用增强网络功能。置放组适用于对网络性能需求的严格应用。

理解在 VPC 中如何配置和使用弹性网络接口。 弹性网络接口是一种虚拟网络接口，能与 VPC 中的实例绑定。弹性网络接口与子网相连。每个弹性网络接口拥有一个主 IPv4 私有地址、一个 MAC 地址以及至少一个安全组。弹性网络接口还可以选择性地拥有一个二级私有 IPv4 地址、一个或多个 Elastic IP 地址、一个公有 IPv4 地址以及一个或多个 IPv6 地址。将多个弹性网络接口与 Amazon EC2 实例绑定可允许多栖(multi-homed)功能。弹性网络接口允许在底层硬件发生故障时移动网络适配器。在将弹性网络接口与置换实例绑定后，可以保留 IP 地址。不能将主网络接口与 Amazon EC2 实例解绑。

理解 VPC 公有 IP 地址与 IPv4 Elastic IP 地址的区别。 公有 IP 地址是子网内的实例在启动时由 AWS 提供的 IPv4 或 IPv6 地址。Elastic IP 地址是 AWS 提供的公有 IPv4 地址，由用户在账户级别分派，之后再按需分配给实例或网络接口。

理解 DHCP 选项集对 VPC 的作用。 VPC 中的 DHCP 选项集允许你将 Amazon EC2 主机名分配给自己的资源。可以指定 Amazon VPC 中实例的域名并且识别自定义 DNS 服务器的 IP 地址、NTP 服务器和 NetBIOS 服务器。

理解 Amazon DNS 服务器的特性。 Amazon DNS 服务器集成在 VPC 中，提供对内部 Amazon EC2 实例和互联网 DNS 的名称解析。Amazon DNS 服务器可以由 VPC CIDR+2(例如，10.0.0.0/16 的 CIDR 块的 DNS 是 10.0.0.2)或 169.254.169.253 两种类型的 IP 地址访问。如果同一区域的两个伙伴 VPC 启用这个功能，那么 Amazon DNS 可以在这个伙伴连接中解析网络中所有的 Amazon EC2 主机名。Amazon DNS 与 Amazon Route 53 私有宿主区以及 AWS Directory Service 集成在一起。

理解 VPC 流日志的功能及使用方法。 VPC Flow Logs 提供 VPC 中网络数据流量的可视功能。日志大约每隔 10 分钟在 Amazon CloudWatch Logs 中存储一次。流日志功能可以在 VPC、子网以及网络接口级别打开。日志数据可以用来判断网络异常以排查连接问题。在将弹性网络接口的二级 IP 地址作为目的地使用时，流日志仅捕获网络接口的主 IP 地址。

应试窍门

题目中既包含单选题，也包含多选题。无论哪种情况，其他不正确的答案貌似也对。这样，应试者可能需要二次猜测并挑战自己已经选择的答案。在大多数情况下，第一次选择的答案通常是正确的。

2.21　练习

熟悉 Amazon VPC 的最好方法就是创建自定义的 VPC，然后将 Amazon EC2 部署到这个 VPC 中。本节我们就完成这个任务。你应当重复这些练习，直到熟练掌握 VPC 的创建和删除过程。

完成这些练习时若需更多帮助，请参阅 Amazon 以下网址上的用户手册：http://aws.amazon. com/documentation/vpc/。

练习 2.1

创建自定义 VPC
在本练习中，你将手动创建 VPC，并打开 IPv4 和 IPv6。
(1) 以 Administrator 或 Power User 身份登录到 AWS Management Console。
(2) 选择 Amazon VPC 图标，启动 Amazon VPC Dashboard。
(3) 创建 VPC，指定一个 IPv4 CIDR 块为 192.168.0.0/16，由 AWS 提供的一个 IPv6 CIDR 块的名字标签为 **My First VPC**，选择默认租期。
至此，你已创建了第一个自定义 VPC。

练习 2.2

在自定义 VPC 中创建两个子网
在本练习中，你将手动添加 VPC 的包含 IPv4 和 IPv6 地址的两个子网。
(1) 在练习 2.1 创建的 VPC 中创建一个子网，指定这个子网的可用区(AZ)，例如 us-east-1a。设置该子网的 IPv4 CIDR 块等于 192.168.1.0/24，同时设置子网 ID 01 的 IPv6 CIDR 块，使用的名字标签为 **My First Public Subnet**。
(2) 在练习 2.1 创建的 VPC 中创建第二个子网，指定与第一个子网不同的可用区，例如 us-east-1b。设置这个子网的 IPv4 CIDR 块等于 192.168.2.0/24，同时设置子网 ID 02 的 IPv6 CIDR 块，使用的名字标签为 **My First Private Subnet**。
到目前为止，你已创建了两个子网，它们在各自的可用区内。记住：一个子网对应一个可用区，这非常重要。一个子网不能跨越多个可用区。

练习 2.3

将自定义 VPC 连接到互联网并且创建路由

在本练习中，你将打开 IPv4 与 IPv6 协议上的互联网连接。你将使用互联网网关、单出口互联网网关、NAT 网关以及路由表。

如需帮助，可参阅 Amazon EC2 密钥对文档(http://docs.aws.amazon.com/AWSEC2/latest/UserGuide/ec2-key-pairs.html)和 NAT 实例文档(http://docs.aws.amazon.com/AmazonVPC/latest/UserGuide/VPC_NAT_Instance.html#NATInstanc)。

(1) 在自定义 VPC 的同一区域创建一个 Amazon EC2 密钥对。

(2) 创建一个名为 **My First Internet gateway** 的互联网网关并且将它与自定义 VPC 绑定。

(3) 在自定义 VPC 中，在主路由表里添加 IPv4 和 IPv6 路由记录，将通往互联网的数据流 (0.0.0.0/0 与::/0)指向这个互联网网关。

(4) 创建一个 NAT 网关，将它放置在自定义 VPC 的公有子网中，然后分配一个 Elastic IP 地址。

(5) 给自定义 VPC 创建一个 EIGW。

(6) 创建一个名为 **My First Private Route Table** 的路由表，把它放置在自定义 VPC 中。添加一个路由记录，将通往 IPv4 的互联网数据流指向 NAT 网关，然后将通往 IPv6 的互联网数据流指向 EIGW。将这个路由表与私有子网关联。

到目前为止，你已创建了 VPC 内资源所需的互联网连接。

练习 2.4

在公有子网中启动 Amazon EC2 实例，验证互联网连接

在本练习中，你将在公有子网中启动 Amazon EC2 实例，并验证有效的互联网连接。

(1) 在自定义 VPC 的公有子网内启动一个 t2.micro 类型的 Amazon Linux AMI 实例。选择 Amazon EC2 并自动分配 IPv4 以及 IPv6 地址。将这个实例命名为 **My First Public Instance**，在相关的安全组中添加一个 SSH(TCP/22)连接，使用新创建的密钥对访问该实例。

(2) 通过新创建的密钥对的 SSH 安全访问 Amazon EC2 实例。

(3) 执行以下命令，更新操作系统库文件：

```
# sudo yum update -y
```

输出显示：实例已从互联网下载软件并安装。

到目前为止，你已经在公有子网中创建了一个 Amazon EC2 实例。可以在公有子网中给 Amazon EC2 实例打补丁，这样就验证了互联网连接。

注意实例已经分配了 IP 地址。你应当看到私有和公有两种地址。

(4) 执行以下命令：

```
# ip address show
```

注意，实例仅获得私有地址，因为互联网网关会对所有通往互联网的数据流执行 NAT 地址转换。

练习 2.5

启动私有 Amazon EC2 实例并且测试互联网连接

在本练习中，你将在私有子网中启动一个 Amazon EC2 实例，然后验证仅允许子网内的出站数据流。

(1) 在自定义 VPC 的私有子网内启动一个 t2.micro 类型的 Amazon Linux AMI 实例。选择 Amazon EC2 并自动分配 IPv4 以及 IPv6 地址。将这个实例命名为 **My First Private Instance**，使用新创建的密钥对访问实例。

(2) 确认 IPv4 或 IPv6 的互联网端不能通过 SSH 访问实例。

(3) 在公有子网内通过新建密钥对的 SSH 安全访问 Amazon EC2 实例。使用实例的 SSH 客户端访问私有 Amazon EC2 实例。

(4) 执行以下命令，更新操作系统库文件：

```
# sudo yum update -y
```

输出显示：实例已从互联网下载软件并安装。如果是这样的话，说明实例可以发起通向互联网的数据流，但是互联网不能发起通向 Amazon EC2 实例的数据流。

到目前为止，你已经在私有子网中创建了一个 Amazon EC2 实例。可以在私有子网中给 Amazon EC2 实例打补丁，这样我们就验证了互联网连接。

2.22 复习题

1. 你是一家大型旅游公司的解决方案架构师，公司正在将当前的服务器迁移到 AWS。你已经建议使用自定义 VPC，公司采纳了你的建议。他们需要一个支持 Web 服务器的公有子网，以及一个支持数据库服务器的私有子网。此外，还需要 Web 服务器与数据库服务器高可用，所以至少需要两个 Web 服务器以及两个数据库服务器。根据上述需求，你需要几个子网来保持高可用性？

　A. 2

　B. 3

　C. 4

　D. 1

2. 在一个私有子网内启动多个 Amazon EC2 实例，这些实例需要访问互联网以下载补丁。你决定创建一个 NAT 网关。这个 NAT 网关应该在 VPC 的哪里创建？

　A. 在私有子网中

　B. 在公有子网中

　C. 在 VGW 中

　D. 在互联网网关中

3. 你负责支持一个客户系统，它需要执行紧耦合的高性能计算工作负载。下列哪个 VPC 选件提供高输出、低延迟以及高数据包转发率？

    A. NIC Teaming

    B. 25 Gbps 以太网

    C. IPv6 寻址

    D. 置放组

4. 在你创建 VPC 时发生了以下哪个事件？

    A. 默认创建一个主路由表

    B. 默认创建三个子网，每个可用区分别对应一个子网

    C. 在一个可用区内默认创建三个子网

    D. 默认创建一个互联网网关

5. 在任意时间，可以与 VPC 绑定几个互联网网关？

    A. 1

    B. 2

    C. 3

    D. 4

6. VPC 在哪方面是有状态的？

    A. ACL

    B. 安全组

    C. VPC 流日志

    D. 前缀列表

7. 以下哪个选项公开了虚拟私有网络连接的 Amazon 端？

    A. Elastic IP 地址

    B. 客户网关

    C. 互联网网关

    D. 虚拟私有网关

8. 以下哪个 Amazon VPC 功能允许创建双重驻留(dual-homed)实例？

    A. Elastic IP 地址

    B. 客户网关

    C. 安全组

    D. 弹性网络接口

9. 在单 VPN 连接中允许几个 IPsec 隧道？

    A. 4

    B. 3

    C. 2

    D. 1

第3章

高级 Amazon VPC

本章涵盖的 AWS 认证高级网络-专项考试目标包括但不局限于以下知识点。

知识点 1.0：大规模设计和实现混合 IT 网络架构
- 1.2 在指定场景下，决定适当的混合 IT 架构连接解决方案
- 1.5 定义混合 IT 架构的路由策略

知识点 2.0：设计和实施 AWS 网络
- 2.1 应用 AWS 网络概念
- 2.5 根据客户和应用需求决定适当的架构

知识点 5.0：安全与规范的设计和实施
- 5.1 评估符合安全和合规目标的设计要求

在第 2 章中，你学习了 Amazon VPC 的核心构件。在本章中，我们将继续深入讨论 Amazon VPC 的更高级功能。第 2 章中描述的核心构件在大多数设计中都可以满足需要，但是一些环境要求网络拥有更高的安全性、灵活性以及可扩展性。

我们将学习 Amazon VPC 端点、IP 地址以及弹性网络接口的功能，还将学习在设计时需要考虑的一些要点，在结合使用这些功能与其他概念(例如，VPC 伙伴网络)时，这些要点显得尤为重要。对于一些设计场景，包括如何在基于 VPC 端点的 VPN 网络上创建私有服务访问，我们也会加以讨论。

3.1 VPC 端点

最少权限准则是指用户或服务在执行功能时应当仅含有最少的访问权限。如果用户需要只读访问，就不应该授予他们修改权限。从网络的角度看，如果 Amazon EC2 实例仅需要在同一个 Amazon VPC 中访问其他实例，就不需要互联网的访问权限。但是当内部实例需要访问公有的 AWS 应用程序编程接口(API)时，比如 Amazon EC2 或 Amazon Redshift，应该如何应用这个概念？对于这些场景，可以通过 VPC 中的私有端点服务允许实例访问共享资源。

VPC 端点在没有互联网网关、NAT 设备、VPN 连接以及 AWS Direct Connect 的情况下，允许私有地连接 VPC 与 AWS Cloud 服务。在使用 VPC 端点时，VPC 中的实例不需要与 AWS 资源通信的公有 IP 地址。所以，VPC 与 AWS Cloud 服务之间的数据流仅在 Amazon 网络内部传输。

端点是虚拟的设备，是可横向扩展、高容错以及高可用的 VPC 构件，并且在没有影响可用性及限定网络带宽的情况下，实现了 VPC 内资源的相互通信。

注意:
VPC 端点仅支持 IPv4。

3.1.1　VPC 端点与安全

除最少权限准则外，VPC 端点还有其他的用例。对一些客户来说，对使用资源访问互联网的安全性及规范性要求更加严格。VPC 端点在不需要互联网访问的情况下，允许访问公有的 AWS API。VPC 端点还允许指定在 VPC 之间或账户之间细化服务访问控制，这消除了 VPC 伙伴网络提供的过多访问权限。在第 15 章 "风险与规范" 中，对最少权限准则以及互联网控制还会进一步讨论。减少实例与访问互联网的子网个数，可以使安全操作更加简单，同时避免了使用 NAT 以及路由策略的复杂性，减少了一些审计与合规检查的工作范围。

一些服务，例如 Amazon Simple Storage Service (Amazon S3)，允许更细粒度的访问控制，比如，当在 VPC 端点上使用桶(bucket)策略以及端点策略访问它们时。可以通过路由和安全组配置特定的子网以及实例来限定 Amazon S3 桶访问特定的 VPC 端点。

如果所需访问的所有 AWS Cloud 服务都可以通过 VPC 端点服务实现，就可以减少甚至去除 AWS Direct Connect 公有虚拟接口(Virtual Interface，VIF)服务。这是另一种减少资源在互联网中曝光率的方法。在本章的后面，将提供在 AWS Direct Connect 上访问端点的细节。

3.1.2　VPC 端点策略

VPC 端点支持 VPC 端点策略。VPC 端点策略是一种 AWS Identity and Access Management，IAM)资源策略，该策略在创建或修改端点时与端点绑定。如果在创建端点时没有绑定策略，那么 AWS 会指定默认策略以绑定端点，默认策略允许服务的所有访问权限。端点策略不会超越或替代 IAM 用户策略以及服务指定的策略(例如 Amazon S3 桶策略)。端点策略是由端点到指定服务的独立访问控制策略。

3.2　VPC 端点概述

VPC 端点包括两种类型——网关 VPC 端点和接口 VPC 端点通过它们可以私有地访问各种服务。我们会简单地对它们进行比较，然后详细学习每种端点类型。

3.2.1　网关 VPC 端点

网关 VPC 端点是路由表中的一个目标路由记录，它的数据流指向一个 AWS Cloud 服务。这种类型的端点支持 Amazon S3 和 Amazon DynamoDB。网关 VPC 端点使用路由以及前缀列表私有路由到 AWS Cloud 服务。使用网关 VPC 的实例将服务的 DNS 名称解析为公有地址。通往这些公有地址的路由通过网关 VPC 端点访问服务。

3.2.2　接口 VPC 端点

接口 VPC 端点(由 AWS PrivateLink 支持)是 Amazon VPC 中的特殊弹性网络接口。当创建接口 VPC 端点时，AWS 在子网中生成指定的端点网络接口。每个接口 VPC 端点与一个特定的 VPC 进行关联，并且使用本地子网的 IPv4 地址。当创建接口 VPC 端点时，AWS 生成基于端点的 DNS 主机名，通过 DNS 主机名可以与服务进行通信。对于 AWS 服务以及 AWS Marketplace 合作伙伴服务，可以启用端点的私有 DNS 服务，从而将 VPC 与私有托管区域(hosted zone)关联。主机区域包括一组记录，这些记录是服务的默认 DNS 名称，可用来将 VPC 中的端点接口网络接口解析为私有 IP 地址。这样的机制允许使用默认的 DNS 主机名进行服务访问，而不需要基于端点的 DNS 主机名。

AWS PrivateLink

AWS PrivateLink 是接口 VPC 端点，是除客户以及合作伙伴服务以外针对 AWS 的附加服务。AWS 提供对服务的访问，例如 Amazon EC2 API 以及结合 AWS PrivateLink 的 Elastic Load Balancing API。与网关 VPC 端点相比，AWS PrivateLink 是一种访问 AWS Cloud 服务的新型方式。

AWS PrivateLink 同时允许创建用户自己的 VPC 端点服务。AWS PrivateLink 客户以及服务商可以在自己的 VPC 中创建通往资源或服务的私有端点。可以访问其他 VPC 或账户的服务，包括支持 AWS PrivateLink 的服务商以及合作伙伴。AWS PrivateLink 描述了服务消费者与服务提供商之间的关系。AWS PrivateLink 的典型用例包括跨越多个 VPC 访问共享的企业级 API 或者通过私有连接访问 SaaS(Software as a Service，软件即服务)日志提供商的服务。

3.3　网关 VPC 端点

网关 VPC 端点允许创建 VPC 与 AWS Cloud 服务之间的私有连接，而不必借助互联网、NAT 设备、VPN 连接或 AWS Direct Connect。Amazon S3 和 Amazon DynamoDB 包含了网关 VPC 端点服务。

3.3.1　Amazon S3 端点

Amazon S3 端点允许从 VPC 到 Amazon S3 的私有访问。如图 3.1 所示，子网 2 中的实例能够通过 VPC 端点访问 Amazon S3。

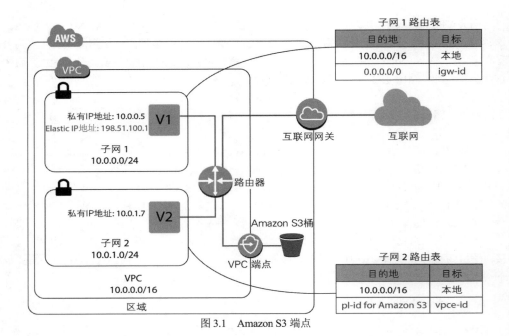

图 3.1　Amazon S3 端点

当创建 Amazon S3 端点时,也就创建了 VPC 中的前缀列表和 VPC 端点。前缀列表是 Amazon S3 使用的 IP 地址集合,格式是 pl-xxxxxxxx,并且是子网路由表以及安全组的可用选项之一。

提示:

通过 DescribePrefixLists API 可以得到前缀列表中当前的 IP 地址列表。

VPC 端点使用的格式是 vpce-xxxxxx,并且在路由表中显示为路由的目的地。在创建 Amazon S3 端点时, 所选的子网将接收一个新的前缀列表路由, 这个路由指向新的网关 VPC 端点。表 3.1 显示了使用网关 VPC 端点的路由表示例。

表 3.1　使用网关 VPC 端点的路由表示例

前缀	目的地
10.0.0.0/16	本地
pl-xxxxxxxx	vpce-xxxxxxxx

注意:

不能在桶策略中对由 VPC 端点到 Amazon S3 的请求使用 aws:SourceIp 条件。如果这个条件对任何指定的 IP 地址或 IP 地址区间匹配失败, 那就可能在对 Amazon S3 桶发出请求时产生不可预知的影响。

在同一个 VPC 中可以创建多个端点。这个功能允许不同的端点策略使用不同类型的访问。由于每个路由表可能仅包含一个前缀列表，因此在每个子网中只能有一个端点。如果子网中的实例需要不同的 Amazon S3 访问策略，那么可以考虑其他子网设计方式以满足所需策略或者控制结果。

Amazon S3 端点使用 DNS 将数据流传输到端点。所以，必须启用 VPC 中的 DNS 解析功能。

3.3.2 Amazon DynamoDB 端点

Amazon DynamoDB 端点与 Amazon S3 端点极为相似。Amazon DynamoDB 由于使用网关 VPC 端点，因此也使用相同的前缀列表和路由表的概念，将数据流传输到 Amazon DynamoDB。

同 Amazon S3 VPC 端点一样，Amazon DynamoDB VPC 端点支持端点策略。端点策略可以限制对写操作或特定表的访问。

端点对特定服务存在一些限制，虽然这些不在考试范围之内，但是对系统设计来说很重要。一个例子就是不能通过端点访问 Amazon DynamoDB 流服务。

3.3.3 在远程网络上访问网关端点

网关 VPC 端点使用 AWS 路由表记录以及 DNS 将数据流私有地发送到 AWS Cloud 服务。这些机制仅在 VPC 内适用，且禁止从 VPC 之外对网关端点进行访问。由 Amazon VPN 或者通过 VGW 的 Amazon Direct Connect 发起的连接不能直接访问网关端点，并且不能通过 VPC 伙伴连接访问网关端点。

注意:
这个限制与转递(transitive)路由有关，因为 VPC 中不支持转递路由。如果数据包的源不是本地 VPC 中的接口，那么连接的目的地必须是本地到 VPC 的网络接口 IP 地址。数据包的目的地或源端必须有到 VPC 的本地接口。

为了克服转递路由的局限性，可以修改 DNS 解析，通过代理实例组访问 VPC 端点。图 3.2 展示了一个基于 DNS 的代理方案，它将 Amazon S3 数据流从企业网络传输到 VPC 端点。

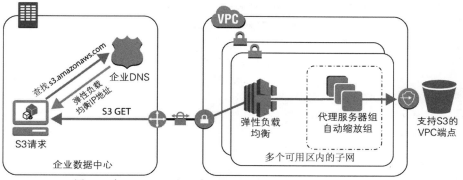

图 3.2 在 AWS VPN 上通过配置代理实例组来访问 Amazon S3 端点

这个方案的核心构件包括 Elastic Load Balancing、代理实例组以及企业 DNS。通过配置企业 DNS 将 Amazon S3 请求传送到负载均衡器的 CNAME。在这个场景中，目的地的 IP 地址是 VPC 中负载均衡器的接口。这种配置解决了转递路由的局限性。负载均衡器将数据流转发给代理实例的自动缩放组。代理实例放置在访问 Amazon S3 端点的子网内。代理可以配置额外的策略，以允许或禁止某些请求，这样就可以增加端点策略以及 Amazon S3 桶策略提供的控制级别。

这个方案对 Amazon S3 和 Amazon DynamoDB 均可以使用。同时，这个方案提供对 VPN 与 AWS Direct Connect 数据流源的支持。

3.3.4　保护网关 VPC 端点

VPC 端点策略限制哪些资源(例如桶或表)可以使用端点服务。当使用 Amazon S3 端点时，桶策略允许从公有连接或特定 Amazon S3 端点传入请求。

在 VPC 中，可以通过限制子网到 VPC 端点路由来控制端点访问。为了提供实例级别的细粒度访问，可以在出站安全组规则中指定前缀列表。前缀列表在网络访问列表(ACL)中不可用。

提示：

可以配置 Amazon S3 桶策略，实现只允许由 VPC 端点发出数据流。这些策略禁止互联网对桶的访问。

3.4　接口 VPC 端点

接口 VPC 端点是另一种不同的、于近期发布的处理服务端点的方式。与使用路由和前缀列表网关的 VPC 端点不同，接口端点是 VPC 中的本地 IP 地址。这种接口方式简化了路由，提供了更大的灵活性。接口端点支持的 AWS Cloud 服务包括 Amazon EC2 API、Amazon EC2 系统管理(SSM)、Amazon Kinesis 以及 Elastic Load Balancing API。

接口 VPC 端点在 VPC 中以弹性网络接口的形式出现。当创建接口端点时，AWS 自动创建解析 VPC 中本地 IP 地址的区域以及地区 DNS 记录。这种设计允许在没有任何宕机时间的情况下，从公有 AWS 端点完美地切换到私有 VPC 端点。接口 VPC 端点还支持使用 AWS Direct Connect 连接，这样 AWS 以外的应用就可以通过 Amazon 私有网络访问 AWS Cloud 服务。接口 VPC 端点具有高可用性，还能够提供较高的网络效能，由 Amazon 直接管理。这些端点由 AWS Hyperplane 分布式网络架构支持。Hyperplane 技术在考试中没有涉及，但却是 AWS 内部用于创建 NAT 网关服务、网络负载均衡器和 AWS PrivateLink 的架构。

接口 VPC 端点允许访问特定的 AWS Cloud 服务。这种访问方式也称为 AWS 服务私有链接。在图 3.3 中，子网 1 内的实例可以通过接口 VPC 端点与 Amazon Kinesis Data Streams 进行通信。子网 2 内的实例可以通过互联网网关与互联网进行通信。

在接口 VPC 端点上访问服务时，需要考虑以下要点：

- 可以通过 AWS Direct Connect 连接访问 VPC 端点，但不能通过 VPN 连接或 VPC 伙伴网络连接访问 VPC 端点
- 对每个 AWS Cloud 服务来说，可以在每个可用区的 VPC 中创建接口端点
- 通过接口端点的 AWS Cloud 服务不能在所有可用区中使用
- 每个端点在可用区内能够支持不超过 10 Gbps 的带宽。根据使用情况可以自动扩容
- 端点仅支持 IPv4 网络数据流
- AWS Cloud 服务不能在 VPC 内通过端点发起通往资源的请求。端点只能返回 VPC 中由资源发起数据流的应答

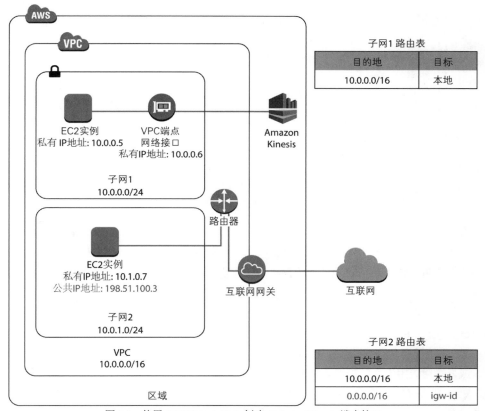

图 3.3 使用 AWS PrivateLink 创建 Amazon Kinesis 端点接口

3.4.1 针对客户与合作伙伴服务的 AWS PrivateLink

到目前为止，本章讨论了如何通过 VPC 端点私有访问 AWS Cloud 服务，但是你可能需要私有地访问自己或他人的服务。AWS 私有链接允许在 VPC 之间或账户之间安全地访问或共享服务，这种方式可通过网络负载均衡器创建 VPC 端点服务来实现。VPC 端点服务是接口 VPC 端点，由你控制并且将数据流保留在 Amazon 的私有网络之内。

消费者可以创建微服务架构,然后通过它在 VPC 之间共享应用服务,但是这种用例可能由于多个 VPC 而引发网络的复杂性挑战,以及细化安全要求和重复地址等不利影响。此外,AWS 提供了众多主机服务与 SaaS 功能。通过 VPC 端点服务强化这些服务的访问安全性是可行的。

VPC 端点服务使用私有或公有 DNS,以及网络负载均衡器和弹性网络接口在 VPC 之间进行操作。在图 3.4 中,我们在服务商与服务消费者之间配置了 VPC 端点服务。

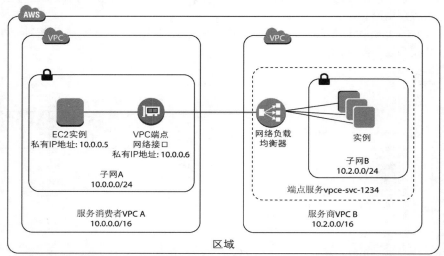

图 3.4　创建服务商与服务消费者之间的 VPC 端点服务。接口端点在服务消费者 VPC 中创建

服务商拥有已注册的服务名,类似于 vpce-svc-0569c51ce317ddfdb.us-east-2.vpce.amazonaws.com。这个名字与服务商 VPC 的网络负载均衡器相关联。网络负载均衡器的网络接口与 IP 地址在服务消费者 VPC 中。DNS 在服务消费者 VPC 中将 vpce-svc-0569c51ce317ddfdb.us-east-2.vpce. amazonaws.com 解析为本地 IP 地址,这个 IP 地址将数据流转递给服务商的另一个 VPC 中的网络负载均衡器。建议使用类似 Elastic Load Balancing DNS 的名字并且使用别名记录(比如 vpce.example.com),这样更易于使用端点。网络负载均衡器执行源 IP 地址的 NAT 地址转换。源 NAT 地址转换通过服务商使用重叠地址连接消费者。服务商可以通过打开负载均衡器的代理协议或者使用应用级别标识来确定数据流的来源。

VPC 端点服务功能可以帮助连接跨 VPC 的应用。用例包括共享服务 VPC、连接商务合作伙伴与客户,以及允许不同 VPC 之间更细粒度的访问。有关共享服务 VPC 的概念将在第 16 章中通过应用场景以及参考架构进行深入讨论。

3.4.2　比较 AWS PrivateLink 与 VPC 伙伴网络

在第 2 章中,我们讨论了 VPC 伙伴连接允许在两个 Amazon VPC 之间进行通信。伙伴连接需要伙伴 VPC 接收伙伴节点请求并且在两个 VPC 中配置子网中的伙伴节点连接路由。

VPC 伙伴连接适用于多个资源在伙伴 VPC 之间通信的场景。如果 VPC 之间存在高度通信需求并且安全和信任度级别近似，那么 VPC 伙伴连接是上佳选择。

　　通过 Amazon PrivateLink 可以在多种场景中简化多个 VPC 的网络配置。第一，通过 VPC 伙伴网络可以访问整个 VPC。为了限制 VPC 伙伴节点之间的数据流，可以使用路由表记录和安全组。这样，即使在同一个区域内引用 VPC 伙伴节点的安全组，也仍然存在足够的容错空间。此外，如果提供对多个 VPC 的服务，那么可以管理众多的路由和安全组，但是这对系统扩展性是一个挑战。如果仅共享一个应用，那么使用 AWS PrivateLink 可以大大降低整体复杂度(即使跨越多个 VPC)。AWS PrivateLink 允许在应用级别由服务消费者到服务商的单向访问，有效地解决多个 VPC 之间的连接问题。

　　第二，伙伴节点需要非重叠的 VPC CIDR 地址区间。如果多个 VPC 使用了常用地址区间，那么它们不能直接创建伙伴关系。一个中央 VPC 可以与多个分支 VPC 在同一个地址区间创建伙伴网络，但是中央网络只能将重叠地址区间的一部分路由到伙伴 VPC。通过使用服务消费者到服务商的源 NAT 地址转换，AWS PrivateLink 可以支持重叠的 CIDR 地址区间。

　　第三，VPC 伙伴网络存在扩展局限性。一个 VPC 只能与另外 125 个 VPC 实现伙伴网络。AWS PrivateLink 在每个 VPC 中可以扩展到上千个服务消费者。单个 VPC 所能提供的服务个数受限于网络负载均衡器能够支持的个数。如果所提供的服务之间没有依赖性，那么可以将它们分放到多个 VPC 中。

　　在设计 AWS PrivateLink 时需要考虑一些事项。AWS PrivateLink 只允许服务消费者向服务商发出的连接。如果需要双向通信，那么可能需要 VPC 伙伴连接或者服务消费者到服务商之间反向的 AWS PrivateLink。此外，通往 AWS PrivateLink 的数据流是负载均衡的，它们继承了设计网络负载均衡器设计的考虑因素。例如，网络负载均衡器仅支持 TCP(关于网络负载均衡器的设计考虑因素将在第 6 章中深入讨论)。另外，通过源 NAT 地址转换由服务消费者通往服务商的连接，可能会阻止应用识别服务消费者的 IP 地址。该行为不同于标准的网络负载均衡器行为，源 IP 被保留。

3.4.3　AWS PrivateLink 服务商考虑事项

　　本节学习在配置 VPC 端点服务(由 AWS PrivateLink 提供支持)时所需的步骤。可以选择配置服务商端点提供多种类型的服务，包括公有服务、针对商务伙伴的服务或者一组可信赖账户和 VPC 的服务。

　　第一步是将服务与网络负载均衡器绑定。需要选择恰当的可用区以提供服务。网络负载均衡器负责负载均衡，对每个可用区提供地址，并且执行传入连接的源 NAT 地址转换。

　　可以在配置网络负载均衡器后创建端点服务。创建端点后，将接收到端点的 DNS 名称，例如 vpce-svc-0569c51ce317ddfdb.us-east-2.vpce.amazonaws.com，还会收到消费者引用的服务名，例如 com.amazonaws.vpce.us-east-2.vpce-svc-0569c51ce317ddfdb。

　　服务消费者将接收多个端点的 DNS 名称，以便为每个可用区内运行的服务提供区域名称。

下一步是访问端点。为此，可以使用 IAM 规则下的白名单(比如账户名)，或者选择为所有 AWS 账户提供服务。

3.4.4　AWS PrivateLink 服务消费者考虑事项

为了消费 VPC 端点(由 AWS PrivateLink 提供支持)，首先可以使用服务名请求访问私有服务。也可以在 AWS Marketplace 以及 AWS Cloud 服务提供的公有端点中选择消费。根据选择的服务以及可用区，可能有多个可用端点。

VPC 端点的使用有多种方式。可以利用私有 DNS 名称启用水平分割(split-horizon)DNS 功能，此功能可在 AWS Cloud 服务和 AWS Marketplace 提供的端点中找到。水平分割 DNS 会将私有托管区配置为适当的 DNS 记录，将服务名映射为已创建的端点名，比如将 DNS 记录 api.example.com 映射为 vpce-svc-0569c51ce217fffdb.us-east-2.vpce.amazonaws.com。也可以选择自己完成或者使用自己的 DNS 解决方案为端点服务使用 Amazon Route 53 私有托管区。

每个 VPC 端点同时拥有区域 DNS 名称以及针对每个可用区的 DNS 名称。服务消费者可以选择使用本地到每个可用区的服务以提高性能。如果不支持 DNS 或者引发了应用问题，可将端点的 IP 地址以固定代码的方式放置在应用程序中。与 Elastic Load Balancing 类似，不需要对跨可用区的数据流进行付费。

警告:

可以使用固定 IP 地址编码，但是一般情况下不建议使用。因为这个地址以后可能不可用，或者因为在删除后重建端点时，旧的 IP 地址可能发生更改。

维护 VPC 端点安全是服务消费者的责任。数据流仅在服务消费者与服务商之间单向传输。只有由服务消费者发起的连接应答才是有效的。

3.4.5　访问共享服务 VPC

在许多应用场景中，需要在不同的 VPC 中进行服务访问。例如，可以使用接口 VPC 端点访问 AWS Cloud 服务，还可以通过第三方或合作伙伴提供的服务进行访问。如果企业需要跨越多个 VPC 的通用访问，那么可以将通用服务或共享服务集中在一起。可以使用 Amazon PrivateLink 私有地访问共享的中央服务，这类服务又称为"服务 VPC""共享服务 VPC""管理 VPC"等。这些通用资源包括认证服务、供给服务或安全服务。

图 3.5 阐述了共享 VPC 的模型。

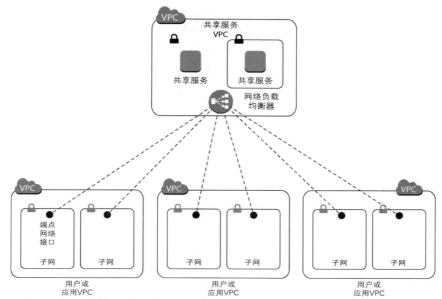

图 3.5　共享服务使用网络负载均衡器以及 AWS PrivateLink 在分支 VPC 中提供端点服务

图 3.5 中包含提供共享服务的专用 VPC。同时，有两个作为负载均衡器目标的实例分别运行在各自的子网中。本例中，在共享服务 VPC 中有一个独立的服务，但是实际环境中可能存在多个其他服务。此服务由三个消费者 VPC 共享，每个消费者 VPC 对共享服务拥有私有访问权限。每个消费者 VPC 可以使用 VPC 端点的 DNS 名称对服务进行访问。这种设计模式允许企业中央化部署以及运行核心服务，如认证、日志、监控、Code Pipeline 工具以及其他管理和安全服务。

企业根据需求可能需要多个"服务 VPC"，或者把它们按照功能进行细化分割，例如安全、网络、管理工具、意外应答等。VPC 端点提供与 VPC 伙伴连接相比更高的扩展性以及地址的灵活性。这种模式可以扩展至上千个消费者 VPC，并且允许消费者 VPC 拥有重叠的 IP 地址。由服务消费者发起的 VPC 端点连接流向服务商提供的服务。服务商的服务不能发起流向消费者资源的连接。VPC 伙伴网络以及其他连接方式可满足由服务商发起的通信要求。

3.5　转递路由

前面简单介绍了通过转递路由在 VPN 以及 AWS Direct Connect 中访问网关 VPC 端点。你需要理解转递路由在 AWS 网络中的相关功能。这里我们重新回忆一下 VPC 的路由要求。

如果源数据包不是本地 VPC 中的接口，那么连接的目的地必须是本地到 VPC 的网络接口 IP 地址。目的地或源数据包必须是本地到 VPC 的接口，否则数据流会丢失。

这个指导原则的例外是 VGW。默认情况下，VGW 会将接收到的路由，通过 VPN 或 AWS Direct Connect 通告给所有的伙伴节点。这个功能又称为 CloudHub(云集线器)，将在第 4 和 5 章中涉及。CloudHub 允许由 AWS Direct Connect 伙伴节点或 AWS VPN 伙伴节点到达 VGW 的数据流连接到其他 AWS VPN 或 AWS Direct Connect 的目的地。不能改变 VGW 的 CloudHub 路由行为。

代理、路由器、Amazon EC2 VPN 以及 NAT 实例允许更灵活的进出外网的连接方式。当这些设备接收到数据包并转递到下跳路由时,重新传播的数据包具有 Amazon EC2 实例的源数据而不是外网源数据。这个功能需要禁用源/目的地检查。

VPC 的安全特性

VPC 的安全特性之一是数据转递机制,这种机制检查数据源 IP 地址与目的地 IP 地址的有效性,以防范地址欺骗。源/目的地检查在目的地 IP 地址与分配的 IP 地址不匹配时,不允许实例接收数据包。同时,如果源 IP 地址没有被分配,实例也不允许发送数据包。执行路由、代理以及其他网络功能的实例需要经常禁用源/目的地检查,因为它们需要在没有绑定 IP 地址的情况下发送和接收数据包。

转递路由示例

接下来学习受转递路由影响的用例。

- 当多个 VPC 创建伙伴网络时,全 VPC 连接需要所有 VPC 节点互相创建直接的伙伴关系。如图 3.6 所示,一个伙伴 VPC 节点在没有与另外一个 VPC 节点创建直接连接时不能通过第三个 VPC 节点访问。这种情况下,由一个 VPC 节点发出的源数据包试图使用非本地的网络接口连接到另外一个 VPC 节点,这样数据包将被丢弃。该特性在第 2 章的 2.12 节中讨论过。

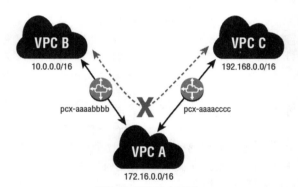

图 3.6　转递路由示例一

- 在本章之前的 Amazon S3 端点示例中,我们解释了如何使用 DNS 代理在 AWS Direct Connect 或 VPN 中访问网关 VPC 节点。如果试图在 AWS VPN 中直接与 Amazon S3 进行连接,那么源数据包来自 VPC 外部,同时目的地是 Amazon S3 地址。这样数据包将被丢弃。如果目的地是一个代理,那么这个代理是本地网络接口。
- 在图 3.7 中,我们在两个 VPC 之间创建伙伴网络,将其中一个 VPC 与互联网网关进行绑定。没有绑定互联网网关的另一个 VPC 包含指向伙伴连接的默认路由。没有绑定互联网网关的 VPC 不能通过伙伴网络与互联网连接。当数据流到达互联网连接的 VPC 时,数据源在 VPC 之外,目的地不是本地网络接口。这个场景演示了如何在互联网连接的 VPC 中使用互联网代理解决转递路由问题。另一种方法是给另一个 VPC 绑定新的互联网网关。

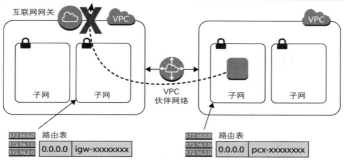

图 3.7 转递路由示例二

- 另外一个具有细微差别的示例就是通过 AWS VPN、AWS Direct Connect 或 VPC 伙伴网络访问 AWS DNS 服务。如果在 VPC 中定义了私有的包含 Amazon Route 53 的托管区，那么默认情况下，这些 DNS 名称只能通过本地 VPC 进行访问。如果请求从 VPN 发出，那么数据源来自外部。目的地的 IP 地址是 VPC DNS IP，这个 IP 不是网络接口 IP 地址。也就是说，数据流不会被直接路由。为了解决这个问题，可以使用 DNS 代理实例或其他 DNS 解决方案。第 6 章将对此做深入讨论。

- 在图 3.8 中，VPC 包含一个 AWS 管理的 VPN 连接。如果流向 VGW 的数据流终点是互联网，那么它会被丢弃，因为目的地不是本地网络接口。与此类似，如果互联网数据流的终点是 VPN 网络，它也会被丢弃，因为在 VPC 评估数据流时，目的地不是本地网络接口。同样，对任何流向 VPN 网络而终点是伙伴 VPC 的数据流，也一样会被丢弃。这个问题可以通过在 VPC 中使用互联网代理实例来解决，但要求到达 VPN 的连接以该实例作为目的地。另外一种方法是，使用运行 VPN 端点的 Amazon EC2 实例将数据流转发到外部数据源。Amazon EC2 实例终止 VPN 隧道，打开封装的内部数据包，并且创建一个新的连接，这个连接中的数据源将变成内部网络接口。该特性还会在第 4 章中做深入讨论。

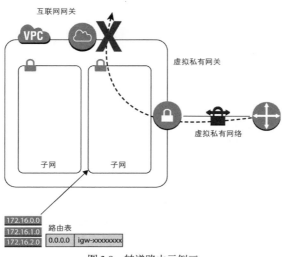

图 3.8 转递路由示例三

注意:

Amazon VPC 的路由表仅影响出站数据流。路由表不会影响由互联网网关、VPC 伙伴网络、VPN 或 AWS Direct Connect 发起的入站数据流。如果进入 VPC 的数据流由互联网网关、NAT 网关或 VPC 伙伴连接而来,那么目的地 IP 地址需要属于本地网络接口。如果数据流通往 VGW,那么可以使用本地网络接口作为目的地或者使用另外一个指向 VGW 的路由。

跨域 VPC 的路由

解决转递路由的一种常用方法是在每个 VPC 中将实例用作代理或者转发数据流,提供本地网络接口作为远程网络的目的地。在 VPC 内,路由表的目标通常可以是防火墙、代理以及处理和检查网络数据流的缓存服务器。

在使用 VPC 伙伴网络以后,这种路由设计就不适用了。与路由表中的典型定义类似,终点为远程 VPC CIDR 区间的数据流使用伙伴连接(pcx-xxxxxxxx)作为目标。在伙伴 VPC 网络中不能将数据流路由到网络接口。

典型示例就是共享服务 VPC 中的防火墙。如果所有互联网数据流必须通过防火墙,那么可以配置子网路由表,将互联网数据流转发到实例。如果防火墙在另外一个 VPC 中,则不能配置跨越 VPC 伙伴网络到伙伴节点的网络接口的路由。为了支持这些类型的架构,第 16 章将详细讨论一些方法,比如转递 VPC(transit VPC)以及本书后面将要讨论的另外一些架构。此外,跨账户的弹性网络接口路由选项功能提供了一些场景的解决方案,这些将在本章后面讨论。

3.6 IP 选址功能

在第 2 章中,我们学习了弹性 IP 地址、IPv6 地址,以及公有和私有地址的不同选项。此外,你应当理解 IP 选址的一些其他功能,如 Amazon VPC 大小调整以及 NAT 选项。

3.6.1 调整 VPC 大小

在 AWS 中创建 VPC 的第一个选项就是 IPv4 CIDR 的区间大小。地址类型可以根据个人喜好选择,包括 RFC1918 地址、公有地址以及其他地址(如 RFC6598)。我们建议在可能的情况下使用 RFC1918 地址,但是在一些情况下可能使用其他的地址类型。第二个选项就是 CIDR 地址区间的大小。

以前,AWS 建议开始时使用较大的 CIDR 区间,以避免 IPv4 地址用完以后重新设计网络。但是为多个 VPC 分配较大 IPv4 地址块是一件具有挑战性的事情,因为 IPv4 地址区间存在大小局限性。

VPC 大小调整功能允许在一个 VPC 中,额外添加不超过 5 个 IPv4 CIDR 区间。可以申请提高这几个 CIDR 区间的大小限制。此功能允许在耗尽地址的 VPC 中进行 IPv4 扩展，并减少以较小的 CIDR 范围开始时涉及的设计权衡。

3.6.2　VPC 调整考虑事项

新的 VPC CIDR 地址区间不能与现有的 CIDR 区间或 VPC 伙伴网络的 CIDR 区间发生重叠。此外，新的地址区间与 VPC 路由表中当前指定的静态路由记录相比，必须更加明确。由 VGW 传播的动态路由不会引起地址矛盾，并且新的 CIDR 区间因为本地路由的缘故会自动成为偏好地址。根据初始 VPC CIDR 区间的设定，新定义的 CIDR 区间存在一些限制。

图 3.9 阐明了当添加新的 CIDR 地址区间时，本地路由表产生的变化。我们添加了一个新的本地路由记录 10.2.0.0/16。因为添加了新的路由记录，所以路由表需要额外的空间进行存放。此外，VGW 将开始通告新的地址区间。可以定义/16 到/28 范围内的 CIDR 区间。也就是说，可以通过单独的/16 地址范围创建到/14 或/15 的地址区间。来自 VGW 的地址通告不会对连续的地址区间进行总计。

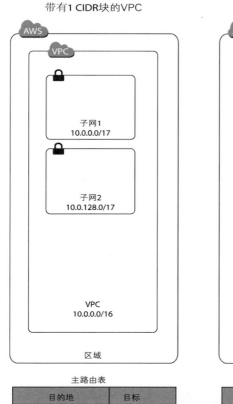

图 3.9　给现有 VPC 添加 CIDR 区间的示例，新的子网可以使用新的 CIDR 地址

只有新的子网才能够使用新的地址区间，在添加 CIDR 区间之前创建的子网不能使用新的地址区间。

3.6.3 IP 地址功能

IP 地址通常很简单，但是可以控制一些极端情况。

回收弹性 IP 地址

举个例子，在仍然依赖公有地址的情况下意外释放弹性 IP 地址。人为错误或者自动处理错误可能会造成这种情况的发生。有一种方法可通过 AWS Command Line Interface (AWS CLI)请求重用以前拥有的弹性 IP 地址。AWS 会尽可能回收这个地址，但是不能保证成功，因为其他客户可能已经使用了这个地址。此功能仅对弹性 IP 地址有效，对自动分配的公有 IP 地址无效。

3.6.4 跨账户网络接口

如果可以将网络接口从一个账户的实例扩展到另外一个账户，那么一些网络场景会受益于此。跨账户网络权限授予 AWS 认证的提供者账户权限，将提供者账户的实例与用户的网络接口绑定。提供者账户必须是 AWS 的白名单中允许提供此功能的账户。

典型用例就是 Amazon Relational Database Service (Amazon RDS)。客户试图修改或控制 Amazon RDS 实例的弹性网络接口，但是他们没有访问实例的权限。在 Amazon RDS 场景下，VPC 中的实例由 Amazon 管理，并且弹性网络接口在客户 VPC 中。

这个功能还允许客户定义路由记录，路由记录指向另外一个账户实例的网络接口。这样弹性网络接口就可以实现到另外一个 VPC 或账户中实例的路由。

1. 设计时需要考虑的事项

AWS 有合适的理由大量使用 Elastic Load Balancing 以提高服务的可用性和可靠性，而不是选择单网络接口。跨账户网络接口不能提供高可用性和容错性。当使用跨账户网络接口(如 Amazon RDS)时，非常重要的一点是容错性已经内嵌在应用级别。另外一个重点是理解网络接口是针对子网和可用区的，也就是说，跨账户网络接口必须与提供者实例在同一个可用区内。

需要考虑的其他设计事项包括扩展性和成本效率。实例包含固定个数的网络接口，一般在 2 和 15 之间。如果提供者对多个端点使用跨账户网络接口功能，而端点个数超过网络接口个数，那么提供者必须创建额外的实例来支持这个数量。此外，实例可用网络接口的个数通常根据内存与 CPU 的比例进行分配。如果仅因为网络接口密度的原因使用高端实例，这种做法的成本效率不是很高。

综上所述，跨账户网络接口功能在与底部抽象层进行交互时比较有用。也就是说，不正当地使用这种低级别的控制可能会造成系统架构的问题，这也正是需要白名单的原因。

2. VPC 伙伴网络与 VPC 端点比较

跨账户网络接口功能可以有效地把实例从 VPC 中移出，同时保留了通信使用的网络接口。

这样，我们其实是在处理与单实例对应的网络接口。跨账户网络接口功能的优势是简化连接以及像其他网络接口一样处理连接。这种方法的挑战是网络接口自身不能有效地扩展，或者没有内置的高可用功能。

VPC 伙伴网络与 VPC 端点在设计时允许多实例跨越 VPC 进行通信。一个重要的区别是 VPC 伙伴网络在通常情况下任何人都可以使用，但是跨账户网络接口仅限白名单中的提供者账户使用。不能将路由记录指向 VPC 伙伴网络中另外一端的网络接口。VPC 伙伴网络允许两个 VPC 之间更广泛的访问。

VPC 端点(由 Amazon PrivateLink 提供支持)是单向的并且通过入口数据流的源 NAT 地址转换实现。对于一些需要路由、双向通信的用例，它们与负载均衡或 NAT 不兼容。

3.7　本章小结

在本章中，你学习了一些 VPC 高级构件、VPC 端点、转递路由以及 IP 地址功能。这些功能对于所有客户可能并不都适用，但是它们有助于理解一些需要附加安全性、灵活性或扩展性的用例，并且在特定的应用架构中非常重要。

我们还学习了 VPC 端点的两种类型：接口 VPC 端点和网关 VPC 端点。网关 VPC 端点允许与服务进行连接，但是这些服务在 VPC 的网络构件中并不存在。网关 VPC 端点是一些弹性网络接口、私有 IP 地址以及 DNS 名称，它们允许在 VPC 中私有地访问 AWS Cloud 服务。

AWS PrivateLink 是接口 VPC 端点的扩展，它允许创建自己的端点或者消费他人已经创建的端点。端点使用网络负载均衡器以及 DNS 提供私有访问。

我们随后学习了 VPC 中路由的工作方式，并且举例说明了在 AWS 中如何使用更复杂的路由。

综上所述，本章为本书后面的内容提供了更高级的架构和概念平台。AWS 中的每个服务或多或少都会使用网络，理解网络的核心技术可以让你更好地理解复杂度更高的网络架构。

3.8　考试要点

理解 VPC 端点的安全优势。最少权限准则就是应当提供所需的最少访问。在私有连接上对资源的访问进行限制可以减少攻击和暴露漏洞。端点简化了连接方式并且将创建细粒度访问的过程变得更加便捷。

理解 VPC 端点的不同类型。VPC 端点分为网关 VPC 端点和接口 VPC 端点两种类型。网关 VPC 端点通过路由表记录和使用前缀列表对公有 IP 地址进行访问。接口 VPC 端点是 VPC 中拥有私有 IP 地址的网络接口，并且使用 DNS 名称将数据流引导至网络接口。网关 VPC 端点和接口 VPC 端点提供不同的访问限制功能。

理解如何由外部网络访问 VPC 端点。从外部网络访问 VPC 端点时采用了不同的设计方案。网关 VPC 端点需要使用代理处理由 VPC 外部发起的访问。接口 VPC 端点可以通过 AWS Direct Connect 方式访问但是不能通过 VPN 或 VPC 伙伴网络访问。

理解如何保护 VPC 端点安全。VPC 端点策略允许对特定资源或行为进行更细粒度的访问。

VPC 端点策略扩展了路由记录、前缀列表、安全组规则以及网络 ACL 的功能。Amazon S3 桶这样的策略也可以用来限制访问。

理解 AWS PrivateLink 如何工作。AWS PrivateLink 是接口 VPC 端点的一种类型，它使用网络负载均衡器将数据流分派给共享资源。端点包含对多个区域和地带访问的 DNS 名称。

理解 AWS PrivateLink 与 VPC 伙伴网络之间的区别。VPC 伙伴网络可提供在两个 VPC 之间进行互访的较粗糙的方法。AWS PrivateLink 提供了一种由单服务访问多个 VPC 的可扩展方式。VPC 伙伴网络不支持重叠地址，并且由它建立对实例级别的访问比较困难。VPC 端点还适用于不同信任级别关系的 VPC。

理解 VPC 端点中服务消费者与提供商之间的不同需求(由 AWS PrivateLink 提供支持)。提供商必须定义一组所包含端点的属性并且需要将端点与网络负载均衡器绑定。服务消费者负责端点的安全。服务消费者同时还可以在区域 DNS 名称、地带 DNS 名称以及直接 IP 地址之间进行选择。

理解转递路由以及 VPC 路由的局限。如果到达外部的数据流由 VPC 而来，那么目的地必须是本地 VPC 中的网络接口。例外情况是到达 VGW 的数据流可能流向另外一个 VGW 路由。转递路由影响通过互联网网关、NAT 网关、VPC 伙伴网络、网关 VPC 端点、DNS 服务、AWS Direct Connect 以及 AWS VPN 等方式出入的数据流。理解路由功能的众多组合方式对于考试非常重要。

理解如何给 VPC 添加 IPv4 CIDR 地址区间。对于可以添加的地址类型、前缀长度(/16 到/28)以及添加 CIDR 范围的工作方式，存在一些注意事项。每个新的前缀会加入本地路由并且新的前缀不能与现有的 VPC 路由记录重叠或矛盾。

理解弹性 IP 特性。在一些情况下，比如其他客户没有使用释放的地址时，被意外释放的弹性 IP 地址可以被重新回收。

理解跨账户网络接口。跨账户网络接口供白名单合作伙伴账户使用。使用跨账户网络接口时需要理解网络接口可用性和扩展性之间的权衡，以及哪种应用类型适合这个功能。此外，还需要理解 VPC 伙伴网络和 VPC 端点的优势以及设计之间的折中平衡。

应试窍门

转递路由适用于多种 AWS 网络场景，包括 AWS Direct Connect、VPN、端点以及互联网连接。理解转递路由的不同应用和可能带来的影响对考试来说很重要。

3.9 复习资源

添加新的 CIDR 块：http://docs.aws.amazon.com/AmazonVPC/latest/UserGuide/VPC_Subnets.html#add-cidr-block-restrictions

VPC 端点：http://docs.aws.amazon.com/AmazonVPC/latest/UserGuide/vpc-endpoints.html

VPC 限制：http://docs.aws.amazon.com/AmazonVPC/latest/UserGuide/VPC-Appedix_Limits.Html

3.10　练习

下面将配置一些高级的 VPC 功能，以帮助固化本章介绍的概念。

如需帮助，请参考 Amazon VPC 用户指南(http://aws.amazon.com/ documentation/vpc/)以及 Amazon EC2 用户指南(http://aws.amazon.com/documentation/ec2/)。

练习 3.1

创建 Amazon S3 的网关 VPC 端点

在本练习中，我们将创建一个 Amazon S3 端点并私有地访问数据。图 3.10 显示了将要创建的拓扑结构。

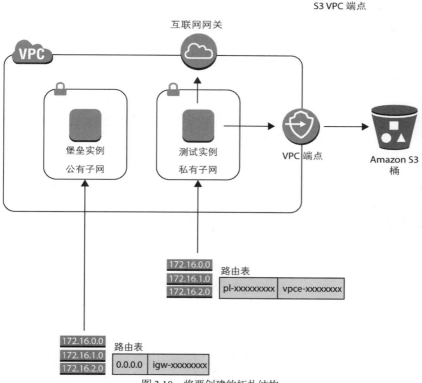

图 3.10　将要创建的拓扑结构

(1) 创建一个新的 VPC。

(2) 在这个 VPC 中创建两个子网：一个是私有的，另一个是公有的。

(3) 在公有子网中启动一个堡垒实例。在私有子网中启动另外一个测试实例。实例可以为任意类型或大小。你将使用堡垒实例连接私有实例。私有实例将用来访问 Amazon S3。

(4) 配置安全组，允许堡垒实例可以由 IP 地址通过 TCP 端口 22 访问。私有实例可以由堡垒实例通过 TCP 端口 22 访问。

(5) 创建一个互联网网关并与 VPC 进行绑定。

(6) 给公有子网和私有子网创建路由表。将路由表与对应的子网关联。

(7) 在路由表中创建一个通向 0.0.0.0/0 路由的互联网网关，并与公有子网关联。

(8) 创建一个 Amazon S3 桶。

(9) 上传一个对象(如文件)到桶中。

(10) 将互联网网关(Amazon S3 对象)设置为公有的。

(11) 使用 SSH 访问堡垒实例。

(12) 不能通过私有实例访问 Amazon S3 文件。可以尝试由堡垒实例访问文件。可以使用 curl 或浏览器之类的工具尝试访问对象。这个测试说明正在使用互联网访问 Amazon S3 端点。

(13) 创建 Amazon S3 的一个网关 VPC 端点。

(14) 指定 VPC 的私有子网使用这个端点。

(15) 检查路由表的私有子网设定。现在应该包含一个路由记录，这个记录指向 Amazon S3 前缀列表的端点。

(16) 使用 SSH 由堡垒实例访问私有实例。

(17) 由私有实例访问 Amazon S3 对象。可以使用 Windows 中的浏览器或者 Linux 中的 curl 工具进行测试。

(18) 为了确认不能由公有接口访问 Amazon S3 对象，检查私有实例中子网的路由表。确认没有通往互联网网关的路由。此外，可以检查 Amazon S3 访问日志，查看 VPC 中由私有地址发起访问的信息。

如果想进一步保护 Amazon S3 对象，可以使用 Amazon S3 桶策略限制，允许仅由 VPC 端点发出的对桶的访问请求。

练习 3.2

创建 VPC 端点服务

在本练习中，你将创建一个 VPC 端点服务。第一步是创建 AWS PrivateLink 端点的提供商一端。

(1) 创建两个新的 VPC。可以重新使用现有的 VPC。将 VPC 命名为 **consumer**(服务消费者)和 **provider**(提供商)，以便于区别。

(2) 在两个 VPC 中各自创建一个公有子网，这两个公有子网在同一个可用区内。

(3) 在提供商 VPC 中，在公有子网中创建一个 Web 服务器。选择 t2.micro 或类似的实例即可。配置这个 Web 服务器接收公有 IP 地址，它将作为共享服务使用。

(4) 入站安全组允许由所有 IP 地址访问 TCP 端口 80 的数据流。

(5) 入站安全组允许 SSH 访问 Web 服务器。建议选择 My IP 地址选项作为 TCP 端口 22 的 IP 源。

(6) 使用 SSH 访问公有 IP 地址的实例。

(7) 安装 HTTP Web 服务器包。

```
$ sudo yum install -y httpd
$ sudo service httpd start
```

注意：

默认的 Apache Web 服务器对健康检查不会做出 200 OK 响应。这个例子会根据描述的方式工作，但是为了看到根据网络负载均衡器产生的健康检查校验结果，应该在路径/var/www/html 下放置一个虚拟的 HTML 文件。使用纯文本文件就可以满足要求。

(8) 现在可以检查 Web 网页 http://<public-ip>/。如果不成功，检查安全组的配置。

(9) 在 Amazon EC2 控制台中单击 Load Balancers，创建新的网络负载均衡器。

(10) 将负载均衡器设置为内部使用并且监听端口 80。选择提供商 VPC 以及公有子网和 Web 服务器所在的可用区。

(11) 在 TCP 端口 80 上创建新的目标组，选择实例作为目标组类型。

(12) 选择新建的 Web 服务器作为目标。

(13) 结束启动网络负载均衡器。这个步骤需要一些时间才能完成。

(14) 负载均衡器可用后，进入 Amazon VPC 配置控制台，单击 Endpoint Services。

(15) 单击 Create Endpoint Services。

(16) 将新建的负载均衡器与端点服务关联。确认端点需要接收操作。

(17) 你将收到服务名。复制服务名以备下个练习使用。

练习 3.3

创建 VPC 端点

在本练习中，你将使用前一个练习中创建的 AWS PrivateLink 端点。我们选择同一账户下的 VPC。消费者一端可以与任何 VPC 或同一 AWS 区域里的账户一起工作。你将通过创建 AWS 私有链接端点的消费者一端完成连接。

(1) 在消费者 VPC 中，启动一个实例。你将使用这个实例测试访问端点。选择 t2.micro 或等同的实例类型。在消费者 VPC 的公有子网中启动这个实例，并允许由 IP 地址发出的呼入 SSH 访问。

(2) 在实例启动过程中，请求对刚才创建的提供商端点进行访问。在 VPC 配置控制台中，单击 Endpoints，再单击 Create Endpoint。

(3) 选择根据名称查询服务，输入从上个练习中粘贴的服务名，然后单击 Verify 按钮。

(4) 在 VPC 选项中选择消费者 VPC，然后选择测试实例所在的公有子网。

(5) 在屏幕底部创建新的安全组，允许入站 TCP 端口 80，然后应用在端点上。

(6) 单击 Create Endpoint。

(7) 返回 Amazon VPC 控制台的端点服务(Endpoint Service)，然后选择创建的端点。在 Endpoint Connections 选项卡中，你应当看到正在等待接收的请求。在 Actions 菜单中接收请求。

(8) 刚才创建的端点现在应该可以在消费者 VPC 的公有子网中正常工作。测试是否成功，在消费者 VPC 中使用 SSH 访问测试实例的公有地址。

(9) 在测试实例上连接端点服务。在 Amazon VPC 控制台的 Endpoints 页面上，可以选择 Details 选项卡中的第一个 DNS 名字。这个 DNS 名字应该与查找和创建端点时的服务名不同。

```
$ curl <endpoint name>

Example: $curl vpce-01847ae84f118942c-xvi8p3vm.vpce-svc-0d669f84acd4283ee
.us-east-2.vpce.amazonaws.com
```

(10) 检查这个正在使用连接的 VPC 中的 IP 地址，使用以下命令：

```
$ curl <endpoint name>
```

(11) 如果想扩展这个练习，可以在相同的 CIDR 区间中创建另外一个消费者 VPC，证明端点可以与重叠或重复的 CIDR 区间的 VPC 一起工作，还可以使用 Amazon EC2 端点或 AWS Marketplace 中提供的端点来测试 AWS 服务的 AWS PrivateLink。

练习 3.4

转递路由实践

本章涉及转递路由，完成本练习后就可以在自己的环境中通过实践来观察转递路由了，这对于理解转递路由的功能大有益处。

配置如图 3.11 所示的环境。一共有三个 VPC：10.0.0.0/16、10.1.0.0/16 和 10.2.0.0/16。在 10.1.0.0 与其他两个 VPC 之间创建伙伴网络关系。每个 VPC 都包含一个互联网网关，所以允许我们使用 SSH 访问实例。每个 VPC 的路由表包含一个通向互联网以及其他两个 VPC 的伙伴连接的路由记录。

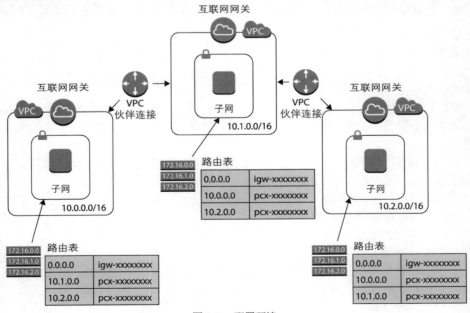

图 3.11　配置环境

(1) 创建三个 VPC 并分配 CIDR 范围。

(2) 在每个 VPC 中创建一个子网。

(3) 创建一个互联网网关，将这个互联网网关与每个 VPC 绑定。

(4) 在每个 VPC 中创建一个包含公有地址的实例。实例可以为任意类型并使用任何操作系统。你将使用这些实例测试 VPC 之间的网络 ping 应答。

(5) 修改每个实例的安全组，允许从自己的 IP 地址发出的呼入 SSH 访问。打开由 10.0.0.0/14 发起的所有互联网控制消息协议(ICMP)数据流。

(6) 创建由 10.0.0.0/16 VPC 到 10.1.0.0/16 VPC 的 VPC 伙伴连接。

(7) 创建由 10.1.0.0/16 VPC 到 10.2.0.0/16 VPC 的 VPC 伙伴连接。

(8) 找到实例所在子网的路由表。在路由表中，配置如图 3.11 所示的路由。通向其他两个 CIDR 区间的路由应该指向伙伴连接(pcx-xxxxxxxx)。除本地路由外，每个子网包含三个路由：一个通向互联网，另外两个通向其他 VPC。

(9) 使用 SSH 访问 10.0.0.0/16 VPC 中的实例。

(10) 使用 ping 命令测试 10.1.0.0/16 和 10.2.0.0/16 VPC 中实例的私有地址。仅 10.1.0.0/16 实例会做出应答。如果 10.1.0.0/16 不能访问，就检查两个 VPC 的 ICMP 安全组以及路由表。

(11) 为了修复转递路由的问题，添加一个伙伴连接。创建新的 10.0.0.0/16 与 10.2.0.0/16 VPC 之间的伙伴连接。

(12) 修改 10.0.0.0/16 与 10.2.0.0/16 VPC 的路由记录，这个路由通向新的 pcx-xxxxxxxx 伙伴连接。每个路由应该指向不同的伙伴连接。

(13) 由 10.0.0.0/16 使用 ping 命令测试 10.2.0.0/16 实例的私有 IP 地址。Ping 命令应该会执行成功。如果不能访问，再次检查安全组与路由。

现在，可以查看转递路由在自己的环境中是如何工作的。

练习 3.5

向 VPC 添加 IPv4 地址区间

本练习将复习向现有 VPC 添加 IPv4 CIDR 区间的方法。

(1) 选择一个 VPC，准备添加 CIDR 区间；也可以创建一个新的 VPC。

(2) 如果 VPC 中没有子网，就创建一个子网。

(3) 检查 VPC 的 CIDR Blocks 选项卡中已经分配的 CIDR 区间。

(4) 在 Actions 菜单中选择 Edit CIDRs。

(5) 如果没有 IPv6 CIDR，就添加一个。

(6) 尝试添加新的 IPv4 CIDR 区间。

(7) 测试其他的地址区间，如 10.0.0.0/16、192.168.0.0/16、172.16.0.0/16、100.64.0.0/16 以及 198.19.0.0/16。它们可以工作吗？解释原因。

(8) 返回到 CIDR Blocks 选项卡，现在有什么不同？

(9) 在路由表中，在尚未分配的 RFC1918 空间中创建一个到/24 子网的路由。将这个路由指向弹性网络接口、NAT 网关、伙伴连接或互联网网关。你可能需要删除一个已经添加的 CIDR 区间。

(10) 在 VPC 中尝试添加一个小于/24 的 CIDR 块。

(11) 删除/24 路由，然后再次添加 CIDR 块。

(12) 在 VPC 中创建一个新的子网并且使用步骤(11)中添加的 CIDR 地址区间。哪个地址区间可用?

(13) 你能更改现有子网的地址区间吗? (答案:不能)

(14) 你能删除原始 CIDR 块吗? (答案:不能)

(15) 删除添加的 CIDR 块。

在本练习中,你复习了在现有 VPC 中添加 CIDR 区间的方法。

3.11 复习题

1. 关于 Amazon VPC 端点优势的以下哪个说法是正确的?

A. VPC 端点提供通往 AWS Cloud 服务的高效能私有连接

B. VPC 端点限制来自互联网的访问服务,从而减少了对 API 以及 AWS 提供的服务的访问

C. 与公共端点相比,VPC 端点提供了更高的可用性和可靠性,并且通过限制分布式拒绝服务(DDoS)和其他攻击的访问来提高安全性

D. VPC 端点提供了私有访问,限制需要互联网访问的实例个数

2. 你正在配置 Amazon S3 桶的安全策略。有一个 VPC 端点以及 Amazon S3 桶策略限制了对 VPC 端点的访问。当通过 AWS Management Console 浏览桶时,你没有桶的访问权限。以下哪种说法不正确?

A. 这是预期行为

B. 企业的 Web 代理服务器可能阻止下载对象的权限

C. 这个对象通过 Amazon S3 VPC 端点仍可用

D. 作为 Amazon S3 VPC 端点策略的一部分,必须特别启用 AWS Management Console 访问

3. 你为公司创建了一个中心化的共享服务 VPC。它使用了 VPC 伙伴网络,你被告知 AWS PrivateLink 用来优化连接方式。以下哪些设计考虑因素正确? (选择两个)

A. 需要源 IP 地址的应用可以通过 AWS PrivateLink 访问源 IP 地址

B. 对于高带宽应用,VPC 伙伴连接的可扩展性更高,这允许更快的传输和更多的分支 VPC

C. AWS PrivateLink 仅适用于向服务 VPC 发起请求的解决方案。共享 VPC 中的服务无法启动对分支 VPC 的连接)

D. 与 VPC 伙伴网络相比,AWS PrivateLink 支持更多连接的 VPC

E. AWS PrivateLink 可以通过网络负载均衡器提高共享服务的整体性能

4. 你已经配置好一个 AWS PrivateLink,它创建在你自己的 VPC 与合作伙伴医院的 VPC 之间。医院有内部开发的特殊应用程序,一些已经是 10 年前开发的。现在医院想启用对私有服务的访问,但是不能连接服务。以下哪些是解决方案? (选择两个)

A. 医院现在可以在 UDP 上发送数据流,但是必须找到在 TCP 上发送数据流的方法

B. 医院的应用不支持 DNS,可以手动指定 VPC 端点的 IP 地址

C. 应用不支持 DNS 名称,所以也不支持 VPC 端点

D. 医院的应用可能需要支持适当的认证方式来使用 VPC 端点

E. 通过 VPC 端点创建 IPsec VPN,通过启用所有流量类型的隧道以获得更好的兼容性

5. 你已经在 VPC 中配置了一个新的 Amazon S3 端点。你也创建了公开的 Amazon S3 桶用来测试连接。可以通过笔记本电脑下载对象但是同样的操作不能在 VPC 的实例中完成。以下哪些选项可能描述了问题原因(选择两个)。

 A. DNS 没有在子网上打开，所以需要打开 DNS

 B. 子网中没有足够的 IP 地址，所以需要选择更大的子网或者删除不用的网络接口及 IP 地址

 C. VPC 端点与公有子网绑定，必须配置私有子网的端点

 D. 通往 Amazon S3 前缀列表的路由没有出现在实例子网的路由表中

6. 你已经配置了私有子网，因此应用可以下载安全补丁。你在每个可用区内都有一个 NAT 实例，这个 NAT 实例作为每个私有子网连接互联网的默认网关。你现在发现：从任何私有子网都不能访问互联网上一个服务器的端口 8080。以下哪些可能是产生问题的原因(选择两个)。

 A. 入站安全组不允许端口 8080 出站

 B. NAT 实例阻止端口 8080 的数据流

 C. NAT 实例用尽到 NAT 数据流的端口数

 D. 入站 ACL 阻止通往端口 8080 的数据流

 E. 远程服务阻止从你的实例发出的访问

7. 你创建了三个名字分别为 A、B、C 的 VPC。为 VPC A 与 VPC B 创建伙伴网络。为 VPC B 与 VPC C 创建伙伴网络。关于 VPC 管理的以下哪个说法正确？

 A. VPC A 中的实例在默认情况下可以访问 VPC C 中的实例

 B. 如果路由设置正确，VPC A 中的实例可以访问 VPC C 中的实例

 C. 如果在 VPC B 中使用代理实例，那么 VPC A 中的实例可以访问 VPC C 中的实例

 D. 如果设置通往 VPC B 中实例的路由，那么 VPC A 中的实例可以访问 VPC C 中的实例

8. 你配置了一个针对远程认证服务的消费者 VPC 端点，它通过 AWS PrivateLink 受企业合作伙伴托管。端点在白名单中并且配置了服务消费者以及提供商，一些实例不能访问私有认证服务。以下哪些选项可能是产生这个问题的原因？(选择两个)

 A. VPC 端点的前缀列表没有在所有子网中配置

 B. 实例没有足够的网络接口连接提供商的端点

 C. 实例没有使用正确的指向每个 VPC 端点的 DNS 记录

 D. 实例的出站安全组不允许认证端口

 E. 通往端点的路由没有包含所有提供商的 IP 地址

9. 你想创建一个新的 VPC。尝试添加一个 CIDR 区间，但是附加的 CIDR 区间没有被使用。以下哪个选项有可能解决这个问题？(选择两个)

 A. 如果已经到达最大允许路由个数，删除不用的路由

 B. 如果已经到达最大允许子网个数，删除不用的子网

 C. 如果已经到达最大允许 VPC 个数，删除多余的 VPC

 D. 根据初始的 VPC CIDR 定义有效的 CIDR 区间

 E. 附加的 CIDR 区间正在被其他 VPC 使用

10. 你已经定义了初始 VPC CIDR 为 192.168.20.0/24。你的户内网络定义为 192.168.128.0/17。你还在 VPC 中定义了通往 192.168.0.0/16 的路由。你已经在 VPC 中添加了一个新的 CIDR 区间 192.168.100.0/24。户内用户反映他们不能访问初始 192.168.20.0/24 的地址。

以下哪个选项正确?

    A. 路由应该定义为 192.168.128.0/17,以允许更细化的通往户内设备的路由

    B. 新的 CIDR 区间应当是现有 VPC CIDR 区间的连续空间

    C. 新的 CIDR 区间与现有路由相比,不能用更明确的方式定义

    D. 这是有效配置,所以这个问题与 CIDR 配置无关

11. 在 AWS 上运行一个托管服务。每个托管服务在不同的 VPC 中并且由一个客户专有。你的这个托管服务一共有上千个客户。专用 VPC 中的服务需要访问中央服务。以下哪种连接方式可以提供这种架构? (选择两个)

    A. 在专用 VPC 和中央服务之间使用 VPC 伙伴网络

    B. 跨 VPC 之间引用安全组,但是对 VPC 之间的访问使用 NAT 网关

    C. 使用 AWS PrivateLink 从专用 VPC 访问中央服务

    D. 公开中央服务,使用强化加密和认证方式通过互联网访问中央服务

    E. 为每个托管 VPC 中的虚拟私有网关(VGW)到供给 VPC 中的 VGW 创建 VPN

12. 网络小组决定将 VPC 中的所有实例从 192.168.0.0/16 迁移到 10.0.0.0/16,以下哪个是有效的选项?

    A. 给 192.168.0.0/16 VPC 添加新的 10.0.0.0/16 CIDR 区间,更改现有实例地址到 10.0.0.0/16 空间

    B. 更改初始 VPC CIDR 区间为 10.0.0.0/16 CIDR

    C. 创建新的 10.0.0.0/16 VPC,使用 VPC 伙伴网络将负载迁移到新的 VPC

    D. 使用 NAT 网关执行由 192.168.0.0/16 到 10.0.0.0/16 空间的 NAT 地址转换

13. 你所在的企业有一个供开发使用的 VPC,还有一个在 Amazon EC2 实例上运行的开源 VPN 供开发人员远程访问。VPN 实例在 VPC 外部的 CIDR 区间给用户分配 IP 地址,并且对接收数据流执行到实例私有地址的 NAT 地址转换。你所在的企业还收购了另外一家使用 AWS 的公司,这家公司有自己的 VPC。你在这两个 VPC 之间配置了伙伴网络,实例可以成功通信。以下哪个工作流会失败?

    A. 由 VPN 上的一个用户到另一个用户的入口连接

    B. 在所收购公司 VPC 中执行病毒扫描的实例到通过 VPN 连接的用户

    C. 由 VPN 发出的用户 API 请求到收购公司 VPC 中的实例

    D. 通过 VPN 连接的用户向互联网发出的 Web 请求

14. 以下哪些服务可以通过 AWS Direct Connect 方式访问? (选择两个)

    A. 接口 VPC 端点

    B. 网关 VPC 端点

    C. Amazon EC2 实例元数据

    D. 网络负载均衡器

15. 你所在公司内部的一些人创建了一个复杂且需要大量管理工作的流程,用来自动化开发和测试。他们要求创建者不能重复这个流程。但安全组织要求每个开发人员拥有自己的账户以减少因开发问题而引起的"爆炸伤害半径"。以下哪个最佳设计方案提供了对开发系统的访问?

    A. 提供一个大的 VPC。配置网络 ACL 以及安全组,限制开发人员引发的爆炸伤害半径

B. 要求开发人员简单地自动化部署创建的系统并做成分布系统。在每个开发人员的 VPC 中部署一个副本，禁止爆炸伤害半径或复杂的问题

C. 在中央 VPC 中部署开发的系统。允许开发人员通过 AWS PrivateLink 访问系统

D. 在中央 VPC 中部署开发的系统。通过跨账户权限扩展网络接口，允许开发人员按照规定路线通过代码访问开发系统

16. 管理员正在使用弹性 IP 地址执行 API 调用来访问合作伙伴。合作伙伴在他们的防火墙中将这个 IP 放置在白名单中。遗憾的是，管理员运行了一个不知名的脚本，删除了实例；因此公有 IP 地址不再可用。管理员提交了一个 API 调用来重新回收弹性 IP 地址，但是地址不能回收。以下哪些选项是导致问题的原因？(选择两个)

A. IP 是自动分配的，不是手动分配的弹性 IP 地址

B. 弹性 IP 地址没有正确回收标记

C. IP 从不被账户拥有

D. 弹性 IP 地址在释放以后不能被回收

E. 相关实例已经达到最大可分配的弹性 IP 地址个数

第 4 章

虚拟私有网络(VPN)

本章涵盖的 AWS 认证高级网络-专项考试目标包括但不局限于以下知识点。

知识点 1.0：大规模设计和实现混合 IT 网络架构
- 1.1 实现混合 IT 的连接性
- 1.2 在指定场景下，决定适当的混合 IT 架构连接解决方案
- 1.4 评估利用 AWS Direct Connect 的设计替代方案
- 1.5 定义混合 IT 架构的路由策略

知识点 5.0：安全与规范的设计和实施
- 5.4 利用加密技术保护网络通信

4.1 VPN 简介

本章讲解在 AWS 中如何设计 VPN 网络。我们将深入讨论多种 VPN 的创建方法以及应用场景。

VPN 是网络，它允许多个主机通过不信任的中间网络(如互联网)相互通信，这种通信方式就如同它们在独立的私有网络中一样。创建 VPN 的常见理由就是允许户内服务器与 VPC 中的服务器通过互联网进行通信，这种通信方式是私有并且安全的。在这个场景中，我们将创建所谓的站点到站点(site-to-site)的 VPN 连接。VPN 的另外一种类型称为客户端到站点(client-to-site)VPN，也称为远程访问 VPN，这种类型的 VPN 允许每个远程用户从客户端设备(例如笔记本电脑)安全地连接到 VPC 中的服务器资源。随着本章内容的深入，我们将探索对于每个这样的场景搭建这些架构的方法。

VPN 可以使用不同的协议和技术进行搭建，每种方法都有自己的优势。最广泛使用的 VPN 技术称为互联网协议安全(IPsec)协议，通常称为 IPsec VPN。根据 RFC6071 中的描述，IPsec 是一组网络协议套件，提供了互联网在 IP 层面的通信安全。其他的 VPN 技术包括通用路由封装 (Generic Routing Encapsulation，GRE)和动态多点虚拟私有网络(Dynamic Multipoint Virtual Private Network，DMVPN)。

4.2 站点对站点 VPN

站点对站点 VPN 连接允许两个网络域(domain)——又称为站点(site),它们通过不信任的中间网络(如互联网)进行相互安全的通信。这两个站点可以是 VPC 或户内数据中心,也可以是同一个或不同 AWS 区域之间的两个 VPC。为了搭建两个站点之间的 VPN 连接,每个站点都需要一个 VPN 终止端点。这个端点负责运行 VPN 协议和相关的数据包处理,包括封装和加密。两个站点之间的所有数据流都通过这些端点,所以在混合架构中需要考虑端点的高可用性与扩展性。

到 AWS 的 VPN 连接只能用于访问 VPC 中的资源。这样就排除了一些服务,比如 VPC 外部的 Amazon S3 服务。由于每个 VPC 都拥有自己独立的网络,因此需要为每个 VPC 创建一个 VPN 连接。

我们首先讨论 AWS 与户内数据中心(客户网络)之间的点对点 VPN 中可用的终止端点选项。有两种方法可以终止 VPN 到 VPC 网络的连接:VGW 和 Amazon EC2 实例。

4.2.1 使用 VGW 作为 VPN 终止端点

VGW 是 VPC 中的受管网关端点,它通过 VPN 与 AWS Direct Connect 实现混合 IT 环境中的连接方式。VGW 还是自主持续的实体,可以在没有 VPC 的情况下创建。创建以后,VGW 可以与统一账户和区域的 VPC 进行绑定。这里需要记住的一点是:在任何时候,每个 VPC 只能与一个 VGW 进行绑定,但是可以在将一个 VGW 解绑后,再与另外一个 VPC 进行绑定。可以通过两种方法创建 VGW:一种是使用 AWS Management Console 的 Amazon VPC 仪表板,另外一种是通过 API 调用。

当创建 VGW 时,可以选择定义一个自治系统号码(Autonomous System Number,ASN),这个号码的作用是标识 AWS 一端外部的边界网关协议(Border Gateway Protocol,BGP)会话。可以选择任何私有的 ASN。16 位 ASN 的范围可以是 64512~65534。还可以提供 32 位的介于 4200000000 和 4294967294 之间的 ASN。如果没有选择 ASN,AWS 将为 VGW 提供默认的 ASN。

注意:
ASN 在定义以后不能修改。必须删除并用新的 ASN 重建 VGW。

创建 VGW 之后,可以在它上面终止 VPN 连接。VGW 仅支持封装安全有效负载(Encapsulating Security Payload,ESP)模式下的 IPsec VPN 类型。图 4.1 描述了这种连接方式的架构。

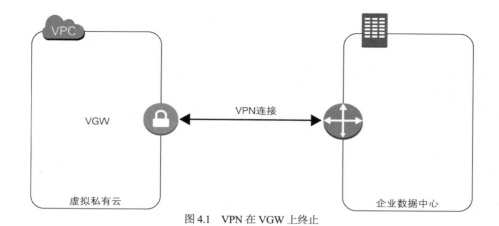

图 4.1　VPN 在 VGW 上终止

1. 可用性和冗余

VGW 自带对 VPN 连接的高可用和冗余功能。创建 VPN 连接时，AWS 自动创建两个高可用的端点，每个端点在不同的可用区内。如图 4.2 所示，每个端点拥有一个 IP 地址，可通过它在 AWS 一端终止 VPN。这两个端点均可使用并且可用来设置 Active/Active 模式的 VPN 隧道。这两个隧道联合起来在 AWS 术语中称为单 VPN(Single VPN)连接。

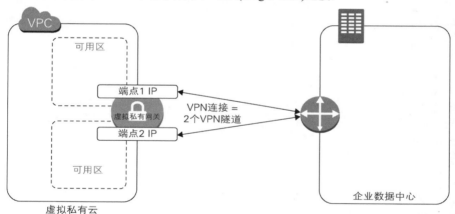

图 4.2　VGW HA 端点

每个隧道包括一个互联网密钥交换(Internet Key Exchange，IKE)安全协会(Security Association，SA)标准、一个 IPsec SA 以及一个 BGP 伙伴网络(可选项，用于基于路由的 VPN)。在每个隧道中仅限于使用唯一的 SA 配对(一个入站，另一个出站)，所以在这两个隧道中有两个分别唯一的 SA 配对(一共 4 个 SA)。一些设备使用基于策略的 VPN，这样它们就可以创建与 ACL 记录同等个数的 SA。

如果使用多个安全协会标准来配置基于策略的 VPN，那么在初始化 VPN 隧道连接时将会断开已经连接的 VPN 隧道而使用一个不同的 SA。这个问题可以通过观察间歇的数据包丢失或者连接失败来验证，因为新的 SA VPN 连接中断了已经创建的不同 SA 的 VPN 隧道。

可以考虑通过以下两种处理方式来解决这个问题：

- 限制允许访问 VPC 和整体加密域的个数(网络)。如果在 VPN 终止端点的后面有超过两个以上的加密域(网络)，那么可以将它们整合为单独的安全协会标准。
- 配置策略，允许由 VPN 终止端点到 VPC CIDR 后面的"任何"网络(0.0.0.0/0)。本质上，这允许 VPN 终止端点后面的任何网络(目的地是 VPC)通过隧道。这个操作只会创建一个安全协会标准。这提高了隧道的稳定性，并且允许策略中没有定义的网络将来能够访问 AWS VPC。这是通常推荐的最佳方式。

基于路由的 VPN 由于使用 BGP 作为路由手段，因此不存在这个问题。

2. VPN 特性

本章讨论的 VPN 特性指的是新发布的 AWS VPN 服务。

安全性

从安全角度讲，VGW 支持以下加密套件：

- 高级加密标准(Advanced Encryption Standard，AES) 256
- 安全散列算法(Secure Hash Algorithm，SHA) 2
- 阶段 1 Diffie Hellman (DH) 组：2、14~18、22、23 以及 24
- 阶段 2 DH 组：1、2、5、14~18、22、23 以及 24

VGW 也向后兼容旧的加密协议。使用互联网密钥交换(IKE)阶段 1 和阶段 2 的加密方式在 IPsec 协商时自动被选择使用。确认在打开/配置 VPN 终止端点时使用这些加密标准是非常重要的。否则，隧道可能使用其他旧的标准进行协商。

路由

VGW 同时支持静态路由 VPN 与基于 BGP 的动态路由协议。BGP 路由协议允许户内设备通过使用 BGP 路由公告动态地将多个 IP 前缀通告给 VGW。VGW 通过 BGP 路由公告将与之绑定的 VPC 的 IP 地址通告给 VPN 终止端点。VGW 在 TCP 端口 179 上运行标准的 BGP 协议，同时接收通用 BGP 参数，如 AS(自治系统)前置和 BGP MED(Multi-Exit Discriminator，多出口识别器)。

在每个 VPC 的子网路由表中可以拥有不超过 100 个衍生路由。这是物理上限，不能增加；所以，应当限制通过 BGP 路由公告通告给 VGW 的路由个数，总数不能超过 100。如果需要超过 100 个前缀，建议汇总路由或者在合适的情况下通告默认路由。在 VPC 中，可以打开 VGW 衍生路由功能，以允许 VPC 的子网路由表通过 BGP 由 VGW 自动接收路由。

注意：

VGW 是受管实体，所以不能访问 VGW 的 BGP 控制台。在 VPN 创建以后，不能修改运行在 VGW 上的 BGP 的配置。

默认情况下，每个 VPN 连接创建两个隧道，可以创建多个 VPN 连接以提高可用性。这些条件增加了针对前缀发生非对称路由的可能性(也就是说，由户内发出的入站数据流通过一个隧道流向 AWS，并且可能会通过另外一个隧道返回)。为了解决这个问题，我们建议使用

Active/Standby 模式的 VPN 隧道，它使用 as-path 前置或者如图 4.3 所示的 MED BGP 参数。

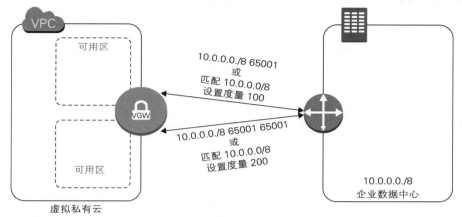

图 4.3　使用 BGP 参数避免非对称路由

NAT 遍历(NAT Traversal，NAT-T)支持

AWS VGW 同时还支持 NAT 遍历(NAT-T)功能。传统的 IPsec 协议对 NAT 设备的遍历功能的支持有限。由于 ESP 头部信息自然加密的原因，NAT 地址转换会失败。NAT-T 通过端口 4500 在用户数据报协议(User Datagram Protocol，UDP)头部封装数据包解决了这个问题。启用这个功能后，IPsec 数据流在端口/IP 成功转换后可以流向 NAT 设备。

注意:

为了在 NAT 设备后端创建 VPN，NAT 设备后端的 IPsec 网关和非 NAT 环境的网关必须支持 NAT-T 功能(也就是说，两个 VPN 端点都必须支持 NAT-T 功能)。

3. AWS VPN CloudHub

AWS VGW 支持名为 AWS VPN CloudHub 的功能，AWS VPN CloudHub 可以作为一个集线路由器连接多个远程网络。VGW 无论与 VPC 绑定与否都支持这个功能。这种设计适合拥有多个分公司的客户，可对现有互联网连接实施简便、低成本的中央辐射模型，提供这些远程分公司之间的主备连接方式。

使用 AWS VPN CloudHub 时，需要创建一个 VGW 以及设立连接所有地点的 VPN，这个连接通过 AWS VPN CloudHub 实现。可以根据自己的偏好与用例对每个地点使用不同或相同的 BGP ASN。客户网关在 VPN 连接上通告适当的路由(BGP 前缀)。这些路由通告被接收并且重新通告给每个 BGP 伙伴，这样每个地点与其他地点之间可以互相发送和接收数据。所有地点不能有重叠的 IP 地址区间。如果 VGW 与 VPC 绑定，那么每个地点还可以在 VPC 之间发送和接收数据，如同它们使用标准的 VPN 连接一样。图 4.4 描述了这个功能。

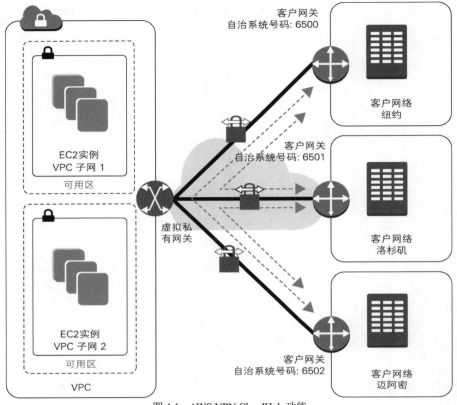

图 4.4　AWS VPN CloudHub 功能

4. VPN 创建过程

可以便捷地创建 VPN 连接。使用 AWS Management Console 或者通过 API 调用创建 VPN 连接时，需要指定如下细节。

- 与想要创建的 VPN 进行连接的 VGW。
- 客户网关(客户端的 VPN 终止端点的 IP 地址)，关于客户网关的细节将在本章后面讲解。
- 路由方法。
  - ➢ 选项 1：静态隧道(通过静态路由指派路由)，指定通告给 AWS 的路由。
  - ➢ 选项 2：动态隧道(通过 BGP 指派路由)，指定 BGP ASN。
- 隧道配置。
  - ➢ AWS 默认：显示的数值将自动生成。
  - ➢ 自定义：手动指定如下数值。
    - 隧道的内部 IP 地址：(169.254.0.0/16 CIDR 块内的 2 x /30 范围)。当对单个 VGW 创建 VPN 连接时，保证每个 VPN 的隧道内部 IP 地址是唯一的。VPN 内部隧道地址可以与 AWS Direct Connect 的伙伴 IP 地址一致。
    - 自定义预共享密钥(Pre-Shared Key，PSK)。

根据输入的数值，VPN 连接自动配置 VGW。不需要访问 VGW 的内部，因为 VGW 是受管服务——VPN 连接创建以后不能修改 VGW IPsec 参数。如果需要修改某个参数，那么需要删除现有 VPN 连接，然后使用新的参数重建 VPN。

AWS Management Console 允许自动生成设备配置。AWS Management Console 包含多个 VPN 厂商的信息，如思科(Cisco)、瞻博(Juniper)、飞塔(Fortinet)、派拓网络(Palo Alto Networks)等。如果需要的厂商不在上述列表中，可以下载通用配置文件，然后用它配置自己的设备。

在 AWS 一端创建了 VPN 连接后，可以使用 AWS 生成的配置文件设置自己的设备。这里需要创建两个 VPN 隧道：每个 VGW 公有 IP 端点对应一个隧道。这就完成了在 AWS 一端创建具有高可用性和冗余性的 VPN 连接。我们鼓励你使用多个 VPN 终止设备在自己一端实现冗余。为此，需要为每个设备创建独立的 VPN 连接。我们将在本章的后面研究配置细节。

创建 VPN 连接后，当从 VPN 连接端生成数据流时，VPN 隧道将被激活。VGW 不是发起者，客户网关必须对隧道进行初始化。如果 VPN 连接历时一段空闲时间(通常为 10 秒，根据配置决定)，那么隧道可能中断。这是因为 AWS 采用了按需 DPD 机制。如果 10 秒以后 AWS 从 VPN 伙伴没有接收到数据流，AWS 将发送 DPD "R-U-THERE"("你还在吗")消息。如果 VPN 伙伴在超过连续 3 个 DPD 以后还没有应答，那么 VPN 伙伴被认为已死亡，AWS 随后会关闭这个隧道。

5. 监控

如图 4.5 所示，可以通过 Amazon CloudWatch 提供的度量来监控 VPN 隧道的状态。Amazon CloudWatch 提供对 AWS Cloud 资源以及在 AWS 上运行的应用的监控服务。Amazon CloudWatch 度量对 VPN 连接提供的支持如下。

TunnelState：隧道状态。0 表示关闭，1 表示开通。

TunnelDataIn：通过 VPN 隧道接收的字节。

TunnelDataOut：通过 VPN 隧道发送的字节。

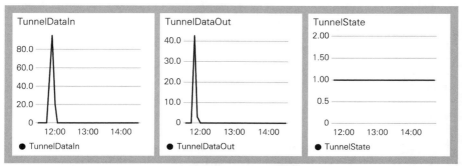

图 4.5　Amazon CloudWatch 仪表盘中显示的图形化 VPN 度量

可以查看最新的 AWS 文档中关于 Amazon CloudWatch 的所有度量。

4.2.2　将 Amazon EC2 实例用作 VPN 终止端点

另一种在 AWS 端将 VGW 用作 VPN 终止端点的可选方案是在 Amazon EC2 实例上使用 VPN 软件。可以在以下几个特殊场景中使用这个方案:

- 在 VPN 终止端点上需要特定的功能, 例如高级威胁保护或转递路由功能。
- 户内设备与 IPsec VPN 不兼容, 或者想使用不同的 VPN 协议, 如 DMVPN 或 GRE VPN。
- 要求支持复杂的网络需求, 如使用重叠的 CIDR 地址区间连接两个网络, 在 Amazon EC2 实例间设置多播(multicast)功能, 以及启用转递路由功能, 等等。

如图 4.6 所示, 我们没有使用 VGW, VPN 将直接在 Amazon EC2 实例上终止。

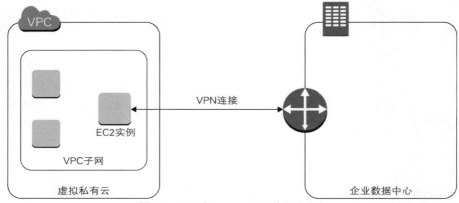

图 4.6　VPN 在 Amazon EC2 实例上终止

1. 可用性与冗余

你需要负责可用性和冗余两个选项。VPN 连接的可用性和冗余可能在四种情况下受到影响。第一种可能是由于 VPN 配置错误, 第二种可能是使用 VPN 软件的问题, 第三种可能是操作系统错误, 第四种可能是 Amazon EC2 实例健康度受损。前三种情况在控制范围之内, 你应当使用自己的故障排查方法予以解决, 最后一种可以通过 Amazon EC2 实例的自动修复功能来解决。

在任何情况下, 建议在任何时间对 VPN 终止端点使用两个活跃的 Amazon EC2 实例, 配置时可以采用 Active/Standby 模式。

注意:

如图 4.7 所示, 在任何时候, 对 VPN 数据流上指定的每个子网的目的地前缀只能使用一个 Amazon 实例, 这是由子网路由表的工作方式决定的。在子网的路由表中, 对指定的前缀只能使用下跳路由。

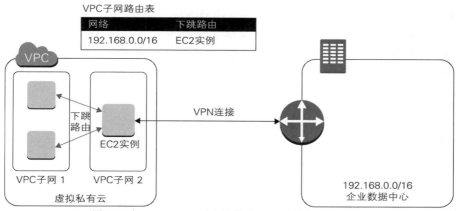

图 4.7　在 Amazon EC2 实例上终止 VPN 时的高可用性功能

为了实现从第一个主 Amazon EC2 实例到第二个从 Amazon EC2 实例的故障转移，需要配置一个监控脚本。这个脚本检测 VPN 隧道失败后会更改子网的路由表，将由主实例发起的路由指向第二个从实例。图 4.8 描述了这种自动故障转移的配置方法。

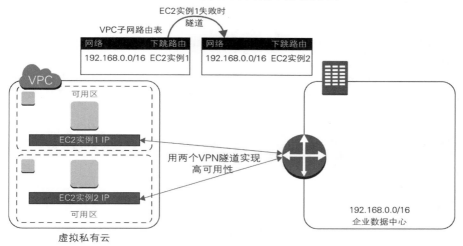

图 4.8　在 Amazon EC2 实例上终止 VPN 时的高可用性功能：自动故障转移

一旦路由记录发生改变并且数据路径切换到第二个 Amazon EC2 实例，下一个步骤就是将发生故障的 Amazon EC2 实例修复到健康状态。如果运行 Amazon EC2 实例的硬件发生损坏，Amazon EC2 自动修复功能会将实例重启，然后返回到健康状态。如果实例在设置时将 VPN 配置存放在永久的 Amazon Elastic Block Store (Amazon EBS)上，并且启用了实例重启时 IPsec 进程自动打开的功能，那么 VPN 连接会自动重启，而无须人工干预。如果问题出现在 VPN 软件级别，那么由于不正确的配置或者软件崩溃，需要由你修复这个问题。由于创建新的实例非常简便，因此可以通过终止旧的实例，然后重启新实例的方法来修复故障。如果 Amazon EC2 实例是公共的，并且有弹性 IP 与之映射，就确保故障实例和恢复的实例使用同一个弹性 IP 地址与之映射。

如果使用从 AWS Marketplace 下载的合作伙伴 VPN 解决方案(如 Cisco、Aviatrix、Riverbed、Juniper、Sophos、Palo Alto、Checkpoint),那么在此讨论的众多自动故障修复功能可能已经内置于这些产品的解决方案中,所以不需要人工干预,也不需要通过脚本实现高可用性和修复故障。注意每个供应商的这些功能会有所区别。

2. Amazon EC2 功能

通过 VGW 使用 Amazon EC2 实例作为 VPN 终止端点功能的最大优势之一就是在 VPN 终止端点和路由的基本功能之上可以拥有额外的功能集。这些实际功能根据 Amazon EC2 实例上使用的不同 VPN 软件而有所不同。

3. VPN 创建过程

因为基于 Amazon EC2 实例上运行的 VPN 软件,所以创建 VPN 的第一步是选择所需的 VPN 软件以及运行这个软件所需的 Amazon EC2 实例大小。选择的创建 VPN 的供应商软件决定了 VPN 解决方案的功能集以及"开箱即用"的自动故障转移和高可用性等功能。Amazon EC2 实例的大小决定了实例的网络带宽以及对数据包封装和加密所需的计算能力。

一旦确定了供应商,就可以通过以下两种方法之一对 VPN 进行设置。

使用 AWS Marketplace

如图 4.9 所示,可以在 AWS Marketplace 上购买或销售在 AWS 上运行的软件。如果想要的 VPN 软件在 AWS Marketplace 上可以购买到,那么可以直接在 AWS Marketplace Console 中单击,然后在适合的 Amazon EC2 实例类型上进行部署。这样,Amazon EC2 实例从 AMI 中启动,并且拥有由供应商优化以后预装的 VPN 软件。根据不同的软件许可模式,可以使用 AWS 提供的许可或者自己的软件许可(Bring Your Own License,BYOL)。

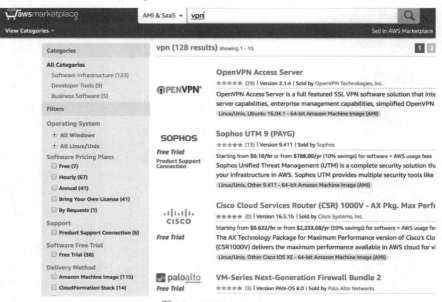

图 4.9　AWS Marketplace

在 Amazon EC2 实例上手动安装

如果 AWS Marketplace 上没有所需的软件，可以手动安装它们。首先启动一个所需类型和大小的 Amazon EC2 实例，这个实例加载了建议的 VPN 软件所需的操作系统。然后从供应商软件库中直接安装 VPN 软件。你可能需要与供应商直接沟通 VPN 软件许可合同事宜。

需要确认 Amazon EC2 实例与自己一端的 VPN 终止端点设备之间已正确连接。如果需要互联网连接访问，那么需要给 Amazon EC2 实例分配弹性 IP 地址并且保证子网的路由表中包含互联网网关的路由。从理论上说，应当在实例的安全组中打开合适的端口，并且允许从户内设备到 Amazon EC2 实例的入站 IPsec 数据流，但如果是从 Amazon EC2 实例发起的 IPsec 协商，那么可以忽略以上步骤。由于安全组是有状态的，因此自动允许现有状态连接的返回数据流。

在 Amazon EC2 实例上设置正确的连接以及加载 VPN 软件后，需要配置 IPsec 参数，还需要配置在 Amazon EC2 实例上与远程一端(户内数据中心)VPN 设备的相关路由，然后才可以打开 VPN 隧道。为了打开数据流的路由，需要确认 Amazon EC2 实例的源/目的地(source/destination)检查开关处于禁用状态，并且在操作系统级别启用了 IP 转发功能。

对于高可用性配置，需要启动多个 Amazon EC2 实例，并且设置自动故障转移功能。根据选择的供应商的不同，配置步骤和工作量可能有些不同。

4. 监控

可以通过 Amazon CloudWatch 监控 Amazon EC2 实例的度量(例如健康度、网络进/出)。由于 AWS 看不到操作系统以及供应商，因此默认情况下 Amazon CloudWatch 不能看到 VPN 和操作系统相关的度量。如果供应商支持这个功能，那么可以将定制的 VPN 度量通过 AWS Command Line Interface (Amazon CLI)或 API 推送给 Amazon CloudWatch。这样就可以在 AWS Management Console 中看到发布的度量。你还可以利用第三方监控工具监视 VPN 的设置过程。

5. 性能

性能由 Amazon EC2 实例的大小以及 VPN 软件对 Amazon EC2 实例(计算和内存)的使用效率决定。

参阅第 9 章，可以从网络的角度获取 Amazon EC2 实例的更多功能。一般来说，Amazon EC2 实例越大，越能够从实例中获得更大的网络平均效能，在置放组中最大可达到 25 Gbps 带宽，在置放组外可以获得最大 5 Gbps 带宽。

纵向扩展

你应当通过测试创建适合 VPN 软件的 Amazon EC2 实例类型。在需要更大网络吞吐量的情况下，可以利用 Amazon EC2 实例的灵活性功能增加实例大小，从而纵向扩展 Amazon 实例。

纵向扩展可能需要几分钟的宕机时间，因为扩展的 Amazon EC2 实例需要重启。如果已经使用 Active/Backup 的高可用性功能设计系统，那么可以通过升级备用实例，将它提升为主实例(活跃实例)，以避免或减少宕机时间，之后再将原主实例升级后变为备用实例。

注意，在达到一定的阈值后，VPN 吞吐量将会趋于平缓，这样即使增加 Amazon EC2 实例的大小也不能改变网络输出。这是由于 IPsec 在软件级别的包处理速度存在极限值。达到阈值以后，增加 VPN 吞吐量的方法是将加密处理卸载到多个 Amazon EC2 实例中。在这个场景中，可以配置一个 Amazon EC2 实例作为所有 VPN 数据流的下跳路由。这个 Amazon EC2 实例将不再提供 VPN 终点功能，但是它将负责把数据流负载均衡到一组负责 VPN 终点的 Amazon EC2 实例中。这个中间 Amazon EC2 实例虽然不再负责 IPsec 加密，但是它会以最快的速度传输数据包。以下介绍两种设置方法。

单可用区 在同一个子网内，中间 Amazon EC2 实例与一组 Amazon EC2 VPN 实例一起运行 BGP(或可用于 L3 数据流负载均衡的类似协议)，以跟踪路由信息并将 VPN 实例作为远程网络在主机中路由表的下跳点进行插入。BGP 多路功能可以作为数据流的负载均衡使用。图 4.10 描述了这种架构。

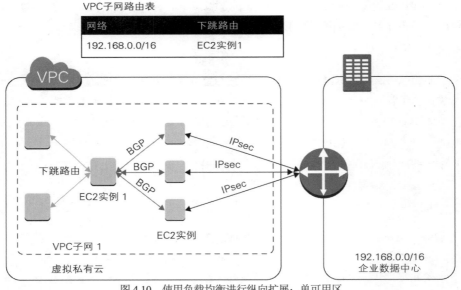

图 4.10 使用负载均衡进行纵向扩展：单可用区

注意：

在单可用区解决方案中，返回的数据流不会通过中间的 Amazon EC2 实例。如果需要这个功能，可以在这个实例上创建 NAT 或者实施多可用区解决方案。

多可用区 将 VPN Amazon EC2 实例放置在不同的可用区并且创建从中间实例到 VPN 实例的 GRE 隧道。GRE 隧道可作为 Amazon EC2 实例使用，但是不能创建与另外不同子网内实例的 BGP 伙伴网络。这是 BGP 邻居关系创建方式的局限性所在。BGP 隧道创建了用于连接两个实例的虚拟网络。如果使用自己的负载均衡协议,那么可以在不同子网中实现数据流的负载均衡而无须使用 GRE。同之前描述的方法一样,这个中间 Amazon EC2 实例同时运行 BGP 和 VPN 实例,以跟踪路由信息并将 VPN 实例作为远程网络在主机路由表的下跳点进行插入。BGP 多路功能可以作为数据流的负载均衡使用。图 4.11 描述了这种架构。

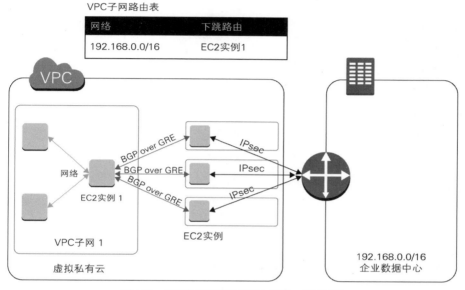

图 4.11　使用负载均衡进行纵向扩展:多可用区

注意:

BGP 多路功能在以上两种纵向扩展中使用时,可用作从中间实例到一组 VPN Amazon EC2 实例的负载均衡机制,这不是必需的。如果为选择的软件部署的中间实例不支持 BGP 多路功能,那么需要选择其他负载均衡方式。

水平扩展

从水平扩展角度看,可以启动多个 Amazon EC2 实例,然后针对 VPN 数据流一起使用它们 (Active/Active)。由于 VPC 路由表的工作方式,只能将 Amazon EC2 实例作为指定前缀的下跳路由,因此需要在多个 EC2 VPN 网关实例环境中仔细设计分派出站 VPN 数据流的方法。如图 4.12 所示,一种方法是对每个 VPC 子网使用 Amazon EC2 实例 VPN 网关。

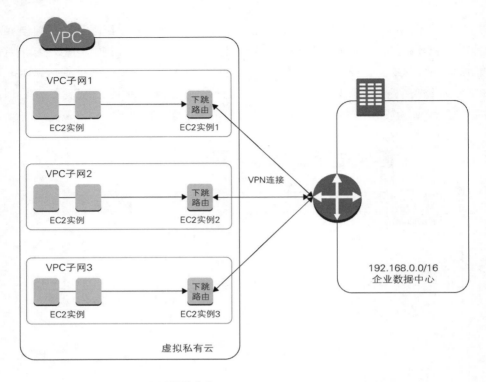

图 4.12　基于 VPC 子网的水平扩展

　　另外一种在多个 Amazon EC2 实例之间分派数据流的方法是基于目的地前缀。这种方法将户内网络前缀拆分为多个子前缀，然后使用不同的 Amazon EC2 实例连接每个前缀，如图 4.13 所示。

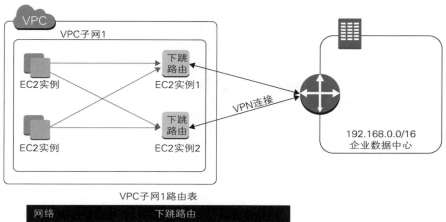

VPC子网1路由表

网络	下跳路由
192.168.0.0/17	EC2实例1
192.168.128.0/17	EC2实例2

图 4.13　基于目的地前缀的水平扩展

4.2.3　户内网络的 VPN 终止端点(客户网关)

在 VPN 连接中的非 AWS 一端，VPN 在客户网关上终止。客户网关是客户的户内一端 VPN 终点设备的术语。客户网关也可以作为运行 VPN 软件的 Amazon EC2 实例托管在 AWS 中。

多数客户不需要购买额外的设备并且可以重用现有的户内VPN终点设备来创建VPC隧道。图 4.14 展示了客户网关的架构图。

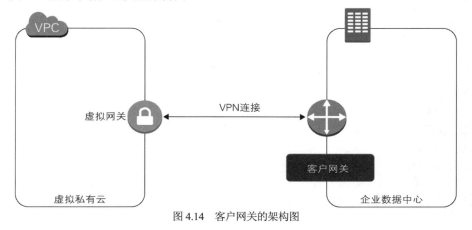

图 4.14　客户网关的架构图

第三方 VPN 设备

可以使用任何第三方支持第三层(Layer 3)VPN 技术的 VPN 设备。AWS 不支持第二层(Layer 2)VPN 技术。

因为 IPsec 在 AWS 一端的 VGW 上作为 VPN 终点使用,所以 VPN 设备必须支持 IPsec 协议。对每个 VGW 需要设置两个 VPN 隧道。第三方设备是否支持 BGP 路由协议是可选项,但是建议在高级路由配置中使用。AWS 不支持"开放优先最短路径"(Open Shortest Path First, OSPF)等其他路由协议。必须确保打开户内防火墙的正确端口,以允许 IPsec 数据流通过。

当使用基于 Amazon EC2 实例的 VPN 终点选项时,在 EC2 实例上安装的 VPN 软件决定了使用哪个 VPN 协议。一些常用的协议(如 GRE、DMVPN 等)可以用来替代 IPsec。路由协议也是由 EC2 实例上安装的 VPN 软件决定的。

你应该负责第三方设备的可用性与冗余功能。如图 4.15 所示,我们建议在客户端使用多个 VPN 终点设备。如果可能的话,这些设备应该分放在不同的物理数据中心以提高冗余度。可以使用 BGP 参数(如本地偏好设置)来设计通向 AWS VPN 数据流的主/从(primary/secondary)出口点。对于从 AWS 返回到数据中心的数据流,使用预先设计的路径或者通过 MED 来控制数据流的路径。

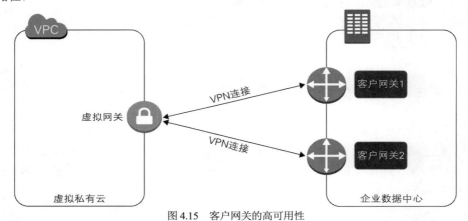

图 4.15　客户网关的高可用性

4.3　客户端到站点(client–to–site)VPN

客户端到站点 VPN(也称为远程访问 VPN)允许单主机在不信赖的中间网络之间安全且私有地访问指定网络内的资源。在远程员工试图访问企业内部资源时,这种技术可以提供帮助。在 AWS Cloud 计算场景中,当远程笔记本电脑或 PC 在互联网中试图访问 Amazon VPC 中的 Amazon EC2 实例时,可以使用该技术。注意,在每个主机端都需要设置通往 VPN 网关的 VPN 隧道。如果在远程办公室/站点拥有多个最终用户主机设备,它们在自己内部的网络中,并且这些设备都需要访问 VPC 资源,那么应该设置远程站点到 VPC 之间的站点到站点隧道。

如图 4.16 所示,需要在 VPC 中使用网关,由它负责接收远程主机发起的 VPN 连接。与站点到站点 VPN 不同,AWS 目前对这类 VPN 设置没有提供受管网关端点。需要使用 Amazon EC2 实例作为客户端到站点 VPN 的网关。

设置基于 Amazon EC2 实例上客户端到站点 VPN 终点的方法与设置基于 Amazon EC2 实例上站点到站点 VPN 终点的方法类似。可以使用以下两种方式之一。

使用 AWS Marketplace　可以使用预置软件和许可的 AMI 启动一个 Amazon EC2 实例，然后将它配置为远程客户的 VPN 终止端点。OpenVPN、Cisco CSR(联合使用 Cisco AnyConnect 客户端)、Aviatrix、Sophos 以及 Palo Alto 等供应商在 AWS Marketplace 上均提供这些客户端到站点的 VPN 产品。

在 Amazon EC2 实例中手动安装　如果 AWS Marketplace 上没有所需的软件，可以在 Amazon EC2 实例中手动安装。

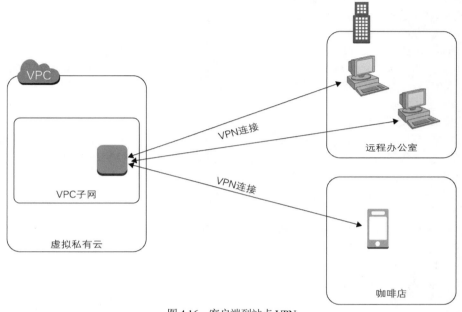

图 4.16　客户端到站点 VPN

对于站点到站点(site-to-site)VPN 中关于基于 Amazon EC2 实例的 VPN 终止选项的可用性、冗余性和性能所做的论证同样适用于客户端到站点 VPN。在很多客户端到站点解决方案中，比如 Cisco AnyConnect 或 Aviatrix，支持通往多 VPN 服务器的客户端 VPN 连接的负载均衡功能。这个功能可以通过网络负载均衡器(Network Loader Balancer)或者直接将 VPN 数据流发送给多个 Amazon EC2 实例(比如在 OpenVPN 的 TCP 模式下)来实现，或者通过发送给基于 DNS 的负载均衡(客户端 DNS 查询解析为不同的 VPN 服务器)以及客户端指定的多个 VPN 服务器的 IP 地址方式来实现。

注意：
当通过多个 Amazon EC2 VPN 服务器设置 Active/Active 模式下的负载均衡时，建议将转递 VPC 架构与在转递 Amazon EC2 实例上终止的客户端隧道一起使用。这个功能将在第 12 章中详细讨论。

其他额外的功能，如隧道拆分、威胁保护、端点合规、基于概要(profile)认证等都可以实现，但是需要由客户端到站点 VPN 解决方案的软件供应商提供。

4.4 设计方案

你现在已经了解了在 AWS 中设置 VPN 连接的多种方法。现在我们讨论一些需要使用 VPN 的场景。

将户内网络与 VPC 进行连接　这是标准且最常用的 VPN 使用场景。大多数应用在与 AWS 网络连接之前，一般是在混合模式下运行的。也就是说，户内应用需要与 VPC 应用进行通信。在创建 VPN 连接以后，就可以在短时间内启用这个安全的通信通道。建议在 AWS 一端使用 AWS 管理下的 VPN 端点(VGW)。

将户内网络与 VPC 进行连接：高 VPN 吞吐量　如果需要提高从混合 IT 连接到 AWS 网络的吞吐量，那么建议设置 AWS Direct Connect。有关 AWS Direct Connect 的内容将在第 5 章中深入讨论，这个服务允许设置从数据中心到 AWS 的专用连接，提供单回路下不少于 10 Gbps 的带宽。如果需要高速 VPN 并且需要互联网连接，则应当使用基于 Amazon EC2 实例的 VPN 连接选项以及水平扩展功能。

将户内网络与 VPC 进行连接：高级威胁保护　在一些场景下，可能需要启用 VPC 中 VPN 终止端点的高级威胁保护功能。例如，需要第三方供应商通过 VPN 访问 VPC 中的资源，但是需要对来自远程站点的每个数据包进行威胁分析，因为第三方供应商网络属于不可信区域。在这个场景下，需要在 Amazon EC2 实例上终止 VPN，并且在 Amazon EC2 实例上加载执行威胁分析的软件。

Amazon EC2 实例间的第三层(Layer 3)加密　VPC 是私有网络，VPC 内的数据流是完全独立的并且对于其他用户不可视。一些合规性要求需要对 Amazon EC2 虚拟机之间的所有数据流进行加密，用以满足这个要求的比较理想的方式是打开 VPC 中 Amazon EC2 实例的 TLS 通信功能。如果要求第三层(Layer 3)加密，则需要在 Amazon EC2 实例之间设置 VPN 网格。每个实例需要一个内部隧道 IP 地址，这个 IP 地址属于 VPN 网络层面。通过这个 IP 地址可以实现实例之间的数据流交换。对于这种实施方式,在每个 Amazon EC2 实例上都需要安装 VPN 软件。VPN 软件可以是开源的或是选择的第三方软件。你需要负责这个解决方案的软件安装及后期维护。

在 Amazon VPC 中启用多播(multicast)功能　Amazon VPC 目前不允许多播以及数据流广播。如果应用需要使用多播功能，那么可以利用 GRE 隧道在 Amazon EC2 实例之间创建 VPN 覆盖网络。这样多播数据流就可以在这个 VPN 覆盖网络内传送。多播功能利用多个单播数据流进行模拟。这个功能可以简单地通过 IP_GRE 隧道模块或者 Linux 操作系统自带的内核功能来实现。这也是客户管理的解决方案，你需要负责这个解决方案的设置和维护。

AWS Direct Connect 上的第三层(L3)加密　默认情况下，AWS Direct Connect 中的数据流没有被加密，这是因为连接完全私有并且独立。但是一些规范标准可能需要数据加密功能。如前所述，一种常用的解决方法就是使用第四层(Layer 4)加密协议，例如传输层安全(Transport Layer Security, TLS)协议。如果偏好第三层(L3)加密方式,IPsec 协议的 VPN 可以提供帮助。IPsec VPN 可以在 AWS Direct Connect 方式下便捷地设置。可以创建到 VGW 的 IPsec 连接，但是真正的数据流将通过 AWS Direct Connect 连接进行交换。为了访问 AWS 内部的资源，需要创建 AWS Direct Connect 的 VIF。VGW 端点可以在公有 VIF 上访问。第 5 章将提供 VIF 工作方式的细节。在第 5 和 12 章中我们将深入讨论 AWS Direct Connect 上的加密方法。

转递路由　转递一词一般在以下场景中进行描述,由网络 A 发起的数据流通过网络 B 到达网络 C。这个场景在以下情况下适用,由于安全原因,需要通过网络 B 查看网络 A 与网络 C 之间的所有通信。如图 4.17 所示,这个功能在本书写作期间 AWS 并不支持。由 VPC A 到 VPC C 的数据流不能通过 VPC B 进行交换。这是由 AWS 网络端点(例如 VPC 伙伴网络、VGW、VPC 端点以及互联网网关)的不可转递功能造成的。通常来说,这些端点仅允许通往与它们直接连接的 VPC 的数据流(如果是 VGW,那么还包括可路由的远程网络)。其他 VPC 数据流将自动被丢弃。

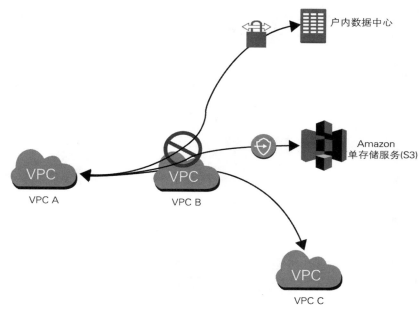

图 4.17　转递路由

如图 4.18 所示,解决这个问题的一种方法是使用 VPN 创建覆盖网络。下面使用如下场景进行讨论,VPC A 需要与 VPC C 进行通信,但是所有数据流需要通过 VPC B,这样就可以实现对数据流的监控和评估。为了打开这个流程,需要在 VPC B 中使用基于 Amazon EC2 实例的 VPN 终点端点作为转递点。由 VPC A 发起的数据流将与 VPC B 内的 Amazon EC2 实例创建隧道连接,然后与 VPC C 创建隧道连接。

在 VPC A 和 VPC C 内,可以使用 VGW 或 Amazon EC2 实例作为 VPN 端点。因为本例中数据包真正的目的地(VPC C)被隐藏并且由包含 VPC B 为目的地的外部 VPN 报头封装。这个外部报头在经过 AWS 网关端点(如 VGW 或伙伴网关)时允许通过。

注意,虽然使用 VGW 作为 VPN 终止端点,但 VGW 却是非转递端点,所以转递点需要一个 Amazon EC2 实例。这个 Amazon EC2 实例还可以作为安全和威胁保护端点使用。在设计这个解决方案时需要考虑高可用性和扩展性,因为这个转递点可能是架构中关于吞吐量和可用性的最薄弱环节。在第 12 章中,我们还将讨论有关转递 VPC 架构的更多细节。

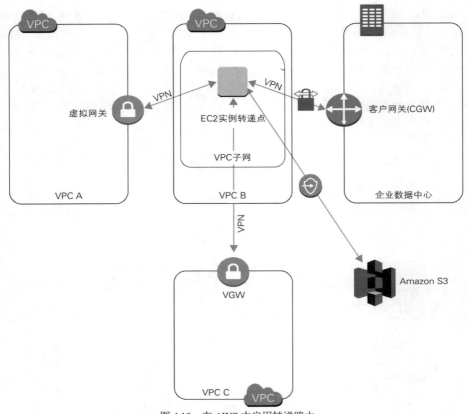

图 4.18　在 AWS 中启用转递路由

4.5　本章小结

　　本章讨论了两种 VPN 架构。第一种是站点到站点 VPN，这类 VPN 允许创建 VPC 和数据中心的 VPN 连接。创建连接后，数据中心的资源就可以访问 VPN 内的资源。AWS 提供了两种终止站点到站点 VPN 的方法。第一种是使用 AWS 管理的 VPN 端点，称为 VGW。第二种是使用基于 Amazon EC2 实例的 VPN 终点。

　　VGW 是 VPC 中受管的网关端点，负责所有混合 IT 连接，包括 VPN 以及 AWS Direct Connect。可以创建没有 VPC 结构的独立(解绑)VGW，这样 VGW 的作用就类似于路由/网关。VGW 内置了高可用性功能，并且可以跨越多个可用区。AWS 负责可运行时间、高可用性、补丁以及维护支持等。AWS VPN 利用 VGW，本身自带最新的加密套件，同时支持静态和动态(BGP)路由以及 NAT-T。VPN 的创建过程非常简便并且在 AWS 一端一般不需要 IPsec 或 BGP 配置。可以在 AWS Management Console 中下载针对 VPN 设备已经预置好的配置文件。

　　此外，还可以通过 Amazon EC2 实例终止站点到站点 VPN，而不是通过 AWS 管理的 VPN。如果希望利用其他非 IPsec VPN 隧道技术，也可以考虑使用这种方式。你的 VPN 设备需要额外的功能(如高级威胁保护)，为了实现这个功能，需要启动一个 Amazon EC2 实例，然后手动安装 VPN 软件。也可以利用 Amazon Marketplace 启动一个自动部署 VPN 软件的实例。在这种场景下，你需要负责高可用性以及扩展功能。在自动方式下，可以创建一个包含多个 Amazon EC2 实例的故障转移集群，这个集群可作为 VPN 终止端点使用。如果一个实例失败，自动脚本应当可以更改 VPC 路由表，将 VPN 数据流切换到第二个实例。对于每个指定了目的地前缀的 VPC 子网，仅允许将一个 Amazon EC2 实例作为 VPN 网关。当计划使用 Active/Active 模式或水平扩展 Amazon EC2 VPN 实例时，需要考虑数据流的分派方式，如按照多个 Amazon EC2 实例前缀拆分数据流。

在客户端，可以借助户内 VPN 终点设备终止 VPN 连接。建议使用跨越多个数据中心的两个物理设备来提高冗余度。

我们讨论的另一种 VPN 架构是客户端到站点(client-to-site)VPN，又称为远程访问 VPN。这种架构允许远端设备访问 VPC 中的资源。使用这种架构时，需要使用 Amazon EC2 实例作为 VPN 终止端点。在这个场景下，部署的高可用性以及扩展功能与使用 Amazon EC2 实例实现站点到站点 VPN 的场景十分相似。

根据用例和客户需求的不同，可以对云端的 VPN 采用多种设计方案。对于户内数据中心到 VPC 的标准连接用例，建议使用 AWS 管理的 VPN 方式。如果需要同样的连接但更高的 VPN 输出，则应当使用基于 Amazon EC2 的 VPN 终点。对于非 IPsec VPN 协议或 VPN 设备高级功能，应当使用基于 Amazon EC2 的 VPN 终点。如果在实例之间的给定 VPC 中实现加密或多播功能，则可以使用基于 Amazon EC2 VPN 终点的覆盖网络。Amazon VPC 本身不允许转递路由功能(也就是说，VPC A 不能通过中间网络 VPC B 与另外一个不同的网络进行通信)，所以可以使用 VPN 覆盖网络实现这个功能。Amazon EC2 实例可以作为这个转递点进行转递路由服务。你需要负责这个 Amazon EC2 实例的高可用性与扩展性，一般可以通过自动脚本实现。

4.6　考试要点

了解不同的 VPN 终点选项　可以在 VGW 或 Amazon EC2 实例上终止 VPN。其中，VGW 是 AWS 自己管理的 AWS VPN 终点解决方案，AWS 负责 VPN 终止端点的 IPsec 和 BGP 的配置以及可运行时间、可用性和补丁/维护。当使用 Amazon EC2 实例终止 VPN 时，你需要负责部署软件、配置 VPN 和路由以及高可用性、扩展等功能。

了解 AWS 管理模式 VPN 的功能　AWS 管理的 VPN 提供了坚固的加密套件，包括 AES 256。它同时支持 BGP 协议与 NAT-T，还可以作为集线路由器使用，连接多个远程网络，这种配置又称为 AWS VPN CloudHub。

了解 AWS 管理模式 VPN 的高可用功能　AWS 管理的 VPN 自带跨越两个可用区的冗余功能。当创建 VPN 连接时，在 VGW 中会自动生成两个端点。对这两个端点同时创建 VPN 隧道能增强可用性。故障转移在后台由 AWS 自动完成。

了解由 VPN 到 VGW 的创建步骤　创建 AWS 管理的 VPN 非常简单。可以使用 AWS Management Console 或者通过 API 创建 VPN 连接，界面会提示输入多个 IPsec 和路由参数。也可以从 AWS Management Console 中下载户内设备的配置文件。

了解基于 Amazon EC2 VPN 终点的扩展架构　纵向扩展功能可以通过中断 Amazon EC2

实例，然后改变实例的大小来实现。对于水平扩展功能，你需要自己决定将数据流拆分到多个 Amazon EC2 实例中。也可以选择 Amazon EC2 实例作为下跳路由的架构，这样可以通过 GRE 将所有数据流发送到多个 Amazon EC2 实例中，实现 IPsec 加密。

了解基于 Amazon EC2 VPN 终点的优缺点　如果需要使用非 IPsec VPN 协议(例如 GRE)，或者希望在 VPN 设备上提供额外功能(如高级威胁保护)，那么可以选择在 Amazon EC2 上终止 VPN。基于 Amazon EC2 的 VPN 方式在需要高 VPN 吞吐量或转递路由架构的场景中同样适用。

了解如何在客户端创建 VPN　在户内一端，可以使用现有的 VPN 终止设备来实现。

了解客户端到站点(client-to-site)VPN 的创建方法　客户端到站点 VPN 的创建可以通过终止 Amazon EC2 实例的 VPN 来实现。

了解 VPN 适用场景　VPN 在连接户内网络与 AWS 时使用。另外，也可以在 AWS Direct Connect 或者 EC2 实例间需要数据加密时使用。VPN 覆盖网络可以启用多播功能。还可以使用 VPN 启用 VPC 服务上的转递路由功能。

了解在 VPC 中转递路由的局限性　Amazon VPC 本身不允许转递路由(例如，VPC A 不能通过转递网络 VPC B 与 VPC C 或另外一个远程网络进行通信)。转递路由在所有网关端点上都被禁用(如伙伴网关、VGW、VPC 以及互联网网关)。

了解创建 VPN 覆盖网络以启用转递路由功能的步骤　为了实现转递路由，在 VPC 之间设立 VPN 连接时，需要使用 Amazon EC2 实例作为转递点。

应试窍门

考场提供了便签纸，所以应充分利用。虽然纸张最后不能带出考场，但是考生可以在上面画出题目中描述的架构，这样可以对可选答案进行可视化分析。

4.7　复习资源

Amazon VPC 用户指南的 VPN 部分：

http://docs.aws.amazon.com/AmazonVPC/latest/UserGuide/vpc-ug.pdf

VPN 连接文档：

http://docs.aws.amazon.com/AmazonVPC/latest/UserGuide/vpn-connections.html

多 VPC VPN 连接共享：

https://aws.amazon.com/answers/networking/aws-multiple-vpc-vpn-connection-sharing/

AWS 全球转递网络：

https://aws.amazon.com/answers/networking/aws-global-transit-network/

单区域多 VPC 连接：

https://aws.amazon.com/answers/networking/aws-single-region-multi-vpc-connectivity/

还可以在 YouTube 频道关注有关 re:Invent networking 的讨论。

AWS re:Invent 2017:Deep Dive:AWS Direct Connect and VPNs (NET403):

https://www.youtube.com/watch?v=eNxPhHTN8gY

AWS re:Invent 2017: Extending Data Centers to the Cloud: Connectivity Options and Co (NET301)：

https://www.youtube.com/watch?v=lN2RybC9Vbk

4.8　练习

学习 AWS 中 VPN 连接方式以及比较它们之间功能差异的最佳方法就是动手配置和执行多样测试。作为本章的练习，我们将设置本章讨论的多种 VPN 连接方式。

练习 4.1

使用 AWS 管理的 VPN 方式创建 VPN 连接

在本练习中，我们将创建一个由用户内客户网关到 VPC 的 VPN 连接，并在 VGW 上终止。这个连接允许户内资源访问 VPC 中的 Amazon EC2 实例。练习的最后将通过 ping 测试验证这个连接。

(1) 在 AWS Management Console 中找到 Amazon VPC 仪表盘，创建一个新的 VGW。

(2) 将创建的 VGW 与现有 VPC 绑定。

(3) 在 Amazon VPC 仪表盘中，导航到 Customer Gateway 并创建一个新的客户网关。输入 VPN 端点在客户端的 IP 地址。如果使用户内设备，那么这个地址是设备面向外部的 IP 地址。如果使用 Amazon EC2 实例作为客户网关，那么这个地址是实例的弹性 IP 地址。

(4) 在 Amazon VPC 仪表盘中，找到 VPN 连接并且创建一个新的 VPN 连接。提供客户网关、路由类型以及其他需要的信息。

(5) 从 AWS Management Console 中下载配置文件并使用这个文件配置客户网关。

(6) 在 VPC 子网路由表中打开 VGW 路由传播功能。

(7) 在 VPC 的 Amazon EC2 实例与客户网关后面的服务器之间测试 ping 连接(确认允许 ICMP 数据流在相关 VPC 安全组与操作系统的防火墙中通过)。

你现在成功创建了一个在 VGW 上终止的 VPN 连接，以允许由户内环境到 VPC 中 EC2 实例的访问。步骤(7)中的 ping 测试验证了这个连接的有效性。

练习 4.2

使用 Amazon EC2 实例作为 VPN 终止端点创建 VPN 连接

在开始这个练习之前，浏览在 Amazon EC2 实例行提供的多种 VPN 方案。可以查看 AWS Marketplace 上的第三方供应商软件或者在互联网上获取开源 VPN 软件，同时支持 Windows 和 Linux 两种操作系统。在本练习中，将使用 strongSwan 开源软件。

查看 Amazon EC2 实例类型并且选择希望的实例作为 VPN 终点使用。在本例中，我们使用 c4.large 类型的实例。

(1) 找到 Amazon VPC 仪表盘，创建一个 VPC，这个 VPC 包含公有子网和私有子网。在私有子网内启动一个 t2.nano EC2 实例。我们后面将使用这个 EC2 实例测试来自户内网络的连接。

(2) 在 AWS Management Console 中找到 Amazon EC2 仪表盘，然后在一个 VPC 中启动一个 Amazon AMI。选择 c4.large 作为 Amazon EC2 实例类型。确认这个实例在公有子网内启动，所以它包含一个到互联网网关的路由，这个路由可以允许互联网数据流通过。将这个实例绑定到一个弹性 IP 地址。

(3) 在 Amazon EC2 实例的仪表盘中禁用实例的源/目标(source/destination)检查，然后确认在操作系统级别打开 IP 转发功能。

(4) 使用 SSH 访问实例，然后安装 strongSwan 软件。

(5) 使用正确的 IPsec 参数配置 strongSwan 软件，并且与户内 VPC 终止端点参数保持一致。如果在 VPN 隧道的另一端使用 VGW，那么从 AWS Management Console 中下载配置 VGW 的文件，然后用它配置 Amazon EC2 实例。

(6) 配置 VPC 私有子网的路由表，将数据流指向远程子网内 Amazon EC2 实例的弹性网络接口。

(7) 在户内服务器到私有子网的 Amazon EC2 实例之间测试 ping 连接(确保 ICMP 数据流在相关 VPC 安全组与操作系统的防火墙中允许通过)。

你现在成功创建了一个在 Amazon EC2 实例上终止的 VPN 连接，以允许由户内环境到 VPC 中 Amazon EC2 实例的访问。步骤(7)中的 ping 测试验证了这个连接的有效性。

练习 4.3

利用 AWS VPN Cloudhub，通过分离的 VGW 和 VPN 连接将两个远程网络互联
本练习将要使用的架构如图 4.19 所示。

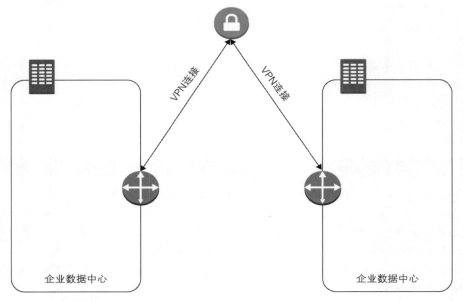

图 4.19　连接两个远程网络

通过创建图 4.19 所示的架构，你将学习如何通过 VGW 的 CloudHub 功能连接两个远程网络。

(1) 在 AWS Management Console 中找到 Amazon VPC 仪表盘，然后创建一个新的 VGW。

(2) 在 Amazon VPC 仪表盘中，导航到 Customer Gateway，然后创建两个新的客户网关。这两个客户网关是远程网络的 VPN 终止端点。

(3) 在 Amazon VPC 仪表盘中，导航到 VPN Connections，然后创建一个新的 VPN 连接，提供客户网关、路由类型以及其他所需信息。对这两个客户网关重复执行以上操作。总共创建两个 VPN 连接，每个客户网关对应一个 VPN 连接。

(4) 从 AWS Management Console 中下载配置文件，然后用它配置这两个客户网关。

(5) VGW 由一个客户网关到另一个客户网关获取的路由自动进行数据流播放。通过查看任意客户网关的路由播放情况可验证这个功能。

(6) 测试两个远程网络之间的连接。一个客户网关后面的服务器应当可以 ping 另一个客户网关后面的服务器。

你现在成功通过 VGW 创建了两个远程网络的连接。步骤(6)中的测试验证了这个设置。在这以后，两个远程网络中的所有资源就可以通信了。

练习 4.4

本练习将要使用的架构如图 4.20 所示。

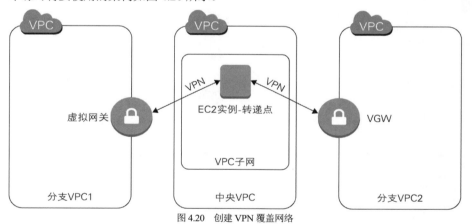

图 4.20　创建 VPN 覆盖网络

(1) 在 AWS Management Console 中找到 Amazon VPC 仪表盘，然后创建 3 个 VPC：分支 VPC1、分支 VPC2 以及中央 VPC。

(2) 找到 Amazon EC2 仪表盘，然后在中央 VPC 中启动一个 Amazon Linux AMI。选择 c4.large 作为 Amazon EC2 实例类型。确认这个实例在公有子网内启动，所以它包含一个到互联网网关的路由。将这个实例绑定到一个弹性 IP 地址。

(3) 在 Amazon EC2 实例仪表盘中禁用实例的源/目标(source/destination)检查，然后确认在操作系统级别打开 IP 转发功能。

(4) 使用 SSH 访问实例，然后安装支持 BGP 路由的 VPN 软件。可以对 BGP 路由安装

Quagga。稍后将执行 IPsec 和 BGP 配置。

(5) 配置 VPC 路由表，允许通向两个分支 VPC CIDR 区间的数据流指向 Amazon EC2 实例的弹性网络接口。

(6) 对分支 VPC1 和 VPC2 重复执行以下步骤。

(7) 找到 Amazon VPC 仪表盘，然后创建一个新的 VGW。

(8) 将 VGW 与分支 VPC1 或分支 VPC2 绑定。

(9) 在 Amazon VPC 仪表盘中，导航到 Customer Gateway，然后创建一个新的客户网关。输入之前创建的 Amazon EC2 实例的弹性 IP 地址。

(10) 在 Amazon VPC 仪表盘中，导航到 VPN Connections，然后创建一个新的 VPN 连接。提供客户网关、路由类型以及其他所需信息。

(11) 从 AWS Management Console 中下载配置文件。

(12) 在 VPC 子网路由表中打开 VGW 的路由传播(propagation)功能。

(13) 使用 SSH 访问 Amazon EC2 实例并且使用下载的配置文件设置 IPsec 和 BGP。对分支 VPC1 和分支 VPC2 进行上述配置。

(14) 在中央 VPC 中启动两个 Amazon EC2 实例，然后测试它们之间的连接。

你现在成功创建了一个转递路由架构，它利用 VPN 覆盖网络连接。步骤(14)中的测试验证了这个功能。发送给 VPC1 和 VPC2 的所有数据流现在通过转递 EC2 实例进行传送。

4.9　复习题

1. 以下哪两个端点可以在 AWS 的 VPN 中作为终点使用？(选择两个)

   A. Amazon EC2 实例

   B. AWS VPN CloudHub

   C. Amazon Virtual Private Cloud (Amazon VPC)

   D. 互联网网关

   E. VGW

2. 在 AWS 管理的 VPN 中，需要创建几个 VPN 隧道才能使用"开箱即用"的高可用功能？

   A. 1

   B. 2

   C. 3

   D. 4

3. VGW 支持以下哪些路由机制？(选择两个)

   A. OSPF

   B. BGP

   C. 静态路由

   D. RIPv2

   E. EIGRP

4. 当 VPN 终止在 Amazon EC2 实例上时，以下哪一项是 AWS 的职责？

   A. 配置 IPsec 参数

B. 管理 VPN 隧道的冗余和高可用性

C. 管理 VPN 隧道的扩展

D. 管理 Amazon EC2 底层主机的健康度

5. 当 VPN 终止在 Amazon EC2 实例上时，需要以下哪个适当的路由配置步骤？

    A. 在 Amazon EC2 实例上禁用源/目的地检查

    B. 在 Amazon EC2 实例上启用源/目的地检查

    C. 在 VPC 的子网路由表中启用路由传播功能

    D. 在 Amazon EC2 实例中启用网络增强模式

6. 你准备从户内数据中心创建一个到 VPC 的 VPN 连接。你需要购买一个 VPN 终止设备作为客户网关。在 AWS 一端，你将利用虚拟私有网关(VPG)。以下哪个选项需要硬件的支持，用于部署户内设备以创建这个 VPN 连接？

    A. BGP 路由协议

    B. 802.1Q 封装标准

    C. IPsec 协议

    D. GRE 协议

7. 在设置客户端到站点 VPN 以访问 AWS 资源时，如何在最少管理成本的前提下实现最高可用性？

    A. 使用 VGW 自带的高可用性功能

    B. 配置客户端软件，使用 DNS 名称作为 VPN 终止端点。使用 Amazon Route 53 映射 DNS 名称到多个 IP 地址，然后设置健康检查

    C. 配置客户端软件，使用一个 EC2 弹性 IP 地址作为终止端点。创建自动失败检查功能，然后把弹性 IP 从主实例切换到第二个从实例

    D. 配置客户端软件，使用一个 EC2 弹性 IP 地址作为终止端点。在实例上启用 EC2 自动修复功能

8. 在考虑最小管理成本的前提下，使用哪个 AWS Cloud 服务作为客户端到站点 VPN？

    A. VGW

    B. Amazon EC2

    C. AWS VPN CloudHub

    D. VPC 私有端点

9. 你将在多个 Amazon EC2 实例上部署一个应用，这个应用必须遵守 HIPAA 约束并且需要端到端的数据库加密。应用在 TCP 端口 7128 上运行。以下哪个应用部署方案最为有效？

    A. 找到 Amazon EC2 实例属性，选中加密选项

    B. 在网格的所有 Amazon EC2 实例之间创建 IPsec VPN

    C. 在应用层使用 SSL 数据流加密

    D. 对所有 Amazon EBS 存储启用 AWS KMS 密钥加密功能

10. 当创建由 VPN 到 VGW 的连接时，以下哪个参数会自动生成？

    A. VGW 公有 IP 地址

    B. VGW BGP 的 ASN 数值

    C. 隧道内 IP 地址

    D. IPsec PSK 密钥

第 5 章

AWS Direct Connect

本章涵盖的 AWS 认证高级网络-专项考试目标包括但不局限于以下知识点。

知识点 1.0：大规模设计和实现混合 IT 网络架构
- 1.3 解释使用 AWS Direct Connect 扩展连接的过程
- 1.4 评估利用 AWS Direct Connect 的设计替代方案
- 1.5 定义混合 IT 架构的路由策略

内容可能涵盖以下要点：
- 如何提供 AWS Direct Connect 连接方式
- 私有和公有虚拟网络接口的区别
- 实施弹性的连接方式

知识点 5.0：安全与规范的设计和实施
- 5.4 利用加密技术保护网络通信

内容可能涵盖以下要点：
- 实施加密 VPN

5.1 AWS Direct Connect 概述

AWS Direct Connect 是一种服务，它允许你从一个地点(如数据中心、办公室或托管环境)创建到 AWS 的专用网络连接。在很多情况下，这种服务可以降低网络成本，增加带宽输出，以及提供一种与基于互联网的连接相比更加持续的网络体验。AWS 对这种服务提供 1 Gbps 到 10 Gbps 带宽的专用连接。你还可以通过已经与 AWS 创建了互联网络的 AWS Direct Connect 合作伙伴，来使用 sub-1 Gbps 托管连接方式。

核心概念

你必须在 1 Gbps 或 10 Gbps 的以太网连接上支持 802.1Q VLAN。你的网络还必须支持 BGP 和 BGP MD5 认证。你可以有选择性地在自己的网络中配置双向转发检测(Bidirectional Forwarding Detection，BFD)功能。

1. 802.1Q 虚拟局域网

802.1Q 是由国际电气和电子工程师协会(Institute of Electrical and Electronics Engineers,IEEE)定义的以太网标准，它允许虚拟局域网(Virtual Local Area Network，VLAN)在以太网上运行。它使用附加在以太网架构报头部分的额外 VLAN 标签，定义了 VLAN 的一个成员。之后，支持这个标准的网络设备就可以保持第二层(Layer 2)相关数据流的分离。

2. 边界网关协议

BGP(**Border Gateway Protocol，BGP**)是一种路由协议，通过它可以在相同或不同的自治系统中交换网络路由和可达性信息。这就是所谓的内部 BGP(iBGP)和外部 BGP (eBGP)。BGP 由 RFC 4271-1 定义 RFC 4271-1 是一种边界网关协议 4(BPG-4)。

3. 双向转发检测

如果两个路由之间发生路径转发故障，那么双向转发检测(BFD)是实现快速连接故障转移的一种机制。如果发生故障，那么 BFD 会通知相关的路由协议，重新计算可用路由，这样就减少了收敛时间。

5.2　物理连接

与 AWS Direct Connect 相连的物理连接可以在 AWS Direct Connect 地点上或者通过合作伙伴创建。

5.2.1　AWS Direct Connect 地点

所有区域中都包含了 AWS Direct Connect 地点。这些地点由第三方托管供应商提供，也称为运营商中立设备(Carrier Neutral Facility，CNF)或运营商旅馆(Carrier Hotel)。在 AWS 官网中，AWS Direct Connect 产品的详情页面保留了授权的地点列表。

这些地点提供多个设备，用作从地点到 AWS 的物理连接。这些设备与 AWS 全球骨干网相连并且提供与所有 AWS 区域的多样化连接和弹性连接。

可以在一个地点中创建多个到 AWS 的物理连接。AWS 尽最大努力对每个独立 AWS 设备上的账户自动提供额外的连接。如果对每个连接使用不同的账户，那么 AWS Management Console 可以帮助辨识在哪个 AWS 设备上连接被中断。在发出支持请求以后，可以更改这种分配方式。AWS Direct Connect 地点一般至少保留两个 AWS 设备。

还可以创建到多个 AWS Direct Connect 地点的多个物理连接。这种配置实现了连接地理位置的多样化，从而提供最大级别的冗余度。

5.2.2　专用连接

在 AWS Direct Connect 地点内，AWS 设备提供带宽为 1 Gbps 和 10 Gbps 的专用连接。这

些设备使用波长为 1310 nm 的单模光纤(Single-Mode Optical Fiber，SMF)端口。

为 1 Gbps 连接使用的端口类型是 1000base-LX，为 10 Gbps 连接使用的端口类型是 10Gbase-LR。

为了使用专用连接，与这些端口相连的设备必须支持同样的处理能力。基于整体解决方案，可以使用地点内的设备或是由 AWS Direct Connect 合作伙伴提供的设备。

5.2.3　准备流程

可以从以下方法中选择任意一种来创建 AWS Direct Connect 连接：

- 在 AWS Direct Connect 地点上
- 通过 AWS 合作伙伴网络(AWS Partner Network，APN)的成员或网络供应商
- 通过 APN 成员提供的托管连接

APN 内的合作伙伴可以帮助你创建 AWS Direct Connect 地点到数据中心、办公室或托管环境的网络线路连接。

1. 申请连接

申请连接的流程是一项自主服务，AWS Direct Connect 用户指南中提供了相关的详细文档。首先，必须确定希望连接的区域和特定的 AWS Direct Connect 地点。然后，就可以使用任何支持的方式(AWS Management Console、API 或 AWS 命令行(AWS CLI))申请新的连接。AWS 在这个步骤中可能需要其他的信息，所以你需要查收账户的主邮箱地址，并对这类邮件给予适当的回复。

2. 下载授权信

AWS 会在 72 小时内提供分配给你的端口，然后你可以下载授权信——连接设备分配(LOA-CFA 或简单的授权信)。授权信提供了设施内指定端口的具体划分细节，这些端口将提供与 AWS 的连接。

3. 与 AWS 端口的交叉连接

每个 AWS Direct Connect 地点都使用自己设置的流程来管理设施内不同公司之间的物理连接。这些连接也称为交叉连接(cross-connect)，通常它们是 AWS 设备与你的设备或 AWS Direct Connect 合作伙伴之间的被动式光纤连接。在一些情况下，AWS Direct Connect 地点以园区大楼的形式出现在列表中。这样，交叉连接就可以提供园区内任何地点到 AWS 设备的连接。注意，园区地点并不意味着 AWS 在园区内的每个大楼里都拥有设备，所以从架构和风险评估的角度看，园区应当被看作单一的地点。

交叉连接通常必须由组织订购，这些组织在 AWS Direct Connect 地点设有物理设备并且与地点提供者签订了商业合同。如果使用 AWS Direct Connect 合作伙伴提供的远程连接，那么将由合作伙伴订购交叉连接。你需要提供 LOA-CFA 文档的副本给合作伙伴，以方便他们下订单。

连接准备完毕后，你应当可以看到线路启动并且在设备级别接收到正确的信号指示。AWS Management Console 也会显示连接通畅或线路不通的状态。AWS Management Console 中的 AWS Direct Connect 监控工具可以用来验证 10 Gbps 连接的正确传输和接收。图 5.1 演示了创建到 AWS 的物理连接所涉及的构件。

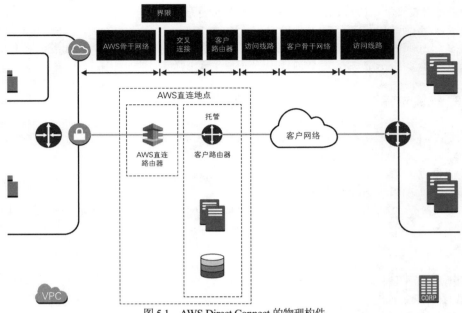

图 5.1　AWS Direct Connect 的物理构件

4. 多连接

可以选择多个 AWS Direct Connect 连接，以增加自身环境的弹性恢复能力和带宽。这些连接可以

- 在同一地点，且在同一 AWS 设备上
- 在同一地点，但在不同 AWS 设备上
- 在不同地点

当在同一个 AWS Direct Connect 地点提供多个连接时，AWS 在不同的设备上尽可能自动提供额外的端口。这个功能增强了由于接口故障、设备故障以及计划维护任务引起系统故障场景下的弹性恢复能力。在创建额外连接时还可以选择 Associate with Aggregation Group (LAG) 选项。这个设置保证了在同一台 AWS 设备上分配的连接可以使用同一个 LAG。

当在不同的 AWS 设备上或 AWS Direct Connect 地点提供额外连接时，多连接除提供通过不同设备进行连接的优点外，还对潜在的地点级别故障提供了弹性恢复能力。

5. 链接聚合组(Link Aggregation Group，LAG)

LAG 是一个逻辑接口，它使用链接聚合控制协议(Link Aggregation Control Protocol，LACP)在单个 AWS Direct Connect 地点将多个 1 Gbps 或 10 Gbps 连接合并，这样就可以把它当作可管理的连接使用。可以在现有连接上创建 LAG 或者提供新的连接。创建 LAG 后，可以将现有连接与 LAG 关联。

以下规则适用于 LAG。

- LAG 中的所有连接必须使用相同的带宽。支持以下带宽：1 Gbps 与 10 Gbps
- 一个 LAG 中最多可以有四个连接。LAG 中的每个连接都将计入区域的总体连接限制

- LAG 中的所有连接必须在相同的 AWS Direct Connect 地点和 AWS 设备上终止

所有 LAG 都包含一个属性，它决定了 LAG 中的最小连接个数，这是 LAG 可以正常工作所必须支持的最小连接数。默认情况下，新的 LAG 将这个属性设置为 0。你可以对自己的 LAG 使用不同的值并进行更新。这样做意味着如果可工作连接的个数小于这个值，那么这个 LAG 将不能工作。这个属性可以防止剩余连接被过度使用。

例如，假设一个 LAG 中包含四个连接，然后配置最小连接数是 2。如果有两个连接失败，LAG 的总体运行状态将保持"开启"并且允许数据流通行。如果第三个连接失败，那么运行状态将变为"关闭"，即使还有一个连接保持有效。这个功能会启用你拥有的任何故障转移路径进行接管，从而避免由于单个回路造成拥堵而影响性能的潜在风险。

5.2.4　AWS Direct Connect 合作伙伴

AWS Direct Connect 合作伙伴是 AWS 合作伙伴网络(APN)的成员，它们可以提供从服务区到 AWS Direct Connect 地点的连接。根据所使用技术的不同，它们实现服务的方式有所不同。合作伙伴提供的核心功能是扩展到户内基础设施的 AWS Direct Connect 地点的以太网端口。

一些 AWS Direct Connect 合作伙伴专门针对本地电信运营商的实施方式，而其他合作伙伴专门针对托管设施或数据中心类型的实施方式。

除了从 AWS Direct Connect 地点扩展以太网的端口外，这些合作伙伴还提供了额外的托管连接功能，带宽增量小于专用连接(1 Gbps/10 Gbps)。通过使用物理的伙伴内连(interconnect)方式，可以将多个托管连接合并后交付给合作伙伴。这种内连方式由使用托管连接的客户共享并且由合作伙伴分配特定的带宽。

托管连接(Hosted Connection)

托管连接由 AWS Direct Connect 合作伙伴提供，带宽增量小于专用连接(1 Gbps/10 Gbps)。这些托管连接在合作伙伴提供的物理内连接上运行。合作伙伴的内连方式与专用连接具有类似的特点，但它们只能由合作伙伴在允许的特定终端订购。

托管连接可以提供 50 Mbps、100 Mbps、200 Mbps、300 Mbps、400 Mbps 以及 500 Mbps 的带宽。提供连接的流程与专用连接不同。因为物理内连接已经就位，所以不需要下载 LOA-CFA 或者安排与 AWS 的交叉连接。合作伙伴的内连方式由多个 AWS 客户共享并支持同时多个客户的托管连接。

在订购托管连接的过程中，首先需要与 AWS Direct Connect 合作伙伴进行沟通。它们会创建通往地点的连接和正确的接口类型。通常，AWS Direct Connect 合作伙伴使用托管连接对现有的基于多协议标签交换(Mutiprotocol Label Switching，MPLS)的 VPN 解决方案进行快速服务交付。

一旦双方同意交付方式，就必须向 AWS Direct Connect 合作伙伴提供 12 位的 AWS 账户号码，然后合作伙伴使用这个号码在它们的内连设备中提供托管连接。最后，托管连接会出现在相应地区的账户中，等待接收。作为准备流程的一部分，AWS Direct Connect 合作伙伴将选择 802.1Q VLAN 的内连标识。这可能与使用服务的方式无关，有些合作伙伴可能给客户提供 VLAN 的变种类型。

在账户中接收托管连接后，就会启用按照端口小时计费的功能，开始对所有的数据传输进行计费。这些费用将计入 AWS 月账单中，这可能是 AWS Direct Connect 合作伙伴提供服务费用之外的额外费用。

5.3　逻辑连接

在开始使用 AWS Direct Connect 连接时必须创建虚拟接口。

虚拟接口

为了在 AWS Direct Connect 连接上访问 AWS 资源，需要在 AWS 设备与客户路由器之间创建 BGP 伙伴网络关系，这样才能正确交换路由。为了启用这个功能，需要创建虚拟接口。虚拟接口的配置主要由 802.1Q VLAN 以及一些与 BGP 会话相关的选项组成，其中包含了连接中 AWS 一端和客户端所需的所有参数配置。AWS 支持以下两种类型的虚拟接口：

- 公有虚拟接口
- 私有虚拟接口

公有虚拟接口允许你的网络与 AWS 全球骨干网中的所有 AWS 公有 IP 地址相连。

私有虚拟接口允许你的网络与虚拟私有云(VPC)中的资源通过私有 IP 地址进行连接。

这两种类型的虚拟接口(VIF)都需要以下指定的配置参数：

类型(公有或私有)　选择创建公有虚拟接口还是私有虚拟接口。

VIF 名称　可以使用任意名称。建议使用命名策略来简化资源标识。

VIF 所有者(自己的 AWS 账户或者另外一个 AWS 账户)　对于私有虚拟接口(选择"自己的 AWS 账户"作为所有者)，会被提示选择虚拟私有网关(VGW)或直连网关。当选择"另外一个 AWS 账户"时，会被提示输入 AWS 账户 ID。

VLAN　可以选择任意 VLAN ID。在指定的 AWS Direct Connect 连接中，对两个不同的虚拟接口不能使用同一个 VLAN ID。对于托管连接，AWS Direct Connect 伙伴已经做了选择，所以这个选项以灰色显示(不需要选择)。

地址家族(IPv4 或 IPv6)　当选择 IPv4 或 IPv6 时，会被提示输入额外针对地址家族的信息。这样就创建了针对特定地址家族的伙伴网络。在其他地址家族的虚拟接口创建之后，可以添加第二个伙伴网络。对于私有虚拟接口，可以指定私有 IP 地址。　对于公有虚拟接口，可以指定自己所属的公有 IP 地址，或者在发出 AWS 支持请求后获取该地址。

网络的 BGP 自治系统号码(ASN)　可以选择任意 ASN 号码，但是建议使用自己拥有的 ASN 或私有 ASN(64 512～65 535)。如果在公有虚拟接口中使用公有 ASN，那么必须拥有公有 ASN；在创建过程中，拥有权将被验证。

BGP MD5 密钥(可以自动生成)　在两个 BGP 伙伴之间配置 MD5 身份认证，这将验证伙伴之间在 TCP 连接上发送的每个段。BGP 伙伴的密码需要保持一致，否则将不能创建连接。

对于公有虚拟接口，会提示需要提供网络通告的前缀。

可以在专用 AWS Direct Connect 连接中创建多个虚拟接口。如果使用的是 AWS Direct Connect 合作伙伴提供的托管连接，那么只能创建一个虚拟接口，或者对将来可能需要的额外托管网络提出申请。每个虚拟接口与单个 VGW 绑定(VGW 再与 VPC 或直连网关绑定)。

注意:

AWS Direct Connect 支持的最大传输单位(MTU)在 IP 层可达到 1500 字节，在物理连接层可达到 1552 字节(以太网报头 14 字节+VLAN 标签 14 字节+IP 数据报 1500 字节+帧检查序列[FCS]4 字节)。

1. 公有虚拟接口

公有虚拟接口允许你的网络访问与 AWS Direct Connect 关联的 AWS 区域的所有 AWS 公有 IP 地址。此外，公有虚拟接口还启用了"全球"功能，从而允许接收全球范围内所有 AWS 公有 IP 地址的 BGP 播放。之后，BGP 组织使用它们来标识 AWS 前缀播放的来源，并用于控制在 AWS 主干网络中传播播放的位置。

公有虚拟接口可以启用直接访问服务的网络，这些服务在 VPC 中不能通过私有 IP 地址访问。这些服务包括但是不限于以下服务: Amazon S3、Amazon DynamoDB、Amazon Simple Queue Service (Amazon SQS)以及提供 AWS 管理模式的 VPN 服务。

当在 IPv4 地址家族中创建公有虚拟接口时，必须指定 Amazon 以及你的路由器伙伴 IP 的公有 IP 地址。当在 IPv6 地址家族中创建(或者添加伙伴)虚拟接口时，AWS 将会通过 Amazon 自己的 IPv6 地址区间自动生成伙伴 IP 地址。

你还必须指定播放给 AWS 的虚拟接口类型的 IP 地址前缀。这个操作允许 AWS 验证你是这些 IP 地址的拥有者，之后你被授权播放它们。如果在区域互联网注册中列出的 IP 地址属于其他实体，你将会在 AWS 账户的主邮箱中收到一封邮件，告知你下一步操作。如果你没有自己的公有 IP 地址可以用作伙伴网络并进行播放，则应当发出 AWS 支持请求。

AWS 播放前缀的个数根据区域以及你的账户是否开启了区域互连功能而定。反过来看，AWS 可以接收由你发出的多达 1000 个前缀。

AWS 一旦接收到由你发出的 BGP 播放，从 AWS 发出通向播放前缀的所有数据流就将通过 AWS Direct Connect 连接进行路由。这些数据流包括由使用公有 IP 或 Amazon EC2 实例弹性 IP 地址的其他 AWS 客户传来的数据流，通过 NAT 网关路由传来的数据流，以及通过 AWS Lambda 功能进行出站连接的数据流，等等。你应当根据自己的路由策略来配置路由器和防火墙，从而适当地接收或拒绝这些数据流。AWS 不会将 AWS Direct Connect 公有虚拟接口接收的客户前缀重播给另外一个客户。AWS 播放的前缀会定期更改，最新列表可以通过 https://ip-ranges.amazonaws.com/ ip-ranges.json 上的公有 ip-rangs.json 文件获取。

提示:

可以使用 ip-ranges.json 文件在自己的路由器中创建过滤器，然后仅安装针对特定服务或区域的路由。

2. 私有虚拟接口

私有虚拟接口允许你的网络通过私有 IP 地址与 VPC 中的资源相连，这个功能是通过与私有虚拟接口绑定的 VPC 的 VGW 实现的。由于是私有虚拟接口，并且 BGP 伙伴 IP 地址不需要公开，因此可以在创建 IPv4 时指定或由系统自动生成 IPv4 和 IPv6 地址。

　　使用私有虚拟接口可以打开 VPC 中某个 IP 地址服务的直接网络访问，包括但不局限于以下服务：Amazon EC2、Amazon 关系数据库服务(Amazon RDS)以及 Amazon Redshift，等等。

　　当 BGP 会话启动后，你的伙伴路由器将接收所有与 VPC 关联的 CIDR 地址区间播放。可以通过虚拟接口向 AWS 播放不超过 100 个数量的前缀，包括默认路由(0.0.0.0/0)。这些路由被 VGW 使用并且可以有选择性地传播给 VPC 中的路由表。路由信息同时还被抄送给 VGW 中的 CloudHub，这个功能允许你在多个 AWS Direct Connect 私有虚拟接口、VPN 连接以及绑定的 VPC 之间传输数据。

　　由于是私有虚拟接口，因此可以在私有或公有的 IP 地址区间播放前缀且不必考虑 IP 地址的所有者。在 VPC 中，指定的路由优先于默认路由，所以在 VPC 中使用这些路由播放的优先级高于默认互联网网关路由。注意，如果使用非 RFC1918(或者其他私有地址区间)，那么它们有可能在互联网的其他地方已存在。

提示：
如果需要通告超过 100 个前缀，那么应当集合所有路由以减少前缀的总数或者通告默认路由，然后对 VPC VGW 的目标使用路由表中特定的路由。

3. 直连网关(Direct Connect Gateway)

　　直连网关允许你在本地或远程区域将私有虚拟接口与多个 VGW 进行聚合。你可以使用此功能建立从一个地理区域中的 AWS Direct Connect 位置到另一个地理区域中的 AWS 区域的连接。这是除了能够通过单个专有 VIF 访问多个 AWS 区域(在同一账户中)中多个 VPC 之外的功能。你的路由器将与直连网关创建单个 BGP 会话。然后，从这里接收与 VPC 相关的所有播放。注意，直连网关会禁用私有虚拟接口与 VGW 之间的 CloudHub，如图 5.2 所示。

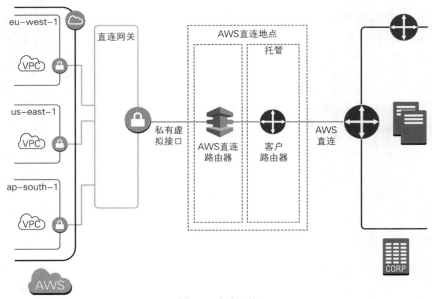

图 5.2　直连网关

4. 托管虚拟接口(Hosted Virtual Interface)

创建虚拟接口(包括公有和私有接口)时，可以选择虚拟接口的拥有者。可以选择"自己的 AWS 账户"或"另外一个 AWS 账户"。当选择"另外一个 AWS 账户"时，你被提示输入 12 位的账户号码。BGP 的所有配置同样在 AWS Direct Connect 连接所属的账户中。当选择其他账户时，虚拟接口变成了托管虚拟接口。托管虚拟接口的接收者必须选择接收，并且如果是私有虚拟接口，那么还需要选择与之绑定的 VGW。与托管虚拟接口相关的数据传输费用将会出现在 AWS Direct Connect 连接的拥有者账户中。

5.4　弹性连接

每个 AWS Direct Connect 地点与所属的 AWS 区域包含了多种弹性连接(Resilient Connectivity)路径。这个连接使用 AWS 全球骨干网络，全球骨干网络具有如前所述的多种区域之间的互联功能。AWS 客户决定到达 AWS Direct Connect 地点的连接及内部设备弹性的合适强度。在设计失败故障转移解决方案时，计划最多使用 50%带宽，这样在故障转移时备用路径可以承受整个负载。

5.4.1　单连接

单一的物理连接将提供高带宽和持续延迟，但不具有对线路、设备故障以及对AWS进行计划内或设备紧急维护时的快速恢复能力。如果系统架构中包含了AWS Direct Connect连接，那么AWS建议使用VPN连接作为VPC网络数据流的备用路径。使用单连接的示例部署如图5.3所示。

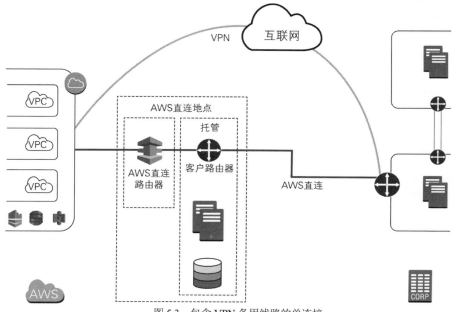

图 5.3　包含 VPN 备用线路的单连接

5.4.2 双连接：单个站点

位于单个站点的双连接可以通过两种方式进行配置：一种是使用 LAG，另一种是作为独立的连接进行配置。

当使用 LAG 时，多个连接联合在一起，作为聚合带宽的连接使用。根据最少的线路配置，即使一个或多个连接发生故障，LAG 仍可继续在低带宽情况下工作。但是，由于 LAG 内的所有连接必须在同一台 AWS Direct Connect 设备上终止，因此，这仍然由设备故障风险或维护活动决定。

当双连接在不同的 AWS Direct Connect 设备上作为独立连接使用时，可提高故障恢复能力。由单接口、设备故障或维护任务造成的连接短暂中断都属于这种场景。AWS 建议备份 VPN 连接，以防止影响整个物理地点的事件发生。图 5.4 显示了在同一地点实施双连接的解决方案。

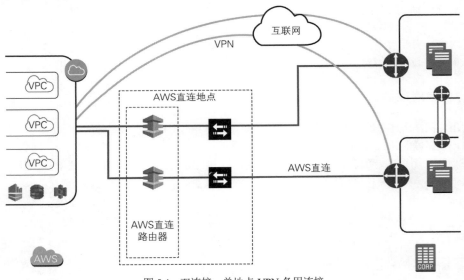

图 5.4 双连接：单地点-VPN 备用连接

5.4.3 单连接：双站点

当在多个 AWS Direct Connect 地点创建连接后，你将受益于地点多样化以及本地硬件故障的弹性恢复等功能。由于每个端点都与 AWS 骨干网进行单独和多样化的连接，因此提供了弹性恢复的较好级别。根据总体连接的风险评估，可能需要考虑额外的 VPN 备用连接，如图 5.5 所示。

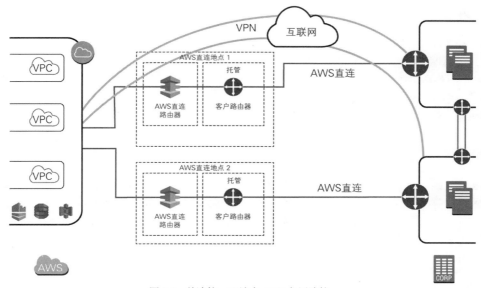

图 5.5　单连接：双地点-VPN 备用连接

5.4.4　双连接：双站点

到目前为止，这个解决方案能提供最高的弹性恢复能力，尤其是当结合了 VPN 备用连接方式时。当设计为总利用率的 25%时，这个解决方案可以承受由不同事件引起的多种潜在中断，并且仍然提供完整的连接。

5.4.5　虚拟接口配置

当配置多个 AWS Direct Connect 连接的弹性恢复时，同时需要为每个连接配置虚拟接口(VIF)。

1. 公有虚拟接口配置

对于公有虚拟接口来说，每个接口都包含唯一的伙伴 IP 地址，并且配置为播放从用户路由器传来的相同前缀。根据网络架构的不同，你可能希望同其他由 AWS 到用户路由器的数据流相比，AWS 可以优先对待特定 IP 区间的连接。可以通过标准的 BGP 配置，如播放更具体的前缀或者使用 AS_PATH 预处理(如果使用 ASN 的话)，来影响这个优先级。Amazon 网络偏向于更具体的前缀表达方式，原因是最长的前缀匹配是处理数据包路径选择的首要条件。一种常见的配置方式是在两个公有虚拟接口上播放超子网(如/23)，然后在单独的虚拟接口中播放更具体的子网(如/24)，这取决于这个特殊连接的网络终止点。

AS_PATH 预处理是一种人工机制，可通过在路径中多次添加自己的 ASN，从而在一个连接上人为地使路径比另一个连接上的路径更长。如果有多个选项，AWS 将始终首选前缀的最短路径。

2. 私有虚拟接口配置

对私有虚拟接口可以使用同样的配置选项来影响由 VPC 到网络的数据流。可创建两个或多个私有虚拟接口(在每个 AWS Direct Connect 连接上创建一个虚拟接口),然后将它们与同一个 VGW 或直连网关进行关联,这样就启用了通往 VPC 的不同路径。然后,可以使用 AS_PATH 预处理或者播放更具体的前缀,以影响由 AWS 到用户网络的数据流路径。在私有虚拟接口中使用 AS_PATH 预处理时,不要求使用公有 ASN。

为了影响从路由器流向自己网络内 AWS 的数据流,需要使用本地偏好或类似选项,以配置适当的路由。

所有描述选项都使用或多或少的活跃/备份设置方式,这种方式决定了由 AWS 传来的网络数据流已经选择了特定的连接。另外一种可选方案是使用活跃/活跃设置,这两个连接可同时承载网络数据流。为了启用这个功能,需要保证两个虚拟接口上 BGP 的配置相同。在 AWS 内,如果从一个地点看到多个相同路径的前缀也相同,那么可以执行同成本多路径(Equal-Cost Multi-Path,ECMP)功能,这样单独的数据流就会根据这个算法散列到特定的连接上。结果是提供合理的源/目的地 IP 或端口号的组合,这是在多个路径中提供负载均衡的一种有效方法。

5.4.6 双向转发检测

双向转发检测(Bidirectional Forwarding Detection,BFD)是一种网络故障检测协议,可提供快速故障检测时间,从而实现了动态路由协议的快速再融合。BFD 独立于介质、路由协议和数据。

我们建议在配置多 AWS Direct Connect 连接、单 AWS Direct Connect 连接以及 VPN 备用连接时启用 BFD 功能,这样也就启用了快速检测和故障转移功能。可以配置 BFD 以检测链接或路径故障,然后更新动态路由,因为 AWS Direct Connect 可以迅速终止 BGP 伙伴而激活备用路由。这个功能保证了 BGP 邻居关系很快被破坏,而不是等待三个保持在线信号在 90 秒的限制时间内失败。

异步 BFD 在 AWS 一端的每个 AWS Direct Connect 虚拟接口上自动启用,但是需要在路由器中配置后才能生效。AWS Direct Connect 默认设置 BFD 响应度检测的最少时间间隔为 300 毫秒,并且 BFD 响应度检测的倍数器为 3。

5.4.7 VPN 与 AWS Direct Connect

VPN 可以与 AWS Direct Connect 一起使用,VPN 既可以作为备用连接解决方案,也可以提供针对 AWS Direct Connect 上数据传输的加密功能。

1. 备用 VPN

备用 VPN 通常用作 AWS Direct Connect 连接使用私有 VIF 的备用连接方式。VPN 连接使用 VPC 中的私有 IP 地址提供互联网与 VPC 资源之间的加密功能。AWS Direct Connect 连接和 VPN 连接都在 VPC 的 VGW 上终止。

当联合 VPN 连接作为 AWS Direct Connect 的备用连接时，AWS 建议使用基于动态 BGP 的 VPN，这个特性实现了网络数据流的最大灵活性和一致性。

路由通过 AWS Direct Connect 接收并且 VPN 在 VGW 内进行整合。在这以后，AWS Direct Connect 出站数据包的路径选择通常优先于对两个连接播放的 VPN 前缀。

可以通过播放更加特定的 VPN 前缀或者 AWS Direct Connect 上的超网，优先处理某个 VPN。例如，如果希望对数据库中心的非生产服务器上的/27 数据流地址区间使用 VPN，但是想使用 AWS Direct Connect 作为备用连接方式，那么可以在 VPN 上播放/27 地址区间，然后同时在 AWS Direct Connect 上播放诸如/24 的超网。在这个场景中，VPN 是主连接，而 AWS Direct Connect 作为备用连接使用。

2. 在 AWS Direct Connect 上使用 VPN

对一些客户来说，他们需要对 AWS Direct Connect 上的数据进行加密，这是由于他们的应用没有自带传输加密功能。对于这种需求，建议启用第四层(Layer 4)的加密功能，例如，使用传输层安全(TLS)协议。如果希望实施第三层(Layer 3)加密，那么最简单的方法是组合公有虚拟接口和受管 VPN 连接。

公有虚拟接口支持所有 Amazon 公有 IP 地址的播放。在这些公有 IP 地址中有创建 VPN 连接的端点。在你的网络中，AWS Direct Connect 上的公有虚拟接口提供通向 AWS 端点的优化路径(同互联网上的路由相比)并且允许 VPN 客户网关使用这个优化路径来创建连接。当 AWS Direct Connect 方式中断时，客户网关应当通过其他路径访问 VPN 端点。这个解决方案如图 5.6 所示，其中显示了公有虚拟接口和两个 VPN 隧道。

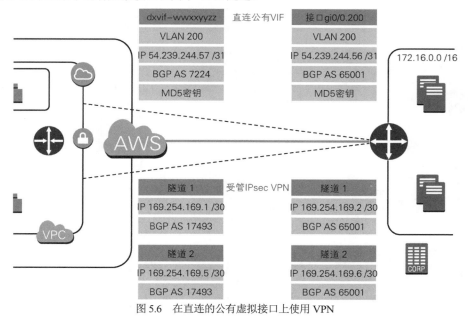

图 5.6　在直连的公有虚拟接口上使用 VPN

提示:

AWS Direct Connect 上的 VPN 还可以在区域间的公有虚拟接口上使用。在某个区域内的 AWS Direct Connect 连接上创建的独立公有虚拟接口可以提供到另一个区域内 VPN 端点的连接。

3. 集成转递 VPC 解决方案

AWS Direct Connect 可以简单地通过解绑的 VGW 与转递 VPC 解决方案联合使用。这个 VGW 已经创建,但是没有与特定的 VPC 进行绑定。在 VGW 中,CloudHub 提供通过 BGP 接收由 VPN 和 AWS Direct Connect 发出的路由的功能,然后在它们之间互相重新通告/反射。这个功能允许 VGW 组成集线器,作为连接使用。适当地标记分离的 VGW 可以使它们自动添加到转递 VPC 解决方案配置中,并从 Amazon EC2 软件路由器配置适当的 VPN 通道。

成功创建 VPN 隧道后,应当将一个或多个私有虚拟接口绑定到同一个 VGW,这样从基于 Amazon EC2 软件的路由器接收的路由就可以通过 AWS Direct Connect 反射到你的远程网络。相反,在 AWS Direct Connect 上通告的路由将会被 CloudHub 通过 VPN 隧道反射到转递 VPC 的基于 Amazon EC2 的软件路由器中。图 5.7 显示了一个部署案例。

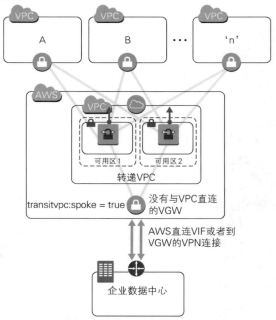

图 5.7 转递 VPC 与解绑 VGW

4. BGP 路径选择

离开 VPC 的网络数据流的路由决策首先根据路由表中的条目在 VPC 中进行,然后在 VGW 中进行。在进行选择之前,VGW 首先整合所有相关的私有 VIF 和 VPN 连接的可用路径。

路径的选择顺序如下。

(1) 本地路由到 VPC(不使用更具体的路由进行覆盖)

(2) 最长前缀匹配优先

(3) 静态路由表记录优先于动态路由表记录

(4) 动态路由：

    a. 优先 AWS Direct Connect 上的 BGP 路由

       i. 更短的 AS_PATH

       ii. 被认为等同并且对每个数据流进行平衡

    b. VPN 静态路由(在 VPN 连接中定义)

    c. 由 VPN 传来的 BGP 路由

       i. 更短的 AS_PATH

5.5　计费

AWS Direct Connect 的计费包含两个主要的成本构件：针对所有 AWS Direct Connect 地点的每端口-小时价格 以及从 AWS Direct Connect 地点和 AWS 区域传出数据的费用。

5.5.1　端口-小时

无论是使用 1 Gbps 或 10 Gbps 的 AWS Direct Connect 连接，还是使用通过 AWS Direct Connect 合作伙伴地点的托管 sub-1 连接，都需要通过端口-小时方式进行缴费。这些将在 AWS 月账单中计费，包括从第一次显示可用的连接开始按小时记录的费用。对于 1 Gbps 或 10 Gbps 连接来说，如果连接没有正常显示可用，AWS 将自动在 90 天以后按照端口-小时计费。这个 90 天的时间窗口允许用户的合作商或运营商提供到客户地点的相关连接。

对于托管 sub-1 连接来说，计费在账户接收托管连接后立刻进行。所以，你应当首先与自己的 AWS Direct Connect 合作伙伴确认所需的解决方案已全部交付并且可以正常使用服务，然后在 AWS 账户中接收托管连接。

端口-小时费用通常对连接拥有者的 AWS 账户进行计算，与之前讨论的一样，不需要与托管虚拟接口拥有者的账户一致。

端口一小时计费在连接或托管连接从 AWS 账户中删除后会停止收费。如果只是处于断开的状态，则不会停止计费。

至于 AWS Direct Connect 针对不同带宽连接的费用情况，可以通过查询网站 http://aws.amazon.com/ directconnect/pricing 获取。

5.5.2　数据传输

AWS Direct Connect 让你享有与互联网传输价格相比更实惠的低价优势。通过 AWS Direct Connect 或互联网的 AWS 站内数据没有收费。所有费用都与从 AWS 传出的数据有关。

1. 私有虚拟接口数据传输

私有虚拟接口通常与直连网关或 VGW 关联，然后通过它们与 VPC 进行绑定。 因此，当网络流量通过 VGW 从 VPC 中的 Amazon EC2 实例流出时，可以较低的 AWS Direct Connect 数据传输率收费。这可以简单地看成是对 VIF 本身进行计量，并将收费应用于拥有 VPC 和 VIF 的 AWS 账户。对托管虚拟接口来说，私有虚拟接口的所有者与 AWS Direct Connect 连接的所有者是分开的，因此，数据传输费用向 VPC/VIF 的所有者收取，而端口费用向 AWS Direct Connect 的所有者收取。对于这类数据传输费用，应根据 AWS 网站上的价格表进行计算。计算费用时需要同时考虑 AWS 区域与 AWS Direct Connect 连接地点两个因素。

2. 公有虚拟接口数据传输

AWS Direct Connect 的公有虚拟接口提供了一条网络路径，它对所有离开 AWS 的非 VPC 网络的数据流都适用，里面包含网络数据流以及从其他 AWS 资源发出的潜在数据流。例如，如果浏览由第三方在 AWS 上托管的网站，那么出入这个网站的数据流将流向公有虚拟接口。这种情况下就不需要为任何数据传输付费，这个网站的拥有者将负责所有相关费用。

如果使用公有虚拟接口访问自己拥有的 AWS 资源，那么可使用低价的数据传输费用进行计算。这种计费方式适用于公有 VIF 的同一账户拥有的任何资源，以及同一计费家族或 AWS Organizations 架构内的任何关联账户。这样，借助单独的公有虚拟接口提供的低价费用，相关的所有 AWS 账户都可以从中受益。

考虑以下示例：
- 账户 A 是组织的付款账户
- 账户 B 是公有虚拟接口的拥有者
- 账户 C 包括一个可下载的数据量很大的对象，存放在 Amazon S3 桶中
- 账户 D 通过公有虚拟接口从公司的网络路由接收这些对象

假设账户 B、C 和 D 都与付款账户 A 相连，或者它们在同一个 AWS Organizations 结构中，那么账户 C 在月账单中将以 AWS Direct Connect 的价格对数据传输进行计费。

5.6　本章小结

AWS Direct Connect 提供了在各个地点(如数据中心、办公室或主机托管中心环境)到 AWS 之间创建专用网络连接的功能，提供了与互联网连接相比更加持续的网络体验，带宽可以从 50 Mbps 拓宽到 10 Gbps。

AWS Direct Connect 允许从多个全球地点访问 AWS。这些地点通常位于托管中心或中立运营商的设备中心。如果不在这些地点内，那么可以使用 AWS Direct Connect 合作伙伴提供的连接。

AWS Direct Connect 提供公有虚拟接口和私有虚拟接口两种类型。公有虚拟接口提供到公有 AWS 资源的全球连接，包括 AWS 公有服务端点、公有 Amazon EC2 IP 地址以及公有 Elastic Load Balancing 地址。私有虚拟接口通过直连网关和 VPC 的 VGW 提供全球连接。当使用私有虚拟接口时，VPC 将成为网络的逻辑扩展。可以在 AWS Direct Connect 上创建 VPN 连接，从

而在需要时提供额外的加密功能。

　　LAG 是一种逻辑接口，它使用 LACP 将多个 1 Gbps 或 10 Gbps 连接聚合为单独的 AWS Direct Connect 地点。可以通过现有的连接创建 LAG，也可以通过提供新的连接来创建 LAG。

　　BGP 用于在网络与 AWS 之间交换路由信息。可以使用 802.1Q VLAN 在同一连接中分割虚拟接口。在发生连接故障时，BFD 可以加快故障转移到其他可用路由的速度。

　　AWS Direct Connect 根据连接的端口-小时时间以及流出 AWS 的数据进行计费，数据传输费用低于标准的互联网出站数据流的价格。

5.7　考试要点

　　理解 AWS Direct Connect 的物理构件　AWS 提供端口速度为 1 Gbps 和 10 Gbps 的 AWS Direct Connect。使用内连方式，AWS Direct Connect 合作伙伴可以提供较低的宽带连接。

　　理解创建连接的过程　AWS Direct Connect 需要 AWS 网络和客户网络之间的物理连接。具体流程包括订购连接、接收 LOA-CFA 文件、订购交叉连接以及配置 VLAN 和 BGP。

　　理解 BGP 和路径选择　AWS Direct Connect 使用 BGP 在 AWS 和客户网络之间交换路由信息。ASN、BGP 配置参数以及 BGP 路径选择都会影响路由架构。

　　理解 AWS Direct Connect 与 AWS VPN 解决方案之间的交互　使用 AWS Direct Connect 和备用 VPN 的混合部署模式是一种常用的架构类型，这两个服务彼此交互，提供对 AWS Cloud 的弹性连接恢复能力。

应试窍门

当遇到与 AWS Direct Connect 相关的题目时，应当考虑网络数据流的方向以及对此会产生影响的可用选项。

5.8　复习资源

　　AWS Direct Connect：https://aws.amazon.com/directconnect/
　　AWS Direct Connect 用户指南：https://aws.amazon.com/documentation/directconnect/
　　YouTube 中的 AWS re：Invent 演示以及涉及 AWS Direct Connect 和 VPN 的幻灯片。

5.9　练习

　　熟悉 AWS Direct Connect 的最佳方法就是配置自己的连接和虚拟接口(VIF)，下面我们一起动手练习。

练习 5.1

创建公有 VIF

在本练习中，你将创建一个 AWS Direct Connect 公有虚拟接口，然后正确配置自己的路由。

(1) 以 Administrator 或 Power User 身份登录到 AWS Management Console。

(2) 选择 AWS Direct Connect 图标，打开 AWS Direct Connect 仪表盘。

(3) 借助现有的 AWS Direct Connect 连接，使用自己拥有或者由 AWS 支持提供的公有地址区间 IP， 在 IPv4 伙伴会话期创建公有 VIF。

(4) 配置自己的路由，匹配创建 VIF 时定义的 VLAN 和 BGP 参数。查看 BGP 会话期是否创建成功。

(5) 测试到 AWS 公有 IP 地址的连接。

建议在 S3 中检索文件，然后验证这个路径是通过 AWS Direct Connect 获取的。

练习 5.2

创建私有 VIF

在本练习中，你将创建一个 AWS Direct Connect 私有虚拟接口，然后正确配置自己的路由。

(1) 以 Administrator 或 Power User 身份登录到 AWS Management Console。

(2) 选择 AWS Direct Connect 图标，打开 AWS Direct Connect 仪表盘。

(3) 借助现有的 AWS Direct Connect 连接，使用与 VPC 绑定的 VGW，在 IPv4 伙伴会话期创建私有 VIF。

(4) 配置自己的路由，匹配创建虚拟接口时定义的 VLAN 和 BGP 参数。查看 BGP 会话期是否创建成功。

(5) 测试到 VPC 中 Amazon EC2 实例的连接。

如果相关安全组设置正确，就应当可以成功 ping 通一个 Amazon EC2 实例。

练习 5.3

向私有 VIF 中添加 IPv6

在本练习中，你将在 AWS Direct Connect 的私有 VIF 上创建额外针对 IPv6 的伙伴，并且正确配置路由。

(1) 以 Administrator 或 Power User 身份登录到 AWS Management Console。

(2) 选择 AWS Direct Connect 图标，打开 AWS Direct Connect 仪表盘。

(3) 使用现有的私有 VIF，在现有的 IPv4 伙伴中添加 IPv6。

(4) 配置额外 IPv6 路由。验证 BGP 会话期创建成功。

(5) 使用 IPv6 地址测试到 VPC 中 Amazon EC2 实例的连接。

如果相关安全组设置正确，就应当可以成功 ping 通一个 Amazon EC2 实例。

练习 5.4

创建私有托管 VIF

在本练习中，你将创建 AWS Direct Connect 的私有 VIF，然后与另外一个 AWS 账户共享。

(1) 以 Administrator 或 Power User 身份登录到 AWS Management Console。

(2) 选择 AWS Direct Connect 图标，打开 AWS Direct Connect 仪表盘。

(3) 使用现有的 AWS Direct Connect 连接，创建私有 VIF，然后与第二个 AWS 账户共享。

(4) 登录到第二个 AWS 账户，然后接收私有 VIF。在第二个 AWS 账户中，选择 VGW 以与这个账户的 VPC 进行绑定。

(5) 配置路由，匹配创建虚拟接口时定义的 VLAN 和 BGP 参数。查看 BGP 会话期是否创建成功。

(6) 测试到第二个 AWS 账户的 VPC 中 Amazon EC2 实例的连接。

如果相关安全组设置正确，就应当可以成功 ping 通一个 Amazon EC2 实例。

练习 5.5

创建 LAG

在本练习中，你将联合多个直连连接创建链接聚合组(LAG)。

(1) 以 Administrator 或 Power User 身份登录到 AWS Management Console。

(2) 选择 AWS Direct Connect 图标，打开 AWS Direct Connect 仪表盘。

(3) 使用现有的 AWS Direct Connect 连接，创建 LAG，设置最小连接数为 1。

(4) 在新建的 LAG 中添加第二个连接，确保在控制台中可以看到结果。

5.10　复习题

1. AWS Direct Connect 的私有虚拟接口与 VPC 中的以下哪个选项绑定？
   A. 互联网网关
   B. VPC 端点
   C. VGW
   D. 伙伴连接
2. AWS Direct Connect 虚拟接口支持以下哪个路由协议？
   A. BGP
   B. RIP
   C. 开放最短路径优先
   D. 中间系统到中间系统
3. 链接聚合组支持的最少连接个数是多少？
   A. 4
   B. 3

C. 2

D. 1

4. AWS Direct Connect 支持以下哪种虚拟接口类型？

A. 全局

B. VPN

C. 本地

D. 公有

5. 一个弹性的 AWS Direct Connect 连接需要与几个 AWS Direct Connect 地点进行连接？

A. 1

B. 2

C. 3

D. 4

6. 在 AWS Direct Connect 虚拟接口上从客户到 AWS 可以播放多少个前缀？

A. 10

B. 50

C. 100

D. 1000

7. 当使用包含两个 AWS Direct Connect 连接的 LAG 时，每个 VIF 需要多少个 IPv4 BGP 会话？

A. 1

B. 2

C. 3

D. 4

8. 以下哪个选项在 AWS 使用的边界网关协议(BGP)路径选择算法中具有最高的路由优先级？

A. 静态路由

B. 本地到 VPC 的路由

C. 最短 AS 路径

D. 从 VPN 发起的 BGP 路由

9. AWS Direct Connect 上的托管 VIF 描述了以下哪个场景？

A. 合作伙伴在其内连中向客户提供新的连接

B. 一个客户在其连接中向另外一个客户提供 VIF

C. 一个合作伙伴在其内连中向客户提供 VIF

D. 一个客户在其连接中向另外一个客户提供新的连接

10. 以下哪种情况发生时，AWS Direct Connect 将停止计费？

A. 连接中的最后一个 VIF 被删除时

B. 客户设备的端口被禁用时

C. 交叉连接被删除时

D. 连接被删除时

第6章

域名系统与负载均衡

本章涵盖的 AWS 认证高级网络-专项考试目标包括但不局限于以下知识点。

知识点 2.0：设计和实施 AWS 网络
- 2.4 确定专用工作负载的网络需求
- 2.5 根据客户和应用需求决定适当的架构

知识点 4.0：配置与应用服务集成的网络
- 4.1 充分利用 Amazon Route 53 功能
- 4.2 评估混合 IT 架构中的 DNS 解决方案
- 4.4 在指定场景中，决定 AWS 生态系统中适当的负载均衡策略
- 4.5 确定内容分发策略以优化性能

6.1 域名系统与负载均衡简介

Amazon Route 53 是一种高可用且可扩展的云 DNS 服务，可通过将域名(如 www.example.com)翻译为数字格式的 IP 地址(如 192.0.2.122)，从而将最终用户路由到互联网应用。使用 Elastic Load Balancing，可将传入应用的数据流自动分派到多个目标，例如 Amazon EC2 实例、容器以及 IP 地址。Amazon Route 53 和 Elastic Load Balancing 可以协同工作，从而给应用系统提供可扩展的容错架构。

本章通过比较 Amazon EC2 DNS 和 Amazon Route 53 的异同点来对 DNS 的核心部件进行学习。我们还将学习 Amazon Route 53 的组件，包括高可靠 Amazon Route 53 架构的特点。然后将讨论 Elastic Load Balancing 以及 AWS 提供的三种负载均衡器。

本章最后的练习用于强化使用 Amazon Route 53 以及 Elastic Load Balancing。这些练习除了帮助你理解 Amazon Route 53 和 Elastic Load Balancing 的构件外，还提供了一些高级用例。如果想要通过考试，那就需要对这些概念有深入的理解。

6.2 域名系统

在开始讨论 DNS(域名系统)之前，我们先简单做个类比。网站的 IP 地址就像手机中联系人

的电话号码。如果没有名字(如 Harry 或 Sue),我们将很难区分各个电话号码,甚至记不住它们到底是谁的电话号码。

与此类似,当访问者试图访问网站时,会在浏览器中输入诸如 www.amazon.com 的域名,这时就会使用 DNS 来查找域名的 IP 地址。

DNS 是一种全球分布式服务,是使用互联网的基础。DNS 使用了一种组织名称结构,每个级别通过点(.)进行分隔,比如域名 www.amazon.com 和 aws.amazon.com。在这两个例子中,com 是顶级域名(TLD),amazon 是第二级域名(SLD)。在 SLD 的下面可以包含任意多层的下级结构。

计算机使用 DNS 组织树将可读的名称(如 www.amazon.com)翻译为连接其他计算机的 IP 地址(如 192.0.2.1)。每次使用域名时,DNS 服务必须将名字翻译为相应的 IP 地址。简而言之,只要访问过互联网,就肯定用过 DNS。

Amazon Route 53 作为权威的 DNS 系统提供了一种直接更新机制,开发人员可以管理他们公有的 DNS 名。之后对 DNS 查询进行应答,将域名翻译为 IP 地址,这样计算机之间就可以相互进行通信了。

6.2.1 DNS 概念

本节定义 DNS 术语,描述 DNS 如何工作以及解释常见的记录类型。

1. 顶级域

顶级域(Top-Level Domain,TLD)是域中最常见的部分。TLD 在域名的最右端(在被句点分隔之后)。

顶级域在域名中处于组织结构的顶层。由互联网名称与数字地址分配机构(Internet Corporation for Assigned Names and Numbers,ICANN)授权的某些组织可以管理 TLD。之后,通常这些组织通过域名注册商在 TLD 的下面分配域名。这些域名在国际网络信息中心(Network Information Center,InterNIC)进行注册,InterNIC 是 ICANN 提供的一项服务,用于保证互联网域名的唯一性。每个域名在中央数据库中进行注册,这个中央数据库名为 WHOIS。

顶级域包含两种:

- 通用 TLD 是全球性的,在全球范围内受到认可,常见的比如.com、.net 以及.org。通用 TLD 还可以包含特殊域,如.auction、.coffee 以及.cloud,等等。注意,不是所有的通用 TLD 都支持国际域名(Internationalized Domain Names,IDN)。IDN 是包含非 ASCII 字符的域名,如带口音的拉丁语、中文或俄语。在使用 Amazon Route 53 注册域名之前,请查看 TLD 是否需要支持 IDN。
- 地理 TLD 与地域相关,如国家或城市,包含特定国家的扩展,又称为国家代码顶级域(country code Top-Level Domain,ccTLD),例如.be (比利时)、.in (印度)以及.mx (墨西哥)。每个 ccTLD 的命名与注册规则不同。

2. 域名、子域和主机

域名是与互联网资源相关的人性化的名字,例如,amazon.com 就是域名。

子域是更大一级组织结构中的域名。除根域(root domain)之外的所有域名都是子域:.com

是根域的子域；amazon.com 是.com 的子域；aws.amazon.com 是 amazon.com 的子域，与 AWS 运营的系统相关。

根域没有名字。根据应用或协议，根域可使用空的字符串或单独的点(.)来代表。主机是子域中的标签，一串包含一个或多个相关的 IP 地址。

3. IP 地址

IP 地址是分配给主机的一串数字。每个 IP 地址在网络中必须唯一。对于公共网站来说，这个网络指的就是整个互联网。IP 地址可以是 IPv4 格式，如 192.0.2.44；也可以是 IPv6 格式，如 2001:0db8:85a3:0000:0000:abcd:0001:2345。DNS 对 类型 A 的查询响应 IPv4 地址，对类型 AAAA 的查询响应 IPv6 地址。Amazon Route 53 支持类型 A 和类型 AAAA 的资源记录集合。

4. 完全限定域名

完全限定域名(Fully Qualified Domain Name，FQDN)也称为绝对域名，用于指定与 DNS 的绝对根相关的域或主机。

也就是说，FQDN 定义了每个父域名，包括 TLD。正确的 FQDN 使用点(.)结尾，指明 DNS 组织的根结构。例如，mail.amazon.com 就是 FQDN。在某些情况下，调用 FQDN 的软件不需要末尾的点，但是需要遵从 ICANN 标准。

在图 6.1 中，可以看到 FQDN 的整个字符串，其中包含了域名、子域、根、TLD、SLD 以及主机。

图 6.1　FQDN 的组成部分

5. 名称服务器

名称服务器(Name Server)是 DNS 中的服务器，用于响应查询并将域名转换为 IP 地址。名称服务器在 DNS 中完成大部分工作。由于对任何一台服务器而言，域查询的数量太多，因此每台服务器都可以将请求重定向到其他名称服务器，或者委托子域的子集负责。

对于域名来说，名称服务器可以是权威的或非权威的。权威的名称服务器提供对控制的域名的查询应答。非权威的名称服务器指向其他名称服务器或其他名称服务器的缓存数据副本。在大多数情况下，客户端首先连接到非权威的名称服务器，这些服务器保存之前在权威的名称服务器中查询的缓存数据副本。所以，整个 DNS 系统就是一个全球的分布式缓存数据库，它在提供高扩展功能的同时，也可能由于缓存数据过期或刷新不正确而引发一些问题。

6. 地区

地区(zone)是容器，里面包含对互联网域名(example.com)以及子域(apex.example.com 和 acme.example.com)数据流如何进行路由的信息。

如果已经拥有域名和地区，现在希望创建子域记录，那么可以执行以下操作之一:

- 在现有的 example.com 地区中创建记录。
- 创建新的地区，以包含与子域相关的记录。同时在父地区创建指派集，将客户引导到子域托管地区。

第一种操作需要少量的地区和查询。第二种操作在管理地区时，可以提供更大的灵活性(比如，限制某人编辑不同地区的权限)。除了包含主机和子域(额外地区)之外，地区本身也拥有 IP 地址。这些 IP 地址称为地区根(zone root)或地区顶点(zone apex)地址，它们允许用户在浏览器中对 http://example.com 进行访问。与主机名(如 www.example.com)相比，它们同时也带来一些特殊的挑战。

7. 域名注册商

由于指定域名中的所有名称和域名自身必须唯一，因此需要通过一种方法来组织它们，以避免域发生重复。这就是域名注册商的作用所在。域名注册商是一些组织或商业实体，负责管理互联网域名的预约注册。域名注册商必须由提供域名注册服务的通用 TLD 以及 ccTLD 注册商授权认可，管理方式与指定域名注册商的指导原则保持一致。

6.2.2 DNS 解析步骤

当你在浏览器中输入域名时，计算机首先检查主机的 host 文件，查看这个域名是否存放在本地。如果找不到，就接着检查 DNS 缓存，查看是否以前访问过这个网站。如果还找不到与域名相关的记录，就联系 DNS 服务器以解析这个域名。

DNS 在本质上是一个层级结构的系统。这个系统的顶层是根服务器。ICANN 将这些服务器的控制管理权分派给不同的组织。

在本书写作期间，一共有 13 个根服务器在提供服务。根服务器管理 TLD 的信息请求。当请求在下层的名称服务器上不能解析时，就会向根服务器发送这个域名的查询请求。

为了处理每天发生的海量解析请求，根服务器被镜像和复制。当请求在某个根服务器上发生时，请求将会被转移到最近的根服务器的镜像服务器上。

根服务器其实并不知道域托管的地点。但是，它们能够将请求发送到名称服务器，然后通过它们管理全球范围内特定的 TLD。

例如，类型 A(IPv4 地址)向根服务器发送 www.wikipedia.org 请求，根服务器将检查资源记录中是否有与这个域名匹配的列表，但是找不到。于是，根服务器将找到.org TLD 的记录，并将请求者引向负责.org 地址的名称服务器，提供它们的域名和 IP 地址。

1. TLD 服务器

在根服务器返回负责请求 TLD 服务器的 IP 地址之后，请求者随后向其中一个地址发送新的请求。

继续刚才的例子，请求者向获知.org 域的名称服务器发送请求，看是否能够定位到 www.wikipedia.org。同样，.org TLD 名称服务器查找自己的地区(zone)记录并与 www.wikipedia.org 进行匹配，如果没有找到相关记录，就查找负责 wikipedia.org 的名称服务器，然后返回它们的域名和 IP 地址。

2. 域级别名称服务器

到现在为止,请求者获得了名称服务器的 IP 地址,也就是 wikipedia.org 域的权威地址信息。接着,请求者会将新的请求发送到一个或多个名称服务器,再次询问能否解析 www.wikipedia.org。

名称服务器获知这就是 wikipedia.org 地区的权威,并且检查主机或子域记录,看是否匹配本地区中的 www 标签。如果找到了,名称服务器会将实际的一个或多个 IPv4 地址返回给请求者。

注意:

在本例中,请求者对主机执行了 ANY(任意)查询。因此,名称服务器返回的应答可能包括其他信息。例如,托管 wikipedia.org 域的 wikipedia 名称服务器还返回 AAAA(IPv6)记录,以响应 ANY 类型的查询。

3. 解析名称服务器

在前面那个场景中,我们提到了请求者。在这个场景中,请求者到底是谁?

对于大多数情况,请求者就是所谓的解析名称服务器——向其他服务器提问的服务器。它的基本功能就是充当用户的中介,缓存之前的请求结果以提高速度,同时提供适当的根服务器的地址以解析新的请求。

用户通常在自己的计算机系统中配置多个解析名称服务器。这些解析名称服务器通常由互联网服务商(Internet Service Provider, ISP)或其他组织提供。你还可以查询一些公有的解析名称服务器。这些可以在计算机中自动或手动配置。

当你在浏览器的地址栏中输入 URL 时,你的计算机首先查看是否能在本地找到资源地址,然后会检查计算机中的 host 文件以及本地缓存。如果没有找到,就将请求发送给解析名称服务器,然后等待接收这个资源的 IP 地址。

此后,解析名称服务器检查自己的缓存以进行应答。如果没有发现,就会执行我们在前面描述的步骤。

解析名称服务器对于最终用户的请求响应过程是透明化的。用户只需要知道询问解析服务器资源所在的地点,然后由解析服务器负责调查并且返回最后的结果。

6.2.3 记录类型

每个地区文件都包含一组资源记录。简单来说,资源记录是资源与名称之间的独立映射。可以将域名与 IP 地址进行映射或者定义域的资源,比如名称服务器或邮件服务器。本节将描述各种记录类型。

1. 权威起始记录

权威起始记录(Start of Authority Record，SOA)对所有地区(zone)都是必要的，用于标识域的基本 DNS 信息。每个地区都包含一条单独的 SOA 记录。

SOA 记录存放以下信息：

- 地区中的 DNS 服务器名
- 地区管理员
- 数据文件的当前版本号
- 二级名称服务器等待下一次更新检查的时间(以秒为单位)
- 二级名称服务器在检查更新之前应等待的秒数
- 二级名称服务器在重试失败的地区传输之前应等待的秒数
- 地区中资源记录的默认活跃时间(TTL)值(以秒为单位)

2. A 记录和 AAAA 记录

这两种类型的地址记录都将主机与 IP 地址进行映射。使用 A 记录将主机映射为 IPv4 地址，使用 AAAA 记录将主机映射为 IPv6 地址。

3. 权威机构授权记录

权威机构授权(Certificate Authority Authorization，CAA)记录对域或子域使用哪个认证机构(Certificate Authority，CA)发布的证书进行定义。创建 CAA 记录可以避免错误的权威机构给域发布证书。

4. 规范名称记录

规范名称(Canonical Name，CNAME)记录是 DNS 中一种资源类型的记录，用于定义主机的别名。CNAME 记录必须包含一个具有 A 记录或 AAAA 记录的域名。

5. 邮件交换记录

可使用邮件交换(Mail Exchange，MX)记录定义域中的邮件服务器并且保证邮件消息正确送达。MX 记录应当指向由 A 记录或 AAAA 记录定义的主机而不是由 CNAME 记录定义的主机。在此说明一下，一些客户端启用了这个功能，但 DNS 标准不允许这样做。

6. 名称授权指针

名称授权指针(Name Authority Pointer，NAPTR)是一种资源记录集合类型，动态委派发现系统(Dynamic Delegation Discovery System，DDDS)应用通过 NAPTR 将一个值转换为另外一个值，或者将一个值替换为另外一个值。例如，常见的用法是将电话号码转换为会话期初始协议(Session Initiation Protocol，SIP)统一资源标识(Uniform Resource Identifier，URI)。

7. 名称服务器记录

TLD 使用名称服务器(Name Server，NS)记录将数据流派送到包含权威 DNS 记录的 DNS 服务器。

8. 指针记录

指针(Pointer，PTR)记录本质上与记录相反。PTR 记录会将 IP 地址映射为 DNS 名称，通常通过它们检查服务器名是否与初始化连接的 IP 地址相关。

9. 发送者策略架构记录

邮件服务器使用发送者策略架构(Sender Policy Framework，SPF)记录应对垃圾邮件。SPF 记录告诉邮件服务器哪些授权 IP 地址可以从域名发送电子邮件。例如，如果希望保证只有自己的邮件才能从公司的域(example.com)发出，那么可以创建包含邮件服务器的 SPF 记录。这样，从用户域(marketing@example.com)发出的邮件只能通过自己公司的邮件服务器的源 IP 地址才能接收。这个功能可防止别人伪装成你在域中发送邮件(在 DNS 规范和系统中，SPF 记录实际上不是一种独特的记录类型，而是一种使用 TXT 记录的定义方法)。

10. 文本记录

文本(TXT)记录用来保存文本信息。文本记录提供了将某些随意的、未格式化的文本与主机或其他名称相关联的功能，如有关服务器、网络、数据中心和其他记账的可读性信息。

文本记录有时用于提供有关其他记录类型未覆盖的名称的编程数据。例如，域控制有时通过将 TXT 记录设置为第三方提供的挑战值来"证明"给第三方。

11. 服务记录

服务(Service，SRV)记录是对特定服务定义服务器位置(主机名和端口号)的数据描述。SRV 的概念是，对于在 TCP 协议上运行的给定域名(example.com)和服务名(Web HTTP)，可能需要通过查询 DNS 寻找提供域名服务的主机名，这个主机名可能在域中存在或不存在。

警告:
CAA 记录不是 CA 中定义安全要求的替代，例如验证域所有者的要求。

6.3　Amazon EC2 DNS 服务

当在 VPC 中启动 Amazon EC2 实例时，Amazon EC2 实例会提供私有 IP 地址或可选的公有 IP 地址。私有 IP 地址受限于 VPC 的 CIDR 地址范围。公有 IP 地址在 Amazon 的所有 CIDR 地址区间中进行分配，并且在互联网网关上通过一对一的网络地址转换(Network Address Translation，NAT)与实例绑定，如图 6.2 所示。

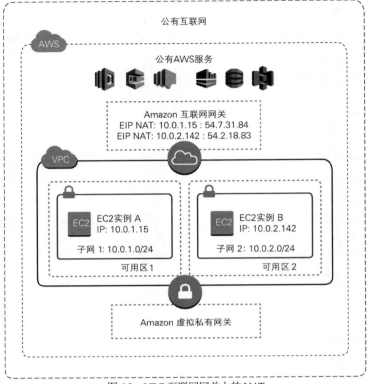

图 6.2　VPC 互联网网关上的 NAT

对于私有和公有 IP 地址，DNS 提供了相应的名字。Amazon EC2 的内部 DNS 主机名对 US-East-1 区域(region)的格式是 ip-private-ipv4-address.ec2.internal，对其他区域的格式是 ip-private-ipv4-address.region.compute.internal(这里的 private-ipv4-address 是实例 IPv4 反向地址的查询结果，将点(.)换成了横线(-)，并且区域被 AWS 区域 API 的名称取代，例如 us-west-2)。Amazon EC2 实例的私有 DNS 主机名可用于 VPC 中实例之间的通信。但是，这个 DNS 主机名不能在实例以外的网络中进行解析。

Amazon EC2 的外部 DNS 主机名用于 US-East-1 区域的格式是 ec2-public-ipv4-address-compute-1. amazonaws.com，对其他区域的格式是 ec2-public-ipv4-address.region.amazonaws.com。在 VPC 外部，外部主机名解析为实例所在 VPC 外部的公有 IPv4 地址。在 VPC 和伙伴 VPC 中，外部主机名解析为实例的私有 IPv4 地址。

Amazon VPC 包含了一些可配置属性，如表 6.1 所示，它们可以控制 EC2 DNS 服务的行为。

表 6.1　Amazon VPC DNS 属性

属性	描述
enableDnsHostnames	用于标识在 VPC 中启动的实例是否接收公有的 DNS 主机名。如果这个属性为 true，VPC 中的实例将接收公有 DNS 主机名，但条件是 enableDnsSupport 属性也设置为 true，并且实例已经拥有公有的 IP 地址

(续表)

属性	描述
enableDnsSupport	用于标识 DNS 解析是否支持 VPC。如果将这个属性设置为 false，那么解析公有 DNS 主机名的 IP 地址的 EC2 DNS 服务功能没有打开 如果设置为 true，那么将成功查询位于 IP 地址 169.254.169.253 的由 Amazon 提供的 DNS 服务器，以及位于 VPC IPv4 网络范围加 2 的保留 IP 地址

对于大多数用例，Amazon 分配的 DNS 主机名已经足够用。如果需要自定义 DNS 名称，可以使用 Amazon Route 53。

6.3.1　Amazon EC2 DNS 与 Amazon Route 53

如图 6.1 所示，当把 enableDnsHostnames 属性设置为 true 时，Amazon 对 EC2 实例自动分配主机名。相反，如果需要客户定义的主机名，Amazon Route 53 服务可以通过公有托管区或私有托管区指定的公有 DNS 主机名提供。

如果使用 Amazon EC2 实例的 Amazon DNS，则由 AWS 负责 EC2 实例上 DNS 名称的创建与配置，但是定制功能有限。Amazon Route 53 是一种全方位的 DNS 解决方案，可以控制 DNS 的很多层面，包括 DNS CNAME 的创建和管理。

6.3.2　Amazon EC2 DNS 与 VPC 伙伴网络

在 VPC 伙伴网络连接上也可以支持 DNS 解析。当从伙伴 VPC 网络查询时，可以打开公有 DNS 主机名到私有 IP 地址的解析。为了使 VPC 在从伙伴 VPC 中的实例进行查询时能够将公有的 IPv4 DNS 主机名解析为私有的 IPv4 地址，必须修改伙伴连接配置，并启用允许从接收方 VPC(vpc-identifier)解析为私有 IP 的 DNS。

提示：
当打开 VPC 伙伴连接上的 DNS 解析功能时，两个 VPC 都需要打开 DNS 主机名和 DNS 解析。

6.3.3　与简单活动目录一起使用 DNS

简单活动目录(Simple AD)是与微软活动目录(Active Directory，AD)兼容的受管目录，由 Samba 4 支持。简单活动目录支持多达 500 个用户(大约 2000 个对象，包括用户、组以及计算机)。

简单活动目录可提供微软活动目录的一部分功能，包括用户账户及组成员的管理、组策略的创建和应用、安全地与 Amazon EC2 实例进行连接，以及提供基于 Kerberos 的单一登录(Single Sign-On，SSO)等功能。注意简单活动目录不支持与其他域的信任关系、活动目录管理中心、PowerShell、活动目录回收站、组受管服务账户以及 POSIX 和微软应用的模式扩展等功能。

简单活动目录可将 DNS 请求转发到 Amazon 为 VPC 提供的 DNS 服务器的 IP 地址。这些

DNS 服务器再对 Amazon Route 53 私有托管区中的配置名称进行解析。通过将户内计算机指向简单的 AD，可以将 DNS 请求解析到私有托管区。这个功能解决了在 VPC 中创建私有应用时，在户内环境中不能对那些仅私有的 DNS 主机名进行解析的问题。

> **提示：**
> 简单活动目录是户内设备访问 VPC 中私有托管区的最简单方法之一。通过将 DNS 查询指向简单活动目录，可在 AWS 内部转发请求，以进行 VPC DNS 名称解析。

6.3.4 自定义 Amazon EC2 DNS 解析器

在某些情况下，可能需要在 VPC 中的 Amazon EC2 实例上运行自定义 DNS 解析器。这使你得以利用既能对 DNS 查询进行条件转发又能递归 DNS 解析的 DNS 服务器。这个功能已在图 6.3 中进行说明。DNS 查询在这个场景中的工作方式如下：

(1) 对公有域的 DNS 查询由自定义的 DNS 解析器通过互联网号码分配机构(IANA)可用的最新根提示进行解析。根区域的权威名称服务器的名称和 IP 地址在缓存提示文件中提供，以便递归 DNS 服务器可以启动 DNS 解析过程。

(2) 对户内服务器的 DNS 查询被有条件地转发到户内 DNS 服务器。

(3) 其他查询被转发给 Amazon DNS 服务器。

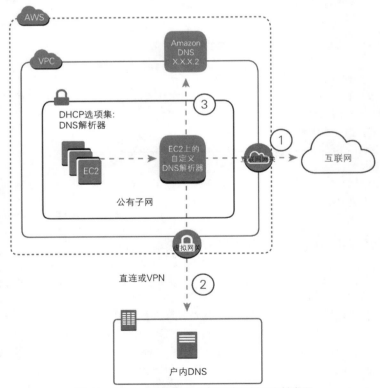

图 6.3   Amazon EC2 DNS 实例用作解析器和转发器

由于 DNS 服务器在公有子网中运行，因此你可能不希望将转发和递归 DNS 同时暴露在互联网中。对于这种情况，可以考虑将递归服务器运行在公有子网中，而将转发服务器运行在私有子网中，这样它们就可以同时管理由实例发出的 DNS 查询，如图 6.4 所示。

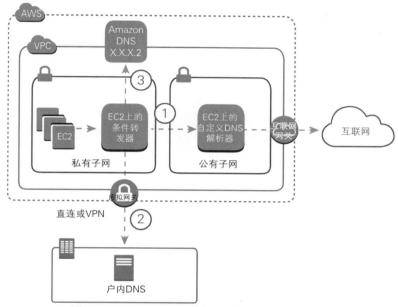

图 6.4　Amazon EC2 DNS 实例与分离的解析器和转发器

如图 6.4 所示，在此场景中 DNS 查询的工作方式如下：

(1) 实例中公有域的 DNS 查询由私有子网中的 DNS 转发器有条件地转发到公有子网中的自定义 DNS 解析器。

(2) 绑定到户内服务器的 DNS 查询被有条件地转发到本地 DNS 服务器。

(3) 其他查询被转发给 Amazon DNS 服务器。

使用 VPC 中在 Amazon EC2 实例上运行的具有客户管理模式的转发器和解析器，就可以像 DNS 的简单活动目录一样，实现由户内到 Amazon DNS 的解析。

 提示：
在 AWS 白皮书《VPC 中的混合云 DNS 解决方案》中可以找到关于 DNS 混合架构的详情，可参阅 https://aws.amazon.com/whitepapers/。

6.4　Amazon Route 53

到目前为止，我们已经学习了 DNS 的基本组件、DNS 记录的不同类型以及 Amazon EC2 DNS，现在我们开始对 Amazon Route 53 做进一步的了解。

Amazon Route 53 是高可用且可扩展的云 DNS Web 服务，设计初衷是给开发人员和企业提供一种高度可靠且经济有效的方式，将最终用户路由到互联网应用，同时通过私有托管区给客户 VPC 中的私有 DNS 解析提供更多的控制方式。

Amazon Route 53 执行以下主要功能。

- **域注册**：Amazon Route 53 允许注册域名，如 example.com。
- **DNS 服务**：Amazon Route 53 可将域名(如 www.example.com)转换为友好的 IP 地址(如 192.0.2.1)。Amazon Route 53 通过权威名称服务器组成的全球网络应答 DNS 查询，在用户数据报协议(User Datagram Protocol，UDP)上进行发送的应答不能超过 512 字节大小。超过 512 字节的应答被截断，然后解析器必须通过 TCP 重新发送请求。
- **健康检查**：Amazon Route 53 通过互联网将请求自动发送给应用，以此验证它们可以访问、可用，并且提供相关功能。

可以同时使用域注册和 DNS 服务，也可以独立使用它们。例如，可以使用 Amazon Route 53 同时作为注册商和 DNS 服务，也可以使用 Amazon Route 53 作为一个域的 DNS 服务，这个域是通过另外一个域注册商进行注册的。

我们稍后将讨论在 AWS 控制台中使用 Amazon Route 53 的图形化界面。但是请注意，Amazon Route 53 的所有功能，包括端到端的注册流程，都可以使用 API 或 CLI 来实现。也就是说，这些工作流可以通过软件自动完成，不需要人为干预。特别是在域名注册领域，与大多数其他域名注册服务相比，这使得 Amazon Route 53 具有独特的功能。

6.4.1 域名注册

如果希望创建网站或其他面向公众的服务，那么首先需要注册域名。如果已经在其他注册商那里注册了域名，那么可以选择将这个域名转移到 Amazon Route 53 服务。但是，如果只需要使用 Amazon Route 53 作为 DNS 服务或者为资源配置提供健康检查功能，那么不需要这个域名转移步骤。

以下是 Amazon Route 53 域名注册步骤：

(1) 选择所期望的域名进行注册。在 Amazon Route 53 控制台中找到 Domain Registration，然后单击 Get Started Now。选择 Check 以查看域名是否可用。

(2) 如果域名可用，那么选择 Add to Cart。域名将出现在购物车中。注意相关域名建议可能显示与首选域名不同的其他域名，最多建议 5 个其他的域名。

(3) 然后继续输入域名的合同细节，包括域名登记者、管理员以及技术人员。输入的值适用于所有正在注册的域名。默认情况下，AWS 将对所有 3 个联系人使用同一信息。如果需要使用个别信息，更改“我的登记者、管理员和技术人员联系人都是同一人”为“否”。

(4) 一些 TLD 需要 AWS 收集额外的信息。对这些 TLD 来说，在邮编后输入合适的值。

(5) 一些 TLD 允许对公有的 WHOIS 数据库隐藏联系信息。对于这些 TLD，决定是否打开这个功能，然后选择 Continue。

(6) 对于通用 TLD，如果指定登记人的邮箱地址从来没有被用来登记 Amazon Route 53 域名，那么需要验证这个邮箱地址的有效性。

(7) 邮箱地址验证(需要时)并且域名已经成功购买之后，决定是否使用 Amazon Route 53 或其他 DNS 服务作为域的 DNS。Amazon Route 53 在创建时自动为域创建公共托管区，并设置域的名称服务器记录以指向公共托管区的名称服务器。如果需要不同的 DNS 名称，那么可以通过更新域名服务器，然后删除 Amazon 的托管区来实现。

　　Amazon Route 53 支持各种通用 TLD(如.com 以及.org)和地理 TLD(如.be 以及.us)的域名注册。可参考《Amazon Route 53 开发指南》以获取支持的所有 TLD：https://docs.aws.amazon.com/Route53/latest/DeveloperGuide/。

6.4.2　转移域名

　　可以将其他注册商注册的域名转移到 Amazon Route 53，也可以从一个 AWS 账户转移到另外一个 AWS 账户，或者从 Amazon Route 53 转移到其他注册商。当把域名转移到 Amazon Route 53 时，需要执行以下步骤。如果忽略以下步骤中的任意一个步骤，域名就可能在互联网上不可用。

　　(1) 确认 Amazon Route 53 支持这个 TLD。
　　(2) 如有必要，将 DNS 服务转移到 Amazon Route 53 或其他 DNS 服务提供商。
　　(3) 更改当前注册商的设置，如果需要，包括解锁域名。
　　(4) 获取名称服务器的名称。
　　(5) 在 Amazon Route 53 控制台中请求转移，这将给域的所有者发送一封确认邮件。
　　(6) 单击授权邮件中的链接。
　　(7) 更新域名配置，使用新的 DNS 服务器。

　　转移域名可能会影响当前的有效期。在注册商之间转移域名时，TLD 注册商允许对域名保留相同的有效期，或者将现有的有效期多加一年，甚至将有效期改为从转移日期开始多加一年。对大多数 TLD 来说，将 TLD 转移到 Amazon Route 53 以后，就可以延长域名注册期限长达十年。

> **注意：**
> 与域名注册和转移相关的收费将立刻生效，而不是在账单期结束以后生效。

6.4.3　域名系统服务

　　Amazon Route 53 是一种权威的域名系统服务，可通过把 IP 地址翻译为友好的域名，将来自互联网的数据流路由到你的网站。当有人在浏览器中输入你的域名时，一个 DNS 请求会被转发给权威 DNS 服务器全球网络中最近的那个 Amazon Route 53 DNS 服务器。然后由 Amazon Route 53 对指定的域名进行 IP 地址应答。

　　如果在 Amazon Route 53 中注册一个新的域名，Amazon Route 53 将自动配置为域名的 DNS 服务，并且为这个域名创建托管区。可以将资源记录集添加到托管区，托管区定义了你希望 Amazon Route 53 如何响应域的 DNS 查询。这些应答包括：Web 服务器的 IP 地址，最近的 Amazon CloudFront 边缘站点地点的 IP 地址，Elastic Load Balancing 的 IP 地址，等等。

　　Amazon Route 53 对每个托管区按月收费(域名注册收费与此分开)。此外，对域接收的 DNS 查询也会收费。

提示:
如果不想使用创建后的域名,那么可以删除托管区。如果在注册后的 12 小时内删除,AWS 账单中将没有任何托管区相关的费用。

如果对其他域名注册商进行了域注册,那么这些域名注册商可能提供域名的 DNS 服务。可以将 DNS 服务转移到 Amazon Route 53,在使用 DNS 服务时,可以选择是否转移域名的注册。

如果使用 Amazon CloudFront、Amazon S3 或 Elastic Load Balancing,那么可以直接使用别名配置 Amazon Route 53 以解析这些资源的 IP 地址。与 CNAME 记录提供的别名功能不同(工作机制是将引用的消息返回给请求者),这些别名通过私有 AWS 服务动态地查看当前 IP 地址,然后直接将 A 或 AAAA 记录(分别对应 IPv4 或 IPv6 地址记录)返回给客户。这个功能允许使用这些资源作为地区顶点记录的目标。注意从地区顶点到 IP 地址的动态解析不适用于其他 DNS 服务,这极大限制了以下功能的使用,包括 Amazon CloudFront、Amazon S3 或与其他 DNS 服务托管的地区顶点协同工作的 Elastic Load Balancing (ELB)。一种例外是 ELB 的网络负载均衡模式,因为在负载均衡器的整个生命周期中,IP 地址是固定不变的(每个可用区拥有一个 IP 地址)。可以将这些 IP 地址添加到托管在另外一个 DNS 服务中的域的地区顶点。

6.4.4 托管区

托管区是托管在 Amazon Route 53 资源记录集中的集合。与传统 DNS 区文件一样,托管区代表单一域名下同时受管的资源记录集合。每个托管区包含自己的元数据和配置信息。同样,资源记录集是托管区中的对象,用于定义如何路由域或子域的数据流。

托管区包含两种类型:私有的和公有的。私有托管区是容器,持有在一个或多个 VPC 中如何对域或子域的数据流进行路由的信息。公有托管区也是容器,持有如何对域(例如 example.com)或子域(例如,apex.example.com 和 acme.example.com)的互联网数据流进行路由的信息。

托管区中的资源记录集必须共享同样的后缀。例如,example.com 托管区可以包含 www.example.com 和 www.aws.example.com 子域的资源记录集,但是不能包含 www.example.ca 子域的资源记录集。

提示:
可以使用 Amazon S3 在托管区中托管静态网站(如 domain.com),然后将所有请求重新转递到子域(如 www.domain.com)。这样,在 Amazon Route 53 中就可以创建别名的资源记录,进而将根域的请求发送到 Amazon S3 桶(bucket)。

警告:
如果希望为托管区本身提供 IP 地址,那么请使用别名记录而不是 CNAME。CNAME 在 Amazon Route 53 或其他任何 DNS 服务的托管区中是不允许使用的。

6.4.5　支持的记录类型

Amazon Route 53 支持以下 DNS 资源记录类型。当通过 API 访问 Amazon Route 53 时，就可以看到对每个记录类型如何格式化数值(Value)元素的示例。

- A 记录
- AAAA 记录
- CAA 记录
- CNAME 记录
- MX 记录
- NAPTR 记录
- NS 记录
- PTR 记录
- SOA 记录
- SPF 记录
- SRV 记录
- TXT 记录

此外，Amazon Route 53 提供别名记录，也就是 Amazon Route 53 特定的虚拟记录。别名记录用来将托管区中的资源记录集映射到其他 AWS Cloud 服务，如 Elastic Load Balancing、Amazon CloudFront 分发、AWS Elastic Beanstalk 环境，或者配置为网站的 Amazon S3 桶。

别名的工作方式类似于 CNAME 记录，可以将一个 DNS 名称(如 example.com)映射到另外一个目标 DNS 名称(如 elb1234.elb.amazonaws.com)。别名记录与 CNAME 记录的区别是：它们对解析器不可见，当前 IP 地址的动态查找由 Amazon Route 53 进行透明管理。解析器仅能看到 A 类型记录以及目标记录解析后的 IP 地址。

6.4.6　路由策略

当创建资源记录集时，用户会设定路由策略，以决定 Amazon Route 53 如何响应查询。路由策略的类型包括简单路由策略、权重路由策略、基于延时的路由策略、故障转移路由策略、地理位置路由策略、多值应答路由策略以及地理邻近路由策略(仅能通过 Amazon Route 53 数据流功能实现)。在指定路由策略以后，由 Amazon Route 53 评估资源的相对权重、客户网络对资源的延时或者客户地理地点，然后决定在 DNS 应答中将哪个资源返回。

路由策略还可以和健康检查进行关联。不健康的资源在 Amazon Route 53 决定返回哪个资源之前被删除。可能的路由策略描述和健康检查选项在这以后发生。

6.4.7　简单路由策略

这是创建新的资源时使用的默认路由策略。当拥有独立的逻辑资源以执行指定域的功能时，可以使用简单路由策略(例如，Web 服务器上的负载均衡器提供 example.com 网站的内容服务)。这样，Amazon Route 53 仅根据资源记录集对 DNS 查询进行应答(如负载均衡器 DNS 名称的

CNAME，或者包含 A 记录中独立服务器的 IP 地址)。

6.4.8　权重路由策略

通过权重 DNS，可以将一个 DNS 名称与多个资源进行绑定(例如 Amazon EC2 实例或弹性负载均衡器)。当有多个执行相同功能的资源(例如服务于同一个网站的 Web 服务器)并且希望 Amazon Route 53 按指定的比例将数据流路由到这些资源时，可以使用权重路由策略。

配置权重路由策略时，为每个资源创建相同名称和类型的资源记录集。然后，为每个记录分配相关的权重值，这个值决定了对每个资源发送数据流的多少。

当处理 DNS 请求时，Amazon Route 53 搜索一个资源记录集或者一组拥有相同名称的资源记录集以及 DNS 记录类型(例如 A 记录)。然后，Amazon Route 53 从组中选择记录。任何资源记录集被选中的概率由权重 DNS 公式决定：

$$\frac{\text{指定记录的权重}}{\text{所有记录权重的总和}}$$

例如，如果希望发送数据流的一小部分以测试资源和其余控制资源，可以指定权重值为 1 和 99。 权重为 1 的资源获得 1% 的数据流，其他资源获得 99% 的数据流。可以逐步通过更改权重比例来改变这种分配。如果希望停止向一个资源发送数据流，那么可以将这个记录的权重值设置为 0。

6.4.9　基于延迟的路由策略

基于延迟的路由策略根据最终用户的最低网络延迟来路由数据流。当资源在多个可用区或 AWS 区域执行相同功能并且希望 Amazon Route 53 为客户提供最低延迟的资源应答 DNS 查询时，可以考虑使用基于延迟的路由策略。

例如，假设在 US-West-2(俄勒冈)和 AP-Southeast-2(新加坡)区域都存在弹性负载均衡器。你在 Amazon Route 53 中为每个域的负载均衡器创建一个延迟资源记录集。位于伦敦的用户在浏览器中输入你的域名，然后 DNS 将请求通过泛播(Anycasting)技术路由到最近的 Amazon Route 53 名称服务器。Amazon Route 53 会参考伦敦到新加坡区域之间以及伦敦到俄勒冈区域之间的数据延迟。如果伦敦和俄勒冈区域之间的延迟较低，那么 Amazon Route 53 将使用俄勒冈区域负载均衡器的 IP 地址对用户请求进行应答。如果伦敦和新加坡区域之间的延迟较低，那么 Amazon Route 53 将使用新加坡区域负载均衡器的 IP 地址对用户请求进行应答。

由于网络连接和数据包路由方式会发生改变，因此互联网上的延迟也会随时发生改变。基于延迟的路由策略根据 Amazon Route 53 不断重估测算延迟。这样的结果是，客户发出的请求可能在第一周路由到俄勒冈区域，在下一周由于互联网的路由变化被发送到新加坡区域。

6.4.10　故障转移路由策略

使用故障转移路由策略配置活跃-备份(active-passive)故障转移。在这种配置中，一个资源在完全可用时管理所有数据流，而另一个资源只有在第一个资源健康检查失败时才能管理所有的数据流。故障资源记录集仅适用于公有托管区。

例如，你可能希望主资源记录集在 US-West-1(北加州)而二级灾备资源在 US-East-1(北弗吉尼亚)。Amazon Route 53 通过配置的健康检查策略监控主资源端点的健康度。

健康检查配置会告知 Amazon Route 53 如何将请求发送到需要进行健康检查的端点：使用哪个协议(HTTP、HTTPS 或 TCP)，使用哪个 IP 地址和端口以及针对 HTTP/HTTPS 进行健康检查时的域名和路径。

当配置好健康检查以后，Amazon 将监控选择的 DNS 端点的健康度。如果健康检查失败，那么故障转移路由策略将被使用，DNS 会通过故障转移功能迁移到灾备地点。

如果需要通过 IP 地址检查 VPC 中的端点方式配置私有托管区的故障转移，那么必须将公有的 IP 地址分配给 VPC 中的实例。另一种方法是配置健康检查器来检查实例依赖的外部资源的健康度，例如数据库服务器。你还可以创建 Amazon CloudWatch 度量，并且为这个度量绑定预警，然后根据预警的状态创建健康检查。

6.4.11　地理位置路由策略

地理位置路由策略根据用户的地理位置(DNS 查询的起始位置)选择 Amazon Route 53 发送数据流的地点。例如，你可能希望从欧洲的所有查询路由到一组 Amazon EC2 实例，这些实例是特别为欧洲客户配置的，包括本地语言和以欧元计算的价格。

你还可以使用物理定位将限定内容仅派送到具有分发权限的地点。另一种用法是在端点之间通过可预测、易管理的方式进行负载均衡，这样每个用户地点可以持续地路由到同一个端点。

既可以通过大洲、国家或者美国的州指定地理位置，也可以为重叠的地理区域创建单独的资源记录集，解决冲突以支持最小的地理区域。这个功能允许用户将一个洲的某些查询路由到一个资源，而将同一个洲的特定国家的查询路由到其他不同的资源。例如，如果拥有北美和加拿大的地理定位资源记录集，那么加拿大的用户将被定向到加拿大特定的资源。

地理定位能通过数据库将 IP 地址映射到地点。但是，使用时需要谨慎，因为这个结果可能不是永远正确的。一些 IP 地址没有相关的地理定位数据，并且 ISP 可能在没有通知的情况下将 IP 地址块在国家内部移动。即使创建了覆盖七大洲的地理定位资源记录集，Amazon Route 53 也仍然可能接收到一些不能辨识地点的 DNS 请求。

在这种情况下，可以创建默认的资源记录集，用来同时管理未映射的 IP 地址以及缺失地理定位资源记录集的地点。如果忽略默认的资源记录集，那么 Amazon Route 53 对这些地点的查询将返回"无结果"应答。

提示：
创建默认的资源记录集以防止 Amazon Route 53 发生对不能辨识地点的 DNS 查询返回"无结果"应答这种情况。

警告：
对同一个地理位置不能创建两个地理定位资源记录集。也不能建立与非地理位置资源记录集的名称和类型完全相同的地理定位资源记录集。

为了提高地理位置路由策略的准确性，Amazon Route 53 只支持 ENDS0 的 EDNS-客户端-子网扩展，这个功能为 DNS 协议增加了一些可选的扩展。

在 DNS 解析器支持的情况下，Amazon Route 53 可以仅使用 EDNS-客户端-子网功能，包括以下特征：

- 当浏览器或其他浏览工具使用不支持 EDNS-客户端-子网功能的 DNS 解析器时，Amazon Route 53 使用 DNS 解析器的源 IP 地址大概估算用户的地点，然后使用解析器地点的 DNS 记录应答地理定位查询。
- 当浏览器或其他浏览工具使用支持 EDNS-客户端-子网功能的 DNS 解析器时，DNS 解析器将用户 IP 地址的截断版本发送给 Amazon Route 53。Amazon Route 53 根据截断的 IP 地址确定用户的地点而不是使用 DNS 解析器的源 IP 地址，虽然后者通常能提供对用户地点的更准确估计。

注意：
在私有托管区中不支持创建地理定位资源集。

注意：
关于 EDNS-客户端-子网的更多信息，可以在以下网址的 IETF EDNS 草案中查看：https://tools.ietf.org/html/draft-vandergaast-edns-client-subnet-02。

6.4.12　多值应答路由策略

多值应答路由策略可配置 Amazon Route 53 对 DNS 查询返回多个数值，比如 Web 服务器的 IP 地址。这种路由策略支持除 NS 和 CNAME 外的任何 DNS 记录类型。你几乎对任何记录都可以定义多个数值，同时多值应答路由策略可检查每个资源的健康度，所以 Amazon Route 53 仅对健康的资源返回数值。虽然不是负载均衡器的替代，但是这个功能通过返回多个健康 IP 地址提高了可用性以及负载均衡效率。

为了将数据流以合理随机的方式路由到多个资源，例如 Web 服务器，可以为每个资源创建单一的多值应答记录，然后为每个记录关联 Amazon Route 53 健康检查。Amazon Route 53 然后通过不超过 8 个健康记录对 DNS 查询进行应答，之后对发出请求的不同 DNS 解析器提供不同的应答。

警告：
如果将健康检查与多值应答记录绑定，那么 Amazon Route 53 仅对健康的 IP 多值进行 DNS 查询响应。

如果不将健康检查与多值应答记录绑定，那么 Amazon Route 53 会认为这个记录总是健康的。

6.4.13 路由 DNS 的数据流

管理复杂的 Amazon Route 53 的资源记录集配置具有挑战性,特别是在与 Amazon Route 53 路由策略同时使用时。

通过 Amazon Management Console,可以访问 Amazon Route 53 数据流。这个功能提供了一个可视化的编辑器,可帮助你在短时间内简便地创建复杂的决策树。然后,可以当作数据流策略保存配置并且将数据流策略与多个托管区的一个或多个域名绑定。Amazon Route 53 数据流允许使用可视化的编辑器查找需要更新的资源并将更新应用于一个或多个 DNS 名称。如果新的配置在执行时不是期望的结果,还可以撤销更新操作。图 6.5 显示了使用 Amazon Route 53 数据流的数据流策略。

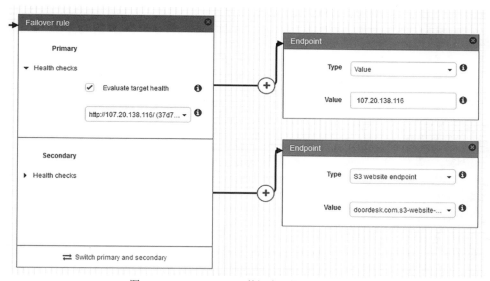

图 6.5 Amazon Route 53 数据流:数据流策略示例

6.4.14 地理邻近路由策略(仅针对数据流)

地理邻近路由策略允许 Amazon Route 53 根据资源的地理位置将数据流路由到你的资源。此外,地理邻近路由策略允许你通过指定偏差值(bias)将更多或更少的数据流路由到特定资源,偏差值将扩大或缩小地理区域的大小,以将数据流路由到当前正在路由的位置。

对 AWS 资源创建地理邻近规则时,必须指定所建资源的 AWS 区域。如果使用非 AWS 资源,那么必须指定资源的纬度和经度。

之后,可以选择扩展 Amazon Route 53,将数据流路由到资源所在的地理区域的大小,方法是为偏差指定 1~99 的正整数。当指定-99~-1 的负数偏差时,Amazon Route 53 将缩小路由数据流所在地理区域的大小。

警告:

我们建议使用较小的增量修改偏差值,这样可以防止由于不可知的数据流波动造成资源的过度使用。

修改资源偏差值造成的影响由一系列因素决定,包括拥有资源的个数、资源之间的距离以及在地理区域之间靠近边界区的用户个数,等等。

警告:

如果在波士顿和华盛顿区域拥有资源,并且在纽约市拥有大量用户(大概处在与两个资源等距的位置),那么偏差值的微小改动可能会导致数据流由波士顿资源到华盛顿资源的大幅波动或反向波动。

6.4.15 关于健康检查的更多知识

Amazon Route 53 健康检查负责监控资源的健康度,例如 Web 服务器和邮件服务器。可以对健康检查配置 Amazon CloudWatch 预警,这样在资源不可用时,可以接收到通知;还可以在配置 Amazon Route 53 路由时让互联网数据流绕开不可用的资源。

监控检查和 DNS 故障转移是 Amazon Route 53 功能集中最基本的工具,它们能提高应用的高可用性并且保持弹性故障恢复能力。如果在多个可用区和多个 AWS 区域中部署应用,并且给每个端点绑定 Amazon Route 53 健康检查,那么 Amazon Route 53 仅对列表中的健康端点进行查询应答。

健康检查在对客户干扰最小的情况下,会自动切换到健康的端点,并且不需要做任何配置更改。可以在活跃/活跃(active/active)或活跃/备份(active/passive)设置中使用这种自动恢复方案,具体取决于额外的端点总是受到实时数据流的影响,还是仅在所有主端点都失败后才会受到影响。通过健康检查和自动故障转移,Amazon Route 53 提高了服务的正常运行时间,特别是在与传统的监控-预警-重启故障处理方式进行对比时。

Amazon Route 53 健康检查不是由 DNS 查询触发的;它们由 AWS 定期运行,并将结果发布到所有 DNS 服务器。通过这种方式,名称服务器可以意识到不健康的端点,并在大约 30 秒内(在连续三次失败的测试后,请求间隔为 10 秒)以不同的方式进行路由,1 分钟后客户端将获知新的 DNS 结果(假设 TTL 设置为 60 秒)。在这种情况下,整个恢复时间大约为一分半钟。需要注意的是,DNS TTL 不会始终被一些中间的名称服务器或客户端软件认可,所以对一些客户来说,实际的故障转移时间可能会长一些。

图 6.6 显示了在资源不可用时,在希望得到通知的场景中健康检查是如何工作的,工作流如下:

(1) 配置健康检查以监控端点。

(2) 请求被定期传送到端点。

(3) 如果健康检查接收请求失败,就触发一个操作。

(4) Amazon CloudWatch 预警被触发,然后继续触发 Amazon 简单通知服务(Amazon SNS)。

(5) 订阅 Amazon SNS 主题的接收者将收到健康检查失败的通知。

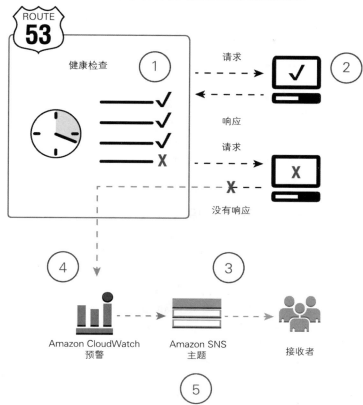

图 6.6 Amazon Route 53 健康检查

可以创建健康检查，并指定健康检查的工作方式，你需要指定

- 端点的 IP 地址或域名，例如希望 Amazon Route 53 监控的 Web 服务器。还可以监控其他健康检查或 Amazon CloudWatch 预警的状态。
- 希望 Amazon Route 53 执行检查的协议：HTTP、HTTPS 或 TCP。
- Amazon Route 53 在将请求发送到端点之前的时间间隔。
- Amazon Route 53 故障阈值，用以追踪对端点发生连续故障次数的响应，当到达这个阈值后，就认为端点发生了故障。

在 Amazon Route 53 检测端点不健康之后，还可以设定期望的通知方式。配置通知时，Amazon Route 53 会自动设定 Amazon CloudWatch 预警。Amazon CloudWatch 使用 Amazon SNS 通知用户端点目前处于不健康状态。

需要注意的一点是，Amazon Route 53 没有对资源记录集中指定的资源进行健康检查，例如 example.com 的 A 记录。在将资源记录集与健康检查进行绑定后，将开始对指定的端点进行健康检查。

提示：
除了对指定的端点进行健康检查以外，还可以配置健康检查来检查一个或多个其他健康检查的状况。这样当指定的资源不可用时(例如 5 个 Web 服务器中有 2 个不可用时)，就可以接收到通知。

提示：
可以配置健康检查来检查 Amazon CloudWatch 预警的状态，这样就可以在一个条件范围内接收通知，而不仅仅检查资源是否响应请求。

6.5 Elastic Load Balancing

在云中访问多个服务器(例如 AWS 的 Amazon EC2 实例)时，其中一项优势就是对最终用户提供持续的体验。保证持续性的一种方法就是将请求负载平均分配到多个服务器上。AWS 中的负载均衡器是一种机制，用于自动将数据流分配到多个 Amazon EC2 实例(或其他潜在目标)。可以在 Amazon EC2 实例中管理自己的虚拟负载均衡器，或者利用名为 Elastic Load Balancing 的 Amazon 云服务——一种受管的负载均衡器。你还可以联合使用 Amazon EC2 实例上的虚拟受管负载均衡器和 Elastic Load Balancing。

Elastic Load Balancing 与基于 Amazon EC2 实例构建的负载均衡服务相比具有很大的优势。由于 Elastic Load Balancing 是受管服务，因此可以从内到外自动扩展以满足不断增加的应用数据流的需求，同时，在区域(region)中作为服务具有很高的可用性。Elastic Load Balancing 在多个可用区中，通过将数据流分配给健康的实例来提供高可用性。此外，Elastic Load Balancing 与自动缩放(Auto Scaling)服务无缝集成，它们在负载均衡器后端提供自动缩放 Amazon EC2 实例的功能。最后，Elastic Load Balancing 可以为应用架构提供额外的安全保护，这是因为它与 Amazon VPC 一起在应用层之间对内部数据流进行路由。这个功能仅暴露负载均衡器的面向互联网的公有 IP 地址。

Elastic Load Balancing 服务允许对一个或多个可用区中的一组 Amazon EC2 实例分配数据流，这样就可以实现应用的高可用性。建议使用多个可用区，尤其是对区域内没有提供自动容错功能的服务，例如 Amazon EC2。

Elastic Load Balancing 支持到 Amazon EC2 实例的 HTTP、HTTPS、TCP 以及传输层安全 (Transport Layer Security，TLS)数据流的路由和负载均衡。请注意，TLS 及其前身 SSL 都是用于在不安全的网络(如互联网)中用来加密保密数据的协议。TLS 协议相对 SSL 协议是新的版本。本章中，SSL 和 TLS 协议都称为 SSL 协议，Elastic Load Balancing 支持 TLS 1.2、TLS 1.1、TLS 1.0 以及 SSL 3.0。

Elastic Load Balancing 提供了稳定的、单一的 DNS 名称，同时支持面向互联网和内部应用的负载均衡器。网络负载均衡器在它们的生命周期内提供了稳定的 IP 地址集(每个可用区提供一个)。然而，使用负载均衡器的 DNS 名称作为引用机制仍然是最佳实践。

Elastic Load Balancing 提供对 Amazon EC2 实例的健康检查，保证数据流不会路由到不健康或发生故障的实例。Elastic Load Balancing 可以根据 Amazon CloudWatch 记录中收集的度量实现自动扩展。Elastic Load Balancing 还支持集成的证书管理以及 SSL 终止。

6.5.1　负载均衡器的类型

Elastic Load Balancing 目前提供三种不同类型的负载均衡器：典型负载均衡器、应用负载均衡器以及网络负载均衡器。每种 Amazon 负载均衡器的类型适用于特定的用例，如表 6.2 所示。每种负载均衡器的类型可以配置为在 Amazon VPC 内部使用或者在外部的公有互联网中使用。Elastic Load Balancing 还支持 HTTPS 以及加密连接等功能。

表 6.2　弹性负载均衡器的比较

功能	典型负载均衡器	应用负载均衡器	网络负载均衡器
协议	TCP、SSL、HTTP、HTTPS	HTTP、HTTPS	TCP
平台	EC2-Classic、VPC	VPC	VPC
健康检查	√	√	√
Amazon CloudWatch 度量	√	√	√
日志	√	√	√
可用区故障转移	√	√	√
连接排空(取消登记延迟)	√	√	√
在同一实例的多个端口进行负载均衡		√	√
WebSocket		√	√
作为目标的 IP 地址		√	√
负载均衡器删除保护		√	√
基于路径的路由		√	
基于主机的路由		√	
自带 HTTP/2		√	
可配置的空闲连接超时	√	√	
跨地区负载均衡	√	√	
SSL 卸载	√	√	
黏性会话期	√	√	
后台服务器加密	√	√	
静态 IP 地址			√
弹性 IP 地址			√
保留源 IP 地址			√

1. 典型负载均衡器

典型负载均衡器是在弹性负载均衡器以及网络负载均衡器发布之前最早的弹性负载均衡器种类。典型负载均衡器将传入应用的数据流分配到多个可用区内的多个 Amazon EC2 实例,从而提高应用的容错性。可以配置健康检查来监控注册目标的健康度,这样负载均衡器将请求仅发送给健康的目标。

典型负载均衡器可以配置为传送 TCP 数据流的直通模式(OSI 模型中的第四层)或者作为处理 HTTP/HTTPS 请求(OSI 模型中的第七层)和执行 SSL 终止以及插入 HTTP 代理报头的功能使用。

对于大多数情况,通过应用负载均衡器或网络负载均衡器构建负载均衡架构是更好的选择。但是,对于跨越 Amazon EC2 典型实例的目标的负载均衡,必须使用典型负载均衡器。典型负载均衡器的架构如图 6.7 所示。

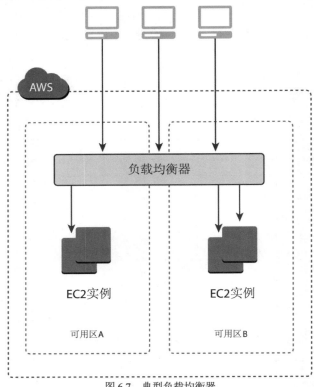

图 6.7 典型负载均衡器

2. 应用负载均衡器

应用负载均衡器在 OSI 模型中的第七层(应用层)运行。在接收请求以后,应用负载均衡器评估优先级中的监听规则,决定使用哪一个规则,然后通过轮转(round robin)算法从目标组中选择适当的目标。

应用负载均衡器是客户端的单一服务联系方式，以此增强应用的可用性，另外还能够根据数据流的内容将请求路由到不同的目标组。与典型负载均衡器一样，可以配置健康检查来监控注册目标的健康度，这样负载均衡器将请求仅发送给健康的目标。

当需要以下支持时，应用负载均衡器是理想选择：

- 基于路径的路由，根据请求中的 HTTP URL 以及监听规则转发请求。
- 通过多个端口注册同一个实例的方式，将请求路由到单个 Amazon EC2 实例上的多个服务。
- 在调度任务中使用端口向目标组注册任务时，能够选择未使用的端口，从而将应用容器化。
- 由于健康检查是在目标组级别进行定义的，并且很多 Amazon CloudWatch 度量在目标组级别进行汇报，因此对每个服务的健康度监控是独立的。将目标组与 Auto Scaling(自动缩放)组进行绑定后，允许按需动态缩放每个服务。
- 与典型负载均衡器相比，改善了负载均衡性能。

应用负载均衡器的架构如图 6.8 所示。

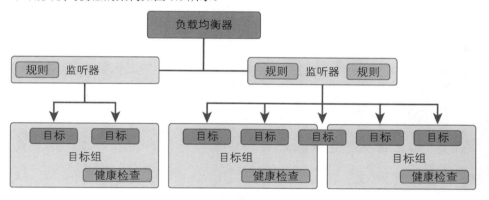

图 6.8　应用负载均衡器

目标以及目标组将在本章后面讨论。

3. 网络负载均衡器

网络负载均衡器在 OSI 模型中的第四层(传输层)运行。网络负载均衡器接收连接请求，从与网络负载均衡器关联的目标组中选择目标，然后尝试在监听器的配置中，在指定的端口打开与所选目标的 TCP 连接。

网络负载均衡器的架构如图 6.9 所示。

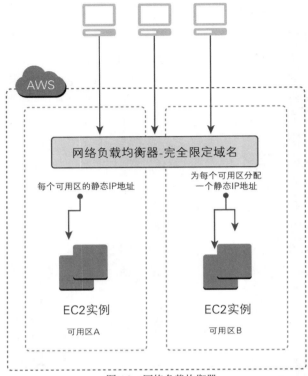

图 6.9　网络负载均衡器

与典型负载均衡器或应用负载均衡器相比，使用网络负载均衡器具有以下优势：
- 能够管理波动较大的负载以及可扩展支持每秒百万级的请求。
- 支持负载均衡器的静态 IP 地址，还可以对在可用区内使用的每个负载均衡器分配弹性 IP 地址。
- 支持通过 IP 地址注册目标，包括负载均衡器的 VPC 之外的目标。
- 支持在单个 Amazon EC2 实例上将请求路由给多个应用。可以使用多个端口向同一目标组注册每个实例或 IP 地址。
- 支持容器化的应用。当调度任务以及将任务在目标组端口上进行注册时，Amazon Elastic Container Service (Amazon ECS)会选择没有使用的端口。这个功能允许高效地使用集群环境。
- 独立监控每个服务的健康度，这是由于健康检查是在目标组级别进行定义的，并且很多 Amazon CloudWatch 度量在目标组级别进行汇报。将目标组与 Auto Scaling 组进行绑定后，将允许按需动态缩放每个服务。

　　使用网络负载均衡器时还需要注意，接收连接的负载均衡器节点是通过数据流散列算法从目标组中选择目标的。这种数据流散列算法基于网络协议、源 IP 地址、源端口号、目标 IP 地址、目标端口号以及 TCP 序列号。由于来自客户端的 TCP 连接拥有不同的源端口号以及 TCP 序列号，因此每个连接可以路由到不同的目标。每个单独的 TCP 连接在整个连接的生命周期内也将路由到单个目标。

警告：

在配置目标时如果使用实例 ID，那么网络负载均衡器可以保留客户端的源 IP 地址。如果按 IP 地址指定目标，则无法保留客户端的源 IP，必须使用代理协议将客户端 IP 传递到目标。

警告：

如果实例为以下类型：C1、CC1、CC2、CG1、CG2、CR1、G1、G2、HI1、HS1、M1、M2、M3 或 T1，则不能通过实例 ID 注册实例。可以通过 IP 地址注册这些类型的实例，但是不能通过 AWS 硬件 VPN 在伙伴 VPC 中注册目标。

4. 面向互联网的负载均衡器

面向互联网的负载均衡器从互联网客户端接收请求，然后将它们分派给 Amazon EC2 实例或者已经在负载均衡器中注册过的 IP 地址。三种弹性负载均衡器的每种类型都可以配置为面向互联网的负载均衡器，具体可通过 VPC 中公有子网内的公有可连接端点实现。

当配置负载均衡器时，会收到公有 DNS 名称，客户端可以使用公有 DNS 名称向应用发送请求。DNS 服务器将负载均衡器的公有 IP 地址解析为 DNS 名称，在客户端应用中可以看到。

提示：

典型负载均衡器和应用负载均衡器的 IP 地址可能会随着负载均衡器的扩展而发生变化。通过 IP 地址而不是 DNS 名称引用它们可能会导致某些负载均衡器端点因使用不足而将数据流发送到不正确的端点。

由于 Elastic Load Balancing 通过缩放的方式来满足数据流的需求，因此不建议将应用与非负载均衡器资源池的 IP 地址进行绑定。网络负载均衡器有静态 IP 地址功能，这个功能将负载均衡器用每个可用区的单个 IP 地址表示，而不管网络负载均衡器的规模如何。典型负载均衡器和应用负载均衡器没有静态 IP 地址功能。

典型负载均衡器和应用负载均衡器都支持双栈地址(IPv4 和 IPv6)。网络负载均衡器仅支持 IPv4。

5. 内部负载均衡器

在多层(multi-tier)应用架构中，在各个应用层之间使用负载均衡器通常很有用。例如，面向互联网的负载均衡器能接收并平衡由 Amazon EC2 实例组成的表示层或 Web 层的外部数据流。然后，这些实例发送请求到应用层前端的负载均衡器，负载均衡器不接收来自互联网的数据流。可以使用内部负载均衡器将数据流路由到应用层的 VPC 私有子网内的 Amazon EC2 实例。

6. HTTPS 负载均衡器

应用负载均衡器和典型负载均衡器都支持 HTTPS 数据流。可以创建应用负载均衡器或典型负载均衡器，它们都使用 SSL/ TLS 协议进行加密连接(也称为 SSL 卸载)。这个功能允许对负载均衡器与发出 HTTPS 会话的客户端之间的数据流进行加密，同时启用了负载均衡器和后端 Elastic Load Balancing 之间的连接，以提供具有预定义的 SSL 协商配置的安全策略，从而协商客户端和负载均衡器之间的连接。为了使用 SSL，必须在负载均衡器上安装 SSL 证书，然后用它终止连接，在请求发送给后端的 Amazon EC2 实例前，从客户端发出解密请求。可以选择打开后端实例的验证功能。如果在后端实例上执行 SSL，使用网络负载均衡器可能是更好的选择。

6.5.2   Elastic Load Balancing 的概念

应用负载均衡器是客户端的单一服务联系方式。客户端可以将请求发送给负载均衡器，然后负载均衡器将它们发送给目标(例如，一个或多个可用区内的 Amazon EC2 实例)。Elastic Load Balancing 包括以下概念。

1. 监听器

每个负载均衡器都包含一个或多个已配置的监听器。监听器是等待连接请求的进程。每个监听器都配置了针对前端连接(客户端到负载均衡器)的协议和端口号，以及针对后端连接(负载均衡器到 Amazon EC2 实例)的协议和端口号。应用负载均衡器和典型负载均衡器都支持以下协议：

- HTTP
- HTTPS
- TCP
- SSL

典型负载均衡器支持在两个不同的 OSI 层进行操作的协议。在 OSI 模型中，第四层是传输层，描述了负载均衡器的客户端和后端实例之间的 TCP 连接。第四层是可配置的负载均衡器的最底层。第七层是应用层，描述了客户端到负载均衡器，以及负载均衡器到后端实例之间的 HTTP 和 HTTPS 连接。

网络负载均衡器支持 TCP(OSI 模型中的第四层)。应用负载均衡器支持 HTTPS 和 HTTP(OSI 模型中的第七层)。

2. 监听器的规则

应用负载均衡器的一项主要优点就是可以对监听器的规则进行定义。为应用负载均衡器定义的规则可以决定负载均衡器如何将请求路由到一个或多个目标组中的目标。监听规则由以下内容构成：

- 规则优先级   规则在优先级序列中由最低值到最高值进行评估。
- 一个或多个规则动作   每个规则动作都包含类型和目标组。目前，唯一支持的类型是转发(forward)，用于将请求转发给目标组。
- 规则条件   当满足规则条件时，执行规则相关的动作。可以使用主机条件定义规则，然后根据主机报头中的主机名将请求转发给不同的目标组(也称为基于主机的路由)。还可以使用路径条件定义规则，然后根据请求中的 URL 将请求转发给不同的目标组(也称为基于路径的路由)。

3. 目标

应用负载均衡器和网络负载均衡器是客户端的单一服务联系方式，它们将数据流分派给多个健康的注册目标。目标是应用负载均衡器或网络负载均衡器发送数据流时选择的目的地。目标(如 Amazon EC2 实例)与目标组绑定，可以是以下任意一种：

- 实例，在目标中定义为实例 ID。
- IP，在目标中定义为 IP 地址。当目标类型为 IP 时，可以从以下 CIDR 块中指定地址。
  - ➢ 针对目标组的 VPC 子网
  - ➢ 10.0.0.0/8(RFC 1918)
  - ➢ 100.64.0.0/10(RFC6598)
  - ➢ 172.16.0.0/12(RFC1918)
  - ➢ 192.168.0.0/16(RFC1918)

这些受支持的 CIDR 块，会将以下资源注册到目标组：典型链接(Classic Link)实例、伙伴 VPC 网络中的实例、可以通过 IP 地址和端口号寻址的 AWS 资源(例如，数据库)，以及可以通过 AWS Direct Connect 或 VPN 连接访问的户内资源。

如果使用实例 ID 指定目标，那么在使用实例的主网络接口中指定的主私有 IP 地址会将数据流路由到实例。如果使用 IP 地址指定目标，那么可以从一个或多个网络接口使用任何私有 IP 地址将数据流路由到实例。这个功能允许为一个实例上的多个应用使用同一个端口。每个网络接口也可以分配自己的安全组。

如果应用需求增加了，那么可以在一个或多个目标组中注册额外的目标，负载均衡器会在注册过程完成且新目标通过初始健康检查后，将请求额外路由到新注册的目标。

如果通过实例 ID 注册目标，那么可以与 Auto Scaling 组一起使用负载均衡器。在将目标组与 Auto Scaling 组绑定以后，Auto Scaling 组会在目标组启动时注册目标。

4. 目标组

目标组允许对目标进行分组，例如应用负载均衡器和网络负载均衡器中的 Amazon EC2 实例。目标组可以在监听规则中使用，这样可以方便地跨越多个目标定义连续的规则。

负载均衡器的健康检查设置可以在每个目标组级别定义。在监听器的规则中指定目标组之后，负载均衡器持续监控可用区内的负载均衡器以及已注册到目标组中所有目标的健康度。然后负载均衡器将请求路由到目标组中已注册的健康目标。

6.5.3 弹性负载均衡器的配置

Elastic Load Balancing 允许对负载均衡器的多个层面进行配置，包括空闲连接超时、跨地区(cross-zone)负载均衡、连接排空(connection draining)、代理协议、黏性会话期以及健康检查。配置可以通过 AWS Management Console 或命令行界面(CLI)进行修改。大多数功能都可用于典型负载均衡器、应用负载均衡器以及网络负载均衡器。少数功能(如跨地区负载均衡)仅适用于典型负载均衡器和应用负载均衡器。

1. 空闲连接超时

空闲连接超时适用于应用负载均衡器和典型负载均衡器。对于客户端通过负载均衡器发出的每个请求，负载均衡器保留与客户端的前端连接以及与 Amazon EC2 实例的后端连接。对于每个连接，负载均衡器管理空闲时间超时，由在指定时间段没有数据通过连接发送而触发。在超过空闲连接时间以后，如果还没有接收和发送数据，负载均衡器将关闭连接。

Elastic Load Balancing 将两个连接的默认空闲超时设定为 60 秒。如果 HTTP 请求在连接超时期内没有完成，即使请求继续处理，负载均衡器也仍将关闭这个连接。可以改变空闲连接超时的设定以保证耗时操作有足够的时间完成，如上传大文件。

如果使用了 HTTP 和 HTTPS 监听器，我们建议打开 Amazon EC2 实例的 TCP 活跃保留 (keep-alive)选项。这个选项可以在应用或者运行 Amazon EC2 实例的操作系统级别进行配置。打开活跃保留(keep-alive)选项后，将允许负载均衡器重新使用通向后端实例的连接，减少 CPU 消耗。

2. 跨地区负载均衡

跨地区负载均衡适用于典型负载均衡器和应用负载均衡器，可保证请求数据流均匀路由到负载均衡器的所有后端实例，而不管它们所在的可用区的位置。跨地区负载均衡减少了在单个可用区内维持相同后端实例数量的要求。同时，在损失一个或多个后端实例的情况下，提高应用管理能力。但是，我们还是建议在每个可用区内维护大约相同数量的实例，以获得更高的容错性。

对于一些环境中客户端缓存 DNS 查询的情况，传入请求可能偏好某个可用区。通过跨地区负载均衡，将这些失衡的请求负载平均分配到所有区域的后端实例，可减少客户端配置错误产生的影响。

3. 连接排空(注销延迟)

连接排空对所有的负载均衡器类型都适用，可在保持现有连接开放的情况下，保证负载均衡器对正在注销或不健康的实例停止发送请求。这个功能允许负载均衡器完成这些实例上正在处理的请求。

在打开连接排空功能之后，可以指定负载均衡器在将实例报告为已注销之前保持连接活动的最长时间。最大超时数值可以设定为 1～3600 秒，默认设定为 300 秒。当达到最大时间限定之后，负载均衡器强制关闭任何通向正在注销实例的所有剩余连接。

4. 代理协议

代理协议仅适用于典型负载均衡器。当对前端和后端连接使用 TCP 或 SSL 时，负载均衡器在不修改请求报头的情况下，将请求转发给后端实例。如果打开代理协议，那么连接信息(例如源 IP 地址、目标 IP 地址以及端口号等)将会在发送到后端实例之前插入请求中。

在启用代理协议之前，首先需要验证负载均衡器没有位于已启用代理协议的代理服务器的后面。如果代理协议同时在代理服务器和负载均衡器中打开，那么负载均衡器将额外的配置信息插入请求中，干预由代理服务器发出的信息。根据后端实例的配置方式，这种重复配置可能会导致错误。

在使用应用负载均衡器时，不需要使用代理协议，因为应用负载均衡器已经插入 HTTP X-Forwarded-For 报头部分。网络负载均衡器提供了客户端 IP 到 Amazon EC2 实例的直通 (pass-through)方式(假设使用实例 ID 配置目标)。

5. 黏性会话期(Sticky Session)

黏性会话期适用于典型负载均衡器和应用负载均衡器。默认情况下，应用负载均衡器或典型负载均衡器将每个请求独立地路由到已注册并且负载最小的实例。通过使用黏性会话期(也称为会话期亲和)，可允许负载均衡器将会话期与特定的实例绑定，从而保证会话期中的所有请求发送到同一个实例。

管理典型负载均衡器的黏性会话期的要点是，确定负载均衡器应当持续将用户请求路由到同一个实例所需的时间。如果应用拥有自己的会话期 cookie，那么可以配置典型负载均衡器的 cookie，允许使用应用 cookie 定义的时长。如果应用没有自己的 cookie，那么可以配置弹性负载均衡器，通过指定自己的黏度时长来创建会话期 cookie。弹性负载均衡器会创建名为 AWSELB 的 cookie，将会话期映射到实例。

网络负载均衡器的会话期根据数据流所使用散列算法提供的黏性来保持固有的黏性。

6. 健康检查

Elastic Load Balancing 支持使用健康检查测试弹性负载均衡器后端的 Amazon EC2 实例的状态。对典型负载均衡器来说，在进行健康检查时如果实例状态健康，则是"服务中"(In Service)；如果实例状态不健康，则是"无服务"(Out Of Service)。

对于网络负载均衡器和应用负载均衡器，在发送健康检查请求到目标之前，必须目标组中进行注册，并在监听规则中指定目标组，然后保证负载均衡器已启用目标所在的可用区。目标的检查状态有五种：

- 初始　此状态表明目标注册正在进行或者正在执行对目标的初始健康检查。
- 健康　此状态表明目标健康。
- 不健康　此状态表明目标没有响应健康检查或者健康检查失败。
- 未使用　此状态表明目标还没有与目标组进行注册、目标组没有在负载均衡器的监听规则中使用，或者目标所在的可用区内的负载均衡器没有打开。
- 排空　此状态表明目标正在注销并且连接排空正在执行。

通常，负载均衡器对所有注册的实例进行健康检查，以决定实例处于健康状态还是非健康状态。健康检查使用 ping 命令(连接尝试)或者定期呼叫检查。可以设定健康检查之间的时间间隔以及计算健康检查呼叫所需等待的时间。最后，可以设置实例在标记为非健康之前健康检查连续失败次数的阈值。

注意：

运行时间长的应用最终都需要维护且被应用的新版本替换。当 Amazon EC2 实例在弹性负载均衡器的后端运行时，可以手动注销这些与负载均衡器绑定的运行时间较长的 Amazon EC2 实例，然后对最新启动且已安装更新的 Amazon EC2 实例进行注册。

7. ELB sandwich

当需要在 Amazon EC2 实例上部署虚拟负载均衡器时，由你自己决定这些实例冗余的管理方式。因为 Elastic Load Balancing 服务包含自带的由 AWS 管理的冗余功能，所以可以结合使用弹性负载均衡器和实例级别的虚拟负载均衡器。虚拟负载均衡器在需要访问服务商的特定功能时可以考虑使用，如 F5 Big-IP iRules。ELB sandwich 的概览图如图 6.10 所示。

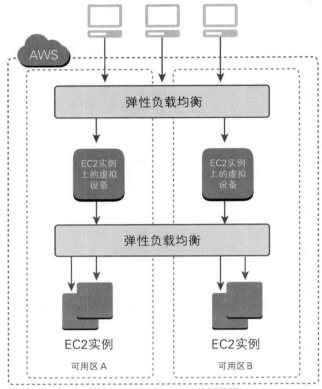

图 6.10   ELB sandwich 的概览图

ELB sandwich 使用弹性负载均衡器对前端用户发出的数据流提供服务。负载均衡的第一层由一个弹性负载均衡器构成，并且由 ELB FQDN 表示。负载均衡器的 FQDN 也可以通过别名记录由指向负载均衡器的 Amazon Route 53 域名引用。ELB sandwich 的第一层，通常是典型负载均衡器或网络负载均衡器，它们将负载平均分配到虚拟实例(如 HAProxy、NGINX 或 F5 LTM Big-IP 虚拟版)。虚拟负载均衡器接着将数据流转发给弹性负载均衡器的第二层，然后将负载平均分配到用户前端的应用层。ELB sandwich 使用弹性负载均衡器产品自带的高可用功能对 Amazon EC2 虚拟实例提供更高级别的可用性。

在 AWS 中运行的许多虚拟负载均衡器不能通过 FQDN 自己引用下跳点。对于使用典型负载均衡器的传统 ELB sandwich 来说，最好引用弹性负载均衡器的 FQDN，它在将数据流转发给负载均衡器的第二层时必须使用，这是由于弹性负载均衡器中的实例在任何时候都可能发生改变。如果典型负载均衡器的 IP 地址发生改变，那么将 IP 地址直接指向负载均衡器的第二个级别可能会导致数据流丢失。这种情况与典型负载均衡器自动缩放时发生的情况类似。

在某些情况下，虚拟负载均衡器供应商提供了解决方案，可定期查看负载均衡器的 FQDN，然后对这些 IP 地址进行保存，作为数据流的下跳点使用。但是，这个功能需要定期查看典型负载均衡器的 FQDN。替代方案是使用网络负载均衡器作为负载均衡器的第二层，位于 Web 层的前面。这是更好的解决方案，因为网络负载均衡器支持每个可用区的单一静态 IP，这样负载均衡器的虚拟层就可以指向这个静态 IP，而不需要定期检查负载均衡器的 FQDN。

警告：

在使用 ELB sandwich 时，使用网络负载均衡器作为负载均衡的第二层可以帮助不支持指定 FQDN 和 CNAME 为下跳点功能的供应商设备，因为网络负载均衡器可以被每个可用区内配置的静态 IP 引用。使用网络负载均衡器作为负载均衡的第一层并且通过实例 ID 注册虚拟设备实例，将为实例提供客户端的真正源 IP。如果使用安全设备，则允许更大程度地了解客户端的分布和安全性。

6.6　本章小结

本章介绍了 DNS 的基础结构，这是计算机将人性化域名(如 amazon.com)转换为 IP 地址(如 192.0.2.1)的一种方法。

DNS 始于 TLD(如.com 以及.edu)。IANA 在根区数据库中控制 TLD 名称，根区数据库是保存所有 TLD 的重要数据库。

DNS 名称由域名服务商注册。域名服务商是授权组织，可以在一个或多个 TLD 下直接分配域名。这些域名由 InterNIC 注册，InterNIC 是 ICANN 提供的一项服务，用于强制互联网中域名的唯一性。每个域名在中央数据库中注册，中央数据库名为 WHOIS。

DNS 由一组不同的记录类型构成，包括但不仅限于以下类型：

- A 记录
- AAAA 记录
- CAA 记录
- CNAME 记录
- MX 记录
- NAPTR 记录
- NS 记录
- PTR 记录
- SOA 记录
- SPF 记录
- SRV 记录
- TXT 记录

你还学习了 Amazon DNS 和 Amazon Route 53 之间的不同，包括如何创建户内环境和 AWS

之间的混合 DNS 架构。

本章还介绍了 Amazon Route 53，这是一项高可用、高扩展、由 AWS 提供的 DNS 服务，涉及域名的注册和创建。Amazon Route 53 将用户请求连接到运行在 AWS 上的基础设施(例如，Amazon EC2 实例与 Elastic Load Balancing)，它还可以用来将用户路由到 AWS 以外的基础设施。

通过 Amazon Route 53，DNS 记录可在 Amazon Route 53 API 配置的托管区内进行组织。托管区存储域中的记录，支持包括 A、CNAME、MX 在内的记录类型。

Amazon Route 53 允许多种不同的路由策略，包括

- 简单路由策略　一般在域中拥有指定功能的简单资源时使用。
- 权重路由策略　在用户希望路由一个或一组资源的部分数据流时使用。
- 基于延迟的路由策略　根据最低延迟路由数据流时使用，所以用户可获得最快的响应时间。
- 故障转移路由策略　在容灾恢复场景中使用，将主地点资源的数据流路由到备份地点。
- 地理位置路由策略　根据最终用户地点路由数据流。
- 多值应答路由策略　配置 Amazon Route 53 返回多达 8 个数值(例如 Web 服务器的 IP 地址)，用来应答 DNS 查询。
- 地理邻近路由策略　当希望根据资源的位置路由数据流时使用，并且可以选择将数据流从一个位置的资源转移到另一个位置的资源。

数据流用来管理复杂的 Amazon Route 53 资源记录集的配置，对包含复杂数据流策略的树状组织进行可视化编辑。

通过 Amazon Route 53 健康检查，可监控资源的健康度，例如 Web 服务器和邮件服务器。还可以对健康检查配置 Amazon CloudWatch 报警，这样在资源不可用时，可以接收到通知。

本章介绍了 Elastic Load Balancing 的基础知识以及 AWS Cloud 中不同类型的负载均衡器：典型负载均衡器、应用负载均衡器以及网络负载均衡器，它们运行在不同的 OSI 模型层中并且具有不同的功能和优势。

- 典型负载均衡器：在希望对 Amazon EC2 典型实例使用负载均衡时使用。
- 应用负载均衡器：在希望支持基于路径和基于主机的路由时使用。
- 网络负载均衡器：在希望对负载均衡器支持静态 IP 地址、通过 IP 地址注册目标、通过实例 ID 注册目标时使用客户端 IP 直通方式，以及需要支持每秒百万数量请求的波动较大负载时使用。
- ELB sandwich：在发挥弹性负载均衡器的自动缩放功能优势的同时，仍然在 Amazon EC2 实例上使用特定供应商的软件来访问功能集(例如，F5 Big-IP iRules)时使用。

本章还覆盖 Elastic Load Balancing 产品集的其他功能，例如跨地区负载均衡、连接排空、代理协议、黏性会话期以及健康检查。

6.7　考试要点

当创建具有高可用以及快速弹性故障恢复功能的应用时，考虑以下事项。

理解什么是 DNS：DNS 是计算机将人性化域名(如 amazon.com)转换为 IP 地址(如 192.0.2.1)的一种方法。

理解 DNS 注册的工作方式：DNS 名称由域名服务商注册，这些域名由 InterNIC 注册，

InterNIC 是 ICANN 提供的一项服务，ICANN 强制互联网中域名的唯一性。每个域名在名为 WHOIS 的中央数据库中注册，域名由 TLD 定义。TLD 由 IANA 所在的根区数据库控制，这是保存所有 TLD 的重要数据库。熟悉在 Amazon Route 53 中注册域以及将域转移到 Amazon Route 53 的具体步骤。

记住 DNS 解析的步骤：浏览器询问 DNS 解析服务器 amazon.com 的 IP 地址是什么。 解析服务器不知道这个地址，所以它询问根服务器同样的问题。目前世界范围内一共有 13 个根服务器，它们由 ICANN 管理。根服务器回应自己也不知道请求的 IP 地址是什么，但是提供了知晓.com 域名的 TLD 服务器地址。解析服务器接着联系 TLD 服务器。TLD 服务器也不知道域名的地址，但是知道解析名称服务器的地址。解析服务器接着询问解析名称服务器。解析名称服务器把包含的权威记录发送给解析服务器，解析服务器然后将这些记录存放在本地，这样在近期就不需要再执行这些步骤了。解析名称服务器将这些信息返回给浏览器，浏览器也将缓存这些信息。

记住不同的记录类型：DNS 由以下不同记录类型组成——A 记录、AAAA 记录、CNAME 记录、MX 记录、NAPTR 记录、NS 记录、PTR 记录、SOA 记录、SPF 记录、SRV 记录以及 TXT 记录。你应当理解这些记录类型的区别。

理解 Amazon EC2 DNS 和 Amazon Route 53 的区别：使用 Amazon EC2 DNS，AWS 负责 DNS 名称的创建以及 Amazon EC2 实例和 Elastic Load Balancing 服务的配置。Amazon Route 53 是功能齐全的 DNS 解决方案，可以通过高可用和高扩展方式控制 DNS 的多个层面。

记住路由策略的区别：使用 Amazon Route 53，可以拥有不同的路由策略。当拥有对域执行特定功能的资源时，简单路由策略最为常用。当希望将一定百分比的数据流路由到特定资源或资源组时，可以使用权重路由策略。基于延迟的路由策略用于基于最低延迟路由数据流，以便用户获得最快的响应时间。 故障转移路由策略在容灾恢复中使用，可将数据流从主资源路由到备份资源。地理位置路由策略在根据最终用户地点路由数据流时使用。多值应答路由策略用来配置 Amazon Route 53 返回多达 8 个数值(例如 Web 服务器的 IP 地址)，用来应答 DNS 查询。流量是基于 AWS Management Console 的工具，用来管理复杂 Amazon Route 53 配置的资源记录集。地理邻近路由策略允许 Amazon Route 53 根据这些资源的地理位置将数据流路由到资源，通过指定偏差值，可以将更多或更少的数据流路由到特定资源。

理解健康检查如何工作：健康检查可以监控资源的健康度，例如 Web 服务器和邮件服务器。可以对健康检查配置 Amazon CloudWatch 预警，这样，当资源不可用时，可以收到通知。

理解 Elastic Load Balancing 三种类型之间的区别：当需要在 Amazon EC2 典型实例中支持负载均衡或者需要支持代理协议时，使用典型负载均衡器。当需要基于路径或基于主机的路由时，使用应用负载均衡器。当需要静态 IP 地址、客户端 IP 直通以及每秒百万级的请求支持时，使用网络负载均衡器。

理解 Elastic Load Balancing 功能的区别以及如何对每种负载均衡器类型使用这些功能：你需要理解跨地区负载均衡、连接排空(注销延迟)、代理协议、黏性会话期以及健康检查。你应当理解这些功能如何应用到不同类型的弹性负载均衡器。

理解何时以及如何在 ELB sandwich 配置中部署虚拟设备：当希望通过 Elastic Load Balancing 构建高度可扩展的应用，同时希望使用其他供应商虚拟设备提供的功能时，可以使用 ELB sandwich。ELB sandwich 的前端使用了 Elastic Load Balancing，中间使用了虚拟设备，后端使用了服务于下游应用实例(例如 Web 实例)的 Elastic Load Balancing。

理解 Elastic Load Balancing 构件的区别：面向互联网的负载均衡器可以由互联网访问。内部负载均衡器只能在 VPC 中访问。HTTPS 负载均衡器支持 HTTPS 类型的数据流。监听规则决定负载均衡器如何将请求路由到应用负载均衡器的一个或多个目标组中的目标。目标是应用负载均衡器或网络负载均衡器发送数据流时所选的目的地。目标组提供目标注册功能，比如将 Amazon EC2 实例放置在指定的目标组中。

记住 Elastic Load Balancing 配置的构件：可以配置空闲连接超时，负载均衡对每个客户端通过负载均衡器的请求保持两个连接。一个连接用于客户端，另一个连接用于后端实例。默认情况下，如果实例在每 60 秒内没有发送数据(这个时间可以配置)，负载均衡器可以关闭连接。可以配置连接排空或注销延迟，这样负载均衡器将停止将新的连接发送到不健康或正在注销的实例。可以配置代理协议，通过可读报头将客户端 IP 传递到 Elastic Load Balancing 目标实例。可以配置黏性会话期(会话期亲和)，通过请求者标识 cookie 持续地将会话期路由到同一个后端实例。还可以配置健康检查，测试位于 Elastic Load Balancing 后面的 Amazon EC2 实例的状态。

理解 ELB sandwich 的工作方式及使用场景：ELB sandwich 用来以高扩展、可冗余的方式在 VPC 内部署 AWS 合作伙伴的虚拟设备，这些虚拟设备通常可从 AWS Marketplace 中获取。ELB sandwich 使用位于虚拟设备前面的 Elastic Load Balancing 将负载均衡到虚拟设备的 Amazon EC2 实例。位于 Web 实例或应用实例前面的第二层 Elastic Load Balancing 用来作为虚拟设备的目的地。

应试窍门

利用自己了解的产品和服务，在 AWS 上构建基础设施总是很有价值。这可以为你提供更广阔的背景以及对特定服务的深度理解，如 Amazon Route 53。如果不做练习，将很难对概念进行固化。动手是学习的最好方法。

6.8　复习资源

如需更多信息，请查看以下 URL 链接。

Amazon Route 53 文档：https://aws.amazon.com/documentation/route53/

Elastic Load Balancing 文档：https://aws.amazon.com/documentation/elastic-load-balancing/

Amazon VPC 混合云 DNS 解决方案：https://d1.awsstatic.com/whitepapers/hybrid-cloud-dns-options-for-vpc.pdf

AWS re:Invent 2017：DNS Demystified: Global Traffic Management with Amazon Route 53(NET302)：https://www.youtube.com/watch?v=PVBC1gb78r8

AWS re:Invent 2017：Elastic Load Balancing Deep Dive and Best Practices(NET402)：https://www.youtube.com/watch?v=9TwkMMogojY

6.9　练习

熟悉 Amazon Route 53、其他众多服务以及 AWS Elastic Load Balancing 功能的最好方法就是

直接动手实验。以下练习提供试验和学习的最佳机会。你应当在完成这些练习以后进行扩展。
练习 6.1 描述了注册域名的步骤；如果已经拥有域名，可以跳过这个练习。如果需要具体步骤，可参阅 Amazon Route 53 文档(https://aws.amazon.com/documentation/route53/)以及 Elastic Load Balancing 文档(https://aws.amazon.com/documentation/elastic-load-balancing/)。

练习 6.1

在 Amazon Route 53 中注册新的域名

在本练习中，你将在 Amazon Route 53 中注册新的域名。为此，执行以下步骤：

(1) 登录到 AWS Management Console，找到 Amazon Route 53 控制台。

(2) 如果刚接触 Amazon Route 53，找到 Domain Registration，然后选择 Get Started Now。如果已经在使用 Amazon Route 53，找到 Registered Domains，然后选择 Register Domain。

(3) 输入希望注册的域名。选择 Check，检查域名是否可用。

(4) 如果域名可用，将域添加到购物车中。选择需要注册的年限，然后选择 Continue。

(5) 选择是否从 WHOIS 查询中隐藏联系信息，然后选择 Continue。

(6) 对于普通 TLD，指定注册联系人的邮件地址。如果这个邮箱之前在注册 Amazon Route 53 域时没有使用过，则需要验证邮箱的有效性。如果需要这个步骤，可按照验证步骤验证注册联系人的邮件地址。

(7) 邮箱验证完之后，返回 Amazon Route 53 控制台。如果邮箱通过验证的状态没有自动更新，可选择 Refresh Status。

(8) 检查输入的信息，阅读服务条约，然后选中复选框以确认"已阅读服务条约"。选择 Complete Purchase。如果之前未完成邮箱验证，那么按照现在的邮箱验证处理流程进行操作。

(9) 域名注册完之后，下一个步骤是决定使用 Amazon Route 53 还是其他 DNS 服务作为域的 DNS 服务。在练习 6.3 中，我们使用 Amazon Route 53 并创建记录集，告知 Amazon Route 53 如何路由数据流。

现在，你已注册自己的域名并且创建了第一个 Amazon Route 53 的域托管区，我们将在练习 6.2 中使用它。

练习 6.2

配置 Elastic Load Balancing

本练习将配置 4 个 Web 实例，分放在两个区域(region)中，每两个实例互为一对。然后为每个实例组创建网络负载均衡器。在设置 Amazon Route 53 时，使用本练习中的步骤将主机名解析为练习 6.3 中的实例。

创建 Amazon EC2 实例

(1) 登录到 AWS Management Console。将区域(region)更改为 US East(N. Virginia)。

(2) 在Compute部分，找到Amazon EC2仪表盘。启动一个实例。选择第一个Amazon Linux AMI。

(3) 选择实例类型(t2.micro 已足够用)，然后配置实例详情。需要在公有 VPC 子网中的公有 IP 地址启动这个实例。留意每个实例使用的 VPC 和子网。

(4) 将这个实例命名为 US-East-01。添加一个安全组以允许 HTTP。

(5) 启动这个新的 Amazon EC2 实例，然后验证它已正常启动。

配置 Amazon EC2 实例

(6) 在 AWS Management Console 中找到 Amazon EC2 实例。将公有 IP 地址复制到剪贴板。

(7) 在 SSH 客户端，使用公有 IP 地址、用户名 ec2-user 以及私钥连接到 Amazon EC2 实例。

(8) 当提示认证主机时，输入 Y，然后选择 Continue。

(9) 现在应当可以连接到 Amazon EC2 实例。输入 sudo su，将权限升级为 root。

(10) 作为 Amazon EC2 实例的 root 用户登录，运行如下命令以安装 Apache httpd: yum install httpd -y。

(11) 安装完毕以后，运行命令 service httpd start，然后运行命令 chkconfig httpd on。

(12) 在 Amazon EC2 实例中，输入 cd/var/www/html。

(13) 输入 nano index.html，然后按 Enter 键。

(14) 在 Nano 中，输入 This is the US-East Server 01，然后按 Ctrl+X 组合键。

(15) 输入 Y，确认希望保存更改，然后按 Enter 键。

(16) 输入 ls。现在应当可以看到新建的 index.html 文件。

(17) 在浏览器中导航到 http://youpublicipaddress/index.html。

(18) 重复步骤(1)～(17)，在 US East(N. Virginia)区域创建第二个服务器。将这个服务器命名为 US-East-01，然后将 This is the US-East Server 02 用作首页。注意作为替代方案，可以创建 Web 服务器的 AMI，以简化第二个服务器的部署。

根据浏览的服务器名，现在应当能看到自己的 This is the US-East Server 01 或 This is the US-East Server 02 首页。如果未看到，就检查安全组，确保允许访问端口 80。

配置网络负载均衡器

(19) 返回到 AWS Management Console。导航到 Amazon EC2 控制台。在 Load Balancing 下，导航到控制台中的 Load Balancers 部分。

(20) 选择 Create Load Balancer，再选择 Network Load Balancer，创建一个面向互联网的网络负载均衡器，命名为 US-East-Web。保留默认设置。选择前面步骤中启动实例的 VPC 和子网名。

(21) 配置并且将目标组命名为 US-East-Web-TG。保留默认值。

(22) 选择之前创建的实例注册目标，然后单击 Add to Registered。

(23) 创建自己的网络负载均衡器。

现在，你应当可以通过网络负载均衡器的 DNS 名称浏览自己的网络负载均衡器，并且在刷新页面后(可能需要多刷新几次)，可以看到应答从 This is the US-East Server 01 变成了 This is the US-East Server 02。

在第二个区域中创建这些资源

(24) 返回到 AWS Management Console。将区域更改为 South America (Sao Paulo)。

(25) 重复之前的步骤，在这个新的区域(region)中添加第三个和第四个 Amazon EC2 实例以及负载均衡器。

现在，你已经在两个不同的区域中创建了 4 个 Web 服务器并且将这两个区域放置在网络负载均衡器的后面。

练习 6.3

通过简单路由策略创建别名 A 记录

本练习将通过简单路由策略创建别名 A 记录。

(1) 登录到 AWS Management Console，导航到 Amazon Route 53 仪表盘。

(2) 选择新建的托管区中的域名。创建一个记录集，不填写名称，然后使用类型 A-IPv4 Address。

(3) 选中 Alias 单选按钮。在出现的 Alias Target 下拉菜单中选择练习 6.2 中创建的 US-East 网络负载均衡器。保持路由策略为 Simple(简单路由策略)。

(4) 在 Web 浏览器中，导航到域名。你应该可以看到 US East(N.Virginia)区域的欢迎界面。如果没有看到这个界面，检查 Amazon EC2 实例是否与负载均衡器绑定并且实例服务是否可用。如果实例没有出现在服务中，则说明负载均衡器健康检查失败。检查 Apache HTTP 服务器 (HTTPD)是否正在运行并且两个实例是否能够访问 index.html 文档。

现在，你已通过简单路由策略创建了第一个别名 A 记录。

练习 6.4

创建权重路由策略

本练习将创建权重路由策略。

(1) 返回到 AWS Management Console。导航到 Amazon Route 53 仪表盘。

(2) 导航到托管区，然后选择新建的托管区中的域名。

(3) 创建一个记录集，命名为 developer，类型为 A-IPv4 Address。这将创建 developer 的一个子域，名为 developer.yourdomainname.com。

(4) 选择 US-East 网络负载均衡器。选择权重路由策略并更改权重值为 50，然后变更类型为 US-East。保留其他默认值不变。单击 Create。现在，可以看到新建的 DNS 条目。

(5) 创建另外一个记录集，命名为 developer，类型为 A-IPv4 Address。这将创建一个新的与之前创建的名称相同的记录集。两个记录集将一起工作。

(6) 选择 Sao Paulo 负载均衡器。选择权重路由策略并更改权重值为 50，将类型更改为 Sao Paulo。保留其他默认值不变。单击 Create。现在，应该可以看到新建的 DNS 条目。

(7) 访问 http://developer.yourdomainname.com，测试 DNS，刷新页面。你应该会以 50%的概率访问 US-East 实例，以另外 50%的概率访问 SA-East 实例。

现在，你创建一个权重 DNS 路由策略。可以继续实验其他类型的路由策略，建议参照以下文档内容：http://docs.aws.amazon.com/Route53/latest/DeveloperGuide/routing-policy.html。

练习 6.5

在 ELB sandwich 配置中部署 HAProxy 实例集

本练习将在 ELB sandwich 配置中部署 HAProxy 实例集。你将使用之前为 US-East 创建的网络负载均衡器，同时使用 ELB sandwich 中 Web 层的两个 Web 实例。

启动并配置虚拟设备实例

(1) 按照练习 6.2 中的步骤创建一个新的实例组，其中的实例将被用作 HAProxy 实例。

(2) 配置实例时，使用 SSH 在每个 HAProxy 实例中执行以下操作：

a. 执行 sudo yum install haproxy

b. 编辑位于/etc/haproxy/haproxy.cfg 的 HAProxy 配置文件。

c. 以下为配置样本。注意之前作为后端创建的网络负载均衡器可以在这里作为后端使用。

```
global
daemon
log /dev/log local4
maxconn 40000
ulimit-n 81000

defaults
log global
timeout connect 4000
timeout server 43000
timeout client  42000

listen http1
bind *:80
mode http
balance roundrobin
Server http1_1 <NLB DNS Name>:80 cookie http1_1 check inter 2000 rise 2 fall 3
```

d. 执行 sudo service haproxy start

配置外部网络负载均衡器

(3) 创建一个面向互联网的网络负载均衡器，名为 US-East-ELB-SW。保留其他默认值不变。选择启动实例的 VPC 和子网。

(4) 配置并且将目标组命名为 US-East-SW-TG。保留默认值不变。

(5) 通过选择已创建的 HAProxy 实例注册目标，选择 Add to Registered。

(6) 创建自己的网络负载均衡器。

现在，你已在 VPC 中创建了一组虚拟设备以及一个位于前端的网络负载均衡器。通过它们的实例 ID，将网络负载均衡器指向每个 HAProxy 实例，HAProxy 实例将可以看到查询主机的真正客户端 IP。你还可以使用 AWS Marketplace(https://aws.amazon.com/marketplace)上供应商的实例替换本例中的 HAProxy 实例。

6.10　复习题

1. Amazon Route 53 托管区的两种类型是什么？(选择两种)
   A. 公有托管区
   B. 全局托管区
   C. 空(NULL)托管区
   D. 路由托管区

　　E.　私有托管区

2.　Amazon Route 53 不能将查询路由到以下哪个 AWS 资源？

　　A.　Amazon CloudFront 分发

　　B.　Elastic Load Balancing

　　C.　Amazon EC2 实例

　　D.　AWS CloudFormation

3.　为了停止对 Amazon Route 53 通过权重路由将数据流发送到资源，必须完成以下哪个操作？

　　A.　删除资源记录

　　B.　将资源记录权重值变为 100

　　C.　将资源记录权重值变为 0

　　D.　切换为多值应答资源记录

4.　如果没有将健康检查与 Amazon Route 53 多值应答记录绑定，会发生以下哪种情况？

　　A.　Amazon Route 53 总认为记录健康

　　B.　Amazon Route 53 总认为记录不健康

　　C.　Amazon Route 53 返回错误

　　D.　必须使用文本(TXT)记录

5.　如何访问 Amazon Route 53 的数据流？

　　A.　使用 AWS Command Line Interface

　　B.　通过 Amazon VPC 内的 Amazon EC2 实例

　　C.　通过 AWS Direct Connect

　　D.　使用 AWS Management Console

6.　如果希望 Amazon Route 53 随机应答多达 8 个健康记录的 DNS 查询，应该使用以下哪一项？

　　A.　地理位置路由策略

　　B.　简单路由策略

　　C.　别名记录

　　D.　多值应答路由策略

7.　为什么建议使用 DNS CNAME 引用应用负载均衡器或典型负载均衡器？

　　A.　负载均衡器缩放时 IP 地址可能发生更改

　　B.　DNS CNAME 提供与 IP 地址相比更低的延迟

　　C.　希望保留客户端的源 IP 地址

　　D.　公有 IP 地址对互联网公开

8.　当 enableDnsHostnames 属性设置为 true 时，Amazon 将执行以下哪个操作？

　　A.　打开 Amazon VPC 的 DNS 解析功能

　　B.　自动给 Amazon EC2 实例分配 DNS 主机名

　　C.　给 Amazon EC2 实例仅分配内部 DNS 主机名

　　D.　允许手动配置 Amazon EC2 实例的主机名

9. 你已经将 VPC 的 enableDnsHostnames 属性设置为 true。但是 Amazon EC2 实例没有接收到 DNS 主机名。可能的原因是什么?

    A. DNS 解析不支持 VPC 伙伴网络

    B. 需要配置 Amazon Route 53 的私有托管区

    C. Amazon 没有给实例分配 DNS 主机名

    D. enableDnsSupport 属性没有设置为 true

10. 你正在为 AWS 部署评估负载均衡器选项。你希望负载均衡器支持静态 IP 地址功能。以下哪一种弹性负载均衡器是完成此方案的最佳选择?

    A. Amazon Route 53

    B. 网络负载均衡器

    C. 应用负载均衡器

    D. 典型负载均衡器

第 7 章

Amazon CloudFront

本章涵盖的 AWS 认证高级网络-专项考试目标包括但不局限于以下知识点。

知识点 2.0：设计和实施 AWS 网络
- 2.4 确定专用工作负载的网络需求
- 2.5 根据客户和应用需求决定适当的架构

知识点 4.0：配置与应用服务集成的网络
- 4.5 确定内容分发策略以优化性能

7.1 Amazon CloudFront 简介

Amazon CloudFront 作为全球内容分发网络服务，提高了静态和动态 Web 内容的分发速度。Amazon CloudFront 通过全球范围内的边缘站点(Edge Location)网络对内容进行分发。Amazon CloudFront 集成了其他 AWS 产品，为开发者和组织提供了一种简单地将内容分发到最终用户的方法，具有低延迟、高速数据传输且没有最少使用承诺等特点。本章介绍 Amazon CloudFront 的组成构件及高级功能。本章最后提供了练习以及 Amazon CloudFront 和 AWS 认证高级网络-专项考试相关的复习题。

7.2 内容分发网络简介

内容分发网络(Content Delivery Network，CDN)是一种全球范围的缓存服务器分发网络，用来加快网页、图像、视频以及其他内容的下载速度。CDN 使用 DNS 的地理定位功能判断网页或其他内容请求的地理定位。然后通过最靠近请求地点的缓存服务器提供服务，这里的"最靠近"是以距离或时间延迟(而不是源 Web 服务器)来衡量的。CDN 允许提高可扩展性并降低网站或移动应用程序的延迟，从而轻松响应流量高峰。在大多数情况下，使用 CDN 是完全用户透明的——最终用户直接体验到网站性能的提升，与此同时，大大降低源网站的负载。

CDN 主要用来解决网络世界中一直没有解决的难题：光速。在真空中，光的速度接近每秒 30 万千米；在光纤电缆中，速度会降低 30%左右。当光纤电缆以及它们关联的光纤增强设备在广阔的太平洋区域传送时，Web 服务器到客户端的响应时间可以长达百分之几毫秒。在网络世界中，这个现象会导致输出率及用户效率的降低。通过 CDN，可以使用缓存或在事先定义的地点预先定位数据以克服远距离服务内容的速度限制。还可以通过缓存内容的每个边缘站点提供内容，从而隔离集中于 Web 服务器上的负载，在边缘站点上极大地增加负载规模。

7.3 AWS CDN：Amazon CloudFront

Amazon CloudFront 是 AWS CDN 服务，它可以通过 Amazon 全球边缘站点网络递送 Web 内容。当用户请求内容通过 Amazon CloudFront 进行服务时，用户被路由到最低延时(时间延迟)的边缘站点服务器，所以内容在最大效能下进行分发。如果内容已经在最低延时的边缘站点存放， Amazon CloudFront 会立即将它们递送。如果内容当前还没有在边缘站点中，Amazon CloudFront 从源发端服务器(例如，Amazon S3 桶或 Web 服务器)进行检索。源发端服务器存放内容的初始并且最终可靠版本。

优化的 Amazon CloudFront 与作为源发端服务器(包括 Amazon S3 桶、Amazon S3 静态网页、Amazon EC2 实例以及弹性负载均衡器)的其他 AWS Cloud 服务一起协调工作。Amazon CloudFront 还与非 AWS 源发端服务器无缝协作，如现有的户内 Web 服务器。Amazon CloudFront 同时和 Amazon Route 53 集成工作。

Amazon CloudFront 支持所有在 HTTP 或 HTTPS 上可以被服务的内容，包括任何常见 Web 应用中的部分静态文件，例如 HTML 文件、图片、JavaScript 和 CSS 文件，还有声音、影像文件或软件下载。Amazon CloudFront 同时支持由 Web 网页生成的动态服务，所以可以用来递送整个网站的内容。最后，Amazon CloudFront 通过 HTTP 和实时消息协议(Real-Time Messaging Protocol，RTMP)支持媒体流。

7.3.1 Amazon CloudFront 基础

在开始使用 Amazon CloudFront 之前，用户需要理解三个核心概念：配送、源发端和缓存控制。通过理解这些概念，可以使用 Amazon CloudFront 加速网站内容的分发。

1. 配送

使用 Amazon CloudFront 时，首先需要创建配送(Distribution)，配送由 DNS 域名标识，例如 d111111abcdef8.cloudfront.net。为了在 Amazon CloudFront 上提供文件服务，只需要使用配送域名替代网站域名，文件其他部分路径保持不变。可以使用 Amazon CloudFront 配送域名本身，更常用的方法是在 Amazon Route 53 中创建 CNAME，从而在自己的域中创建用户友好的 DNS 名称，也可以创建其他 DNS 服务以引用配送的域名。使用 CNAME 的客户端自动被跳转到 Amazon CloudFront 的配送域名。如果使用 Amazon Route 53 作为 DNS 服务，那么可以使用名为别名的功能，从而转发区(zone)的根地址(如 example.com，这个功能不能使用 CNAME)到 CloudFront 的配送。

2. 源发端

创建配送时，需要指定 DNS 域名的源发端——想要 Amazon CloudFront 检索存放对象(Web 文件)的最终可靠版本的 Amazon S3 桶或 HTTP 服务器。例如

- Amazon S3 桶：myawsbucket.s3.amazonaws.com
- Amazon EC2 实例：ec2-203-0-113-25.compute-1.amazonaws.com
- 弹性负载均衡器: my-load-balancer-1234567890.us-west-2.elb.amazonaws.com
- 网站 URL：mywebserver.mycompnaydomain.com

3. 缓存控制

一旦请求由边缘站点发出并提供服务，对象就在缓存中存放直到它们过期或被"踢出"以便将存储空间留给请求更频繁的内容。默认情况下，缓存中的对象在 24 小时之后失效过期。对象失效后，下一个请求会引发 Amazon CloudFront 将请求转发到源发端以验证对象是否更改或获取更改后的最新版本。

作为可选项，可以控制对象失效前停留在 Amazon CloudFront 缓存中的时间。为了执行这个操作，可以在源发端设置 Cache-Control 报头，或者在 Amazon CloudFront 配送中设置对象的最小、最大以及默认活跃时间(Time To Live，TTL)。

还可以通过调用失效 API 或通过 Amazon CloudFront 控制台删除 Amazon CloudFront 边缘站点中对象的所有副本。这个功能会忽略在源发端服务器设置的对象过期时间并且删除每个 Amazon 边缘站点的对象。这个失效功能用于不可预测的场景，例如变更错误或者对网站做了超出预期的修改(不是正常的工作流程)。

除了手动或通过程序让对象失效以外，最佳实践是使用版本号作为对象(文件)的路径名称，例如

- 旧文件：assets/v1/css/narrow.css
- 新文件：assets/v2/css/narrow.css

在使用版本控制时，在没有使用失效功能更新网站的情况下，用户将通过 Amazon CloudFront 看到最新的内容。旧版本将从缓存中自动失效。也就是说，根据其他的设置，可能需要失效包含引用旧版本对象的原页面。

7.3.2　Amazon CloudFront 如何分发内容

在完成一些初始化设置之后，Amazon CloudFront 就以用户透明的方式加速派送内容。本节提供设置服务内容的 Amazon CloudFront 所需的步骤，同时提供后台发生的过程。

1. 配置 Amazon CloudFront

以下步骤描述了配置 Amazon CloudFront 所需的过程。

配置源发端服务器

(1) Amazon CloudFront 使用源发端服务器从 Amazon CloudFront 节点中检索分发文件。

源发端服务器存放对象的原始最终可靠版本。如果在 HTTP 上提供内容服务，那么源发端服务器是 Amazon S3 桶或 HTTP 服务器(如 Web 服务器)。HTTP 服务器在 Amazon EC2 实例或管理的服务器上运行，这些服务器被称作自定义源发端。

如果使用 Adobe RTMP 协议按需分发媒体文件，那么源发端服务器通常是 Amazon S3 桶。

将内容放置在源发端服务器上

(2) 文件也叫作对象,通常包括 Web 页面、图片和媒体文件,但也可以是任何可被 HTTP 或所支持版本的 Adobe RTMP(由 Adobe Flash 媒体服务器使用的协议)支持的对象。动态生成的内容(例如,数据库中为响应 HTTP GET 操作而生成的 HTML)也完全被支持。

提示:
可以将 Amazon S3 桶中的对象设定为公开可读,这样所有人都可获知对象访问的 URL。也可以保留对象的私有权限并且控制访问权限。Amazon CloudFront 不要求公开 Amazon S3 桶,所以最好将它们保持为私有。

创建 Amazon CloudFront 配送

(3) 当用户通过网站或应用访问内容时,Amazon CloudFront 配送将告知 Amazon CloudFront 使用哪个源发端服务器获取内容。还可以定义细节,比如是否希望 Amazon CloudFront 将所有请求记录到日志中,并且是否希望在创建以后尽快分发。

Amazon CloudFront 分配域名

(4) 创建配送之后,Amazon CloudFront 会自动分配域名,域名将用于引用配送。

Amazon CloudFront 配置边缘站点

(5) 分配域名之后,Amazon CloudFont 自动将配送的配置(不是内容)发送给所有边缘站点。

在构建网站或应用时,可以使用 Amazon CloudFront 提供的域名作为自己的 URL 来访问对象。例如,如果 Amazon CloudFront 返回域 d111111abcdef8.cloudfront.net 作为配送,那么 Amazon S3 桶或 Web 服务器的根目录中 logo.jpg 的 URL 将使用以下格式: http://d111111abcdef8.cloudfront.net/logo.jpg。但是,更典型的方式是使用相对路径,而不是将主机定义为 URL 的一部分,除非的确要求另一个主机名称。这种方式为网站建设以及 CNAME、负载均衡器和 CloudFront 分发的使用提供了更大的灵活性。例如,前面的图像文件将被引用为 /images/website-logo.png,也可使用前面的例子 logo.jpg。无论是通过服务器的 DNS 名称或 IP 地址,还是通过 Amazon CloudFront 分发服务器的 DNS 名称或是通过提供的指向 Amazon CloudFront 分发服务器的 DNS 名称的 CNAME(如 www.example.com)直接访问网页,这些情况下引用都可以正常工作。

作为可选项,可以通过添加文件头的方式配置源发端服务器,文件头可以指示想要文件在 Amazon CloudFront 边缘站点缓存停留的时长。默认情况下,每个对象失效前在边缘站点中停留 24 小时。失效的最小值是 0 秒,对最大值没有限制。

图 7.1 显示了配置 Amazon CloudFront 配送所需步骤的概览图。

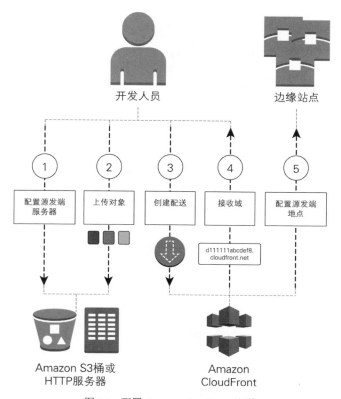

图 7.1　配置 Amazon CloudFront 配送

2. Amazon CloudFront 如何运作

以下步骤概述了配置 Amazon CloudFront 递送内容以后，在用户请求对象时发生的事情。

(1) 用户访问网站或应用，然后请求一个或多个对象，例如图像文件或 HTML 文件。

(2) DNS 将请求路由到能够对用户请求提供最佳服务的 Amazon CloudFront 边缘站点，通常是网络延迟意义上最近的 Amazon CloudFront 边缘站点。

(3) 在边缘站点上，Amazon CloudFront 检查所请求文件是否在缓存中存放。如果发现在缓存中存放，就将文件返回给用户。如果文件没有在缓存中，Amazon 将执行以下操作：

a. Amazon CloudFront 将比较请求与用户分发配置，然后将文件请求转发到适当的对应文件类型的源发端服务器(例如，Amazon S3 桶对应图像文件，HTTP 服务器对应 HTML 文件)。

b. 源发端服务器将文件返回到 Amazon CloudFront 边缘站点。

c. 当文件的第一个字节到达源发端以后，Amazon CloudFront 开始将文件转递给用户，Amazon CloudFont 同时将文件添加到边缘站点的缓存，供其他人请求这些文件时使用。

图 7.2 显示了 Amazon CloudFront 内容分发的过程。

图 7.2　Amazon CloudFront 内容分发(一)

7.3.3　Amazon CloudFront 边缘站点

Amazon CloudFront 边缘站点是区域存在的地点,使用它们缓存对象,然后将它们存放在尽量靠近应用或网站最终用户的地点。Amazon CloudFront 提供横跨 23 个国家的 50 个城市,一共 100 个边缘站点的全球网络。这些边缘站点包括 89 个存在点(Point of Presence)以及 11 个区域边缘缓存。

7.3.4　Amazon CloudFront 区域边缘缓存

区域边缘缓存是 Amazon CloudFront 地点,它们部署在 AWS 全球区域中,靠近最终用户。这些地点位于源发端服务器和全球边缘站点之间, 为最终用户提供直接的数据流服务。当对象的访问次数减少之后,单独的边缘站点可能会将这些对象"踢出",从而为其他更受欢迎的内容腾出空间。区域边缘缓存跟全球边缘站点相比拥有更大的缓存空间,允许对象在缓存中停留更长的时间。

当用户对网站或应用发出请求时, DNS 将请求路由到可以提供最佳服务的 Amazon CloudFront 边缘站点。通常, 这个地点是以时间延迟来衡量的最靠近 Amazon　CloudFront 边缘站点的位置。在边缘站点中, Amazon 检查请求的文件是否在缓存中。如果文件已经缓存, Amazon CloudFront 将它们返回给用户。如果文件不在缓存中,边缘站点会访问最近的区域边缘缓存来获取对象。在区域边缘缓存中,Amazon CloudFront 再一次检查请求的文件是否在缓存中。如果文件已经在缓存中,那么 Amazon CloudFront 将文件转发给请求的边缘站点。

当文件的第一个字节到达区域边缘缓存之后, Amazon CloudFront 开始将文件转递给用户, Amazon CloudFont 同时将文件添加到请求边缘站点的缓存,供其他人请求这些文件时使用。

Amazon 区域边缘缓存地点适用于非频繁访问的内容, 这些内容可能无法在 Amazon CloudFront 边缘站点中保持一致,但是仍可能受益于靠近内容请求者的地点。

在使用 Amazon CloudFont 区域边缘缓存时请注意以下要点:

- 不需要对 Amazon CloudFont 配送做任何修改以使用区域边缘缓存;默认情况下, 这个功能对所有 Amazon CloudFont 配送是打开的。
- 在使用 Amazon CloudFront 区域边缘缓存时没有额外的费用。

- 区域边缘缓存具有与边缘站点相同的功能。例如，在对象失效前，缓存失效请求会将对象从边缘站点和区域边缘缓存中同时删除。下一次查看请求这个对象时，Amazon CloudFront 返回源发端以获取对象的最新版本。
- 区域边缘缓存与自定义源发端协同工作，但 Amazon S3 源发端是从边缘站点直接访问的。
- 代理方法 PUT/POST/PATCH/OPTIONS/DELETE 直接从边缘站点流向源发端而不是通过区域边缘缓存进行代理。
- 动态内容在请求时确定(配置为转发所有报头的缓存行为)，没有通过区域边缘缓存进行流动而是直接流向源发端。
- 可以使用 Amazon CloudFront 控制台提供的缓存命中率度量来测算性能是否提高。

7.3.5 Web 配送

当希望使用 Amazon CloudFront 分发内容时，可以创建配送，然后指定源发端的配置以及是否想要文件对每个人可用还是包含访问限制。

还可以配置 Amazon CloudFront 以要求最终用户使用 HTTPS 访问内容，将 cookie 和/或查询字符串转发到源发端，防止特定国家中的用户访问内容以及创建访问日志。

可以使用 Web 配送在 HTTP 或 HTTPS 上提供如下内容：

- 静态和动态内容。例如，HTML、CSS、JS 以及使用 HTTP 或 HTTPS 的图像文件。
- 使用进阶下载的即时媒体内容以及 Apple HTTP 视频直播(HTTP Live Streaming，HLS)。不能通过 HTTP 或 HTTPS 对 Adobe flash 媒体内容进行服务，但是可以使用 Amazon CloudFront RTMP 配送服务获得这些内容。
- 对于现场事件，如实时的双人会议、多人会议或音乐会，如果需要视频直播，可以通过 AWS CloudFormation 自动创建配送。

7.3.6 动态内容以及高级功能

Amazon CloudFront 可以为静态 Web 文件提供服务。为了开始使用服务的高级功能，你需要了解如何使用缓存行为以及如何限制对敏感内容的访问。

1. 动态内容、多源发端以及缓存行为

正如我们之前描述过的，提供对静态资源的服务，是使用 CDN 的常用方式。但是，通过便捷地配置 Amazon CloudFront 配送，也可以提供对动态内容的服务。同时，可以使用超过一个的源发端服务器，还可以控制请求由哪个源发端服务发出以及请求如何通过名为缓存行为的功能进行缓存。

缓存行为允许你为网站上文件的给定 URL 路径模式配置各种 Amazon CloudFront 功能，如图 7.3 所示。一种缓存行为适用于所有 Web 服务器的 PHP 文件(动态内容)，它使用路径模式 *.php；另一种缓存行为适用于另一台源发端服务器的所有 JPEG 文件(静态内容)，它使用路径模式 *.jpg。

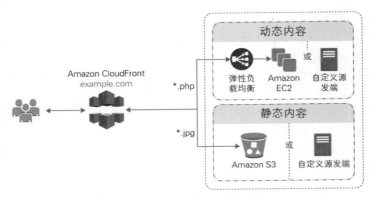

图 7.3 Amazon CloudFront 内容分发(二)

每个缓存行为所能配置的功能如下:

- 路径模式
- 使用哪个源发端转发请求
- 是否转发查询字符串到源发端
- 访问指定的文件是否需要签名的 URL
- 是否需要 HTTPS 访问
- 文件在 Amazon CloudFront 缓存中停留的时长(而无论源发端添加到文件中的任何缓存控制头的值如何)

缓存行为按次序进行应用;如果一个请求不匹配第一个路径模式,那么它会按顺序匹配下一个路径模式。通常,最后指定的路径模式为*,它可以匹配所有文件。

2. 性能提示:动态内容与 HTTP/2

Amazon CloudFront 可以无缝地处理所有内容,包括动态生成的、不可缓存的内容以及可以缓存的大量内容(请参阅前面和后面的章节),这个功能非常有用。但是,用户可能以为这种情况没有任何性能优势。毕竟,Amazon CloudFront 边缘站点如果每次在接收请求后都需要访问源发端来获取个别 URL 代表的动态内容,那又如何加速内容的递送呢?你可能会接着假设,如果对象没有在 Amazon CloudFront 缓存中,使用 Amazon CloudFront 不会加快内容在第一次请求时的访问速度。

事实证明,即使动态或未缓存的初始内容也通常会以低延迟的方式递送给最终用户。原因与配置构成内容缓存以及派送机制的 TCP 或 TLS 连接时指定的时间有关。每一个这样的连接都需要在有限的时间内建立,并且如果这个由 CloudFront 到源发端的连接可以被重用的话,就可能产生较大的延迟。

例如,假设最终用户与 Amazon CloudFront 边缘站点之间的往返延迟是 30 毫秒,而边缘站点与源发端之间的往返延迟是 100 毫秒(仅供参考,到本书出版为止,从新加坡区域到北弗吉尼亚区域的往返延迟是 240 毫秒,这是目前最高效的 AWS 骨干网)。对于所有情况,在内容第一次被递送前,在三台主机之间(由客户端到边缘站点以及由边缘站点到源发端的 SYN/ACK 包需要完整的往返)创建的 TCP 连接需要 130 毫秒(忽略本地开销,这对于 TLS 连接来说较高)。

现在,假设使用新的客户端与边缘站点连接,然后开始从同一个源发端请求内容服务,而无论是动态内容还是尚未在边缘站点缓存中的内容。Amazon CloudFront 边缘服务器通常可以重新使用到源发端的现有连接，以避免连接设置开销。这能够将第一个字节的递送时间减少 100 毫秒甚至更多。这看起来似乎并不多。但是，每个 TCP 连接中即使 1 秒的十分之一也能很快累积起来。避免每次建立加密的 TLS 会话的开销将进一步减少延迟。因此，即使在内容缓存不起作用的情况下，使用 Amazon CloudFront 也能带来性能上的提升。用户会很高兴在所有这些场景中获得尽可能最好的性能。

Amazon CloudFront 同时还支持使用 HTTP/2 协议的客户端连接。这个最新的协议已经被大多数现代浏览器所支持，它通过连接重用、多路复用、服务器推送等方式实现了性能的显著提升。即使源发端服务器不支持 HTTP/2，在最终用户和 Amazon CloudFront 边缘站点之间使用这些增强功能(即使当使用 Amazon CloudFront 通过 HTTP/1.x 访问源发端服务器时)，也还是可以显著地提高性能。除了可以通过连接重用使用 Amazon CloudFront 优化源发端访问以外，边缘缓存中的内容会以相比源发端服务器更快的方式进行派送，甚至忽略边缘站点和源发端之间的延迟差异。

3. 整个网站

通过缓存行为以及多个源发端，可以轻松地使用 Amazon CloudFront 为整个网站提供服务，并且对不同的客户端设备提供不同行为的支持。

4. 私有内容

在许多情况下，你可能只想对 Amazon CloudFront 中的特定请求内容进行访问限制，例如，付费订阅者以及公司网络中的应用或用户。Amazon CloudFront 提供多种对私有内容提供服务的机制。

- 签名 URL：使用仅对特定时间以及特定 IP 地址生效的 URL。
- 签名 cookie：需要公有和私有密钥对的认证。
- 源发访问身份(Origin Access Identity，OAI)：对 Amazon S3 桶限制访问，仅允许特定 Amazon CloudFront 用户绑定配送。这是保证桶内容仅由 Amazon CloudFront 进行访问的最简单方式。

5. RTMP 配送

RTMP 配送通过 Adobe 媒体服务器和 Adobe RTMP 流式传输媒体文件。当使用 Amazon CloudFront 的 RTMP 配送时，需要对最终用户同时提供媒体文件和媒体播放器。媒体播放器的例子包括 JW 播放器、Flowplayer 和 Adobe Flash 等。

最终用户将使用你提供的媒体播放器查看媒体文件，而不是使用已经在自己电脑上安装(如果有的话)的媒体播放器或设备。这样配置的部分原因在于当最终用户播放媒体文件时，媒体播放器在从 Amazon CloudFront 下载的同时开始播放文件的内容。媒体文件没有存放在最终用户的本地系统中。

为了通过这种方式让 Amazon CloudFront 为媒体提供服务，需要两种不同的配送类型：服务媒体播放器的 Web 配送以及针对媒体文件的 RTMP 配送。Web 配送在 HTTP 上提供文件服务，而 RTMP 配送在 RTMP 或 RTMP 的变体上流式传输媒体文件。

图 7.4 显示了媒体文件以及媒体播放器存放在 Amazon S3 的不同桶中。还可以通过其他方

式使媒体播放器对用户可用，例如使用 Amazon CloudFront 和自定义源发端；但是，媒体文件必须在源发端使用 Amazon S3 桶。

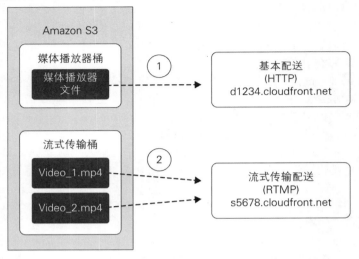

图 7.4　流式配送、Web 配送和 RTMP 配送

图 7.4 同时显示了使用中的两个独立的桶：一个针对媒体文件，另一个针对媒体播放器。还可以将媒体文件和播放器放在一个桶中(图 7.4 中没有显示)。

在图 7.4 中，对 Amazon CloudFront 流式传输使用了两个配送：

- 媒体播放器桶存放媒体播放器，并且它是普通 HTTP 配送的源发端服务器。在这个例子中，配送的域名是 d1234.cloudfront.net。d1234.cloudfront.net 中的 d 表示 Web 配送。
- 流式媒体桶存放媒体文件，它是 RTMP 配送的源发端服务器。在这个例子中，RTMP 配送的域名是 s5678.cloudfront.net。s5678.cloudfront.net 中的 s 表示 RTMP 配送。

Amazon CloudFront 还支持其他的流式传输选项。

Wowza 流式传输引擎 4.2　可以使用 Wowza 流式传输引擎 4.2 通过 Amazon CloudFront 创建全球派发的直播会话。Wowza 流式传输引擎 4.2 支持以下基于 HTTP 的流式传输协议：

- HLS
- HTTP 动态流式传输(HDS)
- 平滑流式删除(Smooth Streaming)
- HTTP 上的 MPEG 动态适应流式传输(Dynamic Adaptive Streaming over HTTP，DASH)

对于这些协议，Amazon CloudFront 将视频分割成小块，然后缓存在 Amazon CloudFront 网络中以提高性能和可扩展性。

使用 Amazon CloudFront 以及任何 HTTP 源发端直播 HTTP 媒体流　Amazon CloudFront 支持任何直播解码器，例如 Elemental Live。编码器必须输出基于 HTTP 的流用以流式传输现场表演、网络研讨会和其他事件。

使用 Amazon CloudFront 以及其他媒体播放器播放点播视频　当使用 Amazon CloudFront 流式传输媒体文件时，同时提供媒体文件和希望最终用户使用的媒体播放器。

6. 替换域名

在 Amazon CloudFront 中，替换域名允许使用自己的对象链接的域名(例如，www.example.com)代替 CloudFront 分配的配送域名。替代域名同时支持 Web 配送和 RTMP 配送。

当创建配送时，Amazon CloudFront 返回配送的域名，如 d111111abcdef8.cloudfront.net。

当使用 Amazon CloudFront 域名作为对象时，/images/image.jpg 对象的 URL 为 http://d111111abcdef8.cloudfront.net/images/image.jpg。

如果想使用自己的域名(如 www.example.com)而不是 Amazon CloudFront 分配给配送的cloudfront.net 域名，那么可以为 www.example.com 的配送添加替换域名。然后，就可以对/images/image.jpg 使用以下 URL：http://www.example.com/images/image.jpg。

在使用替换域名时，在域名的开头可以使用通配符*而不需要指定单独的子域。例如，通过使用替换域名*.example.com，可以在对象 URL 中使用任何以 example.com 结束的域名，如www.example.com、product-name.example.com 以及 marketing.product-name.example.com。

警告：
替换域名必须由星号和点(*.)开始。不能使用星号替代子域名(如*domain.example.com)，也不能替代域名中间部分的子域名(如 subdomain.*.example.com)。

7.3.7　HTTPS

对于 Web 配送来说，可以配置 Amazon CloudFront 以要求浏览器使用 HTTPS 请求对象，甚至在配送中自动将用户从 HTTP 端点重新定向到 HTTPS 端点。结果是对用户和 Amazon CloudFront 之间的连接实现了加密。还可以将 Amazon CloudFront 配置为使用 HTTPS 从源发端检索对象，以便在 Amazon CloudFront 从边缘站点和区域边缘缓存与源发端通信时加密连接。

以下是当 Amazon CloudFront 接收到对象请求，并且需要使用 HTTPS 与用户和源发端进行通信时必须遵循的过程：

(1) Web 客户端提交 HTTPS 请求给 Amazon CloudFront。此时，用户和 Amazon CloudFront 之间会有 SSL/TLS 协商。客户端以加密格式提交请求。

(2) 如果对象存放在 Amazon CloudFront 区域边缘缓存中，那么 Amazon CloudFront 对应答进行加密，然后返回给客户端。客户端再进行解密。

(3) 如果对象不在 Amazon CloudFront 缓存中，Amazon CloudFront 将与源发端进行 SSL/TLS 协商，协商完毕后，将请求以加密格式转发到源发端。

(4) 源发端对请求进行解密，然后加密请求对象，将对象再返回给 Amazon CloudFront。

(5) Amazon CloudFront 对应答进行解密，重新加密后，再将对象转发给客户端。Amazon CloudFront 同时将对象存放在缓存中，这样在下一次请求时就可以在缓存中找到对象。

(6) 客户端对应答进行解密。

注意：
当客户端将 HTTP 请求跳转为 HTTPS 请求时，Amazon CloudFront 对两种请求都进行收费。对于 HTTP 请求，仅对请求和 Amazon CloudFront 返回的报头部分收费。对于 HTTPS 请求，对请求报头以及由源发端返回的对象进行收费。

警告：

在 Amazon CloudFront 与源发端之间，不能对 HTTPS 通信使用自签名证书。

如果源发端服务器返回过期的证书、无效证书、自签名的证书或错误顺序的证书链，那么 Amazon CloudFront 将会中断 TCP 连接，然后返回 HTTP 状态码 502(错误网关，Bad Gateway)。

7.3.8 Amazon CloudFront 与 AWS Certificate Manager (ACM)

AWS Certificate Manager (ACM)用来简化和自动化与传统 SSL/TLS 证书相关的许多任务。ACM 负责管理数字证书的准备、部署和更新等相关复杂工作，这个证书由 Amazon 证书机构——Amazon 信任服务(Amazon Trust Service)提供。

可以提供 SSL/TLS 证书，然后将它们与 Amazon CloudFront 配送进行绑定。首先使用 ACM 提供证书，然后将证书部署到 Amazon CloudFront 配送。ACM 还可以管理证书的续约。ACM 对证书提供准备、部署和管理服务时没有额外费用。但是，当使用 Amazon CloudFront 和 HTTPS 时，会产生额外的费用。

为了在 Amazon CloudFront 上使用 ACM，必须在美国东区(北弗吉尼亚)申请或导入证书。在这个区域与 Amazon CloudFront 配送绑定的 ACM 证书可以派发到所有配置了这个配送的地理位置。

7.3.9 失效对象(仅适用于 Web 配送)

如果需要在对象过期之前将对象从 Amazon CloudFront 区域边缘缓存中删除，那么可以在 Amazon CloudFront 区域边缘缓存中让对象失效。每月的前 1000 个失效操作是免费的，之后的每个失效操作都需要付费。

为了执行失效操作，可以指定单个对象的路径或以通配符*结尾的路径，后者适用于一个或多个对象。以下为指定对象以及通配符失效的例子：

- /images/image1.jpg
- /images/image*
- /images/*

失效对象的另一种替代方式是使用对象版本控制，对包含不同完全限定名称(包含路径的名称)对象的不同版本提供服务。

警告：

可以使由 Web 配送服务的大多数对象类型失效，但是当打开相关缓存行为的平滑流式传输后，不能对微软平滑流式传输(Smooth Streaming)格式的媒体文件执行失效操作。此外，也不能对 RTMP 配送服务的对象执行失效操作。

访问日志

Amazon CloudFront 可以对接收到的每个用户请求的具体信息创建日志文件。Web 配送和 RTMP 配送都可以使用访问日志。当启用配送的日志功能时，指定 Amazon S3 桶用来存放 Amazon CloudFront 的日志文件。

可以将多个配送的日志文件存放在同一个桶中。当打开日志功能后，可以指定文件的前缀选项，这样就可以追踪日志文件与哪个配送关联。

提示：

如果使用 Amazon S3 作为源发端，建议对日志文件不要使用同一个桶。使用不同的桶可以简化维护工作。

7.3.10　Amazon CloudFront 与 AWS Lambda@Edge

AWS Lambda@Edge 是 AWS Lambda 的扩展，是一项计算服务，用于执行由 Amazon CloudFront 派送的自定义内容的函数代码。可以在一个区域中编写函数代码，然后在全球 AWS 区域或边缘站点执行函数代码，而不需要提供或管理服务器。与 AWS Lambda 服务一样，Amazon Lambda@Edge 可以由每天的几个请求到每秒的上千个请求实现自动扩展。Amazon Lambda@Edge 在边缘站点处理请求而不是在源发端服务器上进行处理，这样可以大大降低延时和提高用户的使用体验。

在将 Amazon CloudFront 配送与 Amazon Lambda@Edge 进行绑定时，Amazon CloudFront 截获请求，然后在边缘站点进行响应。Amazon Lambda@Edge 根据区域或最靠近最终用户边缘站点的 Amazon CloudFront 事件执行函数代码。

当以下 Amazon CloudFront 事件发生时，可以执行 AWS Lambda 函数代码：

- 当 Amazon CloudFront 从浏览者一方接收到请求时(浏览者请求)。
- 在 Amazon CloudFront 将请求转发给源发端之前(源发端请求)。
- 当 Amazon CloudFront 从源发端接收到请求时(源发端应答)。
- 在 Amazon CloudFront 将请求返回给浏览者之前(浏览者应答)。

以下为 Amazon Lambda@Edge 用例：

- 可以编写审查 cookie 和重写 URL 的 AWS Lambda 函数代码，这样用户可以看到网站的不同版本以进行 A/B 测试。
- 当 Amazon CloudFront 浏览者访问事件或源发端访问事件发生时，可以使用 AWS Lambda 函数代码生成 HTTP 应答。
- 在 Amazon CloudFront 将请求转发给源发端之前，AWS Lambda 函数代码可以审查报头或授权标识，然后插入适当的报头以对内容进行访问控制。
- AWS Lambda 函数代码可以添加、删除和修改报头以及重写 URL 路径，这样 Amazon CloudFront 就可以返回不同的对象。

7.3.11　Amazon CloudFront 字段级加密

通过 Amazon CloudFront 字段级加密，可以在将请求转发给源发端服务器之前，在边缘站点上加密敏感内容。数据使用你提供的公钥进行加密。然后可以使用相关的私钥在应用中对数据进行解密。灵活的 DevOps 团队在基于一组 API 以及松散耦合(loosely-coupled)的微服务开发大型应用时,会在数据第一次进入应用时隔离敏感数据,并且仅在生命周期中的一个或几个重要环节进行解密,这大大提高了应用的安全性,与此同时提高了应用开发的灵活性。

可以通过一系列步骤配置 Amazon CloudFront 字段级加密功能,包括上传密钥、创建加密概要文件、使用这些加密概要文件的构件配置文件,以及将配置与缓存行为关联。可以在需要加密的 HTTP POST 请求中指定多达 10 个字段,并且可以对它们进行设置,以便根据请求 URL 中的查询字符串将不同的加密概要文件应用于每个请求。

当所有这些都正确配置以后,来自最终用户端的敏感数据字段将会自动在源发端加密,之后内容的主体部分,包括加密和未加密的数据可以在应用之间进行流动。大多数情况下,经过仔细设计且对敏感数据进行了管控的微服务应用,在需要对源数据执行读操作的时候,才会对数据库进行解密。同时,应用的其他部分,以及通常的日志、监控、性能跟踪工具等,如果配置正确,那么从用户端传来的敏感数据元素不会无意被检查、记录或泄露。

7.4 本章小结

在本章中,你学习了 Amazon CloudFront——一种与其他 AWS 产品集成的全球 CDN 服务,它为开发人员及组织提供了一种将内容分发给最终用户的简单方式,特点是低延时、高速数据传输,并且没有最少使用量的承诺。

你学习了 Amazon CloudFront 的不同功能和特点,包括边缘站点、区域边缘缓存、Web 配送和 RTMP 配送、源发端服务器、动态内容派送、日志、Amazon Lambda@Edge 以及字段加密。

CDN 是对分布在全球各地的用户提供持续高性能的主要方法之一。CDN 还可以减少源发端服务器的负载以及提高 Web 应用的可扩展性、性能和安全性。

7.5 考试要点

理解 Amazon CloudFront 的基本用例 知道什么时候使用 Amazon CloudFront,例如分布在不同地理区域的用户经常访问的静态及动态内容。

理解 Amazon CloudFront 的工作方式 Amazon CloudFront 通过使用地理定位识别用户地点,然后提供服务以及在最靠近用户的边缘站点缓存内容,从而优化下载。

理解如何创建 Amazon CloudFront 配送以及源发端类型 为了创建配送,可以指定源发端以及配送的类型,然后使用 Amazon CloudFront 为配送创建新的域名。源发端支持 Amazon S3 桶、静态 Amazon S3 网站以及位于 Amazon EC2 或数据中心的 HTTP 服务器。

理解通过 Amazon CloudFront 提供私有内容服务的机制 Amazon CloudFront 可以通过 Amazon S3 OAI、签名的 URL 以及 cookie 提供私有内容服务。

理解 Amazon CloudFront 日志的工作方式 Amazon CloudFront 可以创建日志,其中包含 Amazon CloudFront 接收到的每个用户请求的详细信息。

理解在 Amazon CloudFront 中让对象失效的方式及原因 在对象过期之前,如果需要将对象从 Amazon CloudFront 边缘站点缓存中删除，那么可以在 Amazon CloudFront 边缘站点缓存中使对象失效。

理解 Amazon Lambda@Edge 的工作方式及用例　Amazon Lambda@Edge 是 AWS Lambda 的扩展，是一项计算服务，用于执行由 Amazon CloudFront 派送的自定义内容的函数代码。可以根据 Amazon CloudFront 事件触发执行 AWS Lambda 函数代码。

理解使用 ACM 的方法和原因　AWS Certificate Manager(ACM)用来简化和自动化与传统 SSL/TLS 证书相关的许多任务。为了在 Amazon CloudFront 上使用 ACM，必须在美国东区(北弗吉尼亚)请求或导入证书。

理解在 Amazon CloudFront 上使用 HTTPS 的原因和方法　对于 Web 配送来说，可以配置 Amazon CloudFront 以要求浏览器使用 HTTPS 进行对象请求。

应试窍门

教学抽认卡(Flashcard)对于你认识自己在学习中的不足有很大的作用，在阅读各章之后重新复习这些知识可以帮助你掌握它们。在复习这些内容时，重读相关章节，然后复习练习题对你会有很大帮助。你可以使用本书提供的教学抽认卡或者创建自己的卡片。

7.6　复习资源

Amazon CloudFront：https://aws.amazon.com/cloudfront/

Amazon CloudFront 用户指南：https://aws.amazon.com/documentation/cloudfront/

AWS re:Invent 介绍：

AWS re:Invent 2017: Amazon CloudFront Flash Talks: Best Practices on Configuring,

Se security, caching, measuring performance using Real User Monitoring (RUM), and customizing content delivery with Lambda@Edge.(CTD301)：https://www.youtube.com/watch?v=8U3QdNSFJDU

AWS re:Invent 2017: Amazon CloudFront 以及 AWS Lambda@Edge 简介(CTD201)：https://www.youtube.com/watch?v=wRaPw1tx6LA

7.7　练习

熟悉掌握 Amazon CloudFront 的最好方法是构建自己的 Amazon CloudFront 配送。如果需要帮助，可参阅 Amazon CloudFront 用户指南：https://aws.amazon.com/documentation/cloudfront/。

练习 7.1

创建 Amazon CloudFront Web 配送

(1) 以 Administrator 或 Power User 身份登录到 AWS Management Console。

(2) 上传内容到 Amazon S3 以及授予对象权限。

    a. 通过 Amazon S3 控制台创建一个桶，名称与网站主机名和 Amazon CloudFront 配送名相同。

    b. 上传静态文件到桶。注意文件不要包含敏感数据，因为它们会被互联网上的所有人看到。

    c. 将所有文件设置为公有(所有人可读)。

    d. 启用桶的静态网站托管功能。这个步骤包括指定索引和错误文件。

    e. 网站现在可以通过 Amazon S3 桶的 URL 进行访问：<bucket-name>.s3-website-<AWS-region>.amazonaws.com。

(3) 创建 Amazon CloudFront Web 配送。

    a. 导航到 Amazon CloudFront 控制台。

    b. 选择创建配送，按照所需步骤执行操作。

(4) 测试链接。创建配送以后，Amazon CloudFront 获知 Amazon S3 源发端服务器的地点，然后获知与配送关联的域名。可创建与包含域名的 Amazon S3 桶内容的链接，然后由 Amazon CloudFront 提供服务。

你现在创建了第一个 Amazon CloudFront Web 配送。

练习 7.2

创建 Amazon CloudFront RTMP 配送

(1) 以 Administrator 或 Power User 身份登录到 AWS Management Console，导航到 Amazon CloudFront 控制台。

(2) 创建媒体文件的 Amazon S3 桶。如果对媒体播放器使用不同的 Amazon S3 桶，那么为媒体文件也创建 Amazon S3 桶。桶名必须全部小写并且不能包含空格。

(3) 将媒体文件上传到源发端，Amazon CloudFront 应当从这里开始进行检索。如果使用 Amazon S3 桶作为媒体播放器的源发端，那么将文件(不是桶)设置为公有可读。

(4) 创建媒体播放器的 Web 配送。

(5) 将媒体文件上传到你自己创建的 Amazon S3 桶。将内容(不是桶)设置为公有可读。如果媒体文件存放在 Flash Video 容器中，那么需要包含.flv 文件扩展名，否则媒体文件不能播放。可以将媒体文件和播放器放在同一个桶中。

(6) 对媒体文件创建 RTMP 配送。

(7) 配置播放器。为了播放媒体文件，必须给媒体播放器配置正确的文件路径。配置方式由使用何种媒体播放器以及如何使用决定。

(8) 在 Amazon CloudFront 创建配送以后，配送的状态列由"正在进行"(In Progress)变为"已部署"(Deployed)。如果选择打开配送，Amazon CloudFont 将会准备处理请求。这个过程不会超过 15 分钟。

你现在创建了第一个 Amazon CloudFront RTMP 配送。

练习 7.3

给 Amazon CloudFront 配送添加替换域名

(1) 以 Administrator 或 Power User 身份登录到 AWS Management Console，导航到 Amazon CloudFront 控制台。

(2) 选择之前创建的 Amazon CloudFront Web 配送。

(3) 添加合适的替换域名。

(4) 配置域的数据流路由 DNS 服务(如 example.com)到配送的 Amazon CloudFront 域名(如 d111111abcdef8.cloudfront.net)。使用哪种方法由是否使用 Amazon Route 53 作为域的 DNS 服务决定，可以使用别名记录集或给提供商的托管域添加适当的 CNAME 资源记录集。

(5) 使用 dig 或其他类似工具，确认前一步创建的资源记录集指向配送的域名。参考以下示例：

```
[提示符] - - > dig images.example.com
; <<> DiG 9.3.3rc2 <<> images.example.com
;; global options: printcmd
;; Got answer:
;; ->>HEADER<<-, opcode: QUERY, status: NOERROR, id: 15917
;; flags: qr rd ra; QUERY: 1, ANSWER: 9, AUTHORITY: 2, ADDITIONAL: 0
;; QUESTION SECTION:
;images.example.com. IN A
;; ANSWER SECTION:
images.example.com. 10800 IN CNAME d111111abcdef8.cloudfront.net.
...
```

你现在创建了 Amazon CloudFront 配送的第一个替换域名。

练习 7.4

配置 Amazon CloudFront，要求浏览者与 Amazon CloudFront 之间的 HTTPS

(1) 在 Amazon CloudFront 控制台的顶部区域，选择希望修改的配送 ID。

(2) 在 Behaviors 选项卡中选择希望修改的缓存行为，然后选择 Edit。

(3) 指定以下任意一种浏览协议：

- 重定向 HTTP 到 HTTPS
- 仅 HTTPS

你现在启用了 Amazon CloudFront 在浏览者与 Amazon CloudFront 之间要求 HTTPS 的功能。

练习 7.5

删除 Amazon CloudFront 配送

(1) 以 Administrator 或 Power User 身份登录到 AWS Management Console。

(2) 在 Amazon CloudFront 控制台的右边区域，找到想要删除的配送。检查状态栏中的状态。

  a. 如果状态值为"禁用"，那么直接跳到步骤(6)。

  b. 如果状态为打开并且状态值为"已部署"，继续步骤(3)，在删除之前禁用配送。

  c. 如果状态为打开并且状态值为"正在进行"，那么等待，直到状态值变为"已部署"。在删除之前继续步骤(3)并禁用配送。

(3) 在 Amazon CloudFront 控制台的右边区域，选择想要删除的配送。

(4) 单击 Disabled 以禁止配送。单击 Yes 以确认禁用，再单击 Close。

(5) 状态值立刻变为"禁用"。等待状态值变为"已部署"。

(6) 选中想要删除的配送。

(7) 单击 Delete。单击 Yes 以确认删除，再单击 Close。

你现在删除了创建的第一个 CloudFront 配送。

7.8 复习题

1. CDN 是什么？

 A. 受管的 DNS 服务

 B. 负载均衡器的一种类型

 C. 分布式网络缓存

 D. 在 Web 上分发数据流的协议

2. 你的网站正在使用 Amazon CloudFront。用户发送内容请求，路由到本地边缘站点。在内容在边缘站点可用之前，发生了什么？

 A. Amazon CloudFront 返回 HTTP 404 错误

 B. Amazon CloudFront 不会将用户派发到没有请求数据的边缘站点

 C. Amazon CloudFront 总是事先将内容放置在边缘站点上，所以用户始终体会不到数据未在缓存中

 D. 边缘站点将请求发送给源发端服务器，对用户的内容进行服务，然后对内容进行保存

3. Amazon CloudFront 可以与以下哪些源发端服务器一起工作？(选择 3 个)

 A. Amazon S3

 B. Elastic Load Balancing

 C. 户内服务器

 D. Amazon EC2 Auto Scaling 组

 E. VPC 路由表

4. Amazon CloudFront 缓存的默认失效时间是多久？

 A. 300 秒

 B. 24 小时

 C. 12 个月

 D. 对象默认永久不会失效

5. Amazon CloudFront 失效功能的作用是什么？

 A. 阻止用户请求过度使用边缘站点

 B. 从源发端服务器删除重复对象

  C. 允许覆盖源发端服务器的加密设置

  D. 从 Amazon CloudFront 缓存中删除对象

6. Amazon CloudFront 缓存行为的作用是什么？

  A. 控制请求的缓存方式

  B. 应用规则控制选择源发端

  C. 强制对所有用户的 HTTPS 加密

  D. 允许动态内容缓存

7. 当使用 HTTP 直播流(HLS)、HTTP 动态流(HDS)、平滑播放以及 MPEG DASH 格式录像时，Amazon CloudFront 的作用是什么？

  A. 使用自带的 Amazon CloudFront 媒体播放器提高性能

  B. 使用多边缘站点提高性能

  C. 发送并行流以提高性能

  D. 将视频封装为拉送方式(而不是推送方式)，允许用户适应条件改变以提高性能

8. 当给 Amazon CloudFront 配送添加替换域名时，通配符*的作用是什么？

  A. 替换子域名的一部分，例如 subdomain.*.example.com

  B. 替换子域名的一部分，例如*domain.example.com

  C. 单独指定子域的位置

  D. 在源发端引用多个文件

9. 在使用 ACM 和 Amazon CloudFront 时，你配置了 ACM 中的证书。但是当你试图启用 Amazon CloudFront 时，却没有看到可用的证书，这是什么原因？

  A. ACM 不支持 Amazon CloudFront

  B. 你需要从第三方的证书机构购买证书，然后上传到 ACM

  C. 你需要配置 ACM 的预置共享密钥

  D. 你可能没有在正确的区域创建 ACM 证书

10. 在失效 Amazon CloudFront 对象时，如何使用通配符* ？

  A. 定义单个子域的位置

  B. 作为对象版本的控制形式

  C. 允许访问自己的源发端服务器

  D. 指定单个路径下的多个对象

11. Amazon CloudFront 访问日志的作用是什么？

  A. 监控 Amazon S3 性能的一种方法

  B. 包含 Amazon CloudFront 接收到的每个用户请求的详细信息

  C. 允许捕获通往网络接口的 IP 数据流信息

  D. 启用 AWS 账户的监督、规范、操作审计以及风险审计功能

第8章

网络安全

本章涵盖的 AWS 认证高级网络-专项考试目标包括但不局限于以下知识点。

知识点 2.0：设计和实施 AWS 网络
- 2.2 根据客户要求，在 AWS 上定义网络架构
- 2.5 根据客户和应用需求决定适当的架构

知识点 3.0：自动化 AWS 任务
- 3.2 评估 AWS 中用于网络运营和管理的基于工具的备选方案

知识点 5.0：安全与规范的设计和实施
- 5.1 评估符合安全和合规目标的设计要求
- 5.2 评估支持安全和合规目标的监控策略
- 5.3 评估用于管理网络数据流的 AWS 安全功能
- 5.4 利用加密技术保护网络通信

对于网络安全，IT 行业有如下明确趋势：边界正在缩小。以前所说的"外刚内柔"的时代已经过去，在那些日子里人们过度关注网络边界保护。通过静态、吞吐量受限制的边缘安全栈推送所有数据流的方式已经不再被视为完整的安全解决方案。此外，具有几乎无限水平可扩展性的云架构正在挑战这些传统的网络安全概念。

现在微分割、零信任网络以及软件定义的边界正在兴起。尽管大多数网络和安全专业人员已熟悉云计算中的安全性，但是这些原则会转换为略有不同的实践。纵深防御依然是指导原则，本章提供在受保护环境中可以利用的一系列功能的多个视角。

从整体上思考 AWS 的安全性时，需要记住的要点是，安全是一项由你和 AWS 共同分担的职责。要确保清楚 AWS 职责的结束点以及用户职责的开始点；否则，你将把威胁对恶意破坏者完全开放。

AWS 提供了一条安全基准线，例如 AWS 保护服务 API 端点，以保证它们持续可用。你负责与自己负载相关的保护。AWS 提供了很多网络安全服务和功能，你应当了解何时以及如何使用它们。AWS Marketplace 还以供应商产品方式提供额外的功能。

本章回顾 AWS 为了支持网络的机密性、完整性和可用性而提供的服务和功能。在简要说明云监管的重要性之后，本章的其余部分将致力于在三个主要领域实现网络安全：数据流安全、AWS 安全服务，以及检测和响应。数据流安全关注 Amazon CloudFront、AWS Shield 与 AWS WAF 服务，它们提供内置的网络安全功能。AWS 安全服务涉及 Amazon GuardDuty、Amazon Macie 和 Amazon Inspector。当启用这些服务时，它们可以用来检查环境中的异常现象。

本章最后将讨论通过集成 AWS Cloud 服务功能检查以及响应网络安全事件的方法。重要的架构模式，如 Amazon VPC 的安全和 Elastic Load Balancing，将在第 16 章 "场景和参考架构"中介绍。你应当对 AWS 提供的各种网络安全产品具有深入的理解，这样才能通过 AWS 认证高级网络-专项考试。

8.1　监管

保护、检测以及响应网络安全事件的能力取决于识别资产和了解正常操作行为的能力。当 VPC、AWS Identity and Access Management (IAM)准则，以及敏感数据集在没有监督和处理流程的情况下即席创建时，你的工作负载将面临重大风险。这就是云中的整体安全监管处理之所以重要的原因之一。AWS 提供了方法论，包括 AWS Cloud 采用框架(Cloud Adoption Framework，CAF)，用来帮助你完成云中的整个 "旅程"。

安全性的一项基础准则就是自动化。第 10 章将对网络自动化进行更深入的讨论。本章涵盖一些重要的服务，它们将人为的元素排除在外，包括创建、运营、管理以及停止使用 AWS 环境等。人总会犯错，会逾越规则，具有威胁行为。对进程实现自动化大大提高了网络环境的安全性。

8.1.1　AWS Organizations

AWS Organizations 对多个 AWS 账户提供中央管理功能。除了账单合并功能之外，还提供另外两个重要的功能。第一个功能是服务控制策略(Service Control Policy，SCP)。SCP 允许指定的主账户定义在账户级别限制成员账户用户、组和角色(包括根用户)可以采取的服务和操作的策略。SCP 与 IAM 权限策略类似并且使用基本相同的语法。第二个功能是可编程账户的创建。当使用 AWS Organizations 在组织内创建新账户时，将使用管理角色(通常称为 OrganizationCountAccessRole)创建新账户。

我们使用以下例子解释这两个功能在网络安全中的重要性。假设你的组织允许每个部门拥有自己独立的 AWS 账户，用以创建一个或多个 VPC。也就是说，每个部门可以使用 VPN 以及 VGW 连接 VPC 和组织，但是不允许使用互联网网关。如果使用 AWS Organizations 账户创建 API，那么可以生成新账户，并假定使用的是管理角色。然后在指定的区域中创建 VPC，接着在 VPN 上将 VPC 与组织的网络相连接，再将 SCP 应用到账户上，以此禁止使用互联网网关。

对于考试来说，你应当熟悉 AWS Organizations 和 IAM。

8.1.2　AWS CloudFormation

AWS CloudFormation 是一项服务，用于定义并管理 AWS 环境。通过 AWS CloudFormation，可以使用 JSON 或 YAML 格式以代码的形式定义自己的基础设施。这种文本格式的定义称为模板，模板准确描述了需要提供的资源以及相关的配置。可将 AWS CloudFormation 中的资源集合作为整体进行管理，这个整体叫作堆栈。堆栈是在模板中执行创建、修改或删除操作的目标。图 8.1 显示了如何在 AWS CloudFormation 中使用模板与堆栈。

图 8.1　模板与堆栈

当操作多区域或多账户环境时，AWS CloudFormation 堆栈集特别有优势。AWS CloudFormation 堆栈集允许在一个操作下横跨多个账户创建、修改或删除堆栈，从而扩展了堆栈的功能。可使用管理账户，定义和管理 AWS CloudFormation 模板，然后使用这个模板作为提供堆栈的基础，这些堆栈就可以在跨越指定区域的特定目标账户中使用。

为了理解 AWS CloudFormation 如何有助于网络安全，让我们重新看一下之前的例子。假设不通过手动方式创建 VPC 到组织的连接，而是通过 AWS CloudFormation 模板定义 VPC 和 VPN。当跨账户且使用管理角色时，自动化工具可以在新的账户中调用 AWS CloudFormation 以创建这些资源。由于模板是文本文件，因此可以将它们添加到更改和版本控制系统中。通过持续集成/持续交付(Continuous Integration/Continuous Delivery，CI/CD)工具链，可以扫描模板，找到不想要的元素(如对所有人公开的安全组)。可以触发预警和执行调查，检查模板中是否出现没有批准的更改。

对考试来说，你应当透彻理解 AWS CloudFormation。

8.1.3　AWS Service Catalog

AWS Service Catalog 允许组织创建和管理产品的功能组合。这些产品可能是特定的软件、服务器或完整的多层结构。AWS Service Catalog 允许组织声明部署的一致性和监管方式。AWS Service Catalog 使用 IAM 角色(称为启动约束)和 AWS CloudFormation 模板的组合，在配置过程中提供对访问和配置的精细化控制。图 8.2 演示了整个工作流程，从模板创建到产品启动。

再次回顾前面的例子，用它展示如何将人为因素排除在外，以提高整体安全性。可以将新的 AWS CloudFormation 模板捆绑在一起，并启动约束作为一种产品提供给 AWS Service Catalog 中的部门，而不是手动在新账户中担任管理角色并启动 AWS CloudFormation 模板。当选择这种 VPC 产品时，AWS Service Catalog 执行这个模板以生成新的 AWS 账户、创建 VPC 的所有构件、构建 VPN 并应用限定性 SCP。通过这种方法，新账户的创建和配置过程将完全是自动化的。此外，整个过程是标准的、可重复且可被审计的。

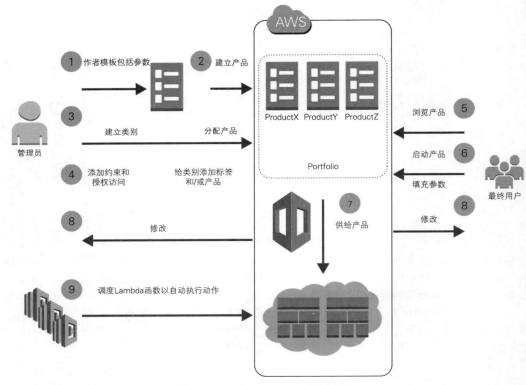

图 8.2　AWS Service Catalog 的工作流

8.2　数据流安全

在本节中，我们将介绍在 AWS 环境的数据流上直接运行的 AWS Cloud 服务和功能。可以独立或联合使用 AWS 提供的多种选项，实现所需的网络安全级别。本节的后面部分将描述每一种服务及其功能，从边缘站点开始，然后逐渐向里靠拢到区域功能以及 Amazon EC2 实例的功能。

8.2.1　边缘站点

AWS 通过遍布全球的边缘站点组成的分布式网络提供了多种服务。边缘站点基础设施对互联网上服务的传入请求，提供了整体负载高吞吐量和低延迟的功能。这个基础设施同时也是一个重要的工具，用来检测、防止以及减轻对环境的 DDoS 攻击造成的影响。对于考试来说，你需要理解边缘站点如何影响网络的保密性、完整性和可用性。

边缘站点中的所有服务共享同一组网络安全特性。首先，所有边缘站点包括内置的网络层 (OSI 模型中的第三层)和传输层(OSI 模型中的第四层)的网络缓解功能。这个基础设施持续地分析非常规数据流，并且提供内置防御系统以应对普通的 DDoS 攻击，例如 SYN 数据洪泛、UDP

数据库洪泛和反射攻击。对于 SYN 数据洪泛攻击，可以激活 SYN cookie 以避免对合法的数据流造成影响。另外一个例子是，只有格式良好的 UDP 或 TCP 数据包才能由边缘站点提供服务。更常见的做法是，所有数据流由一个维度集合进行评分以对合法的数据流进行优先级分配。其次，全球范围的边缘站点基础设施通过将传入的数据流分散到多个边缘站点，从而让 AWS 吸收攻击产生的影响。最后，在边缘站点上运行的许多服务都具有使用地理位置隔离和限制的能力；也就是说，同时支持自动和手动的源数据流白名单和黑名单功能。

1. Amazon Route 53

几乎所有的网络通信都始于将资源标识翻译为网络地点。互联网利用 DNS 执行这个操作。随着 IPv6 接受度的加大，重新调用和 IP 地址固定编码的方法已经逐渐消失。因此，DNS 是十分非常重要的网络服务。DNS 服务中断可能导致环境无法访问或执行操作。

Amazon Route 53 是 AWS 提供的一种高可用且具有高扩展性的 DNS Web 服务。下面我们介绍 Amazon Route 53 如何在面临 DDoS 攻击和其他影响可用性的事件时，使用随机分片(shuffle sharding)和泛播条带化(anycast striping)提供连续可用性。Amazon Route 53 是唯一具有 100%可用性服务级别协议(Service Level Agreement，SLA)的 AWS Cloud 服务。

随机分片的设计初衷是利用传统分片技术减少关联的故障(例如故障隔离和性能扩展)以及降低随机化分配带来的影响。试想在某个时间段，Amazon Route 53 使用 10 个实例创建 5 个分区，所以每个分片拥有一对实例作为内部的冗余设置(Amazon Route 53 具有更多容量)。然后，每个客户托管区放置在单独的分片上。例如，如果将每个客户通过客户 ID 均匀放置在分片上，可能的情况是，客户 1 和客户 2 总是由同一个分片服务。这样，这两个客户会产生关联故障。假如客户 2 的 DNS 区域受到 DDoS 攻击，客户 1 可能同样受到影响。此外，五分之一的客户可能会经历同样的影响。如果我们使用 10 个实例，然后将客户随机在一对实例上进行分配，那么这种关联故障的可能性会大大减低。使用这种方法，客户 1 随机地分配在由实例 3 和实例 5 组成的分片上，而客户 2 随机地分配在由实例 4 和实例 5 组成的分片上。虽然同时使用了实例 5，但是故障不再是关联的，因为客户端的重试逻辑将降低实例 5 丢失造成的可用性影响。图 8.3 提供了这种方法的图示分析。

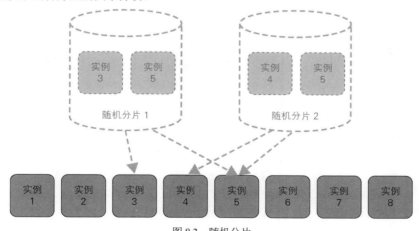

图 8.3　随机分片

泛播条带化是 Amazon Route 53 自带的另一种可用性机制。泛播(anycast)的概念是指多个系统响应同一个 IP 地址。实际上，泛播指的是当 DNS 解析器启动到 Amazon Route 53 DNS 服务器的一个连接时，这个连接的真正应答者可能是位于全球多个地点的播放同一泛播地址的任意地点。例如，example.aws 是 Amazon Route 53 上的公有托管区，分配给它的名称服务器的名字为 ns-962.awsdns-56.net、IPv4 地址为 192.0.2.194。这个 IP 地址是泛播地址，AWS 从多个边缘站点向互联网通告这个地址。你的请求将会被路由到最近的泛播服务器(从 BGP 的角度讲)。

假定 DNS 使用重复查找的过程,如果.net 顶级域(Top Level Domain,TLD)服务器没有响应,如何将名称服务器的完全限定域名解析为 IP 地址？答案是：不能解析。为了解决这种故障,AWS 将 Amazon Route 53 DNS 服务器的公有托管区通过条带化分配到 4 个 TLD 中。这样，不仅 Amazon Route 53 提供多个泛播名称服务器地址,DNS 服务器的查询过程同样也被分配到多个 TLD 中。

Amazon Route 53 还提供了其他机制来阻塞无效或不想要的请求。作为边缘基础设施的一部分,可以使用数据包的过滤器来丢弃无效的 DNS 请求。如果希望进一步阻塞请求,Amazon Route 53 提供了地理位置路由策略,用于控制对 DNS 解析器(根据它们的源 IP 地址)的应答。可以通过大洲、国家或美国的州对应答进行描述。

2. Amazon CloudFront

Amazon CloudFront 作为全球的 CDN 网络,可通过边缘站点来运行,并提供区域和全球边缘缓存。除了全面的边缘技术加速功能,Amazon CloudFront 还提供了一些安全功能,可以提高环境的可用性和内容的机密性。

缘于对 DDoS 攻击的缓解能力,Amazon CloudFront 经常用来处理静态和动态内容。为了有效地保护内容源头,也就是源发端,非常重要的一点就是源发端只能由 Amazon CloudFront 进行访问。也就是说,如果想通过 Amazon CloudFront 保护基础设施,但是入侵者可以简单地跳过 Amazon CloudFront 直接攻击源发端,那么 Amazon CloudFront 的这个功能就没有什么价值了。一般可以通过两种方式保护源发端：第一种是将源发端访问标识(Origin Access Identity,OAI)和 Amazon S3 一起使用,第二种是使用自定义报头。一旦对源发端的直接访问被限制,就可以利用 Amazon CloudFront 的安全功能,例如地理定位限制、签名 URL 和签名 cookie。

OAI 是 Amazon CloudFront 的一类特殊用户,可以与配送进行绑定。配送是一种特殊的 Amazon CloudFront 实例,其中包括已定义的配置集、源发地点和行为等。可以授予 Amazon S3 对象和桶的 OAI 权限。通过使用 OAI 要求通过 Amazon CloudFront 访问 Amazon S3,从而绕过在 Amazon CloudFront 中实施的网络安全控制。例如,可以利用 Amazon CloudFront 的地理定位限制功能禁止其他国家的 IP 地址访问 Amazon S3 对象。

对于自定义源发端,如 Amazon EC2 和 Elastic Load Balancing,可以通过自定义 HTTP 报头将 OAI 的理念扩展到 Amazon S3 以外的系统。Amazon CloudFront 允许处理许多经过源发端的报头。通过配置自定义报头,可以限制仅针对指定 Amazon CloudFront 配送的访问。一种简单保护自定义源发端的方式就是,限制对已知 Amazon CloudFront IP 地址的访问。虽然 AWS 确实公布了 Amazon CloudFront 使用的 IP 地址,但却忽略了一个事实,就是任何拥有 AWS 账户的人都可以创建自己的 Amazon CloudFront 配送,然后指向源发端,这样就跳过了在源发端设置的任何 IP 限制。为了解决这个问题,可以添加自定义报头,这样源发端就可以验证传入的数据流是否由 Amazon CloudFront 配送发出。

在源发端受直接访问保护之后，可以实施控制保证内容的保密性。从单纯的网络角度说，Amazon CloudFront 允许强制使用特定的传输和加密协议。对于 Amazon CloudFront 到源发端的通信，可以强制使用 HTTPS 以及指定特定的 TLS 版本。对于浏览者到 Amazon 之间的通信，可以强制使用 HTTPS 以及指定支持的 HTTP 版本，还可以通过事先定义的安全策略，强制将 TLS 1.1 或 1.2 版本作为最低协议版本，以进一步提高浏览者的安全性。当浏览者使用 HTTPS 时，可以利用默认的 Amazon CloudFront 证书、使用 ACM 或者导入自定义证书。

使用加密可以保证数据在传输中的安全性，但是你可能希望对内容进行更细化的访问控制。为了实现保密性，Amazon CloudFront 允许强制签名 URL 或 cookie 以对受限制的内容进行访问。在使用这两种方法中的任意一种时，你负责创建以及分发签名的授权令牌(token)。当使用签名的 URL 或 cookie 时，可以指定内容对消费者不再可用的日期和时间。作为一种选择，还可以指定开始日期和时间，以及受限消费者的源 IP 地址集。

为了提供细化的数据保护，可以使用名为字段级加密的 Amazon CloudFront 功能，以进一步加强对敏感数据的安全保护，例如信用卡号或个人识别信息(Personally Identifiable Information，PII)。Amazon CloudFront 字段级加密对敏感数据以 HTTPS 的格式进一步进行加密，在把 POST 请求转发给源发端之前使用特定字段的密钥进行加密。这种加密方式保证了敏感数据只能由源发端应用栈中特别的组件或服务进行解密并查看。

3. AWS Lambda@Edge

AWS Lambda@Edge 允许在 Amazon CloudFront 中运行 AWS Lambda 函数代码。这个服务的执行基于 Amazon CloudFront 事件(叫作触发器)，这些事件通常在浏览者和源发端的请求/应答交互的生命周期中发生。AWS Lambda@Edge 不仅提升了应用的范围，同时实质性地提高了源发端的安全性。

在前面，我们描述了使用报头来验证特定的对源发端的配送。以前，这个报头/值配对是静态并且缓慢更新的。静态值随着时间的改变可能会发生不确定性。例如，假设从来不更改用户名和密码。通过 AWS Lambda@Edge，可以实现以一种可编程的方式动态地填充报头值，这使得对源发端的访问强制机制进行破坏变得更加困难。

类似的用例包括对消费者提供的授权令牌进行验证。可以使用 AWS Lambda@Edge 检测报头和授权标识。例如，如果受到应用层的攻击(OSI 模型中的第 7 层)，那么可以利用 AWS Lambda@Edge 验证断言会话或授权令牌(token)的格式和有效性，以区分接收有效数据流和丢弃恶意数据流。结果是，无效请求将无法到达源发端。

8.2.2　边缘站点与区域

一些 AWS Cloud 服务同时对边缘站点和 AWS 区域提供了网络安全功能。本节描述这些服务以及它们可以保护的 AWS 资源。

1. AWS Certificate Manager

AWS Certificate Manager 作为 AWS 云服务，可以创建以及管理针对 AWS 网站和应用的证书。Amazon CloudFront、Elastic Load Balancing、AWS Elastic Beanstalk(使用 Elastic Load Balancing)以及 Amazon API Gateway 都支持 AWS Certificate Manager。可以使用由 AWS

Certificate Manager 生成的证书,也可以将自己的证书导入 AWS 证书管理器中。证书的使用将支持以数据保密和完整性作为网络安全目标。

使用 AWS 证书管理器中的证书时,AWS 会提供一个经过域验证的 RSA-2048、安全散列算法(SHA)-256 证书,这个证书的有效期是 13 个月。这个服务将尝试自动更新证书,通常在失效 30 天之前,前提是证书可以在互联网上被服务访问。证书必须包括至少一个完全限定的域名(Fully Qualified Domain Name,FQDN),但可以添加额外的名字。你还可以申请带有通配符的名字(例如*.example.com.aws)。AWS Certificate Manager 生成的证书是免费的,所以不能下载私钥。私钥由 AWS Key Management Service (AWS KMS)在存放数据时加密。

AWS Certificate Manager中的证书是区域资源。当想要在多个区域使用同一个FQDN时,需要在每个区域申请或导入证书。对于Amazon CloudFront,需要在美国东区(北弗吉尼亚)执行这个操作。

2. AWS WAF

AWS WAF 作为 Web 防火墙,用于保护特定的 AWS 资源免受常见的 Web 攻击,这些攻击可能会影响网络和数据的保密性、完整性和可用性。AWS WAF 在与 Amazon CloudFront 以及应用负载均衡器集成之后,可以用来监控 HTTP 以及 HTTPS 请求。使用自定义规则以及常用内置的攻击模式,可以防止对工作负载产生影响。

使用 AWS WAF,可以实现 Web 访问控制列表(Access Control List,ACL)以控制 HTTP 和 HTTPS 数据流。Web ACL 由规则组成,而规则由条件组成,图 8.4 描述了这种关系。后面将详细讨论其中的每个构件。

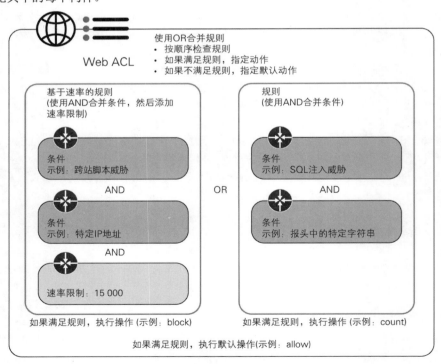

图 8.4　Web ACL、规则与条件

条件是组成 AWS WAF 的基本构件。AWS WAF 支持 6 种条件类型。当创建一个带有多个筛选器的条件时，任何指定的记录都满足这个条件(也就是说，过滤器是或(OR)的关系)。例如，条件的一种类型是 IP 地址。当在一个条件中添加多个 IP 地址时，对任何单个 IP 地址的成功匹配都会将条件置为 true。AWS WAF 的所有条件类型将在下面列出。

第一种条件是跨站脚本(Cross-Site Scripting，XSS)，允许匹配对应用造成攻击的包含脚本的请求。这类条件允许搜索请求数据中常见部分的 XSS，包括 HTTP 方法、报头、查询字符串、URI 或主体。这类条件还允许操控请求数据，又称转换(transformation)，以便于匹配。可以将所有数据转换为小写、解码 HTML、解码 URI、常规化空格以及简化代表命令行文本的字符串。

第二类条件是 IP 地址，允许匹配 IPv4 和 IPv6 地址。对于 IPv4 地址，AWS WAF 仅过滤/8、/16、/24 和/32。对于 IPv6 地址，AWS WAF 仅过滤/24、/32、/48、/56、/64 和/128。

第三类条件是大小限制，允许匹配基于长度的请求。这类条件对请求数据的常见部分进行评估，并且允许应用与 XSS 中相同的转换方式。使用这类条件，可指定字节大小以及比较运算符(例如，等于、不等于、大于或小于)。

第四类条件是 SQL 注入(SQL injection，SQLi)。像 XSS 和大小限制一样，过滤请求数据的常见部分并且可以使用转换。接着评估 SQL 注入攻击标识的数据。

最后一类条件是字符串匹配，允许根据字符串内容进行匹配。字符串对请求数据的常见部分进行匹配，并且允许使用与前面相同的转换方式。可选择匹配运算符(例如，包括、由…开始或由…结束)并且指定匹配值。匹配值可以是文本或 Base64 编码。正则表达式(regex)匹配也同样受支持。

注意:
当评估请求的主体时，只检查前 8192 个字节。

注意:
匹配值最大为 50 字节，当使用 Base64 编码时，在编码前限制大小为 50 字节。

在定义条件之后，可以通过条件编辑规则。每个规则都包含了名字、Amazon CloudWatch 度量名称、规则类型和条件列表。规则名在以后创建 Web ACL 时使用。Amazon CloudWatch 度量名作为维度的名称出现在 Amazon CloudWatch 度量名中。规则类型可以是常规规则或基于速率的规则。区别在于，基于速率的规则还考虑了在五分钟间隔内由指定 IP 地址到达的匹配请求数。速率限制必须大于或等于每五分钟间隔内 2000 个请求。对于添加到规则中的每个条件，可以指定是否在定义的过滤器上发生(例如，确认匹配)或是过滤器的反向条件(例如，不匹配)。当对规则添加多个条件时，所有条件都必须满足(也就是说，是与(AND)条件)。

提示:
如果在基于速率的规则中没有指定任何条件，那么 AWS WAF 将匹配所有的传入请求，并且对所有传入的 IP 地址使用基于速率的规则。

可以将 AWS 资源(如 Amazon 配送或应用负载均衡器)与单独的 Web ACL 进行绑定。多个资源可以使用同一个 Web ACL。每个 Web ACL 都包含了名字以及 Amazon CloudWatch 度量名。Web ACL 由规则列表组成，按顺序进行评估，并且默认操作是允许或阻止不匹配的数据流。常规规则允许指定 Web 应用防火墙是否启用、阻止或对请求进行计数。基于速率的规则允许阻止或计数。选择计数操作时，AWS WAF 会增加一个计数器，然后继续处理 Web ACL 中的下一个规则。

实施 Web ACL 以后，可以在 Amazon CloudWatch 中查看请求的度量并且检索抽样的匹配数据。抽样数据包括源 IP、国家、方法、URI、请求报头、匹配规则、对请求执行的操作以及接收请求的时间。

注意:

AWS WAF 和 Amazon CloudFront 度量只有在美国东区(北弗吉尼亚)才可以使用。

可以在静态配置、动态配置或与第三方产品集成的组件中使用 AWS WAF。静态配置是指配置不会根据环境中威胁状况的变化自动更新 Web ACL。本章后面将介绍 AWS WAF 的动态配置。至于与 AWS WAF 集成的第三方供应商，可以在 AWS Marketplace 上找到这些第三方产品。

3. AWS Shield

AWS Shield 提供对 DDoS 攻击的保护。AWS Shield 提供两种不同的保护级别。第一种为 AWS Shield Standard，用于为所有 AWS 用户提供普通和经常发生的攻击保护，例如 SYN/UDP 数据洪泛攻击、反射攻击等，可降低对 OSI 模型中的第三层和第四层的大多数攻击。AWS Shield Standard 包含一个不断进化的规则库，由 AWS 根据互联网威胁环境的变化进行更新，但客户对攻击细节的了解有限。

第二种为 AWS Shield Advanced，用于提供额外的 Amazon Route 53 托管区、Amazon CloudFront 配送、弹性负载均衡器以及与弹性 IP 地址绑定的资源(比如 Amazon EC2 实例)的 DDoS 攻击保护。除了对网络层(OSI 模型中的第三层)和传输层(OSI 模型中的第四层)的检测和缓解以外，AWS Shield Advanced 还提供对应用层(OSI 模型中的第七层)的 DDoS 攻击的智能检测以及缓解。有关持续攻击的信息可通过详细的度量报告实时提供，客户将收到攻击取证报告。此外，客户可以在遭受攻击的时候联系全天候的 DDoS 响应团队(DDoS Response Team，DRT)以寻求帮助。

最后，随着云的趋势化及几乎无限的资源，许多设计架构良好、可水平扩展的应用程序可以吸收典型的 DDoS 攻击。也就是说，云架构通常可以扩展以满足典型的 DDoS 攻击的激增保护要求。客户为云中消耗的资源付费；因此，我们现在看到客户受到经济型不可持续性影响(Economic Denial of Sustainability，EDoS)攻击。EDoS 的概念是，尽管 DDoS 攻击可能不会影响可用性，但吸收攻击本身的财务成本将变得无法承受。通过 AWS Shield Advanced，AWS 提供了一些成本保护，以防止 DDoS 攻击造成的费用超标。但是这种成本保护支持仅局限于 Amazon Route 53 托管区、Amazon CloudFront 配送、Amazon EC2 实例和 Elastic Load Balancing。

使用 AWS Shield Advanced 时，可以通过自定义的缓解方式或者通过寻求 DRT 帮助来缓解应用层(OSI 模型中的第七层)攻击。当创建自己的缓解措施时，将在 AWS WAF 中实施规则，这些规则可在 AWS Shield Advanced 订阅中免费获取。当寻求 DRT 帮助时，AWS DDoS 专家将与你一起识别攻击特征和模式。在经过你的同意后，DRT 创建并将缓解措施部署到 AWS WAF 上。为了让 DRT 将这些缓解措施推送到 AWS WAF 上，必须首先通过创建跨账户 IAM 角色的方式对 DRT 进行授权。

8.2.3　区域

AWS 提供了一系列基于区域的服务来保护你的环境。本节描述可直接用于区域和 AWS 数据流的服务以及它们可以保护的资源。

1. Elastic Load Balancing

Elastic Load Balancing 允许跨多个资源分配传入的流量，例如 AWS 区域内的 Amazon EC2 实例。负载均衡在第 6 章已做过深入讨论。接下来我们将讨论 Elastic Load Balancing 的特性，可以利用它们为工作负载提供保密性、完整性和可用性。

因为 Elastic Load Balancing 位于资源的前面，所以它提供了一个保护级别。Elastic Load Balancing 会自动缩放以满足绝大多数用例，有助于工作负载整体的可用性。使用 Elastic Load Balancing 时，需要定义接收的端口和协议，这被称为监听。Elastic Load Balancing 只接收从监听器传入的数据流，从而最小化攻击面。此外，Elastic Load Balancing 代理通向 VPC 的资源，因此后端资源看不到 SYN 泛洪等常见攻击，因为只有格式良好的 TCP 连接才会使数据流向资源。

当使用应用负载均衡器提供从互联网到 VPC 资源的访问时，负载均衡器使用网络接口所在子网中的私有 IPv4 地址将数据流转发到 VPC。但是，网络负载均衡器将传播原始的公有源 IPv4 地址。当面向互联网的负载均衡器拥有公有 IP 地址时，VPC 就不需要使用公开可路由的 IP 地址。如果没有可公开路由的 IP 地址，VPC 中资源的数据流(如 Amazon EC2 实例)就无法直接连接到互联网。

注意：
即使应用负载均衡器处于双堆栈模式——同时支持 IPv4 和 IPv6，从负载均衡器到 VPC 资源的请求也仍然仅由 IPv4 发出。

为了支持保密性和完整性目标，Elastic Load Balancing 为典型负载均衡器的安全套接字层(Secure Socket Layer，SSL)/TLS 以及典型负载均衡器和应用负载均衡器的 HTTPS 连接提供了一些选项。作为配置过程的一部分，可以提供一个证书，并且可以为此过程使用 AWS Certificate Manager。你还可以选择用于传入连接的安全策略。安全策略允许从一组密码中对各种 SSL/TLS 协议版本进行选择。

一种常见的方法，通常称为 ELB sandwich，利用两层负载均衡器提供内联数据流分析。在这种架构中，一组面向互联网的前端负载均衡器接收传入的数据流。数据流被负载均衡到运行某种类型的安全进程(如 Web 应用程序防火墙、内容过滤器或数据丢失保护)的 Amazon EC2 实例组。接着，这个安全设备组将数据流转发给第二组负载均衡器。最后，这些内部负载均衡器将数据流转发到工作负载前端。

可以使用类似的方法为离开 VPC 的数据流提供内联数据流分析。在这种架构中，可以将工作负载的代理设置配置为通过 Elastic Load Balancing 发送请求。负载均衡器反过来将数据流转发给运行代理软件和安全进程的 Amazon EC2 实例组。接下来，这些安全设备将允许的数据流转发到目的地。请注意，负载均衡器的第二层不在此配置中使用。

2. 子网和路由表

路由表控制 VPC 中每个子网上内置路由器的行为。子网是包含在单个可用区中的 VPC CIDR 范围内的网络段。路由表和子网在第 2 章中有详细介绍。从网络安全的角度看，你应该了解如何对子网和路由表进行分配以构建促进安全操作的架构。

在构建 VPC 时，必须根据预期的路由行为清楚地划分基础设施。例如，客户通常会将面向互联网的负载均衡器放置到专用的公共子网中。此方法允许对子网中的路由提供细化控制，在子网边界实现网络 ACL，在负载均衡器的弹性网络接口上配置安全组规则，并使用 IAM 策略限制子网中的资源。通过这些措施，可以精确控制进出基础设施的数据流。

当希望在 AWS 基础设施中保持数据流时，路由表显得尤为重要。例如，利用网关 VPC 端点，可以创建路由，以及提供 VPC 资源和 Amazon S3 之间的直接路径。此外，对于 Amazon S3 和 Amazon DynamoDB 的 VPC 端点，可以定义通过端点授予的访问程度的策略。另外一个例子是 VPC 伙伴网络。通过伙伴，可以在 VPC 之间创建关系，而你提供的路由表记录只使用 AWS 基础设施，使数据流直接在两个 VPC 之间流动。最后，AWS PrivateLink 提供了另一种机制，可以在不离开 AWS 基础设施的情况下使用服务。当使用 AWS PrivateLink 时，AWS 会将一个弹性网络接口放置在 VPC 中，然后与一个负载均衡器进行连接，该负载均衡器将数据流发送到供应商 VPC 中的组。这种效果类似于伙伴连接，但不需要暴露整个 VPC。

从可用性的角度看，值得注意的是，AWS 提供的网关、端点和伙伴网络是高度可用的。例如，互联网网关不是单一的设备，而是一组水平缩放的边缘设备。

客户通常也希望连接到户内环境。常见的两种主要方法是 AWS Direct Connect 以及 VPN，它们已在第 5 章中进行了深入讨论，VPN 在第 4 章中进行了深入讨论。可用性方法也在第 4 章和第 5 章中进行了讨论。为了提供保密性和完整性，可以利用两种常见的模式在户内地点和 AWS 上通过 AWS Direct Connect 连接上的 IPsec 创建加密连接。

最简单的模式是在公共虚拟接口(Virtual Interface，VIF)上通过 AWS 管理的 VPN 连接，将边缘路由器配置为用户网关。离开边缘路由器的数据流将通过 IPsec 进行连接，并在公有 VIF 上运行，最后在与 VPC 连接的 VGW 上终止。需要访问的子网将在关联的路由表中向 VGW 添加路由。这种模式如图 8.5 所示。

另一种模式是通过用户网关上的虚拟路由和转发(Virtual Routing and Forwarding，VFR)在私有虚拟接口上创建 IPsec 连接，然后在运行 VPN 软件的 VPC 中的 Amazon EC2 实例上终止。需要访问的子网将在关联的路由表中向运行 VPN 软件的 Amazon EC2 实例添加路由。Amazon EC2 实例必须禁用源/目标检查。这种模式如图 8.6 所示。

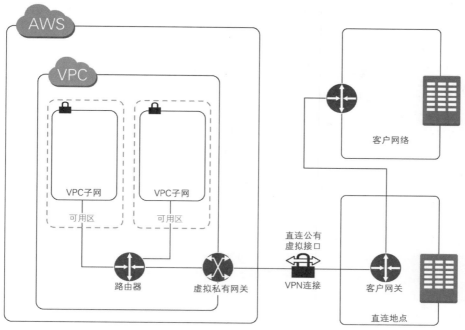

图 8.5　公有 VIF 上的 VPN

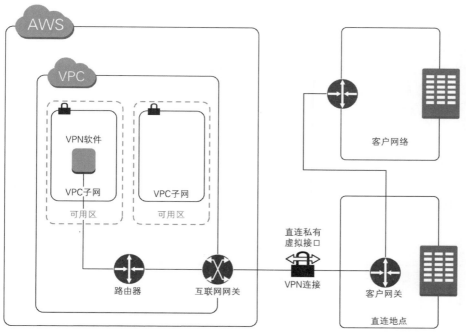

图 8.6　私有虚拟接口上的 VPN

3. 安全组以及网络访问控制列表(ACL)

在 AWS 上提供网络安全的最基本方法是使用安全组和网络 ACL。安全组是有状态的防火墙(在网络层或传输层),可在 VPC 内的网络接口上使用。网络 ACL 是无状态的过滤器(在网络层/或传输层),可在 VPC 内的子网中使用。这两种方式在第 2 章中已做详细介绍。

由于云架构具有弹性扩展能力,因此资源通常会随着时间的推移而发生变化。安全组允许抽象化这种复杂性。例如,当使用自动缩放时,指定需要使用的安全组。当 Amazon EC2 实例被添加或从自动缩放组中删除时,正在使用的 IP 地址集将发生更改。但是,分配给实例网络接口的安全组不会更改。因此,可以在 Amazon RDS 安全组中引用此安全组,以确保 Amazon EC2 实例可以继续访问数据库。

网络 ACL 提供了另一种方法来管理 VPC 中的数据包流。默认情况下,VPC 中的网络 ACL 允许所有数据包出入所有子网。一些客户使用安全组和网络 ACL 控制数据包来实现职责分离。也就是说,工作负载所有者可以控制安全组的配置,但是负责网络安全的组织保留对网络 ACL 的控制。这样,需要双方之间的协调以允许新的数据包。通常,网络 ACL 配置在私有子网上,仅允许在特定 VPC 内发送和接收数据流。通过这种方式,工作负载所有者可以对安全组进行必要的更改。这样,即使恶意破坏者获得了对安全组配置的访问权,但是任何直接将数据渗漏(未经授权而发送)到互联网的尝试都会失败。

当构建子网时,请仔细考虑预期的数据流。如果将子网布局为将相关子网汇总为集合,则可以创建更容易理解的捷径或简单的网络 ACL。此外,应该考虑网络 ACL 是通过 VPC 打开本地路由限制子网间数据流的常用方法。

4. Amazon EC2

从 Amazon VPC 的角度看,Amazon EC2 实例可以说是网络安全环境中最重要的部分。弱身份验证、未打补丁的操作系统和未管理的 Amazon EC2 实例可能成为威胁的受害者。当一个实例受到威胁时,它会提供一个启动开关,恶意破坏者可以从中尝试在整个环境中自由移动,即使是通过 AWS Direct Connect 或 VPN 连接。在考虑网络安全时,始终要注意共享职责模式。图 8.7 概述了 Amazon EC2 的责任划分情况。

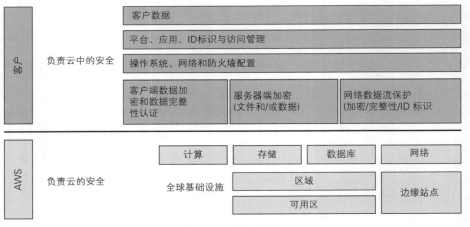

图 8.7　共享职责模式

在查看图 8.7 时，请注意网络数据流保护、网络配置以及防火墙等所有配置都是客户的责任。例如，当数据流在 VPC 中的 Amazon EC2 实例之间进行传递时，我们无法了解数据流是如何在底层的 AWS 基础设施中进行路由的。回顾第 2 章，可用区包含一个或多个数据中心。在子网中启动的实例可能位于不同数据中心的物理主机上。因此，数据流将通过建筑物之间的光纤电缆流动。如果希望确保传输中数据的机密性和完整性，那么在 VPC 资源(包括 Amazon EC2 实例)之间进行通信时，应该使用加密。你还应该使用安全 Shell(SSH)等协议对初始化到 Amazon EC2 实例的会话进行加密。应当在整个环境中使用加密功能。

网络配置是网络安全的另一个重要方面。例如，Amazon EC2 实例可以拥有多个网络接口。这种简单的功能对 VPC 网络的配置有重大影响。通过扩展，可直接影响到网络安全。

想象一下，假如有一个能捕捉敏感信息的公共网站。可利用一种通用的架构，将面向互联网的 Elastic Load Balancing 放在专用的公有子网中，然后为剩余的实例创建私有子网。因为不希望从私有子网中的实例渗漏数据，所以应用的安全组只允许在 VPC 中进行通信；可配置类似的网络 ACL。确保与专用子网关联的路由表仅包含本地 VPC CIDR 的路由。此外，还可以应用 IAM 策略以防止任何人更改 VPC 中的安全组、网络 ACL 和路由表。这是安全的网络配置吗？

如果公司内部的一名恶意破坏者启动了 Amazon EC2 实例，该怎么办？他在公有子网中创建了一个弹性网络接口，然后将它与实例绑定。通过私有子网的主接口以及第二个公共子网中的接口，他配置了网络地址转换(NAT)实例。在这个实例上进行一些路由更改后，他确认自己可以连接到互联网。在登录到其中一个包含敏感数据的实例之后，他更新操作系统中的默认网关并指向新创建的 NAT 实例。再通过单击几下鼠标，这名恶意破坏者就会将敏感数据渗漏到互联网。

另一个需要考虑的问题是操作系统防火墙的有效管理，这在前面的示例中可能有所帮助。当这些由策略集中管理和强制执行时，操作系统防火墙可以禁止未知或意外的数据流。此外，操作系统防火墙提供了一种机制来关联接收或发送数据的过程或软件。例如，如果 Amazon EC2 实例受到某种病毒的破坏，防火墙可能会阻止意外的数据流或未知流程，在调查问题过程的同时降低风险。

在 AWS 中，不能创建交换端口分析器(Switched Port Analyzer，SPAN)端口，但可以在代理实例上实现此功能。使用集成操作系统功能或者从 AWS Marketplace 提供的产品，可以在每个 Amazon EC2 实例上捕获数据包，并将数据流传输到收集器中。同样，可以使用实例代理实现高级网络安全功能，如入侵检测或预防系统(Intrusion Detection/Prevention System，IDS/IPS)。

5. 区域服务

AWS 提供了许多在 VPC 网络之外运行的区域服务。像 Amazon Kinesis 和 Amazon Simple Queue Service (Amazon SQS)这样的服务是由 AWS 管理的，并且 AWS 承担了交付这些服务的责任。即便如此，你仍然对网络上数据的机密性、完整性和可用性负有一定的责任。例如，你应该使用 SSL/TLS 连接这些服务；应当使用客户端加密或使用 AWS KMS 服务器端加密对静态数据进行加密；应当清理这些服务的数据输入，以防止下游处理中的可用性故障；最后，应当创建 AWS Organizations SCP 和/或 IAM 策略，让用户对这些服务操作设置合理的限制。

8.3　AWS 安全服务

　　AWS 提供了多个受管服务，当启用时，这些服务将提供网络安全的可视化。每项服务都采用一种针对特定使用的方式识别异常并发出通知。这些服务由 AWS 安全组织创建和运营，并受益于 Amazon 大规模运营安全的经验。

8.3.1　Amazon GuardDuty

　　Amazon GuardDuty 作为受管的智能威胁检测服务，提供了一种更准确、更简单的方法来持续监控和保护 AWS 账户和工作负载。通过用鼠标单击 AWS Management Console，Amazon GuardDuty 立即开始分析来自 AWS CloudTrail、VPC 流日志(Flow Log)以及 DNS 日志等数以十亿级的事件。AWS 账户中不会出现不能部署的代理、传感器或网络设备，而且不会出现没有痕迹的操作，这意味着对现有工作负载没有性能或可用性方面的风险。Amazon GuardDuty 使用威胁智能数据流，例如恶意 IP、域列表以及机器学习以更准确地检测威胁。与 AWS Config 和 AWS Trusted Advisor 等规范和最佳实践服务不同，Amazon GuardDuty 旨在识别环境中的活动威胁。此外，Amazon GuardDuty 除了保护虚拟机和网络之外，还具有广泛的可视性，可以监视和分析所有 AWS 账户行为。例如，Amazon GuardDuty 可以检测到提供恶意软件或挖掘比特币的 Amazon EC2 实例；可以检测攻击者扫描 Web 服务器以查找已知的应用程序漏洞，或从异常的地理位置访问 AWS 资源的事件；还能监视 AWS 账户的访问行为，以找出危害的蛛丝马迹，例如未经授权的基础设施部署、在区域已经部署但从未使用过的实例或异常的 API 调用(如更改密码策略以降低密码强度)。当检测到威胁时，Amazon GuardDuty 会向控制台和 AWS CloudWatch 事件提供详细的安全发现，这样可以对报警进行操作并方便地集成到现有事件管理或工作流系统中。通过 Amazon GuardDuty，可以在易于使用、按需付费的云安全服务中获得智能威胁检测和可操作报警。

8.3.2　Amazon Inspector

　　Amazon Inspector 是一种安全服务，允许分析 VPC 环境，以确定潜在的安全问题。使用 Amazon Inspector，可以通过 Amazon EC2 实例标签创建评估目标，使用选定的规则包创建评估模板，然后运行评估。在评估期结束时，Amazon Inspector 生成一组检查结果和建议的步骤，以解决潜在的安全问题。

　　正如本章的数据流安全部分所讨论的，Amazon EC2 安全故障可能对环境的整体网络安全产生重大影响。Amazon Inspector 提供了一种简单的方法来了解 Amazon EC2 实例的状态。这些信息固然重要，但也需要了解整个网络配置。

8.3.3　Amazon Macie

　　Amazon Macie 是一种安全服务，它使用机器学习自动发现、分类和保护 AWS 中的敏感数据。Amazon Macie 能识别敏感数据，如个人可识别信息或知识产权信息，并为用户提供仪表盘和报警，以了解这些数据如何被访问或移动。Amazon Macie 利用用户和实体行为分析(User and Entity Behavioral Analytics，UEBA)，通过支持向量机(Support Vector Machine，SVM)分类器对文档自动进行分类，预测针对基线用户活动的分析结果，并识别可能指示目标攻击或未经授权的 Amazon S3 存储数据的访问，以及存储在 Amazon S3 中的数据的内部威胁。

　　Amazon Macie 首先识别并保护恶意破坏者可能作为目标的数据。Amazon Macie 自动学习术语和内部项目名称并估计 Amazon S3 桶中每个对象的业务价值。Amazon Macie 通过检查历史访问活动来了解用户如何与数据交互。当 Amazon Macie 检测到异常活动时，就会发出报警。这些报警在 Amazon CloudWatch 事件中可用，可以通过 AWS Lambda 等服务来构建自动化操作，并采取措施来保护数据。

　　由于 Amazon Macie 提供了完全可定制的主动损失预防功能，因此它是网络安全工具箱的重要组成部分。Amazon Macie 不仅能够让你了解最敏感的数据和用户访问模式之间的关系，还能够识别存储在 Amazon S3 中的信息，这些信息可能会破坏网络安全态势。

　　在考虑云计算中的网络安全时，还必须考虑对环境进行更改的方法。与传统的物理数据中心不同，API 调用会立刻导致对 AWS 环境的更改。因此，网络的安全性可以迅速发生改变。Amazon Macie 可以在 Amazon S3 桶中出现 AWS API 凭证或 SSH 密钥时及时进行提醒。

8.4　检测与响应

　　到目前为止，本章重点介绍了与网络安全相关的各个服务和功能。在本章接下来的部分，我们提供了一系列示例，演示如何集成 AWS Cloud 服务以增强检测和响应。这里提供的例子并不详尽。对于考试，你应该了解 AWS Cloud 服务中可用于检测和响应的集成点。

8.4.1　SSH 登录尝试

　　一系列失败的登录尝试通常表示存在活跃的入侵威胁。此例利用几个 AWS Cloud 服务来检测和响应这些登录失败。一旦检测到故障，就会采取措施，阻止攻击源。

1. AWS Cloud 服务

此例集成了以下 AWS Cloud 服务：

- Amazon CloudWatch 实时监控 AWS 资源以及在 AWS 上运行的应用程序。可以使用 Amazon CloudWatch 收集和跟踪度量、日志和事件。Amazon CloudWatch 报警会根据定义的规则发送通知或自动更改正在监视的资源。
- AWS CloudTrail 作为记录器，用于记录账户中的 AWS API 调用和相关事件的历史记录。AWS CloudTrail 将这些记录以日志文件的形式发送到指定的 Amazon S3 桶，甚至可以将多个账户的 AWS CloudTrail 日志发送到同一个桶。为了提供机密性和完整性，可以配置 AWS CloudTrail 来加密日志并生成完整性摘要文件。
- IAM 可以帮助你安全地控制对 AWS 资源的访问。可以使用 IAM 来控制能够使用的 AWS 资源，可以使用什么资源以及使用资源的方式。
- AWS Lambda 允许在不提供或管理服务器的情况下运行代码。AWS Lambda 只在需要时执行代码，能够自动缩放。可以使用 AWS Lambda 运行代码以响应事件。
- Amazon Simple Notification Service (Amazon SNS)用于协调和管理对订阅端点的消息传递。Amazon SNS 方便了出版者和订阅者之间相互通信。出版者(如 Amazon CloudWatch

Alarms)通过生成消息并向主题发送消息,与订阅服务器进行异步通信。订阅者(如 AWS Lambda 功能代码)在订阅时接收消息主题。

2. 架构概览

图 8.8 提供了该例中构件的概览。

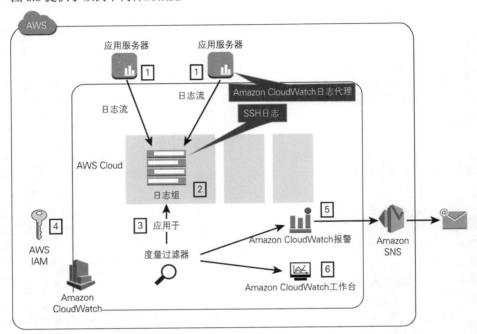

图 8.8　SSH 登录尝试概览

3. 解决方案描述

在本例中,应用程序在 Linux 实例上运行。SSH 是用于登录和管理系统的机制。运行 Amazon CloudWatch 日志代理的每个实例拥有分配给 Amazon EC2 实例的 IAM 实例角色,以允许要写入 Amazon CloudWatch Logs 的代理。当 SSH 守护进程更新日志时,信息从实例发送到 Amazon CloudWatch 日志。每个日志实例在 Amazon CloudWatch 日志中表示为唯一的日志流。实例日志流最后被合并到日志组中。

创建日志组之后,就可以创建度量过滤器。度量过滤器表示 Amazon CloudWatch 应该如何从摄取的日志中提取观察结果,并将其表示为 Amazon CloudWatch 度量中的数据点。度量过滤器将被分配给日志组。可以配置度量过滤器,用来匹配日志中指示登录失败的特定字符串序列。还可以指定 Amazon CloudWatch 报警来指示何时超过每单位时间允许的失败登录尝试次数(例如,每五分钟两次失败尝试)。作为报警配置的一部分,可以指定要发布报警的 Amazon SNS 主题。

　　为了自动响应报警，可以订阅 AWS Lambda 函数以提供对 Amazon SNS 的报警主题。订阅的 AWS Lambda 函数包含用于处理源 IP 地址失败的代码，并使用 AWS Lambda 的 IAM 角色执行，然后更新 VPC 网络 ACL 以拒绝来自源 IP 地址的传入请求(记得网络 ACL 允许 DENY 语句，但安全组不允许)。还可以为自己的邮件地址订阅 AWS Lambda 主题，以便在违反报警阈值时接收邮件。

8.4.2　网络数据流分析

　　检测环境中网络异常的一种方法是了解数据流的模式。例如，"顶级谈话者"的突然变化可能表明有活跃的数据泄露。你还可能发现理解被拒绝的数据流或未使用的安全性和端口的好处。本节的这个示例演示了如何从 VPC 中获得可视性和分析流数据。

1. AWS Cloud 服务

本例集成了以下 AWS Cloud 服务：

- Amazon CloudWatch 实时监控 AWS 资源以及在 AWS 上运行的应用程序。可以使用 Amazon CloudWatch 收集和跟踪度量、日志和事件。Amazon CloudWatch 报警会根据定义的规则发送通知或自动更改正在监控的资源。

- Amazon ElasticSearch Service 将创建域和部署操作以及扩展受管的 ElasticSearch 集群变得更加简单。Amazon ElasticSearch 是流行的开源搜索和分析引擎，用于日志分析、实时应用程序监控和单击流(click stream)分析。

- IAM 可以帮助你安全地控制对 AWS 资源的访问。可以使用 IAM 来控制能够使用的 AWS 资源，可以使用什么资源以及使用资源的方式。

- Kibana 允许在 Amazon ElasticSearch Service 中对数据实现可视化。Kibana 是一个流行的开源可视化工具，可与 Amazon ElasticSearch 一起协调工作。Amazon ElasticSearch Service 为每个 Amazon ElasticSearch Service 域提供 Kibana 安装。可以在 Amazon ElasticSearch Service 的控制台中找到指向 Kibana 的链接。

- Amazon Kinesis Firehose 向目的地提供受管的实时流数据，例如 Amazon S3、Amazon Redshift 或 Amazon ElasticSearch Service。可以配置数据生成器，将数据发送到 Amazon Kinesis Firehose，从而自动将数据发送到指定的目的地。你还可以配置 Amazon Kinesis Firehose，以实现在数据传输之前转换数据。

- AWS Lambda 允许在不提供或不管理服务器的情况下运行代码。AWS Lambda 只在需要时执行代码，可以自动扩展。可以通过 AWS Lambda 运行代码以响应事件。VPC 流日志能够捕获出入 VPC 网络接口的 IP 数据流。流日志数据使用 Amazon CloudWatch 日志进行存储。

2. 架构概览

图 8.9 提供了本例中构件的概览。

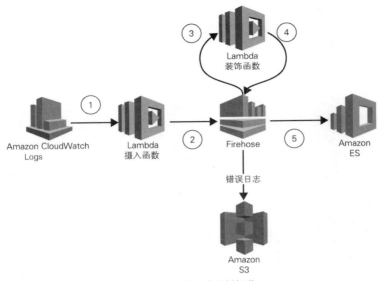

图 8.9　网络数据流分析概览

3. 解决方案描述

为了分析网络流量，本例利用了 VPC 数据流日志功能和 Amazon ElasticSearch Service。为了加强分析，对流数据与相关安全组的信息进行关联。完整的数据集存储在 Amazon ElasticSearch Service 中，允许你查看流数据、分析未使用的安全组，并使用 Kibana 标识未使用的安全组规则。

这个解决方案的核心是 Amazon ElasticSearch 集群。在创建 Amazon ElasticSearch Service 域之后，需要使用数据流数据填充集群。Amazon Kinesis Firehose 提供了一种将数据注入 Amazon ElasticSearch Service 的简单机制。可以通过 Amazon Kinesis Firehose 数据转换来加强传递到 Amazon ElasticSearch Service 的信息。通过数据转换，可以使用 AWS Lambda 函数修改 Amazon Kinesis Firehose 的输出，然后发送 Amazon Kinesis Firehose 修改后的数据。对于这个解决方案，可以创建一个 AWS Lambda 函数来加强 VPC Flow Logs 数据，这是通过添加数据流量的方向(入站或出站)信息，以及与数据流关联的安全组以及有关 IP 地址的信息(例如地理位置)来实现的。完成后，Amazon Kinesis Firehose 派送接收到的流数据，在对它们进行转换后发送到 Amazon ElasticSearch 集群。

这个解决方案的最后一部分是将 VPC Flow Logs 连接到创建的 Amazon Kines Firehose 派送流数据。VPC Flow Logs 被发送到 Amazon CloudWatch Logs。可以将 AWS Lambda 用作 Amazon CloudWatch Logs 流向目标，从 Amazon CloudWatch Logs 中摄取数据并将其推送到 Amazon Kinesis Firehose。一旦启用从 Amazon CloudWatch Logs 流向 AWS Lambda 函数这项功能，端到端的数据流就完成了。VPC Flow Logs 定期将数据放入 Amazon CloudWatch Logs。Amazon CloudWatch Logs 将数据流传输到你编写的用于将数据推送到 Amazon Kinesis Firehose 派送流数据的 AWS Lambda 函数。当数据由 Amazon Kinesis Firehose 处理时，另一个 AWS Lambda 函数会增加流量数据，最终产品将被发送给 Amazon ElasticSearch 集群。

随着 VPC Flow Logs 数据的增加和发送到 Amazon ElasticSearch 集群，可以使用 Kibana 对

数据流执行查询操作。

8.4.3　IP 信誉度

正如本章前面所讨论的，AWS WAF 与 Amazon CloudFront 以及应用负载均衡器集成，从而保护了 AWS 环境。因为 AWS WAF 由 API 驱动，所以通过自动配置 Web ACL，可以获得巨大的价值。本节的这个示例将演示如何将第三方数据检测自动化并作为自己的响应操作。

1. AWS Cloud 服务

本例集成了以下 AWS Cloud 服务：

- Amazon CloudWatch 实时监控 AWS 资源以及在 AWS 上运行的应用程序。可以使用 Amazon CloudWatch 收集和跟踪度量、日志和事件。Amazon CloudWatch 报警会根据定义的规则发送通知或自动更改正在监视的资源。
- IAM 可以帮助安全地控制对 AWS 资源的访问。可以使用 IAM 来控制能够使用的 AWS 资源，可以使用什么资源以及使用资源的方式。
- AWS Lambda 允许在不提供或不管理服务器的情况下运行代码。AWS Lambda 只在需要时执行代码，可以自动扩展。可以通过运行代码来响应事件。
- AWS WAF 监视转发到 Amazon CloudFront 或应用负载均衡器的 HTTP 和 HTTPS 请求。AWS WAF 还允许根据指定的条件(如 IP 地址)控制对内容的访问。

2. 架构概览

图 8.10 提供了本例中构件的概览。

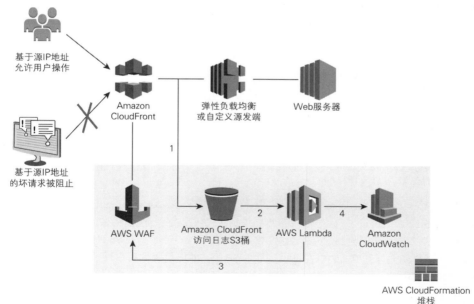

图 8.10　IP 信誉度概览

3. 解决方案描述

一些公开可用的 IP 信誉列表中提供了有关已知信誉度差的 IP 地址信息。可以通过编程的方式将这些 IP 地址合并到阻止它们的 AWS WAF Web ACL 中，以此保护 AWS 环境。此解决方案使用 Amazon CloudWatch Events、AWS Lambda 与 AWS WAF 提供了一种简单的方法，以生成和更新不允许使用的 IP 地址动态列表。

这个解决方案的第一步是创建触发 AWS Lambda 函数的周期性事件。Amazon CloudWatch Events 提供了一个事件总线，在该事件总线中可以看到 AWS Cloud 环境中的操作。Amazon CloudWatch 活动还可以生成计划事件。为了处理 IP 信誉列表中的更新，需要配置一个预定的 Amazon CloudWatch Events。该事件调用创建的 AWS Lambda 函数来下载和处理一个或多个 IP 信誉列表。AWS Lambda 函数使用 IAM 角色，从而直接调用 AWS WAF API、更新 IP 地址条件以阻止 IP 访问。一旦 AWS Lambda 函数运行完成，Amazon CloudFront 配送和应用负载均衡器就会阻止当前信誉度低的 IP 列表。

8.5 本章小结

在本章中，你回顾了网络安全概念、与网络安全相关的 AWS Cloud 服务以及多个 AWS Cloud 服务的集成，以实现更高级别的功能。本章讨论了监管考虑事项、数据流保护、AWS 安全服务管理以及检测和响应。本章并非详尽无遗，但却提供了坚实的基础，以帮助你准备网络安全考试。

在监管部分，你了解了控制 AWS 账户的重要性。类似 AWS Organizations、AWS CloudFormation 和 AWS Service Catalog 这样的工具允许控制环境中的更改、强制执行标准和实现护栏功能。此外，这些服务允许自动化，将手动、人工操作过程排除在流程以外。自动化可以显著改善整体的安全状况。

在有关数据流安全方面，你学习了边缘地点和区域服务，它们直接在 AWS 环境中的数据流上运行。在边缘站点上运行的服务受益于一套标准的保护方案。具有额外能力的特定服务可以用来抵御网络攻击。AWS 设计了一些用于提供机密性、完整性和可用性的服务。

Amazon Route 53 使用诸如 Shuffle Sharding 和 Anycast Striping 的技术来提供 100% 的可用性 SLA。Amazon CloudFront 提供了跨 AWS 全球基础设施分散 DDoS 攻击的能力。可以通过确保只接收来自 Amazon CloudFront 的请求来实现防止直接面向源发端的攻击。还可以使用 AWS Lambda@Edge 验证传入的 Amazon CloudFront 请求，之后再将它们传递给源发端，从而进一步保护环境。

AWS Certificate Manager 有助于创建和管理用于 Amazon CloudFront 和 Elastic Load Balancing 的 SSL/TLS 证书，为传输中的数据提供机密性和完整性。使用 AWS Certificate Manager 证书时，AWS 会提供经过域验证的 RSA-2048、SHA-256 证书，这些证书的有效期为 13 个月。服务将尝试自动续订证书，通常在证书到期前 30 天，前提是服务可以通过互联网访问。可以在 AWS Certificate Manager 中使用完全限定域名或通配符。如果使用第三方证书提供商，则可以将证书上传到 AWS Certificate Manager。AWS WAF 和 AWS Shield 为 Amazon CloudFront 和应用负载均衡器资源提供保护。AWS WAF 使用包含有序规则的 Web ACL 来允许、阻止或对传入

的请求进行计数。规则可以是标准的，也可以是基于速率的，并且包含匹配条件。AWS WAF
评估跨站脚本、IP 地址、大小、SQLi、地理位置和字符串匹配条件。所有客户均可使用 AWS
Shield Standard，无须额外付费。AWS Shield Advanced 减轻了大多数网络层和传输层的攻击。
AWS Shield Advanced 提供了额外的功能，包括针对应用层攻击的智能 DDoS 攻击检测和缓解。
AWS Shield Advanced 提供实时、详细的度量报告，可以访问 24×7 DRT。最后，AWS Shield
Advanced 针对计费峰值提供了一些成本保护。

　　Elastic Load Balancing 位于面向互联网的 VPC 资源的前面，提供了一定程度的保护。Elastic
Load Balancing 只接收从监听器传入的数据流，从而将攻击面最小化。Elastic Load Balancing 代
理通往 VPC 资源的连接，减轻类似 SYN 洪泛的常见攻击，因为只有格式良好的 TCP 连接数据
流才会流向资源。使用 ELB，可以将安全进程和设备与进入 VPC 的数据流放在一起。可以使
用带有代理组的负载均衡器来为出站流量实现类似的内联安全过滤。

　　子网和路由表允许控制 VPC 中数据包的行为。利用 VPC 端点可允许 VPC 中的资源与外部
服务通信，而无须连接互联网网关或 VGW。同样，也可以使用 VPC 伙伴网络在 VPC 之间通
信。当需要与户内环境通信时，可以使用通过互联网或 AWS Direct Connect 的公有 VIF 与 AWS
管理的 VPN 连接的 IPsec 连接进行加密通信，还可以使用运行 VPN 软件的 Amazon EC2 实例
和 AWS Direct Connect 的私有 VIF 创建加密连接。

　　安全组和网络 ACL 在 VPC 中用来控制数据流安全。安全组提供有状态的防火墙功能，它
们允许使用安全组作为抽象层来隐藏 VPC 中的动态更改。

　　网络 ACL 通常是粗粒度、无状态的规则。有些组织使用职责分离模型，其中安全组由一
个团队控制，网络 ACL 由另一个团队控制。

　　本章回顾了共享责任模型如何应用于 Amazon EC2 实例。网络通信保护和操作系统打补丁
是你的责任。你应当使用实例操作系统中可用的工具进一步保护网络。如果使用没有经过深思
熟虑的方法保护 VPC，恶意破坏者可以通过 Amazon EC2 实例绕过创建的网络数据流的控制
体系。

　　除了本章中明确描述的服务，Amazon 还提供了许多区域服务。每个服务都提供了控制访
问、强制加密和发送日志数据以供分析的机制。IAM 和 AWS KMS 分别是访问控制和加密的重
要服务。

　　你还学习了受管安全产品。Amazon GuardDuty 检测并警告环境中的活跃威胁。Amazon 检
查器对运行在 Amazon EC2 实例上的应用程序周围的安全层进行了合理化。Amazon　Macie 可
以识别与 Amazon S3 桶中数据相关的威胁。

　　本章最后提供了如何集成 AWS Cloud 的示例，从而为网络安全提供更高级别功能的服务。
每个示例都演示了如何提高可视性和自动化操作以保护环境。对于考试，你应当了解 AWS Cloud
服务中用于检测和响应的集成点。

8.6　复习资源

　　如果需要本章讨论的有关 AWS Cloud 服务的更多信息，可访问以下网址。
AWS Organizations：https://aws.amazon.com/documentation/organizations/
AWS CloudFormation：https://aws.amazon.com/documentation/cloudformation/

AWS Service Catalog：https://aws.amazon.com/documentation/servicecatalog/

Amazon Route 53：https://aws.amazon.com/documentation/route53/

Amazon CloudFront：https://aws.amazon.com/documentation/cloudfront/

AWS Lambda：https://aws.amazon.com/documentation/lambda/

AWS WAF：https://aws.amazon.com/documentation/waf/

AWS Certificate Manager：https://aws.amazon.com/documentation/acm/

Elastic Load Balancing：https://aws.amazon.com/documentation/elastic-load-balancing/

Amazon EC2：https://aws.amazon.com/documentation/ec2/

Amazon VPC：https://aws.amazon.com/documentation/vpc/

Amazon KMS：https://aws.amazon.com/documentation/kms/

AWS IAM：https://aws.amazon.com/documentation/iam/

Amazon CloudWatch：https://aws.amazon.com/documentation/cloudwatch/

AWS CloudTrail：https://aws.amazon.com/documentation/cloudtrail/

AWS SNS：https://aws.amazon.com/documentation/sns/

Amazon Elasticsearch Service：https://aws.amazon.com/documentation/elasticsearch-service/

Amazon Kinesis：https://aws.amazon.com/documentation/kinesis/

Amazon Macie：https://aws.amazon.com/documentation/macie/

对于服务集成示例，请访问以下 URL。

如何对 Amazon EC2 Linux 实例进行 SSH 访问尝试失败的操作进行监控以及可视化：
https://aws.amazon.com/blogs/security/how-to-monitor-and-visualize-failed-ssh-access-attempts-to-amazon-ec2-linux-instances/

如何通过在 VPC 数据流日志中添加安全组 ID 实现可视化以及细化网络安全：
https://aws.amazon.com/blogs/security/how-to-visualize-and-refine-your-networks-security-by-adding-security-group-ids-to-your-vpc-flow-logs/

AWS WAF 安全自动化-AWS 实施手册：
https://s3.amazonaws.com/solutions-reference/aws-waf-security-automations/latest/aws-waf-security-automations.pdf

如何通过 Amazon CloudWatch Events 检测和自动修正 Amazon S3 对象 ACL 中的意外权限：
https://aws.amazon.com/blogs/security/how-to-detect-and-automatically-remediate-unintended-permissions-in-amazon-s3-object-acls-with-cloudwatch-events/

如何使用 AWS WAF 对产生无效请求的 IP 地址进行阻塞：
https://aws.amazon.com/blogs/security/how-to-use-aws-waf-to-blockip-addresses-that-generate-bad-requests/

使用 AWS WAF 减轻 OWASP 的前 10 个 Web 应用漏洞：
https://d0.awsstatic.com/whitepapers/Security/aws-waf-owasp.pdf

AWS DDoS 故障弹性恢复最佳实践：

https://d0.awsstatic.com/whitepapers/Security/DDoS_White_Paper.pdf

8.7　考试要点

理解责任共享模式。 当 AWS 管理云的安全性时，云中的安全是你应承担的责任。你可以控制选择实现的安全性保护内容、平台、应用程序、系统和网络。当使用 Amazon EC2 时，你负责网络数据流的保护。

了解如何在你的环境中实现安全的自动化。 使用 AWS Cloud 服务，如 AWS Organizations、Amazon CloudFront 和 AWS Service Catalog 时，可以自动化创建已知的账户基线。当执行自动化操作时，可以根据最佳实践构建、实施防护栏杆和集中日志记录，以提供跨 AWS 账户的可视性。人会犯错，人会违反规则，人可以采取恶意行动。自动化能力将大大提高环境的安全性。

了解边缘地点功能可以保护用户环境免受 DDoS 攻击。 边缘地点都包括内置的网络层和传输层网络缓解功能。边缘地点基础设施持续分析数据流异常，提供内置防御，以抵御常见的 DDoS 攻击，如 SYN 洪泛、UDP 洪泛和反射攻击。AWS 可以激活 SYN cookie，以避免影响到合规的数据流。只有格式良好的 UDP 或 TCP 数据包才能由边缘站点提供服务。所有数据流都在一组维度上评分，以优先考虑合规的数据流。全球规模的边缘基础设施允许 AWS 通过多个边缘站点分散进入的数据流，吸收攻击带来的影响。

了解 Amazon Route 53 的可用性技术。 Amazon Route 53 使用随机分片和泛播条带化，以隔离可用性的挑战并减轻对你的影响。该服务只响应格式良好的 DNS 请求。

了解如何防止恶意破坏者绕过 Amazon CloudFront。 可以使用 Amazon S3 OAI 确保只有 Amazon CloudFront 可以访问 Amazon S3 桶。对于其他来源，可以通过插入 HTTP 报头验证来自 Amazon CloudFront 的请求。AWS Lambda@Edge 可用于动态生成这些验证器。可以使用签名的 URL 和 cookie 来限制对源发端的进一步访问。

了解 AWS WAF 提供的功能。 AWS WAF 可以保护 Amazon CloudFront 配送、应用负载均衡器和 Amazon EC2 实例。AWS WAF 使用 Web ACL。Web ACL 包含有序的规则列表，这些规则指定是允许、计数还是删除数据流。规则要么基于标准，要么基于速率，并且由条件组成。条件与跨站脚本、IP 地址、大小、SQLi、地理位置和字符串进行匹配。

了解 AWS Certificate Manager 证书的详细信息。 Amazon Certificate Manager 提供经过验证的 RSA-2048、SHA-256 证书，有效期为 13 个月。该服务将尝试自动更新证书，通常在到期前 30 天，前提是证书可以通过互联网访问服务。证书至少包含一个 FQDN，可以添加其他名称，还可以请求通配符(例如，*.example.com)。AWS Certificate Manager 生成的证书是免费的，不能下载私钥。

了解 Elastic Load Balancing 如何保护 VPC 资源。 Elastic Load Balancing 可自动扩展，以满足绝大多数用例的需要，这有助于工作负载的整体可用性。通过 Elastic Load Balancing，可以定义能接收的端口和协议，从而最小化攻击面。Elastic Load Balancing 代理到 VPC 资源的连接；因此，你不会看到像 SYN 洪泛这样的常见攻击，因为只有格式良好的 TCP 连接才会导致数据流向资源。当想要为 VPC 的入站数据流提供内联安全流程时，可以利用 ELB。当想要为从 VPC 出站的数据流提供内联安全处理时，可以利用内部负载均衡器和 Amazon EC2 实例的代理组。

　　了解如何使用路由表和子网保护数据流。 路由表允许控制数据流如何离开子网。可以使用 VPC 端点和 VPC 伙伴网络以保持 AWS 基础设施内的数据流,而无须将互联网网关或 VGW 连接到 VPC。当确实需要连接到本地基础设施时,可以使用 IPsec 连接以加密数据流。可以使用互联网或 AWS Direct Connect 公有 VIF 上的 AWS 管理的 VPN 连接。也可以在 Amazon EC2 实例上使用自己的 VPN 软件,这个实例在 AWS Direct Connect 私有 VIF 上运行。

　　了解如何保护 Amazon EC2 实例。 AWS 提供了许多服务和功能来帮助保护网络安全。即使如此,你也应当确保 Amazon EC2 实例的安全。可使用工具来管理配置、强制执行策略和检测实例上的异常行为。了解受损的 Amazon EC2 实例对环境构成的风险,并且设计出检测和响应异常行为的机制。

　　了解每个受管 AWS 安全服务的功能。 Amazon GuardDuty 检测并警告环境中的活跃威胁。Amazon 检测器对运行在 Amazon EC2 实例上的应用程序周围的安全层进行了合理化。Amazon Macie 识别与 Amazon S3 中数据相关的威胁。

　　了解如何集成各种 AWS Cloud 服务以提供更高级别的安全功能。 可以结合 AWS Cloud 服务来提供检测和响应功能。对于考试,你应该了解 AWS Cloud 服务中用于检测和响应的集成点。

应试窍门
回答问题时,在检查答案之前,应先记下自己的答案。如果没有任何符合期望的答案,那么很可能是你读错或误解了这个问题。

8.8　练习

　　熟悉各种网络安全服务和功能的最佳方法是直接动手进行实验。以下练习为你提供了实验和学习的机会。你可以随意扩展到练习之外的内容。

　　有关完成这些练习的帮助,请参阅以下 Amazon 用户指南。

　　Amazon S3:https://aws.amazon.com/documentation/s3/

　　Amazon Route 53:https://aws.amazon.com/documentation/route53/

　　Amazon CloudFront:https://aws.amazon.com/documentation/cloudfront/

　　AWS WAF:https://aws.amazon.com/documentation/waf/

练习 8.1

创建静态 Amazon S3 网站

在本练习中,你将创建一个静态的 Amazon S3 网站。

(1) 以管理员或超级用户身份登录到 AWS Management Console。

(2) 选择 Amazon S3 图标以启动 Amazon S3 仪表板。

(3) 在美国东区(弗吉尼亚州)创造一个桶。记下桶名。

(4) 上传一个名为 index.html 的公开可读对象,其中包含文本 "Hello, World!"。

(5) 访问 https://s3.amazonaws.com/<bucketname>/index.html 并确认可以看到 "Hello, World!"。

你现在创建了一个静态的 Amazon S3 网站。

配置 Amazon CloudFront 配送

在本练习中，你将在 Amazon S3 静态网站的前端配置 Amazon CloudFront 配送。

(1) 在 AWS Management Console 中选择 Amazon CloudFront 图标以启动 Amazon CloudFront 仪表板。

(2) 创建一个 Web 配送。

(3) 对于 Origin Domain Name，从下拉菜单中选择<bucketname>.s3.amazonaws.com。

(4) 接受其他默认值，然后创建配送。

(5) 找到配送的域名，在末尾附加/index.html，并确认看到"Hello, World！"。

你的 Amazon S3 静态网站现在有了 Amazon CloudFront 配送。请注意，网站可以通过 Amazon CloudFront 或直接从 Amazon S3 访问。

使用 Amazon CloudFront 源发端访问标识(OAI)

在本练习中，你针对静态 Amazon S3 网站使用了 Amazon CloudFront 源发端访问标识(OAI)。

(1) 在 AWS Management Console 中选择 Amazon CloudFront 图标以启动 Amazon CloudFront 仪表板。

(2) 选择练习 8.2 中创建的配送 ID。

(3) 更改 Origins 选项卡，选择源发端，然后单击 Edit。

(4) 将 Restrict Bucket Access 改为 Yes。

(5) 确认 Origin Access Identity 被设置为 Create a New Identity。

(6) 设置 Read Permission on Bucket 为 Yes，更新桶策略。

(7) 单击 Yes 和 Edit。

(8) 找到 Amazon S3 桶，选择 index.html 对象，然后删除公有读权限。

(9) 确认对象没有被练习 8.1 使用的 URL 直接访问。

(10) 确认对象可以由练习 8.2 使用的 URL 访问。

你现在限制了针对 Amazon S3 桶的访问，而需要由 Amazon CloudFront 配送发起的请求进行访问。

配置 Amazon CloudFront 阻止请求

在本练习中，你将根据源 IP 的地理位置配置 Amazon CloudFront 阻止请求。

(1) 选择 Amazon CloudFront 图标以启动 Amazon CloudFront 仪表板。

(2) 选择练习 8.2 中创建的配送 ID。

(3) 更改 Restrictions 选项卡，选择源发端，然后单击 Edit。

(4) 打开定位限制。

(5) 将某个地区放在黑名单中。

(6) 单击 Yes 和 Edit。

(7) 浏览练习 8.2 中的 URL。你应当接收到从配置了阻止访问的配送发出的错误。

(8) 将这个地区放在定位允许的白名单中。

(9) 浏览练习 8.2 中的 URL。你应当看到 "Hello, World!"。

你现在已经打开了 Amazon CloudFront 配送的定位限制功能。

练习 8.5

部署 AWS WAF 以阻止特定的 IP 地址

在本练习中，你将部署 AWS WAF 以阻止特定的 IP 地址。

(1) 选择 AWS WAF 图标以启动 AWS WAF 仪表板。

(2) 创建 IP 匹配全局条件以匹配 IPv4 或 IPv6 地址。

(3) 创建普通全局规则，匹配刚创建的 IP 地址条件。

(4) 创建全局的 Web ACL 以与 Amazon CloudFront 配送进行绑定。

(5) 使用刚才创建的规则添加单块规则。

(6) 设置默认行为以允许不匹配任何规则的请求。

(7) 浏览练习 8.2 中的 URL。用户应当接收到请求阻止错误。

(8) 修改 Web ACL 以允许由 IP 匹配规则的请求，设置默认行为以拒绝不匹配任何规则的请求。

(9) 浏览练习 8.2 中的 URL。确认看到了 "Hello，World!"。

你现在创建并将 Web URL 与 Amazon CloudFront 配送进行了绑定。

8.9 复习题

1. 以下哪个选项允许通过编程的方式创建新的 AWS 账户？

A. IAM

B. AWS Organizations

C. Amazon S3

D. AWS CloudTrail

2. AWS CloudFormation 允许在什么工件(artifact)中将基础设施定义为代码？

A. JSON

B. 堆栈集(Stack Set)

C. 堆栈

D. 模板

3. 以下哪些是 AWS Service Catalog 等服务提供的安全优势？(选择两项)

A. 自动化

B. 重复性

　C. 自主服务

　D. 治愈

　E. AWS Marketplace 集成

4. Amazon Route 53 使用多种方法提供 100%可用性 SLA，以下哪种方法可以保护 TLD 服务器不会发生故障？

　A. 随机分片

　B. 路由策略

　C. 多播条带化

　D. 延迟路由

5. 以下哪个选项允许限制 Amazon S3 桶对 Amazon CloudFront 配送的访问？

　A. 自定义 HTTP 报头

　B. OAI

　C. AWS Lambda@Edge

　D. 预置共享密钥

6. 可以使用以下哪个选项来保护 AWS Certificate Manager 中的私钥？

　A. AWS CloudHSM

　B. AWS Key Management Service

　C. 客户端加密

　D. Amazon S3 服务器端加密

7. AWS WAF 与以下哪个 AWS 资源集成？

　A. Amazon S3

　B. Amazon DynamoDB

　C. Amazon CloudFront

　D. Amazon Route 53

8. AWS Shield Standard 提供以下哪些 OSI 模型层的保护？(选择两个答案)

　A. 物理层

　B. 数据链接层

　C. 网络层

　D. 传输层

　E. 应用层

9. Amazon VPC 的哪个功能允许不需要使用互联网网关就可以访问 AWS Cloud 服务？

　A. VPC 端点

　B. VPC 伙伴网络

　C. 客户托管端点

　D. NAT 网关

10. Amazon VPC 的哪一层是有状态的？

　A. ACL

　B. 安全组

　C. Amazon VPC Flow Logs

　D. 前缀列表

11. 哪些 AWS Cloud 服务可帮助识别存储在 Amazon S3 桶中的敏感账户数据，如访问和密钥？

    A. Amazon Inspector

    B. AWS Config

    C. AWS CloudTrail

    D. Amazon Macie

12. 你的任务是识别 VPC 中未使用的安全组和端口，应该使用以下哪些 AWS 功能？

    A. Amazon CloudWatch 度量

    B. AWS CloudTrail

    C. AWS Config

    D. VPC 流日志

13. 为了保护网站，公司要为网站实施已知攻击者保护。网站位于应用负载均衡器的后面。假设已经订阅了每小时发布 IP 信誉列表的威胁情报服务。以下哪个 AWS Cloud 服务组合允许基于威胁情报阻止数据流？

    A. Amazon CloudWatch、AWS Lambda、AWS WAF

    B. Amazon CloudFront、AWS Lambda、AWS WAF

    C. AWS CloudTrail、AWS Lambda、AWS Config

    D. AWS CloudTrail、Amazon CloudWatch、AWS Lambda

第 9 章

网络性能

本章涵盖的 AWS 认证高级网络-专项考试目标包括但不局限于以下知识点。

知识点 2.0：设计和实施 AWS 网络
- 2.4 确定专用工作负载的网络需求
- 2.5 根据客户和应用需求决定适当的架构

现代应用依赖于服务之间或其他应用组件之间的通信网络。由于网络连接了所有应用组件，因此可能对应用的性能和行为产生重大影响(正面的或负面的)。还有一些应用十分依赖网络性能，例如高性能计算(High Performance Computing，HPC)，所以深入理解网络对于提高集群性能是很重要的。

本章重点介绍对应用而言重要的网络性能特征、依赖于网络的应用示例、提高网络性能的选项以及如何在 Amazon EC2 上优化网络性能。

9.1 网络性能基础

对于最终用户和开发人员来说，简单地将网络性能描述为快或慢是很常见的。网络的用户体验是可能跨越多个不同网络和应用的多个网络层面的组合。例如，咖啡店的用户访问 Amazon EC2 上的网站时，必须使用咖啡店的本地无线网络、服务提供商网络和 AWS 网络。网站应用可能在 AWS 中也有多个依赖项。在这种情况下，将网络性能分为多个更准确和可测量的术语非常重要。

9.1.1 带宽

带宽是网络上的最大传输速率，通常是以每秒位数(缩写为 Bps)、每秒一百万位的 Mbps 或每秒十亿位的 Gbps 定义的。网络带宽定义了最大带宽速率，但是实际用户或应用的传输速率也会受到延迟、协议和数据包丢失的影响。相比之下，吞吐量是通过网络成功传输的速率。

提示：
注意带宽的比特(bit)与字节(byte)。诸如 Amazon CloudWatch NetworkIn 和 NetworkOut 的指标是以字节定义的。AWS Direct Connect 网络的速度是以比特定义的。存储通常以字节定义，网络带宽通常以比特定义。

9.1.2　延迟

延迟是网络中两点之间的滞后。延迟可以用两点之间的单向延迟或往返时间(RTT)来测量。ping 是测试 RTT 延迟的常用方法。延迟包括信号通过不同介质(如铜线或光纤电缆)的传播延迟，通常以接近光速的速度传播。数据包在物理或虚拟网络设备(如 Amazon VPC 虚拟路由器)中移动时也存在处理延迟。网络驱动程序和操作系统可以被优化，从而最小化主机系统上的处理延迟。

9.1.3　抖动

抖动是数据包之间延迟的变化。抖动是由网络中两点之间的延迟随时间变化而引起的。抖动也可能是由网络中处理延迟和排队延迟的变化引起的,这些变化随着网络负载的增加而增加。例如，如果两个系统之间的单向延迟为 10 ms 到 100 ms，则存在 90 ms 的抖动。这种类型的延迟会导致语音和处理多媒体实时系统出现问题，因为系统必须决定将数据缓冲更长时间或在没有数据的情况下继续。

9.1.4　吞吐量

吞吐量是成功传输数据的速率，以 Bps 为单位测量。带宽、延迟和数据包丢失会影响吞吐量。带宽定义可能的最大速率。延迟会影响诸如传输控制协议(TCP)等具有往返握手协议的带宽。TCP 使用拥堵窗口来控制吞吐量。TCP 连接的一端将发送单个数据段，在等待另一端的确认后再发送更多数据。如果握手以单段速率继续，吞吐量将受到参与往返确认发生延迟的严重影响。这就是 TCP 使用缩放窗口大小来增加吞吐量的原因。相反，用户数据报协议(UDP)没有通过握手确认数据包，尽管在 UDP 上构建的一些应用可能实现 RTT 要求。当有损失时，UDP 不会自适应地限制流量，除非应用逻辑决定退出。

9.1.5　数据包丢失

数据包丢失通常以流或线路中丢弃的数据包的百分比表示。数据包丢失会对应用产生不同的影响。TCP 应用通常对拥堵控制造成的丢失非常敏感。例如，TCP Reno 是 TCP 的一种常用版本，它的拥堵窗口在数据包丢失时会减半。

9.1.6　每秒数据包数

每秒数据包数是指一秒内处理的数据包数。每秒数据包数是网络性能测试中常见的瓶颈。网络中的所有处理点必须处理每个数据包，需要计算资源。特别是对于小的数据包，每个数据包处理可以在达到带宽限制之前限制吞吐量。可以使用 Amazon CloudWatch 度量监控 AWS Direct Connect 端口上的每秒数据包数。

9.1.7　最大传输单元

最大传输单元(MTU)定义了可以通过网络发送的最大数据包。大多数互联网和广域网(WAN)的最大容量是 1500 字节。巨型帧(Jumbo Frame)的数据包大于 1500 字节。AWS 支持 VPC 中 9001 字节的巨型帧。VPC 伙伴网络和数据流为 VPC 提供最多 1500 字节的数据包支持，包括互联网和 AWS Direct Connect 流量。当每秒的数据包处理率是性能瓶颈时，增加 MTU 可以提高吞吐量。

9.2　Amazon EC2 网络特点

除了 Amazon VPC 和 Amazon Route 53 中提供的功能外，Amazon EC2 还直接向实例提供一组网络功能。Amazon EC2 提供按实例类型和功能(如置放组、Amazon EBS 的优化实例)划分的不同网络功能以及增强型网络。

9.2.1　实例网络

AWS 对不同的用例提供实例家族，每个用例具有不同的网络、计算和内存资源。

实例家族示例
- 通用型(M4)
- 计算优化(C5)
- 内存优化(R4)
- 加速计算(P2)

这些家族有不同的网络速度和功能，如增强型网络和 Amazon EBS 优化网络。每个实例类型的网络性能记录为低、中、高、10 千兆、高达千兆或 20 千兆。家族中较大实例类型的带宽通常与家族中的 vCPU 数量成比例。

1. 置放组

置放组是单个可用区(AZ)内实例的逻辑分组。对于从低网络延迟、高网络吞吐量或两者中获益的应用，建议使用置放组。使用置放组可提供最低的延迟和最高的每秒包网络性能。置放组为实例启用更高的带宽。当使用 10 千兆网络性能实例时，这些数字表示置放组的性能。然而，具有高达 10 千兆或 25 千兆网络性能的新实例类型可以在置放组之外实现这些带宽。实例和流带宽功能对于需要高网络吞吐量才能访问本地 VPC 以外资源(如 Amazon S3)的依赖网络的应用非常重要。置放组内的单个数据流限制为 10 Gbps，置放组外的数据流限制为 5 Gbps。可以使用多个数据流来实现更高的聚合吞吐量。

置放组非常适合需要低延迟的分布式应用，如 HPC。HPC 集群性能取决于网络延迟，并且通信保持在集群内。

提示：

我们建议在供给时对置放组中需要的所有实例进行启动。因为向置放组添加新实例时，发生容量不足错误的可能性更大。

提示：

置放组是单个可用区的本地组。如果应用需要高可用性，则应将应用实例放置在不同可用区的多个置放组中。

2. Amazon EBS 优化实例

Amazon EBS 提供了用于 Amazon EC2 实例的永久块存储卷。可以将选定的 Amazon EC2 实例类型作为 Amazon EBS 优化实例启动。Amazon EBS 的输入/输出会影响网络性能，因为存储是与网络连接的。Amazon EBS 优化使 Amazon EC2 实例能够充分使用 Amazon EBS 卷提供的每秒输入/输出(IOPS)。Amazon EBS 优化实例在 Amazon EC2 和 Amazon EBS 之间提供专用的吞吐量，根据实例类型，可选择 500Mbps~4000Mbps。专属的吞吐量可以最小化 Amazon EBS 输入/输出(I/O)和由 Amazon EC2 带来的其他流量之间的竞争，为 Amazon EBS 卷提供最佳性能。

Amazon EBS 优化实例设计用于标准和供给的 IOPS Amazon EBS 卷。当连接到 Amazon EBS 优化实例时，提供的 IOPS 卷可以达到一位数毫秒延迟。我们建议使用 Amazon EBS 优化实例提供的 IOPS 或具有高存储 I/O 要求和低延迟的应用支持集群网络的实例。

提示：

Amazon EBS 是与网络连接的存储，因此 IOPS 和存储吞吐量之间存在类似的关系。为了最大化 IOPS(类似于吞吐量)，可能需要增加块大小(类似于 MTU)。此外，较大的磁盘能够提供更高的 IOPS。

3. NAT 网关

可以使用网络地址转换(NAT)网关启用对互联网的出站访问，同时阻止入站连接。NAT 网关提供比使用自己 NAT 实例更好的网络性能。NAT 网关在可用区内是水平可扩展的，并且可以转发高达 10 Gbps 的流量。NAT 网关提高了可用性并且消除了单个 NAT 实例造成的瓶颈。

9.2.2 增强型网络

增强型网络使用单底层 I/O 虚拟化(SR-IOV)和外围组件互连(PCI)直通，在 Linux、Windows 和 FreeBSD 支持的实例类型上提供高性能网络功能。SR-IOV 和 PCI 直通是实现设备虚拟化的方法，与传统的虚拟化网络接口相比，可以提供更高的 I/O 性能和更低的 CPU 利用率。增强型网络提供了每秒超过一百万个数据包的更高带宽，并持续降低实例间延迟。与置放组相结合，可为最大的实例类型在没有带宽超额订阅的情况下提供完整的双段带宽。增强型网络需要操作系统驱动程序支持以及标记为增强型网络的 Amazon Machine Image (AMI)或实例。

1. 网络驱动器

根据实例类型的不同，可以使用下面两个驱动程序之一启用增强型网络：Intel 82599 虚拟功能接口和 Amazon 弹性网络适配器(ENA)驱动程序。ENA 驱动程序是较新的实例家族构件，支持高达 400 Gbps 的速度，当前实例速度可达 25 Gbps。每个实例家族可支持 Intel 或 ENA 驱动程序，但不能同时支持两者。在 Linux 中，ixgbevf 模块提供 Intel 82599 虚拟功能驱动支持。

2. 启用增强型网络

对于实例，有两种方法可以启用增强型网络。第一种方法是启用 AMI 上的增强型网络属性集。第二种方法是设置实例属性以启用增强型网络。默认情况下，最新的 Amazon Linux 硬件虚拟机(HVM)AMI 将启用增强型网络支持。

3. 操作系统支持

Linux、Windows Server 2008 R2、Windows Server 2012、Windows Server 2016 和 BSD 支持 Intel 82599 虚拟功能。增强型网络在 Windows Server 2008 或 Windows Server 2003 上不可用。

Linux、Windows Server 2008 R2、Windows Server 2012、Windows Server 2016 和 FreeBSD 都支持 ENA 驱动程序。驱动程序代码托管在 GitHub 上，并包含在 Linux 4.9 内核中。

4. 附加优化以及驱动支持

增强型网络是在 AWS 上提高网络性能的基础组件。我们建议为所有支持的实例启用增强型网络。对于要求最高性能的应用，还有其他的调优技术可用。

Intel 数据平面开发工具包(DPDK)是一组用于快速数据包处理的库和驱动程序，支持 Linux、Windows 和 FreeBSD 功能的子集。DPDK 扩展了增强型网络的包处理功能，同时支持 Intel 82599 虚拟接口和 ENA 驱动程序。这种控制量是特定于应用的，因此与增强型网络相比，DPDK 具有不同程度的复杂性以实现优势。

增强型网络和SR-IOV 减少了实例和虚拟化管理程序(Hypervisor)之间的包处理开销。DPDK 减少了操作系统内部数据包处理的开销，为应用提供更多的网络资源控制，如环缓冲区、内存和问询模式(poll-mode)驱动程序。将 DPDK 和增强型网络相结合，可以提供更高的每秒数据包数、更少的延迟、更少的抖动以及对数据包队列更多的控制。

这种组合在包处理设备中最常见，这些设备在很大程度上受网络性能影响，如防火墙、实时通信处理、HPC 和网络设备。

还有其他特定操作系统的增强功能，如 TCP 设置、驱动程序设置，以及可以进一步提高性能的非统一映射访问(NUMA)。由于这些不是 AWS 的特定概念，因此本节未进行深入讨论。

9.3 性能优化

学习如何使用之前讨论的概念来调整和优化网络性能是很重要的。本节将回顾其中的一些概念和方法。

9.3.1 增强型网络

如果应用需要高网络性能，我们建议使用支持增强型网络的实例类型。这是减少延迟、数据包丢失和抖动以及增加实例带宽的基本步骤。记住同时需要操作系统的支持和标记为增强型网络支持的实例。

9.3.2 巨型帧

对于需要高吞吐量的应用，例如批量数据传输，增加 MTU 可以增加吞吐量。在性能瓶颈为每秒数据包数的情况下，增加 MTU 可以通过发送更多数据包来增加总吞吐量。

互联网上最常见的 MTU 是 1500 字节，这是 AWS 支持的跨 AWS Direct Connect 和互联网网关的 MTU。任何大于 1500 字节的以太网帧都被称为巨型帧。某些实例系列支持 VPC 中 9001 字节的 MTU。如果置放组中包含集群，那么启用巨型 MTU 可以提高集群性能。为了启用巨型 MTU，需要更改操作系统网络参数。例如，在 Linux 上，这是 ip 命令的一个参数。

提示：

仅在实例上启用巨型 MTU 并不能保证网络的其他部分将使用更大的帧。必须在需要使用大型帧的任何实例上启用巨型 MTU。此外，互联网流量限制在 1500 字节。为了帮助其他实例发现 MTU 限制，应当打开在安全组中自定义互联网控制消息协议(ICMP)的"目标无法访问"(Destination Unreachable)规则。许多操作系统在路径MTU 发现(PMTUD)中使用这种 ICMP 数据包类型来检测 MTU 设置。

9.3.3 网络信用

R4 和 C5 等实例家族使用网络 I/O 信用机制。大多数应用并不总是需要高级别的网络性能，但在发送或接收数据时，可以通过访问增加的带宽而获益。例如，较小的 R4 实例提供 10 Gbps 的峰值吞吐量。这些实例使用网络 I/O 信用机制根据平均带宽利用率将网络带宽分配给实例。当这些实例的网络吞吐量低于基线限制时，这些实例会累积信用分，然后可以在执行网络数据传输时使用这些信用分。

如果计划使用支持网络信用的实例运行性能基线，那么我们建议在测试期间计算累积信用分。一种方法是使用新安装的实例进行测试。此外，还可以发送大量的流量，直到在所有信用分用完后达到稳定的吞吐量状态。目前，没有用于跟踪实例的网络信用的度量。

9.3.4 实例带宽

每种实例类型都有从低到高(可达 20 千兆)的带宽定义。更大的实例类型具有更多的带宽和每秒数据包容量。没有对任何单个 VPC、VPC 伙伴连接或互联网网关的明确带宽限制。如果应用存在带宽瓶颈，我们建议尝试使用更大的实例类型。如果不确定性能瓶颈，那么尝试更大的实例是确定实例支持的带宽是否是系统瓶颈的最简单方法。实例允许的带宽大致与实例的大小成正比。不同的实例系列(如 C3 和 C4)使用不同的硬件和可能的网络实施，因此随着流量越来越接近网络限制，它们的性能特征可能略有不同。计算优化(C 家族)和通用(M 家族)实例是基于网络的应用的常见选择。

实例带宽还取决于正在使用的网络驱动程序。使用带 ixgbevf 模块的 Intel 82599 接口的实例类型同时具有 5 Gbps 的聚合带宽限制和基于数据流的带宽限制。使用 AWS ENA 驱动程序的实例在置放组之外有 5 Gbps 的数据流量限制，但可以在 VPC 或具有多个数据流的伙伴 VPC 内实现 25 Gbps 的总带宽。

提示：
实用技巧是使应用性能基线接近需要的实例类型，以确认性能可以满足需求。

9.3.5 数据流性能

除了实例带宽之外，应用使用的数据流量也会影响吞吐量。在置放组中，将任何数据流限制在 10Gbps 以下。理解这一点很重要，这样就可以使用性能超过 10Gbps 的任何实例的全部带宽。

在置放组外，单个数据流的最大吞吐量为 5Gbps，示例包括同一个 VPC 中可用区之间的流量、Amazon EC2 实例和 Amazon S3 之间的流量以及实例和户内资源之间的流量。

9.3.6 负载均衡器性能

如果应用使用 Elastic Load Balancing，那么有多种负载均衡可供选择。应用负载均衡器具有众多 HTTP 以及(OSI 模型中的)第 7 层的功能。网络负载均衡器具有更多的 TCP 和(OSI 模型中的)第 3 层功能。

网络负载均衡器的优点是性能和规模。由于转发数据包时不仔细查看它们的内部，这就减少了计算的复杂度，因此网络负载均衡器的扩展速度更快、延迟更低。如果应用不需要 HTTP 或(OSI 模型中的)第 7 层功能，则可以使用网络负载均衡器提高性能。对于网络负载均衡器的数据包处理，以微秒为单位测量额外的延迟。

9.3.7 VPN 性能

虚拟私有网关(VGW)是 AWS 管理的虚拟私有网络(VPN)服务。创建 VPN 连接时，AWS 提供到两个不同 VPN 端点的隧道。根据数据包大小的不同，这些 VPN 端点中每个隧道的速度大约为 1.25 Gbps。

如果需要增加通向 AWS 的带宽，可以将流量转发到两个端点。此设计要求户内设备支持对等成本多路径(ECMP)，以便在两个链接之间负载均衡流量，或者在每个 VPN 端点上平衡更多偏好前缀。可以通过设置不同的路由首选项使数据流量从两个 VPN 端点离开以实现出口多样性。

警告:

这种设计需要手动干预 VGW 提供的默认路由。虽然允许将默认带宽增加一倍，但复杂性可能非常大。此外，如果前缀不均匀平衡(可能会根据流量变化)，那么端点的使用会不均匀。

除了 AWS VGW，还可以在自己的 Amazon EC2 实例上安装 VPN 端点。这种方法允许将更多的选项用于路由、性能调整和加密开销。注意，AWS 不管理选项的可用性。你应当在自己的账户中测试 VPN 端点性能，或者与软件提供商合作以获取性能评估。

9.3.8 AWS Direct Connect 性能

使用 AWS Direct Connect 的主要原因是为了获得比使用 VPN 更可预测的性能。使用专用线路或现有网络可以控制户内基础设施和 AWS 之间的网络质量。例如，可以在数据中心和 AWS Direct Connect 连接设施之间使用专用光纤来减少延迟。

AWS Direct Connect 提供的另一个优势是高带宽。虽然 VGW 服务是千兆位的，但不适用于 10 Gbps 或更高的吞吐量。AWS Direct Connect 允许为客户提供多个 10 Gbps 连接，并将这些连接聚合到单个 40 Gbps 线路中。

9.3.9 VPC 中的服务质量(QoS)

户内网络通常通过差分服务代码点(DSCP)支持服务质量(QoS)，以便在网络拥塞的情况下决定对哪些流量进行优先级控制。所有的数据流在 VPC 中被同等对待。DSCP 是 IP 报头中用于标识通信优先级的第 7 位。DSCP 不用于修改 AWS 网络中的流量转发，但报头在接收时保持不变。

可以将 AWS Direct Connect 与 QoS 结合使用，以提高应用的性能和可靠性。当数据包离开户内并穿过任何支持 DSCP 位的服务商网络时，QoS 可以正常应用。目标是使用支持 QoS 的服务商网络提高从户内基础设施到 AWS 的性能。即使如此，数据包在连接的 AWS 边缘也不会被区分，这对于实时通信数据包和对数据包丢失敏感的其他数据流是很常见的。

9.4 示例应用

AWS 的大多数应用在不需要高级调优或使用可选网络功能的情况下可以正常工作。不过，本节将回顾一些更复杂的 AWS 网络配置。

9.4.1　高性能计算

高性能计算(HPC)允许科学家和工程师解决复杂、深度计算以及深度数据分析的问题。HPC 应用通常需要高网络性能、快速存储、大量内存以及很高的计算能力。HPC 性能可以受到网络延迟的限制，因此在集群内最小化延迟是非常重要的。

将置放组与 HPC 结合使用，允许访问低延迟、高带宽的网络，从而实现紧密耦合、IO 密集型和存储密集型工作负载。为了加快 Amazon EBS 的 IO 速度，我们建议使用 Amazon EBS 优化实例和配置 IOPS 卷以获得更高性能。

9.4.2　实时媒体

实时媒体服务包括诸如 IP 语音(VoIP)、使用实时传输协议(RTP)或实时消息协议(RTMP)的媒体流等应用，以及其他视频和音频应用。实时媒体的用例包括现有通信基础设施的企业迁移，以及服务商的电话和视频服务。

媒体流可能对网络有不同的要求，这取决于实现和体系架构。对现有的数据流，视频工作负载可能有不同的带宽要求，这取决于视频移动的复杂性。如果音频流支持冗余或适应变化，音频流也可能改变带宽要求。在大多数情况下，音频和视频流对数据包丢失和抖动都非常敏感。数据包丢失和抖动会导致介质变形和间隙，最终用户很容易发现。我们建议采取措施减少数据包丢失和抖动。

减少 AWS 上的数据包丢失和抖动的第一步是确保为实时媒体应用启用增强型网络，进而提供更平滑的数据包派送。如果使用了 AWS Direct Connect，那么在供应商或设备支持的情况下可以在线路上使用 QoS，从而减少丢包的可能性。

详细的监控和主动的路由控制也可以缓解网络拥堵和挑战。对于具有多个潜在网络路径的高度敏感介质，可以在 Amazon EC2 实例上配置监视探针，以报告链接运行状况。这些信息可以集中用于修改健康的备用网络路径的路由。

有些多媒体应用支持在播放媒体之前缓冲流量。这种缓冲可以帮助防止抖动和不同的网络延迟。对于缓冲音频或视频的媒体流，减少抖动比减少平均延迟更重要。

9.4.3　数据处理、摄入以及备份

当想要在 AWS 中移动、处理或备份万亿(TB)字节的数据时，网络是一个重要的考虑因素。数据传输可以在户内或 VPC 中进行。另外还可能包括不同的存储服务，如 Amazon EBS 和 Amazon S3，它们具有不同的网络特性。

你应当了解数据传输的潜在性能限制，尤其是在传输速率对操作很重要的情况下。AWS 中的数据处理和传输通常遵循以下流程：

(1) 从存储中读取数据和可能的元数据(metadata)。

(2) 在传输协议中封装数据，例如文件传输协议(FTP)、安全拷贝(SCP)或 HTTP。

(3) 通过网络传输数据，如 VPN、互联网或 AWS Direct Connect。

(4) 去除数据封装并执行验证或其他过程。

(5) 将数据写入存储。

网络传输是整体性能的一部分。其他性能组件包括存储 IOPS、读取性能、元数据处理和写入性能。存储性能可能成为主要瓶颈。可以尝试对不同的网络配置进行基准测试，测试整个本地传输，并监视存储性能速率，以确定网络和存储的传输速率。如果涉及 Amazon EC2 实例，例如 VM 导入/导出，也可以尝试使用不同的实例大小。

提示：

请记住，为了实现吞吐量，延迟和带宽之间存在某种关系。如果文件传输使用 TCP，更高的延迟会降低总吞吐量。有一些方法，可以通过 TCP 调优和优化的传输协议来解决这个问题，另外一些方法则使用 UDP。

9.4.4　户内数据传输

户内用例可能包括迁移到 AWS、户内处理或备份数据。除了上面提到的存储组件之外，户内网络还会影响数据移动的性能。

性能层面的主要体现是现有的互联网或转递点之间的私有线路。对于互联网传输，现有互联网的连接带宽和利用率可能是瓶颈。如果有 20Mbps 的互联网连接，利用率为 50%，则可提供 10Mbps 的可用带宽。对于大型传输，AWS Direct Connect 可以提供延迟更小、吞吐量可预测的专用线路。然而，与配置 VPN 相比，提供 AWS Direct Connect 需要更多的时间，因此时间是需要考虑的重点。

安全性是数据传输的重要因素。如果数据传输是通过不安全的协议进行的，我们建议对任何不受信任的连接使用加密。本章的 VPN 性能部分提到的通过 VPN 提高性能的技术可以考虑在此方案中使用。请注意，由于封装，IP 安全(IPsec)可能会限制性能。

很多额外的服务和概念超出了 AWS 认证的高级网络-专项考试的范围。考虑使用 AWS Snowball、AWS Snowmobile 或 AWS 存储网关等服务来传输大于 1 TB 的数据集。Amazon S3 有额外的优化，比如传输加速和多部分上传。还可以在操作系统级别进行其他优化，以调整窗口缩放、中断和直接内存访问(DMA)通道等。

提示：

为了获得最高性能的数据传输到 Amazon EC2 或 Amazon S3，我们建议拆分跨多个实例的数据传输和处理。在 VPC 网络中，为单个数据流量将通过网络访问数据的任何实例(如 Amazon S3)限制为 5Gbps。启用 ENA 的实例可以通过使用多个流量(高达 25 Gbps)实现更高的 Amazon S3 带宽。有些应用可能是单线程的，这将需要更多的实例或线程来实现更高的性能。

9.4.5 网络设备

路由器、VPN 设备、NAT 实例、防火墙、入侵检测和防御系统、Web 代理、电子邮件代理和其他网络服务历来都是网络中基于硬件的解决方案。在 AWS 上，这些解决方案实际上是在 Amazon EC2 上实现的，因为这些解决方案部署在 Amazon EC2 的操作系统上，虽然它们一开始看起来像应用，即使它们参与了路由。

部分甚至全部的 VPC 数据流可以通过这些实例转发，所以它们对性能的提高非常重要。你应当根据所需的吞吐量测试不同大小实例的类型。增强型网络对于性能也非常重要。网络设备通常连接到外部网络。如果是这样的话，置放组不会提高范围以外的目标的性能。

这些网络设备可能需要不同子网中的多个网络接口来实现不同的路由策略。你应当知道每个接口最大的网络接口总数和最大的 IP 地址数量。在每个 c4.8xlarge 实例类型接口上可以有 8 个网络接口、30 个 IP 地址。如果实例类型支持增强型网络，那么网络的接口数量不影响性能。记住，附加的网络接口不会改变网络性能。

对于 Amazon EC2 VPN 实例，你应该了解额外的 IPsec 报头会降低总吞吐量，这是因为每 1500 字节帧中包含的数据较少。对于 IPsec 这样的协议，减少 MTU 以增加额外报头部分的空间是很重要的。大多数应用具有小于 MTU 的混合数据包大小。因此，Amazon EC2 VPN 端点很可能受每秒数据包数的限制，而不受 CPU、内存或网络带宽的限制。

在 AWS 上执行操作的好处在于可扩展性和构建有容错能力的应用。这个概念适用于网络设备。如果可能的话，网络设备应该能够使用自动伸缩功能，并与 Elastic Load Balancing 进行交互以增加扩展和容错。网络负载均衡器支持基于源 IP 地址、目标 IP 地址、源端口、目标端口以协议(5 元组散列)的长期会话，这个功能非常适合使用 TCP 的网络应用。

提示：

你应该理解，并不是每个协议都可以进行负载均衡，例如具有封装安全协议(ESP)的 IPsec 以及身份报头(AH)。ESP 和 AH 是 Elastic Load Balancing 不支持的传输协议。

使用实例路由数据流是通过修改子网的路由表来完成的。每个子网可以有一个特定前缀的路由(例如，默认路由)，它通往网络设备实例的弹性网络接口。当数据流路由到弹性网络接口时，请记住，你需要对路由的容错性和可用性负责。默认情况下，路由或弹性网络接口需要额外的配置来容错。一种方法包括使用具有 AWS Identity and Access Management (IAM) 角色的 Amazon EC2 实例，允许它们在实例检测到故障时，修改路由或将弹性网络接口绑定到新实例。AWS 发布了一些示例脚本来完成 NAT 实例中的故障转移(请参阅 https://aws.amazon.com/articles/2781451301784570)。另一种方法包括使用 AWS Lambda 用来监控和提供容错。

9.5 性能测试

如本章前面所述，运行性能测试和建立基线对于具有高网络性能要求的应用非常重要。

9.5.1　Amazon CloudWatch 度量

Amazon CloudWatch 度量能轻松地观察和收集有关网络的数据。Amazon CloudWatch 度量可用于许多 AWS Cloud 服务中，包括 Amazon EC2。Amazon EC2 实例具有各种 CPU、内存、磁盘和网络度量，默认情况下以每 5 分钟增量提供。如果需要接收 1 分钟的度量，可以在增加成本的情况下启用详细的监控。对于考试，你应该了解哪些指标是可用的，但是不需要记住具体的细节。表 9.1 列出了 Amazon CloudWatch 中可用的实例网络度量。

表 9.1　Amazon CloudWatch 中的实例网络度量

Amazon CloudWatch 度量	描述
NetworkIn	实例在所有网络接口上接收的字节数，用于标识到单个实例的传入网络的数据流量
NetworkOut	实例在所有网络接口上发送的字节数，用于标识来自单个实例的传出网络的数据流量
NetworkPacketIn	实例在所有网络接口上接收的数据包数
NetworkPacketOut	实例在所有网络接口上发送的数据包数

除了实例度量之外，Amazon CloudWatch 度量也可用于 Amazon VPN。表 9.2 列出了 Amazon EC2 VPN 中可用的 Amazon CloudWatch 度量。

表 9.2　Amazon EC2 VPN 中可用的 Amazon CloudWatch 度量

Amazon CloudWatch 度量	描述
TunnelState	隧道的状况：0 表示关闭，1 表示打开
TunnelDataIn	通过 VPN 隧道接收的字节
TunnelDataOut	通过 VPN 隧道发送的字节

注意：

请记住，实例和 Amazon CloudWatch 度量的单位是字节。如果想测量每秒的位数，需要做一些数学运算。例如，要在 5 分钟内计算 10 920 000 NetworkIn 字节的每秒位数，需要用 10 920 000 乘以 8 计算位数，再除以 300 计算秒数，得到 4550 Bps(或 4.55 Kbps)。

表 9.3 列出了 Amazon CloudWatch 中可用的 AWS Direct Connect 度量。

表 9.3　Amazon CloudWatch 中可用的 AWS Direct Connect 度量

Amazon CloudWatch 度量	描述
TunnelState	隧道的状况：0 表示关闭，1 表示打开
ConnectionBpsEgress	连接到 AWS 端的出站数据的比特率
ConnectionBpsIngress	连接到 AWS 端的入站数据的比特率

(续表)

Amazon CloudWatch 度量	描述
ConnectionPpsEgress	连接到 AWS 端的出站数据包率
ConnectionPpsIngress	连接到 AWS 端的入站数据包率
ConnectionCRCErrorCount	观察到的在连接处接收的循环冗余检查(CRC)错误的次数
ConnectionLightLevelTx	指示用于从连接的 AWS 端流出(出站)数据流的光纤连接的运行状况
ConnectionLightLevelRx	指示用于从连接的 AWS 端流入(入站)数据流的光纤连接的运行状况

9.5.2　测试方法

应用性能是内存、CPU、网络、存储、应用架构、延迟和其他因素的组合。测试不同的配置和设置是确定如何提高性能的一种经济有效的方法。可以使用大量的工具和方法进行测试，因此本节将重点介绍与 AWS 网络相关的测试技术。

1. 吞吐量测试

对实例类型的网络性能指定基线，以便知道性能界限在哪里。下面是在 AWS 上测试网络吞吐量的一些注意事项：

- 实例类型和大小将在很大程度上决定每秒最大吞吐量和数据包数。
- 测试正确的场景。如果应用在可用区之间或 VPC 外部进行通信，测试数据流。在可用区内或置放组中测试数据流的性能将不同于可用区之间的性能。
- 启用增强型网络以获得最佳性能。
- 对多个数据流进行测试，对应用的多个副本进行测试，并将测试分发到多个实例。单线程或使用单个 TCP 流的工具不太可能最大化网络吞吐量。
- 在 VPC 中使用巨型 MTU 进行测试，以最大限度地提高吞吐量。
- TCP 和 UDP 对拥塞和延迟的反应不同，因此测试应用程序将使用的协议。
- 通过高延迟连接，可以尝试调整不同的 TCP 参数，如 TCP 实现、拥堵窗口大小和计时器。

提示：
如果需要创建延迟或模拟户内工作负载，可以使用多个 AWS 区域进行测试，并通过互联网或 VPN 发送数据流。

2. 解决方案测试

测试网络吞吐量和连接性很有帮助，但你最终关心的是应用在网络上的性能。我们建议执行应用度量的端到端测试。这可能涉及使用工具来模拟 Web 请求、事务或数据处理。通过网络测试中的数据，可以使用 Amazon CloudWatch 报告和操作系统统计信息来识别网络瓶颈。这就是通过不同处理方式(如置放组、更大的实例和更多的分布式系统)提高应用性能的方法。一些工具，比如 Bees with Machine Guns，可以运行分布式负载测试。

网络上的数据包捕获工具可供进一步研究使用。包捕获是通过网络发送或接收的数据流的原始转储。在 VPC 中，最简单的方法是使用 tcpdump 等工具在本地实例上运行包捕获。外部工具可以运行数据包丢失分析，也可以查找由于 TCP 重新传输而表示数据包丢失的信息。这些有效的操作可用确定是网络存在延迟还是应用存在延迟。包定时接收可以确定主机何时接收网络数据包以及应用的响应速度。

9.6　本章小结

在本章中，你了解了 AWS 网络中网络性能的不同方面。每个应用和网络拓扑结构可以进行不同的交互，因此了解功能、实例、技术和应用之间的关系是改进性能的核心。每一个现代应用都依赖于网络的性能，因此每一次改进都可以提高应用的响应度、运行速度以及可靠性。

理解带宽、延迟、包丢失、抖动和吞吐量等核心概念是非常重要的。在理解核心性能概念之后，下一步就是了解 AWS 提供了哪些功能来提高性能。除了可用的功能外，了解实例和增强型网络支持之间的区别也很重要。有了这些知识，就可以将 AWS 功能应用于不同类型的专用应用和网络场景。为了验证这些概念，你应当运行网络和应用性能测试来进一步调整和优化网络配置。

为了提供更高的网络性能，AWS 提供了多种功能，如置放组、供给 IOPS、增强型网络和巨型帧。我们回顾了实例可以具有的网络性能特征，例如增强型网络，从而减少抖动、增加吞吐量和提高可靠性。

网络性能是应用的关键组成部分，适用于高性能计算(HPC)、高吞吐量数据处理、实时媒体流以及网络设备。这里的每个用例对延迟、抖动、包丢失和吞吐量都有不同的要求。这些差异将改变网络架构的表现形式和优化性能所需的网络功能。

理论和功能都是有用的，但确保应用以高效的方式运行更为重要。知道怎么测试网络并了解环境的基线和峰值能力很重要。体验全面部署并通过测试可进一步推动验证和改进的机会。

9.7　复习资源

要想进一步学习，可以查看以下网址。

性能测试：https://aws.amazon.com/premiumsupport/knowledge-center/network-throughput-benchmark-linux-ec2/

网络信用：http://docs.aws.amazon.com/AWSEC2/latest/UserGuide/memory-optimized-instances.html#memory-network-perf

实例类型：https://aws.amazon.com/ec2/instance-types/

9.8　考试要点

了解延迟、抖动、带宽和每秒数据包数。 延迟是网络中两点之间的时间延迟。抖动是网络中两点之间的延迟方差。带宽是在网络的某一点可以传输的最大数据量。每秒数据包数是在网络某一点正在发送或接收的数据包的速率。

了解吞吐量与延迟的关系。 吞吐量是网络中两点之间的成功传输速率。这与带宽不同，后者只是可能的最大传输速率。吞吐量受数据包丢失、协议、延迟、MTU 和其他组件(如存储和应用处理)的影响。

了解 MTU 和巨型帧的相关性。 MTU 是可以在网络上发送的最大以太网帧，包括互联网在内的大多数网络都使用 1500 字节的 MTU。这是 AWS 中的最大值，但在 MTU 为 9001 字节的 VPC 中除外。超过 1500 字节的任何 MTU 都被视为巨型帧。MTU 提高了吞吐量，因为每个数据包在保持每秒相同数据包数的同时可以承载更多的数据。

了解实例大小和带宽之间的关系。 每个实例都有一定的带宽，从低到高(高达 25 千兆位)不等。当增加家族中的实例大小时，通常会获得更高的带宽。

了解 Amazon EBS 优化实例。 Amazon EBS 优化实例提供了特定的网络带宽，允许实例充分利用网络连接存储(NAS)上可用的 IOPS。

了解何时以及为什么使用置放组。 置放组是可用区内实例的逻辑分组，旨在为实例提供最高带宽、最低延迟和每秒最高数据包数。置放组对于在可用区内通信的高性能应用很有好处。

了解增强型网络提供的功能以及为支持它所需的功能。 增强型网络允许实例使用 SR-IOV 为实例提供更低的延迟、更高的可靠性和更高的每秒数据包数。实例必须支持 Linux、Windows 和 FreeBSD 操作系统上的 Intel 82599 虚拟函数驱动程序或 ENA 驱动程序。除了驱动程序支持之外，还必须标记 AMI 或实例以获得增强型网络的支持。

了解优化实例性能所需的一些步骤。 重要步骤包括启用增强型网络，为操作系统配置巨型 MTU，并尝试更大的实例类型。你还应当了解使用多个实例和数据流对性能的好处。

了解实例、置放组和流量的限制。 实例具有每秒带宽和数据包限制，这取决于增强型网络支持、实例家族系列、实例大小以及流量是否在置放组中以及使用了多少流量。对于使用 ixgbevf 驱动程序的实例，离开可用区的任何单个实例或流量限制为 5 Gbps；对于启用 ENA 的实例，限制为 25 Gbps。置放组中的任何单个流量都被限制为 10Gbps，即使对于 20 千兆位实例类型也是如此。

了解网络信用及其提供的好处。 某些实例家族(如内存优化的 R4 和计算优化的 C5)具有网络 I/O 信用。此功能允许实例使用更高的网络带宽(假设它们已累积信用分)。它们在带宽分配下运行的时间越长，积累的信用分就越多。你应该理解，根据实例运行的时间和吞吐量，网络信用可能会导致负载测试上的差异。

了解 AWS Direct Connect 对性能的影响。 AWS Direct Connect 允许控制网络路径，这样可以减少延迟、减少抖动、增加带宽和提高可靠性。带宽仅受端口速度限制。尽管在 AWS 上流量被同等对待，但是在连接到支持 QoS 的 AWS Direct Connect 网络上使用 QoS 是可能的。

了解网络负载均衡器的性能优势。 网络负载均衡器可以减少延迟以及扩展传入的数据流，相比其他 Elastic Load Balancing 选项(以微秒为单位)具有更低的延迟。

了解如何将网络功能应用于特定的工作负载。HPC 需要低延迟和高带宽，因此我们建议使用置放组。对于实时媒体等应用，启用增强型网络和减少抖动是非常重要的。需要大量数据处理的应用应该将数据流分布在多个实例上，以获得更高的吞吐量。像代理这样的网络设备应该支持增强型网络，并且具有适合所需带宽的适当实例大小。

了解如何通过测试调查网络性能。你应该了解 Amazon EC2 和 VPN 都可以使用的 Amazon CloudWatch 度量。端到端系统测试不同于负载测试单个实例的网络容量，因为应用具有许多其他依赖项，如存储、应用逻辑和延迟，这些依赖项将影响总体性能。

应试窍门

一般来说，较大的实例类型将提供更高的网络吞吐量，这有助于提高通过 NAT 实例或代理实例的通信流的性能。增强型网络并没有真正的缺点，但却可能并不总是考试问题的答案。置放组可以提高特定类型应用的性能，但对某些应用和场景的使用有限。

9.9 练习

提高网络性能需要理解概念并付诸实践。掌握这些概念及其相互关联关系的最佳方法是测量性能，更改设置后再次测量。

有关完成这些练习的帮助信息，请参阅 http://aws.amazon.com/documentation/vpc/ 和 https://aws.amazon.com/documentation/ec2/ 上的 Amazon VPC 用户指南。

请注意，对以下练习使用相同的实例类型可以更好地帮助你比较不同场景中的网络性能。

练习 9.1

跨可用区测试性能

创建新的或使用现有的 Amazon VPC，在不同的可用区内至少有两个子网。对于以下练习，实例需要通过互联网网关访问互联网。

(1) 启动两个在不同可用区内支持增强型网络的 Amazon Linux(或任何基于 Red Hat Enterprise Linux 的 Linux 发行版)实例。支持增强型网络的实例类型在 Amazon EC2 用户指南中已列出，网址为 http://docs.aws.amazon.com/awsec2/latest/userguide/enhanced-networking.html #supported_instances。

(2) 选择一个实例作为 iperf 服务器，选择另一个实例作为客户端。使用标记或修改实例名称以简单地识别它们。

(3) 修改安全组以允许客户端和服务器上的 TCP 端口 5201 传入和传出安全组。

注意：

从技术上讲，在客户端只需要出站 TCP 5201，在服务器上只需要入站 TCP 5201。但如果更改测试或混淆客户端和服务器，那么在两台服务器的两个方向上启用能提供更大的灵活性。

(4) 在服务器实例上运行以下命令：

```
$ wget http://downloads.es.net/pub/iperf/iperf-3.0.6.tar.gz
$ tar zxvf iperf-3.0.6.tar.gz
$ sudo yum install gcc -y
$ cd iperf-3.0.6
$ ./configure
$ make
$ sudo make install
$ cd src
$ iperf3 -s
```

(5) 在客户端实例上运行以下命令：

```
$ wget http://downloads.es.net/pub/iperf/iperf-3.0.6.tar.gz
$ tar zxvf iperf-3.0.6.tar.gz
$ sudo yum install gcc -y
$ cd iperf-3.0.6
$ ./configure
$ make
$ sudo make install
$ cd src
$ iperf3 -t 10 -c x.x.x.x #replace x.x.x.x with your server IP
```

你应该可以看到在端口 TCP 5201 上运行了 10 次带宽测试，之后是数据传输和平均吞吐量数字的摘要。

提示：

如果运行的是暴增实例或支持网络信用的实例，则可能会看到不同的网络结果。你可能看不到确切的带宽。数据传输是吞吐量测试，TCP 不使用所有可用带宽。

运行以下命令，检查主机之间的延迟：

```
$ ping x.x.x.x #replace x.x.x.x with the other instance's IP address
```

如果不再需要运行其他性能测试，则终止实例。你可能需要测试其他工具，如 MTR。

练习 9.2

在置放组内部重复练习 9.1

现在，进行类似的实验，但这次是在置放组中。有关本练习中步骤的帮助信息，请参阅 http://docs.aws.amazon.com/awsec2/latest/userguide/placement-groups.html 上的 Amazon EC2 用户指南中有关置放组的文档。支持置放组的实例类型也在该页面上列出。

(1) 创建一个置放组。此步骤可能需要几分钟才能完成。

(2) 创建两个支持增强型网络的新实例，并在置放组中使用它们。在 Amazon EC2 控制台的 Configure Instance Details 步骤中有一个下拉菜单，用于选择置放组。如果这个下拉菜单不存在，则说明实例类型不支持置放组。

(3) 选择一个实例作为 iperf 服务器，选择另一个实例作为客户端。使用标记或修改实例名称以方便识别它们。

(4) 修改安全组，允许客户端和服务器上的 TCP 端口 5201 传入和传出安全组。

(5) 在服务器实例上运行以下命令：

```
$ wget http://downloads.es.net/pub/iperf/iperf-3.0.6.tar.gz
$ tar zxvf iperf-3.0.6.tar.gz
$ sudo yum install gcc -y
$ cd iperf-3.0.6
$ ./configure
$ make
$ sudo make install
$ cd src
$ iperf3 -s
```

(6) 在客户端实例上运行以下命令：

```
$ wget http://downloads.es.net/pub/iperf/iperf-3.0.6.tar.gz
$ tar zxvf iperf-3.0.6.tar.gz
$ sudo yum install gcc -y
$ cd iperf-3.0.6
$ ./configure
$ make
$ sudo make install
$ cd src
$ iperf3 -t 10 -c x.x.x.x #replace x.x.x.x with your server IP
```

你应该可以看到在端口 TCP 5201 上运行了 10 次带宽测试，之后是数据传输和平均吞吐量数字的摘要。

如果在练习 9.1 和练习 9.2 中使用相同的实例类型，那么摘要数据中有何差异？在置放组中，较大的实例类型通常具有较大的附加带宽。

运行以下命令，检查主机之间的延迟：

```
$ ping x.x.x.x #replace x.x.x.x with the other instance's IP address
```

在延迟上有区别吗？在此应当看到低延迟。 如果需要，可以为练习 9.4 保留一个实例，也可以将两个实例全部终止。

练习 9.3

巨型帧
如果希望在置放组中看到更高的性能，请在练习 9.2 中创建的两个实例上启用巨型帧。

 警告：
这将对使用 10 或 20 千兆网络的实例有效。这些实例的成本高于大多数实例，因此确保在使用后终止实例。

你已经为大型帧启用了 VPC。要在实例上启用 VPC，可以使用以下命令。记住，在这两个实例上都要运行以下命令。这些命令假设使用了 Amazon Linux。

```
$ sudo ip link set dev eth0 mtu 9001
```

运行以下命令，检查在两个实例上都进行了更改：

```
$ ip link show eth0 | grep mtu
```

(可选)要通过重新启动保持 MTU 更改，请在/etc/dhcp/dhclient-eth0.conf 文件中添加以下代码行：

```
interface "eth0" {
supersede interface-mtu 1 500 ;
}
```

在服务器实例上运行以下命令：

```
$ iperf3 -s #if the server isn't still running
```

在客户端实例上运行以下命令：

```
$ iperf3 -t 10 -c x.x.x.x #replace x.x.x.x with your server IP
```

如果正在运行具有万兆或更高速网络的实例，那么应该看到比之前练习更大的带宽。
可以将这些实例用于下一个练习或前面较小的实例。

练习 9.4

区域之间的性能

在前面的练习中，我们测试了可用区之间以及可用区内置放组中的带宽。下面用更多的延迟来测试带宽。为此，将使用两个不同的区域。

可以使用前面练习中使用的一个实例。否则，就在不同的区域中创建两个实例。为了体现最大的性能差异，选择两个相距较远的地区，如美国东部(俄亥俄州)和亚太地区(东京)。

选择一个实例作为 iperf 服务器，选择另一个实例作为客户端。

修改安全组，允许客户端和服务器上的 TCP 端口 5201 传入和传出安全组。

在服务器实例上运行以下命令：

```
$ wget http://downloads.es.net/pub/iperf/iperf-3.0.6.tar.gz
$ tar zxvf iperf-3.0.6.tar.gz
$ sudo yum install gcc -y
$ cd iperf-3.0.6
$ ./configure
$ make
$ sudo make install
$ cd src
$ iperf3 -s
```

在客户端实例上运行以下命令：

```
$ wget http://downloads.es.net/pub/iperf/iperf-3.0.6.tar.gz
```

```
$ tar zxvf iperf-3.0.6.tar.gz
$ sudo yum install gcc -y
$ cd iperf-3.0.6
$ ./configure
$ make
$ sudo make install
$ cd src
$ iperf3 -t 10 -c x.x.x.x #replace x.x.x.x with your server IP
```

你应该可以看到相比之前练习中接收到的带宽更低的带宽。如果已经为这些测试使用了相同的实例类型，那么可以看到额外的延迟会对吞吐量产生影响，即使具有相同的硬件和带宽容量。可以重复这些步骤，使第三个区域中的另一个客户端和服务器离服务器实例的区域更近或更远。这将使你更好地了解延迟和吞吐量之间的关系。可以使用其他方法来缓解延迟，例如执行手动拥塞窗口调整、尝试不同的 TCP 实施或使用网络性能设备。这些方法不在本书讨论范围内，但我们鼓励你探索这些方法，以扩大对网络运营和性能的了解。巨型帧会增加吞吐量，但由于不在 VPC 中，因此被限制为 1500 字节。

练习 9.5

使用 Amazon CloudWatch 度量

在本练习中，你将使用 Amazon CloudWatch 度量和详细监控来确认网络带宽。本练习将使用上一练习中的相同服务器和客户端实例。

有关为实例启用详细监控的详细信息，请参阅 http://docs.aws.amazon.com/awsec2/latest/userguide/usin-cloudwatch-new.html 上的 Amazon EC2 用户指南。

在实例的 Monitoring 选项卡中启用详细监控，这会将度量的间隔更改为 1 分钟。

提示：
为了降低数据传输成本，可以在可用区内进行性能测试。

在服务器实例上运行以下命令：

```
$ iperf3 -s
```

在客户端实例上运行以下命令：

```
$ iperf3 -t 180 -c x.x.x.x #replace x.x.x.x with your server IP
```

我们把传输时间延长到了 3 分钟，这样就可以监控稳定的带宽。可以在不进行详细监控的情况下执行测试，但需要运行更长的时间。

运行传输命令后，导航到 Amazon EC2 控制台。在 Monitoring 选项卡中，可以查看网络统计信息，如 Network In 和 Network Out(以字节为单位)。几分钟后，你应该可以看到带宽已均匀分布。

要计算 Mbps(每秒一百万位)，我们需要进行一些数学运算。Network In 和 Network Out 以字节为单位，所以我们首先需要除以 8。可以进一步除以一百万来确定 Mbps。

这个数学公式是否可以确认 iperf 服务器已为你提供的带宽？

即便你的计算方式稍有不同，也是可行的，因为实例上有额外的数据流(例如，活跃的 Secure Shell [SSH]会话)。

现在你已经测试了许多网络场景，因此你应该能够更好地了解 AWS 网络特性、性能概念之间的关系以及一些基本的性能测试技术。

9.10   复习题

1. 为了减少入站 Web 访问的实例数量，你的团队最近在公共子网的 Amazon Linux 上放置了一个网络地址转换(NAT)实例。私有子网使用 0.0.0.0/0 路由到 NAT 实例的弹性网络接口。用户现在抱怨网络响应比正常速度慢。解决这个问题的实际步骤是什么？(选择两个答案)

    A. 用 NAT 网关替换 NAT 实例

    B. 在 NAT 实例上启用增强型网络

    C. 创建另一个 NAT 实例并且在私有子网中添加另一个 0.0.0.0/0 路由

    D. 尝试使用更大的 NAT 实例类型

2. 从公司内部拨打国际号码的语音呼叫必须通过安装在虚拟私有云(VPC)公有子网中自定义 Linux Amazon 机器映像(Amazon Machine Image，AMI)上的开源会话边界控制器(Session Border Controller，SBC)。SBC 处理实时媒体和语音信号。国际长途电话的声音常常很嘈杂，很难明白对方在说什么。使用什么可以提高国际语音通话的质量？

    A. 将 SBC 放在置放组中以减少延迟

    B. 给实例添加额外的网络接口

    C. 使用应用负载均衡器将负载分配给多个 SBC

    D. 在实例上启用增强型网络

3. 你的大数据团队正试图确定为什么它们的概念验证程序运行缓慢。在演示中，它们试图从 Amazon Simple Storage Service (Amazon S3)的 c4.8xl 实例中摄取 1 TB 的数据。它们已经启用了增强型网络。它们应该如何提高 Amazon S3 的摄取率？

    A. 在户内运行演示，并从 AWS Direct Connect 访问 Amazon S3 以减少延迟

    B. 拆分数据，摄取到多个实例上，例如两个 c4.4xl 实例

    C. 将实例放在置放组中，并使用 Amazon S3 端点

    D. 在实例和 Amazon S3 之间放置网络负载均衡器，以实现更高效的负载均衡和更好的性能)

4. 在 r4.large 实例上运行的数据库实例似乎正在删除基于数据包捕获的传输控制协议(TCP)数据包，这种数据包来自于与之通信的主机。在初始性能基线测试期间，实例能够处理比当前负载高两倍的峰值负载。问题可能在哪里？(选择两个答案))

    A. 在进行负载测试之前，r4.large 实例可能已经积累了网络信用，这将允许更高的峰值

    B. 可能有其他数据库处理错误导致连接超时

    C. 读取的副本数据库应放置在单独的可用区中

    D. 应为动态边界网关协议(BGP)路由配置虚拟私有网络(VPN)会话，以获得更高的可用性

5. 你的开发团队正在使用增强型网络测试新的应用性能。它们已经将内核更新到支持弹性网络适配器(ENA)驱动程序的最新版本。支持这个功能的其他两项要求是什么？(选择两个答案)

    A. 使用支持 ENA 驱动程序的实例

    B. 除了 ENA 驱动程序外，还支持 Intel 虚拟函数驱动程序

    C. 标记 AMI 以使用增强型网络支持

    D. 启用弹性网络接口上的增强型网络

6. 应用的新架构从位于美国东部(俄亥俄州)的虚拟私有云(VPC)到亚太地区(东京)复制应用数据状态。复制实例位于每个区域的公共子网中，并通过 TLS 与公共地址通信。你的团队发现复制的吞吐量比在单个 VPC 中看到的要低得多。可以采取哪些步骤来提高吞吐量？

    A. 提高应用的每秒数据包数

    B. 在每个实例的 eth0 上将最大传输单元(MTU)配置为 9001 字节，以支持巨型帧

    C. 在区域之间创建虚拟私有网络(VPN)连接，并在每个实例上启用巨型帧

    D. 以上都不对

7. 哪种网络功能为支持需要低延迟和高网络吞吐量的集群计算应用提供最大的好处？

    A. 增强型网络

    B. 网络 I/O 信用

    C. 置放组

    D. Amazon Route 53 性能组

8. 你建议采用什么样的可扩展架构执行高吞吐量的数据传输？

    A. 使用增强型网络

    B. 配置 Amazon VPC 路由表，在 VPC 中的每个实例之间仅有一个单跳路由

    C. 将数据流分派到多个实例

    D. 使用 BGP 向外部网络公示路由以增加路由规模

9. 应用需要迁移到 AWS，并且具有较高的磁盘性能要求。你需要保证一定的基线性能和低延迟。哪个功能可以帮助满足应用的性能要求？

    A. Amazon EBS 供给 IOPS

    B. Amazon EFS

    C. 专用网络带宽

    D. QoS

10. 应用开发人员面临着与网络性能相关的挑战。他们需要创建缓冲区来接收网络数据，以便实时分析和显示。然而，数据包的延迟似乎在 2~120 毫秒之间。需要改进哪些网络特性？

    A. 带宽

    B. 延迟

    C. 抖动

    D. 最大传输单元

11. 公司的操作组已将应用组件之一从 C4 实例迁移到 C5 实例。但是，网络性能与预期相差甚远。可能是什么原因？(选择两个答案)

    A. 实例路由变得更加具体，从而造成网络延迟

    B. 操作系统没有安装 ixgbevf 模块

  C. 实例类型不支持 ENA 驱动程序

  D. 实例或 AMI 不再标记为增强型网络

12. 应用在应用层之间的传输速率低于预期。提高吞吐量的最佳选择是什么？

  A. 在每个实例前使用网络负载均衡器

  B. 启用 QoS

  C. 减少网络抖动

  D. 增加最大传输单元

13. 公司有一个希望与业务合作伙伴共享的应用，但这个应用的性能对业务至关重要。网络架构师正在讨论使用 AWS Direct Connect 来提高性能。与虚拟私有网络或互联网连接相比，以下哪些是 AWS Direct Connect 的性能优势？(选择三个答案)

  A. 更低延迟

  B. 使用巨型帧的功能

  C. 在 AWS Direct Connect 线路上配置 QoS 功能

  D. 低出口成本

  E. AWS Direct Connect 连接的详细监控能力

14. 哪些信息可以有效地确定工作负载是受 CPU 限制、带宽限制还是每秒数据包数限制？(选择四个答案)

  A. Amazon CloudWatch CPU 度量

  B. 包捕获

  C. 弹性网络接口计数

  D. Amazon CloudWatch 网络字节度量

  E. Amazon CloudWatch 每秒数据包数度量

  F. 内核版本

  G. 主机 CPU 信息

15. 公司正在计划连接到 AWS。公司已决定在项目的第一阶段使用特定的 VPN 技术。你的任务是在 VPC 中实施 VPN 服务器，并优化其性能。Amazon EC2 VPN 性能的重要考虑因素是什么？(选择两个答案)

  A. VPN 实例应该支持增强型网络

  B. 因为所有的 VPN 连接都使用 VGW，所以水平扩展 VGW 非常重要

  C. IPsec VPN 应该使用网络负载均衡器来创建更可扩展的 VPN 服务

  D. 调查每秒数据包数限制和带宽限制

16. 一些研究和开发组织已经创建了一个重要的应用，它需要低延迟和高带宽。这个应用需要支持 AWS 最佳实践以实现高可用性。以下哪项不是最佳实践？

  A. 在网络负载均衡器的后面部署应用以实现规模和可用性

  B. 使用应用的置放组以确保尽可能降低延迟

  C. 在所有实例上启用增强型网络

  D. 跨多个可用区部署应用

17. 安全部门已经规定，离开虚拟私有云(VPC)的所有数据流必须经过专门的安全设备。这些安全设备在用户无法访问的定制操作系统上运行。对于定制操作系统在 AWS 上的性能，最重要的考虑因素是什么？(选择两个答案)

    A. Intel 虚拟功能和弹性网络适配器的驱动程序支持

    B. 支持 Amazon Linux

    C. 对实例家族和大小的支持

    D. DNS 解析速度

18. 你的公司已经向 AWS 部署了一个突发 Web 应用，并希望改善用户体验。只有 Web 主机持有 TLS 的私钥是很重要的，因此传统负载均衡器在 TCP 端口 443 上有一个监听器。可以使用哪些方法来减少延迟和改进应用程序的扩展过程？

    A. 在应用程序的前面使用应用负载均衡器，可以更好地利用具有不同 HTTP 路径和主机的多个目标组

    B. 在传统的负载均衡器上配置增强型网络以降低延迟负载均衡

    C. 使用 Amazon Certificate Manager 将新的证书派发给 Amazon CloudFront 以完成边缘站点上的内容处理

    D. 在应用程序的前面使用网络负载均衡器以提高网络性能

19. 你负责为有兴趣在 AWS 上进行实时交换的开发组创建网络架构。实时交换的参与者期望非常低的延迟，但不在 AWS 上执行操作。以下哪一项最准确描述了网络与安全平衡？

    A. 使用 AWS Direct Connect 连接到交换应用。这允许较低的延迟和本机加密，但需要额外的配置来支持参与者的多租户和协议

    B. 在 VGW 上为每个参与者配置单独的 VPN 连接。这种配置允许对每个参与者进行独立扩展和实现最低的延迟，但需要客户支持 VPN 设备

    C. 使用 AWS Direct Connect 连接到交换应用。这允许对延迟进行更多的控制，但需要组织网络连接到每个参与者，并且不提供安全保证

    D. 允许参与者直接通过互联网连接。这允许客户自由进入，但不保证安全。延迟可以通过 TCP 调整和网络性能设备来进行管理

20. 关于 AWS 上最大传输单元的描述中哪一项是正确的？

    A. MTU 定义了 AWS 的最大吞吐量

    B. 必须配置 VPC 以支持巨型帧

    C. 必须配置置放组以支持巨型帧

    D. 增加 MTU 对于每秒数据包数限制的应用最为有利

21. 与增强型网络相比，数据平面开发工具包(DPDK)的优势是什么？

    A. DPDK 减少了管理虚拟程序网络的开销

    B. 增强型网络只增加了突发容量，而 DPDK 则实现了稳定的性能

    C. DPDK 减少了网络操作系统开销

    D. DPDK 允许更深入地访问 AWS 基础设施，以启用增强型网络无法提供的网络新功能

22. 对于作为防火墙运行的 Amazon EC2 实例，启用高性能网络的最佳性能配置是什么？

    A. 一个弹性网络接口，用于所有数据流量

    B. 管理数据流量时使用一个弹性网络接口，运行防火墙的每个子网使用一个弹性网络接口

    C. 配置尽可能多的弹性网络接口，并使用操作系统路由来分割所有接口上的数据流量

    D. 以上都不正确

23. 你的团队使用应用快速从基础结构的其他部分接收信息，利用低延迟多播源从其他应用接收信息并显示分析。以下哪种方法可以帮助满足应用在 AWS 中的低延迟要求？

    A. 在 AWS 中维护相同的多播组，因为应用将在 VPC 中工作

    B. 与应用所有者一起寻找另一个传送系统，如消息队列或代理。将应用放在置放组中以降低延迟

    C. 将多播应用迁移到 AWS 并启用增强型网络。配置其他应用以通过 AWS Direct Connect 将多播源发送到应用

    D. 使用 VPC 路由表将 224.0.0.0/8 数据流量路由到实例弹性网络接口。为低延迟和高吞吐量启用增强型网络和巨型帧

24. 什么是带宽？

    A. 带宽是实例通过网络存储在内存中的比特数

    B. 带宽是指从网络中的一个点传输到另一个点的数据量

    C. 带宽是对网络中任何指定路径上处理网络流量的最大容量的测量

    D. 带宽是网络中任何一点的最大数据传输速率

25. 为什么用户数据报协议(UDP)对性能特征的反应不同于 TCP？

    A. UDP 比 TCP 需要更多的数据包开销

    B. UDP 支持弹性较小的应用

    C. UDP 不是有状态协议，因此它对延迟和抖动的反应不同

    D. UDP 缺乏数据流通拥堵意识

第 10 章

自动化

本章涵盖的 AWS 认证高级网络-专项考试目标包括但不局限于以下知识点。

知识点 2.0：设计和实施 AWS 网络
- 2.1 应用 AWS 网络概念
- 2.2 根据客户要求，在 AWS 上定义网络架构
- 2.3 根据对现有实施的评估提出优化设计
- 2.5 根据客户和应用需求决定适当的架构

知识点 3.0：自动化 AWS 任务
- 3.1 评估 AWS 中网络部署的自动化备选方案
- 3.2 评估 AWS 中用于网络运营和管理的基于工具的备选方案

10.1　自动化网络简介

对物理网络进行更改需要人为努力：需要协调多人的时间表，会造成其他业务活动的中断，并且通常会减慢组织的创新速度。若反复这样，就会在规模上成为一件困难的事情，并且人犯错的可能性越来越大。此外，当想要测试新的想法时，虽然最佳实践是使用与生产环境尽量一致的测试环境，但是复制物理网络却变成奢侈的提议。

Amazon VPC 是一种灵活的由软件定义的网络。创建子网、更改现有子网上的路由规则、添加和删除网关等都是无须人工参与的可编程操作。曾经不可行的任务突然变得容易处理：可以从每月更改几次变成每天更改几次。

也就是说，使流程具有可重复性和可测试性是很重要的；否则，可能由于每次更改带来的潜在风险，很快导致网络基础设施变得混乱不堪。

本章介绍在 AWS 中自动化部署、管理和监控网络基础设施所需的服务。

10.2　基础设施即代码

创建可重用基础设施的最佳实践是在编程文档中进行描述。编程文档可以存储在源代码管理系统中，并通过连续的传递管道进行部署。

AWS CloudFormation 提供了一种创建和管理相关 AWS 资源集合的简单方法。AWS CloudFormation 模板是文本文档,是 JSON 或 YAML 格式的,并且提供了蓝图,可以使用并重用蓝图以实例化一个或多个堆栈。

与传统的编程或脚本语言不同,AWS CloudFormation 模板指定堆栈的结束状态,而不是到达结束状态所需的操作。可以指定需要的资源以及每个资源的属性(如 CreateVPC 或 ModifySubnetAttribute)而不是 API 调用。资源可以依赖于其他资源;例如,子网可以驻留在同一模板指定的 VPC 中。AWS CloudFormation 能够合理化自动创建或删除这些内容的正确顺序。

模板可以存储在信息库中,如 AWS CodeCommit 或 GitHub。模板是受管的 Git 信息库,提供了备份、可视化代码修改以及强大的身份验证和授权控制。模板还提供了将变更自动部署到环境所需的与 AWS CodePipeline 相关的部件。通常,需要设置管道来监控自己的信息库,启动对测试环境的堆栈更新,在测试环境中运行测试。然后,如果一切都顺利,就将堆栈更新发送到生产环境,这个流程可能需要一个批准步骤,以允许他人查看或计划更改日期。这样有助于通过维护代码、测试环境和生产环境的同步来提高组织的灵活性,同时能通过运行自动化测试提高基础设施的质量。

10.2.1　模板与堆栈

现在我们开始创建一个最小的模板,该模板描述 us-west-2 地区的一个 VPC,其 CIDR 范围为 10.17.0.0/16。使用 YAML 格式时,此模板大概如下所示:

```
AWSTemplateFormatVersion: "2010-09-09"
Description: VPC in Oregon
Resources:
  MyVPC:
    Type: AWS::EC2::VPC
    Properties:
      CidrBlock: "10.17.0.0/16"
      InstanceTenancy: default
      Tags:
        - Key: Name
          Value: MyVPC
        - Key: Environment
          Value: Testing
```

本例中需要调用如下几个元素:

- AWSTemplateFormatVersion 指定使用的模板语言版本。目前,2010-09-09 是唯一有效的值。如果需要向后不兼容的更改,那么这个元素将用于消除解释模板的歧义。
- 所有资源都进入模板的 Resources 部分。
- 在 YAML 格式中,结构可通过缩进式来识别。例如,MyVPC 是 Resources 部分的一个块,而 Resources 和 Description 是同级的。如果一个块包含键:值(key:value)对,那么它表示映射;如果包含-value 项(以连接符和空格作为前缀的值),那么它表示列表。
- 每个资源都有逻辑名称。在本例中,我们将 VPC 设定为逻辑名 MyVPC。

- 资源的类型在 Type 字段中指定。AWS::EC2::VPC 指定了 VPC。AWS CloudFormation 用户指南中列出了有效的资源类型，参考以下 URL：https://docs.aws.amazon.com/ awscloudformation/latest/userguide/aws-template-resource-type-ref.html。
- 资源特定的属性始终在 Properties 块中。
  - ➢ CidrBlock 是必需的，用于为 MyVPC 指定 CIDR 块。
  - ➢ InstanceTenancy 为 MyVPC 中启动的新的 Amazon EC2 实例指定租赁权(默认或专用)。此属性是可选的。
  - ➢ Tags 是 VPC 使用的标签列表。每个标签都是映射，其中 Key 指定标记名，Value 指定标记值。在本例中，已经为 Name 和 Environment 键指定了标签。
  - ➢ 我们省略了如下其他可选属性：EnableDnsSupport、EnableDnsHostnames 等。

可以将模板保存到本地或 Amazon S3 桶中。在本例中，你将在本地保存模板文件，文件名为 my-network-template.yaml。

 注意：
模板最大可以达到 450KB。但是，大于 50KB 的模板必须上传到 Amazon S3。

如果需要对模板进行实例化，可以使用 AWS CloudFormation 控制台或 AWS 命令行界面 (Command Line Interface，CLI)创建堆栈。如果使用 CLI，过程如下：

```
> aws cloudformation create-stack --stack-name MyNetworkStack --template-body
file://my-network-template.yaml
{
    "StackId": "arn:aws:cloudformation:us-west-
2:123456789012:stack/MyNetworkStack/4af622f0-8a24-11e7-8692-503ac9ec2435"
}
```

AWS CloudFormation 将开始创建堆栈。可以通过调用 DescribeStack API 来观察创建进度。在创建堆栈时，输出将如下所示：

```
> aws cloudformation describe-stack --stack-name MyNetworkStack
{
    "Stacks": [
        {
            "StackId": "arn:aws:cloudformation:us-west-
2:123456789012:stack/MyNetworkStack/4af622f0-8a24-11e7-8692-503ac9ec2435",
            "Description": "VPC in Oregon",
            "Tags": [],
            "CreationTime": "2012-09-18T12:00:00.102Z",
            "StackName": "MyNetworkStack",
            "NotificationARNs": [],
            "StackStatus": "CREATE_IN_PROGRESS",
            "DisableRollback": false
        }
    ]
}
```

完成堆栈的创建过程后，CREATION_IN_PROGRESS 将更改为 CREATE_COMPLETE。可

以通过调用 DescribeVpcs 来验证是否已创建了 VPC：

```
> aws ec2 describe-vpcs --filters "Name=tag:Name,Values=MyVPC"
{
    "Vpcs": [
        {
            "VpcId": "vpc-1a2b3c4d",
            "InstanceTenancy": "default",
            "Tags": [
                {
                    "Value": "arn:aws:cloudformation:us-west-2:123456789012:
stack/MyNetworkStack/4af622f0-8a24-11e7-8692-503ac9ec2435",
                    "Key": "aws:cloudformation:stack-id"
                },
                {
                    "Value": "MyVPC",
                    "Key": "aws:cloudformation:logical-id"
                },
                {
                    "Value": "MyVPC",
                    "Key": "Name"
                },
                {
                    "Value": "MyNetworkStack",
                    "Key": "aws:cloudformation:stack-name"
                },
                {
                    "Value": "Environment",
                    "Key": "Testing"
                }
            ],
            "State": "available",
            "DhcpOptionsId": "dopt-5e6f7a8b",
            "CidrBlock": "10.17.0.0/16",
            "IsDefault": false
        }
    ]
}
```

请注意，除 Name 标签外，AWS CloudFormation 还自动向资源应用了三个附加的 AWS 特定标签。这对于识别账户中由 AWS CloudFormation 管理的资源很有用。虽然可以在 AWS CloudFormation 之外修改或删除这些资源，但这可能会妨碍 AWS CloudFormation 管理这些资源的能力。

10.2.2　堆栈依赖

前一个示例并没有创建可用的 VPC：缺少子网、网关和允许访问 Amazon　VPC 中 Amazon EC2 资源的路由。最小 VPC 配置如图 10.1 所示。

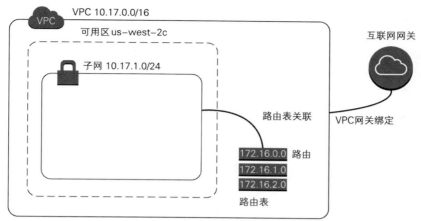

图 10.1　包含单个公有子网的最小 VPC 配置

创建子网时，需要指定可用区(AZ)、CIDR 块和 VPC ID。但是，VPC 是在模板中的其他位置创建的，因此事先不知道 VPC ID。可以使用 Ref 内置函数(intrinsic function)获取 VPC ID。

```
Resources:
  # VPC definition omitted
  MySubnet2c:
    Type: AWS::EC2::Subnet
    Properties:
      AvailabilityZone: us-west-2c
      CidrBlock: "10.17.1.0/24"
      Tags:
        - Key: Name
          Value: MySubnet2c
      VpcId: !Ref MyVPC
```

由于子网资源引用了来自 VPC 的属性，因此 AWS CloudFormation 会自动识别依赖性，并且在创建 VPC 之前不会创建子网。

注意：

在 JSON 中调用内置函数的语法是{"function": value}。作为 JSON 的超集，YAML 也可以使用这种语法，但简写指令语法! function value 更常见。

路由表也需要 VPC ID。通过单独的关联资源(需要子网 ID)将其与子网关联：

```
Resources:
  # Other resources omitted
  MyRouteTable:
    Type: AWS::EC2::RouteTable
    Properties:
      VpcId: !Ref MyVPC
  MySubnet2cRouteTableAssociation:
    Type: AWS::EC2::SubnetRouteTableAssociation
    Properties:
```

```
      RouteTableId: !Ref MyRouteTable
      SubnetId: !Ref MySubnet2c
```

互联网网关遵循类似的模式。创建互联网网关，然后连接到 VPC：

```
Resources:
  # Other resources omitted
  MyInternetGateway:
    Type: AWS::EC2::InternetGateway
  MyGatewayAttachment:
    Type: AWS::EC2::VPCGatewayAttachment
    Properties:
      InternetGatewayId: !Ref MyInternetGateway
      VpcId: !Ref MyVPC
```

最后，需要通过互联网网关创建默认路由：

```
Resources:
  # Other resources omitted
  MyDefaultRoute:
    Type: AWS::EC2::Route
    DependsOn: MyGatewayAttachment
    Properties:
      DestinationCidrBlock: "0.0.0.0/0"
      GatewayId: !Ref MyInternetGateway
      RouteTableId: !Ref MyRouteTable
```

注意 DependsOn 属性指明了 AWS CloudFormation 在创建路由之前等待网关连接到 VPC。如果没有这个属性，AWS CloudFormation 可能会在互联网网关连接到 VPC 之前尝试创建路由，这样就创建了争用条件。路由不能引用未连接到路由表所在的同一 VPC 的网关。

注意：

Ref 函数返回资源的物理资源 ID，如 VPC 或子网 ID。但是，你可能希望使用资源的其他属性，如 VPC 的默认网络访问控制列表(Access Control List，ACL)。对于这些属性，使用 GetAtt 内置函数！GetAtt MyVpc.DefaultNetworkACL。在 AWS CloudFormation 用户指南的内置函数参考部分可以找到可用属性的列表。

完整的模板如下所示：

```
AWSTemplateFormatVersion: "2010-09-09"
Description: VPC in Oregon
Resources:
  MyVPC:
    Type: AWS::EC2::VPC
    Properties:
      CidrBlock: "10.17.0.0/16"
      InstanceTenancy: default
      Tags:
        - Key: Name
          Value: MyVPC
        - Key: Environment
          Value: Testing
```

```
MySubnet2c:
  Type: AWS::EC2::Subnet
  Properties:
    AvailabilityZone: us-west-2c
    CidrBlock: "10.17.1.0/24"
    Tags:
      - Key: Name
        Value: MySubnet2c
    VpcId: !Ref MyVPC
MyRouteTable:
  Type: AWS::EC2::RouteTable
  Properties:
    VpcId: !Ref MyVPC
MySubnet2cRouteTableAssociation:
  Type: AWS::EC2::SubnetRouteTableAssociation
  Properties:
    RouteTableId: !Ref MyRouteTable
    SubnetId: !Ref MySubnet2c
MyInternetGateway:
  Type: AWS::EC2::InternetGateway
MyGatewayAttachment:
  Type: AWS::EC2::VPCGatewayAttachment
  Properties:
    InternetGatewayId: !Ref MyInternetGateway
    VpcId: !Ref MyVPC
MyDefaultRoute:
  Type: AWS::EC2::Route
  DependsOn: MyGatewayAttachment
  Properties:
    DestinationCidrBlock: "0.0.0.0/0"
    GatewayId: !Ref MyInternetGateway
    RouteTableId: !Ref MyRouteTable
```

要将这些新资源添加到现有堆栈，可以调用 UpdateStack API：

```
> aws cloudformation update-stack --stack-name MyNetworkStack --template-body
file://my-network-template.yaml
{
    "StackId": "arn:aws:cloudformation:us-west-
2:123456789012:stack/MyNetworkStack/4af622f0-8a24-11e7-8692-503ac9ec2435"
}
```

10.2.3 错误与回滚

模板中可能出现两类错误：验证错误和语义错误。验证错误是在 AWS CloudFormation 无法分析模板时产生的。例如，忘记右引号、简单的拼写错误、指定用户无权访问的 Amazon S3 URL 以及错误地缩进 YAML 文件都是验证错误的例子。当调用 CreateStack 或 UpdateStack 时如果存在验证错误，那么 AWS CloudFormation 会立即返回错误，并且在任何操作继续之前终止调用：

```
> aws cloudformation create-stack --stack-name MyNetworkStack --template-body
file://my-network-template.yaml

    An error occurred (ValidationError) when calling the CreateStack operation:
Invalid template property or properties [Resuorces]
```

另一方面，在创建或更新资源之前，不会检测到语义错误。当 AWS CloudFormation 试图替你调用底层 API 时，会发生这种情况，但底层 API 调用会返回错误。当发生这种情况时，AWS CloudFormation 会停止创建或更新过程，并(默认情况下)尝试将堆栈回滚到以前的状态。例如，在上一个示例中省略路由资源的 DependsOn 属性时，就可以看到堆栈通过使用 AWS Management Console(如图 10.2 所示)或从命令行调用 DescribeStacks API 时经过 UPDATE_IN_PROGRESS 和 UPDATE_ROLLBACK_IN_PROGRESS 状态，最后到达 UPDATE_ROLLBACK_COMPLETE 状态。

	堆栈名称	创建时间	更新时间	状态
☐	MyNetworkStack	2017-08-27 14	2017-08-27	UPDATE_ROLLBACK_COMPLETE

图 10.2 堆栈被回滚时 AWS Management Console 的堆栈状态

```
> aws cloudformation update-stack --stack-name MyNetworkStack --template-body
file://bad-network-template.yaml
    {
        "StackId": "arn:aws:cloudformation:us-west-
2:1234567890:stack/MyNetworkStack/48b718d0-8b6b-11e7-a582-503f20f2ade6"
    }

> aws cloudformation describe-stacks --stack-name MyNetworkStack
    {
        "Stacks": [
            {
                lines omitted for brevity
                "StackStatusReason": "The following resource(s) failed to create:
[MyDefaultRoute, MyGatewayAttachment, MySubnet2cRouteTableAssociation]. ",
                "StackStatus": "UPDATE_ROLLBACK_IN_PROGRESS",
                "DisableRollback": false,
            }
        ]
    }
```

为了找到故障原因，可以查看堆栈事件。通常是访问 AWS CloudFormation 控制台，选择堆栈，然后单击 Events 选项卡以查看错误，如图 10.3 所示。

图 10.3 堆栈事件显示路由不能创建，因为无法引用互联网网关

在此，可以使用 DescribeStackEvents API 进行编程。

10.2.4 模板参数

你设计的模板对资源的所有值采用了硬编码的方式。为了能够重用模板，需要自定义资源属性，例如子网可用区以及 CIDR 范围。虽然可以为创建的每个堆栈编辑模板，但是这种定制使得由集中团队进行更改的操作变得困难，因为每个定制的模板必须手动安装补丁。

用户可以在创建或更新堆栈时指定模板参数值。这些值在 Parameters 块中提供。

```
Parameters:
 VPCCIDR:
   Type: String
   Default: "10.17.0.0/16"
   Description: The CIDR range to assign to the VPC.
   AllowedPattern:
"[0-9]{1,3}\\.[0-9]{1,3}\\.[0-9]{1,3}\\.[0-9]{1,3}/[0-9]{1,2}"
   ConstraintDescription: An IPv4 block in CIDR notation is required, e.g.
10.17.0.0/16
 SubnetAZ:
   Type: AWS::EC2::AvailabilityZone::Name
   Default: us-west-2c
   Description: The availability zone to assign to the subnet.
 SubnetCIDR:
   Type: String
   Default: "10.17.0.0/16"
   Description: The CIDR range to assign to the subnet.
   AllowedPattern:
"[0-9]{1,3}\\.[0-9]{1,3}\\.[0-9]{1,3}\\.[0-9]{1,3}/[0-9]{1,2}"
   ConstraintDescription: An IPv4 block in CIDR notation is required, e.g.
10.17.1.0/24
```

必须为每个参数指定类型。基本类型包括字符串、数字(可以是整数或浮点数)、逗号限制列表(用逗号分隔的字符串列表)和数字列表(用逗号分隔的数字列表)。

此外，还有一些 AWS 特定的参数类型，例如 SubnetAZ 参数的 AWS::EC2::AvailabilityZone::Name。在 AWS CloudFormation 用户界面中，它们以下拉菜单的方式呈现，以便于指定有效的输入，如图 10.4 所示。有效的 AWS 特定类型的完整列表可以在 AWS CloudFormation 用户指南中找到。

Parameters

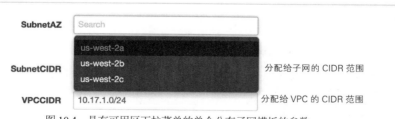

图 10.4 具有可用区下拉菜单的单个公有子网模板的参数

Description 字段是可选的，但强烈建议使用它；它可与参数一起显示，用来指导用户。Default(默认值)也是可选的，合理的默认值可以帮助首次尝试模板的新用户。

还有一些附加字段允许在更改堆栈之前验证用户输入。你在上一个示例中使用的 allowedPattern 定义了一个正则表达式，用于与用户的输入进行匹配。ConstraintDescription 是在验证失败时显示给用户的文本。其他验证字段包括用于字符串的 MinLength 和 MaxLength，以及用于数字的 MinValue 和 MaxValue。如果没有这些验证，用户必须等待堆栈创建或更新操作失败后才能尝试在事件中查找问题的原因。

提示:

有关有效正则表达式语法的详细讨论，请参阅模式 API 中的 Java API 文档: https://docs.oracle.com/javase/7/docs/api/java/util/regex/Pattern.html。

JSON 和 YAML 中的反斜杠必须是两个，因为它们将反斜杠解释为转义序列。\.是正则表达式的字面句号语法，而\\.则表示 JSON 或 YAML 中的定义方式。

第一次使用参数用户界面时，请从 AWS CloudFormation 控制台上传模板。

在模板中使用参数必然会使用前面介绍的 Ref 内置函数。使用 VPC 和子网资源属性的参数如下所示:

```
MyVPC:
    Type: AWS::EC2::VPC
    Properties:
      CidrBlock: !Ref VPCCIDR
      InstanceTenancy: default
      Tags:
        - Key: Name
          Value: MyVPC
        - Key: Environment
          Value: Testing
  MySubnet2c:
    Type: AWS::EC2::Subnet
    Properties:
      AvailabilityZone: !Ref SubnetAZ
      CidrBlock: !Ref SubnetCIDR
      Tags:
        - Key: Name
          Value: MySubnet2c
      VpcId: !Ref MyVPC
```

也可以通过 API 指定参数。这对于以编程方式指定参数大有好处。更新堆栈时，可以选择指定新值或指示 AWS CloudFormation 使用前一个值。例如，以下内容将更新子网的可用区和 CIDR 范围，同时保持 VPC CIDR 范围不变:

```
> aws cloudformation update-stack --stack-name MyNetworkStack
--use-previous-template --parameters ParameterKey=VPCCIDR,UsePreviousValue=true
ParameterKey=SubnetCIDR,ParameterValue=10.17.2.0/24
ParameterKey=SubnetAZ,ParameterValue=us-west-2b
    {
        "StackId": "arn:aws:cloudformation:us-west-
2:123456789012:stack/MyNetworkStack/48b718d0-8b6b-11e7-a582-503f20f2ade6"
    }
```

10.2.5　通过变更集验证更改

手动计算堆栈更新时所做的更改可能会很困难。例如，VPC 和子网 CIDR 范围是不可变的。看起来很小的变化，例如将 CIDR 范围从/24 缩小到/26，实际上需要创建新的子网，在新的子网中重新创建所有 Amazon EC2 实例，终止旧子网中的实例，并删除旧子网，这会发生潜在的破坏性变化。AWS CloudFormation 用户指南中列出了更改每个参数的影响，但在较大的模板中很容易遗漏细节。

变更集允许在更新堆栈之前查看并批准建议的更改。从 AWS CloudFormation 控制台中选择堆栈，然后单击 Actions | Create Change Set For Current Stack，如图 10.5 所示。

图 10.5　对现有堆栈创建变更集

在指定变更集的名称并为子网 CIDR 范围提供新值之后，就可以检查这些变更，如图 10.6 所示。请注意，子网资源的 Replacement 值为 True，表示将创建新子网并删除旧子网。

执行变更集时，可以单击右上角的 Execute 按钮。另外，如果选择不接受更改，则可以通过单击 Other Actions，然后单击 Delete 删除变更集。

使用 AWS CloudFormation 用户界面更新堆栈时，会自动创建复查屏幕并显示变更集的更新操作。

▼ Changes

The changes CloudFormation will make if you execute this change set.

▼ Filter				Viewing 2 of 2
Action	**Logical ID**	**Physical ID**	**Resource type**	**Replacement**
Modify	MySubnet2c	subnet-1a2b3c4d	AWS::EC2::Subnet	True
Modify	MySubnet2cRouteTableAssociation	rtbassoc-5e6f7a8b	AWS::EC2::SubnetRouteTableAssociation	True

图 10.6　检查因缩小 CIDR 范围可能导致的变化

10.2.6　保留资源

删除堆栈时，默认情况下，AWS CloudFormation 会删除所有关联的资源。不过，你可能希望保留资源。例如，可以指示新用户从新账户的模板创建堆栈，以确保创建所有网络资源。完成此操作后，你可能希望删除堆栈，以便它在 AWS Management Console 中不再出现。你必须能够移除堆栈，但同时保留生成的网络配置。

在模板中，可以通过添加值为 Retain 的 DeletionPolicy 属性来指定要保留的资源。必须对每个资源应用这个操作。例如，以下内容将保留模板创建的 VPC：

```
Resources:
  MyVPC:
    Type: AWS::EC2::VPC
    DeletionPolicy: Retain
    Properties:
      CidrBlock: !Ref VPCCIDR
      InstanceTenancy: default
      Tags:
        - Key: Name
          Value: MyVPC
        - Key: Environment
          Value: Testing
```

10.2.7 配置非 AWS 资源

AWS CloudFormation 支持几乎所有可用的 AWS Cloud 服务。你可能还希望在创建或更新堆栈时配置非 AWS 资源。

例如，考虑设置只有一个子网通过 VPN 连接回户内网络的 VPC，如图 10.7 所示。可以通过 AWS CloudFormation 直接配置 VPN 网关、客户网关和 VPN 连接。然而，户内路由器需要自定义配置，这种配置无法在 AWS CloudFormation 内进行。

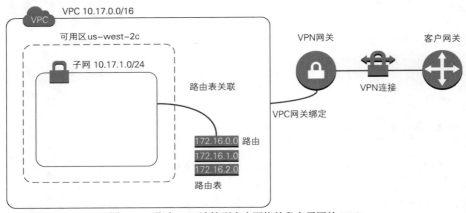

图 10.7 通过 VPN 连接到户内网络的私有子网的 VPC

自定义资源允许我们弥补这一差距。在模板中，自定义资源是类型为 AWS::CloudFormation::CustomResource 的资源或形式为 Custom::ResourceType 的任何类型的资源。当创建、更新或删除自定义资源时，AWS CloudFormation 会向 Amazon SNS 主题发送通知或调用 AWS Lambda 函数。在事件中，AWS CloudFormation 提供以下属性。

- LogicalResourceId：堆栈中资源的名称(例如，前一个示例 VPC 中的 MyVPC)。
- OldResourceProperties：在更新操作期间用户特定的属性。
- PhysicalResourceId：之前调用函数时返回的物理资源 ID，仅用于更新和删除请求。
- RequestId：请求的唯一 ID。
- RequestType：创建、修改或删除。
- ResourceType：为资源指定的类型。

- ResourceProperties：用户为资源指定的属性。
- ResponseURL：预先签名的 Amazon S3 URL，代码必须写入 Response URL 的输出。
- StackId：AWS CloudFormation 堆栈的 Amazon 资源名称(ARN)。

然后，AWS CloudFormation 等待代码将输出放到(PUT)预签名的 Amazon S3 URL 中。此对象的主体是具有以下属性的 JSON 映射对象。

- LogicalResourceId：请求事件的本地资源 ID。
- Status：自定义资源操作成功(SUCCESS)或失败(FAILED)。
- Reason：如果请求失败，则说明失败的原因。
- PhysicalResourceId：如果请求成功，这是一个特定于函数的标识符。
- RequestId：请求事件的请求 ID。
- StackId：请求事件的堆栈 ID。
- Data：如果请求成功，Data 属性将包含可以使用 GetAtt 内置函数检索的任意键值属性的映射。

例如，要为路由器配置 VPN，可以使用通过 Python 编写的 AWS Lambda 函数，AWS Lambda 函数使用 Paramiko 库(http://www.paramiko.org/)通过 SSH 访问路由器并执行路由器命令。

10.2.8　安全最佳实践

在前面的示例中，我们没有指定 AWS CloudFormation 执行操作时应具有权限。在这种情况下，AWS CloudFormation 使用创建或更新堆栈时根据安全凭证创建的临时会话期。例如，如果具有管理权限，那么在执行堆栈操作时，AWS CloudFormation 也将具有管理权限。

更好的做法是将权限限制为堆栈管理所需的最小权限。为此，可以创建 AWS Identity and Access Management (IAM)服务角色，该角色指定 AWS CloudFormation 可以进行的调用。把 IAM 服务角色与所有将来的堆栈操作进行关联，这样可以避免向最终用户授予过多的权限。例如，用户可能没有设置 VPC 和 VPN 所需的专业知识；如果让它们直接尝试执行操作，可能会导致公司网络操作中断。然而，可以允许它们通过 IAM 服务角色从模板中使用和更新 AWS CloudFormation 堆栈。

如果模板包含某些 IAM 资源，那么在创建或更新堆栈时，AWS CloudFormation 将要求你确认这一点。可以通过传递 capabilities 标志 CAPABILITIES_IAM 或 CAPABILITIES_NAMED_IAM (假设资源具有自定义名称)来实现这一点。

为了防止堆栈意外被删除，可以启用堆栈终止保护。为了防止意外替换、修改或删除堆栈中的特定资源，可以通过将堆栈策略附加到堆栈来将其指定为受保护的资源。例如，下面的堆栈策略会阻止替换前面示例中的 VPC 和子网：

```
{
    "Statement": [
        {
            "Effect": "Allow",
            "Action": "*",
            "Principal": "*",
            "Resource": "*"
        },
        {
```

```
            "Effect": "Deny",
            "Action": "Update:Replace",
            "Principal": "*",
            "Resource": ["LogicalResourceId/MyVPC",
                         "LogicalResourceId/MySubnet"]
        }
    ]
}
```

对于考试，你应当熟悉 AWS CloudFormation 概念，包括模板、堆栈以及与 AWS 资源类型相关的网络、自定义资源和变更集。

10.2.9　配置管理

使用本地文件系统存储模板可能对只有一名管理员的小型公司可行，但它很快就不能扩展，必须有用于签入结果模板的版本控制系统。现代系统[如 Git(https://git-scm.com/)]既坚固又轻便，即使只有一名管理员也可以使用。

如果你的组织已经有了版本控制系统，那么可以用它来存储 AWS CloudFormation 模板。否则，可以使用 AWS CodeCommit 为模板创建 Git 信息库。位于 http://docs.aws.amazon.com/codecommit/latest/userguide/welcome.html 的 AWS CodeCommit 用户指南在 http://docs.aws.amazon.com/codecommit/latest/userguide/getting-started-topnode.html 上提供了教程，可指导创建信息库并使用基本的 Git 命令与之交互。

分支允许你与合作者管理代码以避免冲突。对于大多数基础设施模板项目，只有一个默认的分支，并按约定命名为 master。如果需要测试一些具有风险的项目，例如将现有的 VPC 升级到 IPv6，那么可以创建单独的 ipv6 分支，在那里切换开发，并从中创建测试堆栈。当确认更改正确时，可以将 ipv6 分支与 master 分支合并。

10.2.10　持续递送

通过手动方式保持 AWS CloudFormation 模板和测试与生产堆栈的同步是一项艰巨的任务。许多公司在将更改应用到生产环境之前都需要人工审核和批准，但是手动计算这些更改十分容易出错。AWS CodePipeline(代码管道)提供了一种自动化同步和更改计算步骤的方法。

1. 管道阶段、操作和工件

管道由阶段组成。管道中的每个阶段一次仅针对一个修订，并执行一个或多个操作。阶段内的操作可以顺序执行或并行执行；在阶段被认为完成之前，所有操作必须成功完成。由动作产生的输出称为工件(artifact)。有些操作需要输入。它们来自管道中之前操作的工件。阶段、操作和工件都会被命名。

操作分为六个类别：源操作、构建操作、批准操作、部署操作、调用操作和测试操作。以下是对这些类别的简要说明：

● 源操作监控信息库中新的修订，这是管道中的第一个操作。当检测到更改时，AWS CodePipeline 下载源操作的最新版本，并启动管道中的其余阶段。

- 构建操作将源文件编译成输出文件。
- 批准操作向 Amazon SNS 主题发送消息并等待响应，然后继续。
- 部署操作执行部署行动。AWS CodePipeline 支持许多不同的部署提供商。在本章中，我们仅专注 AWS CloudFormation 提供商。
- 调用操作通过调用 AWS Lambda 函数来执行未显示的自定义操作。
- 测试操作允许使用第三方测试框架对部署的系统执行测试。

图 10.8 显示的管道用于监控 AWS CodeCommit 信息库中的更改，然后将它们部署到 AWS CloudFormation 测试和生产堆栈中。请注意，信息库中有三个文件：template.yml(其中包含模板本身)以及分别与测试和生产堆栈对应的参数文件 test-params.json 和 prod-params.json。

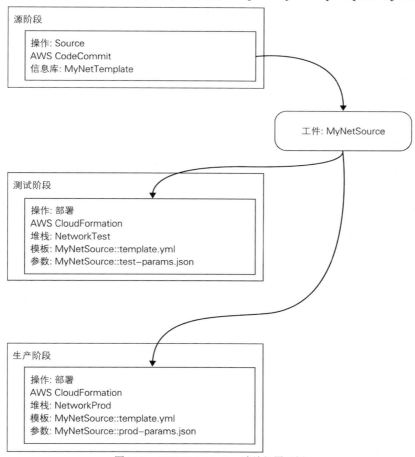

图 10.8　AWS CodePipeline 连续部署示例

2. 审批

在部署到生产环境之前，公司可能需要对必要的更改进行人工审查。通常，你想要在做出批准决定之前看到部署的实际更改。

为此，通常将部署分为三个独立的操作。第一个操作是部署操作，用计算 AWS CloudFormation

变更集，但并不执行。第二个操作是批准操作，使用 Amazon SNS 发送通知，然后等待批准。第三个操作是另一个部署操作，用于执行由第一个操作创建的 AWS CloudFormation 变更集。

Amazon SNS 主题是用于发送消息和订阅通知的通信通道，能为发布者和订阅者提供相互通信的接入点。对于手动批准，订阅服务器将是一个或多个电子邮件地址，这些电子邮件地址接收来自 AWS CodePipeline 管道更改已准备被批准或拒绝的通知。

审批也可以通过编程进行。如果需要在指定的时间窗口内执行部署或与其他外部事件同步，审批将非常有用。在这种情况下，订阅者通常是监听 HTTP 端点的应用。当条件允许部署继续时，应用将调用 AWS CodePipeline 的 PutProvalResult API。

对于考试，你应该熟悉 AWS CodePipeline，包括配置源阶段、部署阶段和审批阶段。你还应当熟悉版本控制的基础知识；虽然不需要知道 AWS CodeCommit 方面的知识，但了解后可能会提供一些帮助。

10.3　网络监控工具

网络是十分重要的服务，几乎构成每一个现代操作的基础。拥有可靠的健康指标对于提供稳固可靠的服务至关重要。当出现问题时，工具和自动化是恢复正常操作的关键组件。

10.3.1　监控网络健康度量

Amazon CloudWatch 允许收集度量和日志文件，设置报警并调用响应这些报警的操作。我们关心的许多指标都是自动收集的。例如，可以通过访问 Amazon CloudWatch 控制台，单击度量和浏览 VPN 服务选项来查看 VPN 隧道和连接的状态。在图 10.9 中，我们绘制了一个 VPN 连接和两个隧道的状态。连接启动后，我们短暂中断了连接上的其中一个隧道，然后将其恢复。

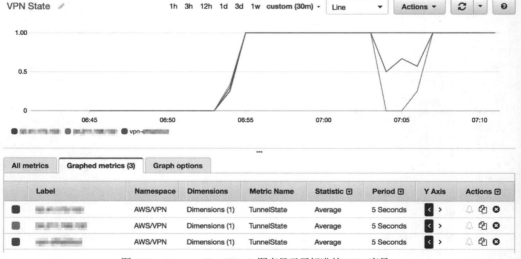

图 10.9　Amazon CloudWatch 图表显示了标准的 VPN 度量

　　绘制度量时，可以查看不同的统计信息，包括最小值、最大值、平均值和各种百分比值。总和统计是一段时间内提交的所有值叠加在一起的结果，通常用于计算度量的总容量，例如 VPN 隧道上的字节数。

　　你还可以使用 AWS CLI 或针对程序开发的软件开发工具包(Software Development Kit，SDK)创建自定义度量。度量属于命名空间(namespace)，可用于收集相关度量。度量可进一步按维度细分：最多 10 个键/值对，它们包含用于唯一标识度量的附加信息。例如，如果想要每隔 60 秒记录一台指定主机的数据包丢失情况，那么可以在 Linux 主机上运行如下循环：

```
#!/bin/sh
remote_ip=192.0.2.17
ping_count=5

while true; do
  packet_loss=$(ping -c $ping_count $remote_ip | grep 'packet loss' | \
                sed -e 's/^.*received, //' -e 's/% packet loss.*//')
  aws cloudwatch put-metric-data --namespace NetOps \
    --metric-name PacketLoss --unit Percent --value "$packet_loss" \
    --dimensions RemoteIp="$remote_ip";
  sleep 60;
done;
```

　　在 Amazon CloudWatch 控制台上，可以查看这些度量的图表。例如，图 10.10 显示了三台主机的数据包丢失情况。

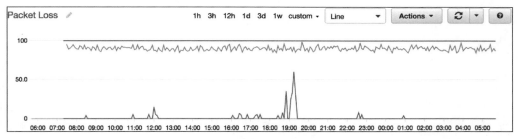

图 10.10　Amazon CloudWatch 自定义度量显示了 3 台主机的数据包丢失情况

　　如果在 Amazon EC2 上部署网络设备，就可以实现与 Amazon CloudWatch 的集成。

　　如果需要创建网络健康度量的统一视图，可以创建仪表板。从度量图中选择操作，然后单击添加到仪表板。可以将多个图形以行、堆积区域或数字格式添加到仪表板。图 10.11 显示了网络健康仪表板，其中包含有关 VPN 连接以及 VPC 中 Amazon EC2 实例的度量。

图 10.11　Amazon CloudWatch 针对 VPN 连接的仪表板

10.3.2　为异常事件创建报警

虽然仪表板提供了用于查看网络运行状况的视图，但我们可能不希望依赖于监控仪表板的人员来维护高可用性。Amazon CloudWatch 度量可用于创建向 Amazon SNS 主题发送报警的预警。主题可以向订阅的电子邮件地址、移动电话(通过短信或移动推送)、HTTP 端点、AWS Lambda 函数以及 Amazon SQS 队列发送通知。

如果需要创建报警，请选择度量图旁边的报警铃图标。你将看到类似于图 10.12 所示的向导。在这个例子中，我们为其中一个端点创建了包丢失报警，并为它订阅了包丢失主题。

报警的格式随着适合接收者的方式而改变。例如，图 10.13 显示了通过短信和电子邮件接收到的关于数据包丢失度量的相同报警。

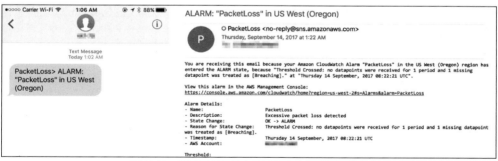

Create Alarm ✕

1. Select Metric **2. Define Alarm**

Alarm Threshold

Provide the details and threshold for your alarm. Use the graph on the right to help set the appropriate threshold.

Name: `PacketLoss`

Description: `Excessive packet loss detected`

Whenever: PacketLoss

is: `>=` `35`

for: `1` consecutive period(s)

Additional settings

Provide additional configuration for your alarm.

Treat missing data as: `bad (breaching threshold)` ⓘ

Actions

Define what actions are taken when your alarm changes state.

Notification	Delete

Whenever this alarm: `State is ALARM`

Send notification to: `PacketLoss` New list Enter list ⓘ

This notification list is managed in the SNS console.

[+ Notification] [+ AutoScaling Action] [+ EC2 Action]

Cancel [Previous] [Next] [**Create Alarm**]

Alarm Preview

This alarm will trigger when the blue line goes up to or above the red line for a duration of 5 minutes

PacketLoss >= 35

40
30
20
10
0
9/14 05:00   9/14 06:00   9/14 07:00   9/14 08:00

Namespace: NetOps
RemoteIp: `192.0.2.20`
Metric Name: `PacketLoss`

Period: `5 Minutes`
Statistic: ◉ Standard ○ Custom
`Average`

图 10.12　创建自定义数据包丢失度量的报警

●oooo Carrier Wi-Fi 📶 1:06 AM 📷 ⚡ ⁕ 88% ▰

< 👤 ⓘ

Text Message
Today 1:02 AM

PacketLoss> ALARM:
"PacketLoss" in US West
(Oregon)

ALARM: "PacketLoss" in US West (Oregon)

P ○ PacketLoss <no-reply@sns.amazonaws.com>
Thursday, September 14, 2017 at 1:22 AM

You are receiving this email because your Amazon CloudWatch Alarm "PacketLoss" in the US West (Oregon) region has entered the ALARM state, because "Threshold Crossed: no datapoints were received for 1 period and 1 missing datapoint was treated as [Breaching]." at "Thursday 14 September, 2017 08:22:21 UTC".

View this alarm in the AWS Management Console:
https://console.aws.amazon.com/cloudwatch/home?region=us-west-2#s=Alarms&alarm=PacketLoss

Alarm Details:
- Name: PacketLoss
- Description: Excessive packet loss detected
- State Change: OK -> ALARM
- Reason for State Change: Threshold Crossed: no datapoints were received for 1 period and 1 missing datapoint
was treated as [Breaching].
- Timestamp: Thursday 14 September, 2017 08:22:21 UTC
- AWS Account:

Threshold:

图 10.13　通过短信以及电子邮件接收的报警的格式

10.3.3　收集文本日志

通过中央信息库(如 Amazon CloudWatch Logs)收集由应用和网络设备生成的易读日志，可以帮助关联事件，并有助于在系统发生故障时缩短恢复时间。每个日志事件都是一些活动的记录。源自同一个日志事件的序列存储在日志流中。每个日志流都属于一个日志组，其中定义了保留、监控和访问控制策略。

例如，当为 VPC 启用流日志时，可以指定要向其发送事件的日志组。在日志组中，会为 VPC 中的每个弹性网络接口创建一个日志流。以下是数据流日志文件的日志流示例:

```
    2 123456789012 eni-a1b2c3d4 192.0.2.139 172.31.0.5 43160 1433 6 1 40 1504769338
1504769393 REJECT OK
    2 123456789012 eni-a1b2c3d4 172.31.0.5 192.0.2.30 123 123 17 1 76 1504769338
1504769393 ACCEPT OK
    2 123456789012 eni-a1b2c3d4 192.0.2.109 172.31.0.5 42481 1433 6 1 40 1504769399
1504769453 REJECT OK
    2 123456789012 eni-a1b2c3d4 192.0.2.229 172.31.0.5 6000 1433 6 1 40 1504769399
1504769453 REJECT OK
    2 123456789012 eni-a1b2c3d4 172.31.0.5 192.0.2.139 0 0 1 1 32 1504769399
1504769453 ACCEPT OK
    2 123456789012 eni-a1b2c3d4 192.0.2.139 172.31.0.5 0 0 1 1 32 1504769399
1504769453 ACCEPT OK
```

AWS CLI 可用于将日志事件直接发送到日志流(log stream)。例如，如果有一台在 Amazon EC2 中运行的路由设备，那么可以使用脚本，通过执行如下命令来编写自己的流日志(flow log):

```
> aws logs create-log-stream --log-group-name FlowLogs \
  --log-stream-name router-1
> aws logs put-log-events --log-group-name FlowLogs \
  --log-stream-name router-1 \
  --log-events timestamp=1483228800000,message="2 123456789012 router-1
192.0.2.254 172.31.0.10 44178 80 6 1 1718 1483228800 1483228860 REJECT OK"
  {
      "nextSequenceToken":
"49576537118627494925011401022786533057489097985223586498"
  }
```

不过，你可能更希望将主机上现有的日志文件直接发送到 Amazon CloudWatch Logs。Amazon CloudWatch Logs 代理提供了这个功能。在运行 Amazon Linux 的 Amazon EC2 实例上，可以直接从包信息库中安装它。

```
> sudo yum install -y awslogs
Loaded plugins: priorities, update-motd, upgrade-helper
Resolving Dependencies
--> Running transaction check
---> Package awslogs.noarch 0:1.1.2-1.10.amzn1 will be installed
--> Finished Dependency Resolution
...
Installed:
  awslogs.noarch 0:1.1.2-1.10.amzn1

Complete!
> # Configure files to send to Amazon CloudWatch Logs
> sudo nano /etc/awslogs/awslogs.conf
> sudo service awslogs start
Starting awslogs:                                      [  OK  ]
> sudo chkconfig awslogs on
```

默认的配置文件将/var/log/messages 文件发送到同名的日志组/var/log/messages，并使用

Amazon EC2 实例 ID 作为日志流名称。

10.3.4　将日志转换为度量

Amazon CloudWatch Logs 捕获的文本日志可以过滤并发送到其他服务以进行处理或存储。能够接收这些日志的服务包括 Amazon CloudWatch 度量、AWS Lambda、Amazon Kinesis Streams 以及 Amazon ElasticSearch。

例如，可以使用以下度量过滤器来匹配流日志中所有被拒绝(REJECT)的记录：

```
[version, account_id, eni_id, src_ip, dst_ip, src_port, dst_port, protocol,
packets, bytes, start_time, end_time, action="REJECT", status]
```

接下来，可以将它们作为度量发送到 Amazon CloudWatch。有意义的字段可以是数据包或字节。创建度量筛选器时，将$bytes 指定为度量值。

在绘制值的图形时，必须记住这些值是如何作为数据点发送到 Amazon CloudWatch 的。例如，在以下节选的日志流(字节值已加粗)中，有 6 个单独的记录：

```
2 ... eni-a1b2c3d4 192.0.2.139 172.31.0.5 43160 443 6 2 80 ... REJECT OK
2 ... eni-a1b2c3d4 192.0.2.220 172.31.0.5 44792 443 6 1 40 ... REJECT OK
2 ... eni-a1b2c3d4 192.0.2.109 172.31.0.5 51482 443 6 1 40 ... REJECT OK
2 ... eni-a1b2c3d4 192.0.2.229 172.31.0.5 64809 443 6 1 40 ... REJECT OK
2 ... eni-a1b2c3d4 192.0.2.174 172.31.0.5 37829 443 6 1 40 ... REJECT OK
2 ... eni-a1b2c3d4 192.0.2.139 172.31.0.5 43161 443 6 2 80 ... REJECT OK
```

传输的字节总数为 320。常犯的错误是尝试在此处绘制最大值(80)，由于恰好此时主机连接速度足够快，因此在一个记录中捕获了两个数据包。你需要绘制数据点的总和。

对于考试，你应当知道如何配置 Amazon CloudWatch Logs 过滤器和 Amazon CloudWatch 度量。了解其他订阅服务虽有帮助，但不是必需的。

10.4　本章小结

在本章中，你学习了自动化 AWS 网络组件和基础设施的部署、管理和监控所需的服务。

AWS CloudFormation 允许创建模板，将基础设施作为代码部署。模板可以包含参数，这些参数允许在不使用硬编码值的情况下重用它们来创建一个或多个堆栈。你学习了 AWS CloudFormation 如何处理模板中资源之间的依赖关系，以及在更新过程中遇到错误时如何回滚堆栈。

自定义资源允许管理堆栈中的非 AWS 资源。例如，自定义资源可以调用 AWS Lambda 函数作为客户网关重新配置户内 VPN。

与手动计算堆栈更改不同，变更集提供了创建或更新堆栈时 AWS CloudFormation 将采取操作的准确描述。审查后，可以执行变更集，确保采取的措施与审查的措施完全一致。如果自审阅后堆栈发生了更改，变更集将被拒绝，确保更新不会发生冲突。

连续交付是一种方法论，可以用来将更新自动构建、测试并部署到生产中。你学习了如何在 AWS CodePipeline 中创建管道以协调连续交付系统。在管道中，可以在每个阶段配置操作以部署更改、计算变更集或等待审阅变更集。

Amazon CloudWatch 允许在网络基础设施上收集、可视化和设置报警度量。度量可以在不同的时间段查看并应用统计信息。自定义度量可用于显示非 AWS 资源的运行状况和性能，或显示环境特有的其他详细信息。仪表板会创建统一的指标视图，以简化操作。

文本日志可以由 Amazon CloudWatch Logs 收集。除了作为中央日志信息库之外，日志事件还可以通过度量过滤器转换为度量，以便进行绘图并触发报警。

10.5　考试要点

了解 AWS CloudFormation 模板和堆栈。AWS CloudFormation 模板是 JSON 或 YAML 格式的文本文档，能为创建资源提供蓝图。可以使用参数重用模板，此模板用于创建或更新堆栈。

了解 AWS CloudFormation 如何处理依赖和错误。AWS CloudFormation 模板描述堆栈的结束状态。如果资源 A 引用资源 B，则 AWS CloudFormation 推断资源 A 依赖于资源 B，并且只有在创建资源 B 之后才会创建资源 A。不用指定到达此状态所需的单独操作。

如果模板包含语法错误，那么 AWS CloudFormation 不会使用它创建或更新堆栈，而是立刻使这些操作失败。但如果是语义错误，则只有在创建或修改资源时，才由底层服务检测到这些错误。当 AWS CloudFormation 遇到这种错误时，会将堆栈回滚到以前的状态。

明确 AWS CloudFormation 变更集的目的以及它们如何改进变更管理。AWS CloudFormation 变更集描述创建或更新堆栈时采取的操作。手动计算这些更改很容易出错，在更改管理过程中进行手动描述可能会导致实际更改与批准的更改不同。变更集准确描述了 AWS CloudFormation 将要做什么，以及使用哪些资源，从而让你更好地理解正在部署的变更。

了解自定义资源的用途。AWS CloudFormation 模板中的自定义资源允许配置非 AWS 资源或 AWS CloudFormation 不支持的资源。在网络环境中，这些通常用于配置 VPN 的客户网关或 AWS Direct Connect 的虚拟接口。你还可以使用自定义资源调用 IP 地址管理(IPAM)服务，为 VPC 分配 CIDR 块。

知道如何在删除堆栈后保留重要资源。删除 AWS CloudFormation 堆栈时，默认情况下，由它管理的所有资源也将被删除。不应删除的资源可以通过将 DeletionPolicy 属性设置为 Retain(保留)来覆盖此行为。

了解如何在 AWS CloudFormation 堆栈中应用最少权限原则。AWS CloudFormation 可以使用调用方的权限或 IAM 服务角色来执行堆栈所需的操作。通过使用 IAM 服务角色，可以操作需要高权限的 AWS CloudFormation 堆栈，而无须直接向用户授予这些权限。反之，IAM 服务角色还可以限制 AWS CloudFormation 可以执行的操作，防止在审阅模板更改时错过模板更改而意外地创建、删除或修改资源。

了解版本控制系统的基本概念。你应该熟悉如何签出、编辑、提交以及查看由版本控制系统管理的文件的历史记录。你还应该了解分支如何在不影响他人的情况下进行一系列试验性更改。

知道如何使用 AWS CodePipeline 为网络基础设施实现连续交付系统。AWS CodePipeline 自动检测对源文件的更改，并可以将基础设施作为 AWS CloudFormation 的代码部署进行协调。通过使用 AWS CloudFormation 为想要审查的变更集创建审批阶段，可以改进和实施手动审查。

　　了解如何使用 Amazon CloudWatch 绘制度量图，以及如何获取底层数据的不同视图。你应该知道如何使用 Amazon CloudWatch 度量来可视化网络基础设施的运行状况和性能。你还应该了解度量的总和、最大值、百分比和平均统计数据之间的差异。

　　了解如何使用 Amazon CloudWatch 集中网络操作。Amazon CloudWatch 提供了可视化网络状态和运行状况的仪表板。可以为单个度量创建报警，这些度量可以在性能偏离正常值时通知运营团队。

　　了解如何使用 Amazon CloudWatch Logs 从文本日志中存储和获取基本指标。文本日志，例如来自 Amazon EC2 实例或 VPC 流日志的文本日志，可以存储在 Amazon CloudWatch Logs 中。日志组可以附加度量过滤器，从而允许使用 Amazon CloudWatch 提取和绘制度量。

应试窍门

　　考试中的每个问题都独立于其他问题。当某个问题向你呈现详细的场景时，请标记你的答案(如有必要，标记以供后面复查)，并在继续解答下一个问题时清空自己的头脑。你不必参考前面问题中的场景。

10.6　复习资源

　　有关更多信息，请参阅 AWS 网站上的以下网页。

AWS CloudFormation：https://aws.amazon.com/documentation/cloudformation/

AWS CodePipeline：https://aws.amazon.com/documentation/codepipeline/

Amazon CloudWatch 和 Amazon CloudWatch Logs：https://aws.amazon.com/documentation/cloudwatch/

AWS Lambda FAQ：https://aws.amazon.com/lambda/faqs/

AWS CodeCommit FAQ：https://aws.amazon.com/codecommit/faqs/

10.7　练习

　　熟悉自动化的最佳方法是配置自己的模板、连续的交付管道和监控。有关完成这些练习的帮助，请参阅前面章节中的指南。

练习 10.1

创建模板

在本练习中，你将创建一个用于部署 VPC 的基本 AWS CloudFormation 模板。本练习的目的是熟悉 AWS CloudFormation 模板的基本语法和服务控制台。

　　(1) 使用文本编辑器，创建仅包含一个 CIDR 范围为 10.0.0.0/16 的 VPC 的 AWS CloudFormation 模板。将此文件保存为本地的 netauto.yml。

　　(2) 以 Administrator 或 Power User 身份登录到 AWS Management Console。

(3) 选择 AWS CloudFormation 图标,访问 AWS CloudFormation 欢迎页面(或仪表板,假设堆栈已存在)。

(4) 单击 Create New Stack(如果堆栈已经存在,则单击 Create Stack)。

(5) 上传之前创建的模板,单击 Next。

(6) 在 Specify Details 页面上,输入 NetAutomation 作为堆栈的名称,单击 Next。

(7) 在 Options 页面上单击 Next。

(8) 在 Review 页面上单击 Create。

(9) 等待堆栈创建结束。

(10) 切换到 Amazon VPC 控制台。模板中指定的 VPC 现在应该可见。

练习 10.2

更新堆栈

在本练习中,你将更改模板并将其应用于现有堆栈。本练习的目标是让你熟悉 AWS CloudFormation 如何处理更新。

(1) 使用练习 10.1 中的 netauto.yml 模板,在 VPC 中添加 CIDR 范围为 10.0.0.0/24 的子网。

(2) 以 Administrator 或 Power User 身份登录到 AWS Management Console。

(3) 选择 AWS CloudFormation 图标,访问 AWS CloudFormation 仪表板。

(4) 对于在练习 10.1 中创建的堆栈旁边的复选框,切换复选标记。单击 Actions,然后单击 Update Stack。

    a. 上传修改后的模板,单击 Next。

    b. 在 Specify Details 页面上单击 Next。

    c. 在 Options 页面上单击 Next。

    d. 在 Review 页面上单击 Update。

    e. 等待堆栈更新完成。

(5) 切换到 Amazon VPC 控制台。VPC 现在应该有一个子网,其 CIDR 范围为 10.0.0.0/24。你会发现,模板更改后,已经对现有的 VPC 资源进行了更新。

练习 10.3

参数化模板

在本练习中,你将参数化现有模板中的硬编码值。本练习的目标是让你熟悉 AWS CloudFormation 模板参数并创建可重用的模板。

(1) 使用练习 10.2 中的模板,添加 Parameters 部分,该部分允许你指定以下参数:

- VPCCIDRRange
- SubnetCIDRRange

(2) 更改 VPC 和子网资源以引用这些参数。

(3) 以 Administrator 或 Power User 身份登录到 AWS Management Console。

(4) 选择 AWS CloudFormation 图标，访问 AWS CloudFormation 仪表板。

(5) 对于在练习 10.1 中创建的堆栈旁边的复选框，切换复选标记。单击 Actions，然后单击 Update Stack。

(6) 上传修改的模板，单击 Next。

(7) 在 Specify Details 页面上，提供以下参数值(请注意，这些值与练习 10.1 和练习 10.2 中的不同)：

- VPCCIDRRange：10.1.0.0/16
- SubnetCIDRRange：10.1.0.0/24

(8) 单击 Next。

(9) 在 Options 页面上单击 Next。

(10) 在 Review 页面上单击 Update。

(11) 等待堆栈完成更新。注意新的 VPC 和子网已创建成功，旧的 VPC 和子网已被删除。

(12) 切换到 Amazon VPC 控制台。现在，你应该有了一个 CIDR 范围为 10.1.0.0/16 的新的 VPC，以及一个 CIDR 范围为 10.1.0.0/24 的 VPC 内的子网。CIDR 范围为 10.0.0.0/16 的旧 VPC 应该已经被删除。现在，你用参数替换了模板中的硬编码值。

练习 10.4

回滚

在本练习中，你将在 AWS CloudFormation 模板中添加语义错误。本练习的目的是让你通过回滚堆栈更新来熟悉 AWS CloudFormation 如何处理这些类型的错误。

(1) 以 Administrator 或 Power User 身份登录到 AWS Management Console。

(2) 选择 AWS CloudFormation 图标，访问 AWS CloudFormation 仪表板。

(3) 对于在练习 10.1 中创建的堆栈旁边的复选框，切换复选标记。单击 Actions，然后单击 Update Stack。

(4) 确认选择 Use Current Template，单击 Next。

(5) 在 Specify Details 页面上，提供以下参数值。

- VPCCIDRRange：10.1.0.0/16
- SubnetCIDRRange：10.2.0.0/24

(6) 请注意，子网 CIDR 范围不在 VPC CIDR 范围内，单击 Next。

(7) 在 Opetions 页面上单击 Next。

(8) 在 Review 页面上单击 Update。

(9) 请注意，AWS CloudFormation 无法创建新的子网并将堆栈回滚到之前的状态。

(10) 切换到 Amazon VPC 控制台。现有的 VPC 和子网应保持不变。你现在应该明白了回滚不会影响现有的 AWS CloudFormation 资源。

练习 10.5

版本控制

在本练习中，你将把模板签入 Git 信息库，进行编辑，并查看模板的更改和历史记录。本练习的目的是让你熟悉版本控制的基本概念。

(1) 以 Administrator 或 Power User 身份登录到 AWS Management Console。

(2) 选择 AWS CodeCommit 图标，访问 AWS CodeCommit 欢迎页面(或仪表板，假设信息库已存在)。

(3) 单击 Get Started(或 Create Repository)。

(4) 输入 NetAuto 作为信息库的名称，单击 Create Repository。

(5) 按照 Connect to Your Repository 对话框中的说明进行操作。现在应该有了一个名为 NetAuto 的空目录。

(6) 将 netauto.yml 模板复制到 NetAuto 目录中。

(7) 准备提交文件：git add netauto.yml。

(8) 在本地提交更改，在文本编辑器中提供提交描述，如 Initial commit:git commit。

(9) 将更改推送到远程(AWS CodeCommit)信息库：git push。

(10) 检查本地存储库的状态：git status。请注意，要与远程存储库同步。

(11) 向文件添加注释编辑模板：

```
# Sample comment for exercise 10.5
```

(12) 检查本地信息库的状态：git status。注意，要与远程信息库同步，但有本地编辑版本。

(13) 查看文件的当前版本与已提交版本之间的差别：git diff。

(14) 在本地提交修订版本，提供提交描述，如 Testing changes：git commit -a。

(15) 检查本地信息库的状态：git status。注意，由于上一次提交，已不再与远程存储库同步，但不再有本地编辑版本。

(16) 查看所做更改的日志：git log。记下最新提交 ID 的前几个字符(一个长的十六进制字符串，例如 7fdeaa50da4114950e3aa2ce816ff3f8728776f)。

(17) 验证是否没有本地编辑版本：git diff。

(18) 查看最新提交和上一次提交之间的差别(用实际提交 ID 替换 7fdeaa)：git diff 7fdeaa^ 7fdeaa。你应该看到自己的注释已被添加。

注意：

Git 允许缩短提交 ID，只要 ID 是唯一的。在 diff 命令中，你输入了两个提交 ID。第一个是旧的提交 ID；提交 ID 末尾的插入符号(^)表示"前一个提交到"，这样就可以看到 7fdeaa 之前的提交和 7fdeaa 提交两者之间的区别。还可以省略第二个 7fdeaa，然后 Git 将显示从之前提交到最新提交(7fdeaa 本身)的差别，也称为 HEAD。可以将命令缩短为 git diff HEAD^。

---

(19) 将更改推送到远程信息库：git push。

(20) 最后，验证所有内容是否再次同步，并且没有本地编辑版本：git status。

现在，你已成功将模板置于版本控制中。

练习 10.6

管道集成

在本练习中，你将在自动部署 AWS CloudFormation 模板的 AWS CodePipeline 中创建管道。本练习的目标是让你熟悉连续交付的基本概念。

(1) 以 Administrator 或 Power User 身份登录到 AWS Management Console。

(2) 在开始使用 AWS CodePipeline 之前，需要创建两个服务角色。如果不熟悉具体的创建过程，可参阅 AWS 身份和访问管理用户指南的"为 AWS 服务创建角色"部分，网址如下：

```
http://docs.aws.amazon.com/IAM/latest/UserGuide/id_roles_create_
for-service.html
```

a. 为名为 CloudFormation-NetAuto 的 AWS CloudFormation 创建服务角色，将 PowerUserAccess 管理策略与之绑定。

b. 为名为 CodePipeline-NetAuto 的 AWS CodePipeline 创建服务角色，将 PowerUserAccess 管理策略与之绑定。

(3) 选择 AWS CodePipeline 图标，访问 AWS CodePipeline 欢迎页面(或仪表板，假设管道已存在)。

(4) 单击 Get Started(或 Create Pipeline)，进入管道创建向导。

步骤 1-名称：输入 NetAuto 作为管道名称，单击 Next。

步骤 2-源：为源提供程序选择 AWS CodeCommit。选择 NetAuto 信息库和主分支，单击 Next。

步骤 3-生成：选择 No Build。此练习不使用生成提供程序。单击 Next Step。

步骤 4-部署：选择 AWS CloudFormation 作为部署提供程序。按如下方式设置属性，然后单击 Next Step。

操作模式：创建或更新堆栈

堆栈名称：NetAuto

模板文件：netauto.yml

配置文件：不填

功能：不填

角色名称：CloudFormation-MyNetAuto

步骤 5-服务角色：输入 CodePipeline-NetAuto，单击 Next Step。

步骤 6-复查：检查详细信息并单击 Create Pipeline。

现在，你已经为模板创建了连续的交付管道。

练习 10.7

监控网络健康度

在本练习中，你将创建一个仪表板以监控 AWS 管理的 VPN 的运行状况。本练习的目标是让你熟悉使用 Amazon CloudWatch 自动化网络操作。

(1) 以 Administrator 或 Power User 身份登录到 AWS Management Console。

(2) 按照第 4 章练习 4.1 中概述的步骤创建一个由 AWS 管理的 VPN。记下虚拟私有网关(VGW)端点的 VPN ID 和 IP 地址。

(3) 选择 Amazon CloudWatch 图标，访问 Amazon CloudWatch 控制台。

(4) 在左边区域单击 Metrics。

(5) 在右下区域的 AWS 名称空间下单击 VPN，然后单击 VPN Connection Metrics。

(6) 找到你的 VPN ID 并选中 TunnelDataIn(隧道数据输入)、TunnelDataOut(隧道数据输出)和 TunnelState(隧道状态)度量的复选框。现在，你应该在右上区域的图表中看到三行信息。

TunnelState 是二进制度量(0 或 1，分别表示 VPN 不健康或健康)，而 TunnelData 度量是以字节为单位测量的(值可能达到数十亿)。你需要将这些绘制在不同的 y 轴上，以便可读。在右下区域单击 Graphed Metrics 选项卡，找到 TunnelState 度量，单击 Y Axis 列之下的>符号，绘制在右侧轴上。

你的图表显示了整个 VPN 连接的整体状态。你还希望监控 VPN 连接中各个隧道的状态。在右下区域单击 All Metrics 选项卡，然后单击指南中标记为 All>VPN>VPN Connection Metrics 的 VPN。这一次，单击 VPN Tunnel Metrics。找到 VGW 端点的 IP 地址，然后选中六个指标(两个端点的每个 TunnelDataIn、TunnelDataOut 和 TunnelState)旁边的复选框。

(7) 再次单击 Graphed Metrics 选项卡。更改 VGW 端点的 TunnelState 度量，将之绘制在 y 轴上。

(8) 你可能希望为图形赋予更有意义的名称。在右上区域单击 Untitled Graph 文本旁边的铅笔图标。输入 Exercise 10.7 VPN Health，然后按 Enter 键。

(9) 最后，将这个图形保存到仪表板上，以备将来参考。在右上区域单击 Actions 下拉列表，然后选择 Add to Dashboard。在出现的对话框中，执行以下操作:

　　a. 在 Select a Dashboard 部分，单击 Create New。输入 Exercise-10-7 作为仪表板的名称，然后单击名称字段旁边的复选标记。

　　b. 在 Select a Widget Type 部分，查看不同的绘图选项: Line、Stacked 区域以及 Number。Preview 将决定图形在最终仪表板中的显示方式。完成后，再次单击 Line。

　　c. 单击 Add to Dashboard。

(10) 在仪表板窗口中，将鼠标悬停在右下角，然后单击并拖动图形，以调整图形的大小。

(11) 通过单击右上角的 1h、3h、12h、1d、3d 和 1w 选项，尝试为仪表板绘制不同的时间段。

(12) 单击刷新符号旁边的下拉菜单，使仪表板自动刷新。选中 Autorefresh 复选框，然后将刷新间隔更改为 10 秒。

你现在已经创建了一个 Amazon CloudWatch 仪表板来监控网络操作。

10.8　复习题

1. 在 AWS CloudFormation 模板中，尝试创建一个无类域间路由(CIDR)范围为 10.0.0.0/16 的 VPC，以及一个在 VPC 内 CIDR 范围为 10.1.0.0/24 的子网。使用模板启动 CreateStack 操作时会发生什么?

    A. AWS CloudFormation 检测到冲突并立即返回错误

    B. AWS CloudFormation 尝试创建子网。当失败时，跳过此步骤并创建剩余资源

    C. AWS CloudFormation 尝试创建子网。当失败时，回滚所有其他资源

    D. AWS CloudFormation 尝试创建子网。当失败时，调用自定义资源处理程序来处理错误

2. 你已经创建了一个大型的 AWS CloudFormation 模板，这样你的用户就可以创建一个虚拟私有云(VPC)，并将虚拟私有网络(VPN)连接到公司的户内网络。模板有时会失败，并显示一条错误消息，指明路由无法使用虚拟私有网关(VGW)，因为没有与 VPC 绑定。解决这个问题的最佳方法是什么？

    A. 向路由资源添加 DependsOn 属性并使其依赖于网关绑定资源

    B. 重新排序模板中的资源，使路由资源位于 VGW 之后

    C. 使用自定义资源创建路由。在自定义资源的代码中，让代码休眠两分钟，以允许 VGW 有时间连接到 VPC

    D. 向网关绑定资源添加 DependsOn 属性并使其依赖于路由资源

3. 删除 AWS CloudFormation 堆栈时，创建的资源会发生什么情况？

    A. 它们将被删除的条件是删除了它们的 aws:cloudformation:stack-id 标记

    B. 除非将 DeletionPolicy 属性设置为 Delete，否则它们将被保留

    C. 除非 AWS CloudFormation 检测到它们仍在使用，否则它们将被删除

    D. 除非将 DelationPolicy 属性设置为 Retain，否则它们将被删除

4. 你正在构建将使用连续交付模型部署的 AWS CloudFormation 模板。以下哪一个来源可以直接由 AWS CodePipeline 直接进行监控？

    A. AWS CodeCommit

    B. Amazon EC2 实例上的 Git 信息库

    C. 户内 GitHub 企业信息库

    D. Amazon EFS 中的 Git 信息库

    E. Amazon S3

5. 需要使用什么工具或服务来聚合运行在Amazon 弹性计算云(Amazon EC2)实例上的多个路由设备的日志文件？

    A. AWS Lambda

    B. Amazon Inspector 代理

    C. Amazon CloudWatch Logs 代理

    D. AWS Shield

6. 你正在创建部署到 AWS CloudFormation 测试堆栈的 AWS CodePipeline 中的管道。如果部署成功，那么 AWS CodePipeline 将部署生产堆栈。两个堆栈使用的 VPC 无类域间路由(CIDR)范围不同。继续上述流程的最好方法是什么？

    A. 创建两个模板 test.yml 和 prod.yml，分别包含不同的 CIDR 范围

    B. 使用自定义资源创建 VPC

    C. 使用 AWS CloudFormation 内在函数来检测应部署到哪个堆栈，并相应设置值

    D. 使用参数创建单个模板。创建两个参数文件 test.json 和 prod.json，分别包含不同的 CIDR 范围

7. 你的组织需要对 AWS CloudFormation 堆栈的更改进行人工审查。最近对 VPC 的更改意外删除了子网,从而导致中断。防止将来类似事件发生的最佳方法是什么?

    A. 使用 AWS CloudFormation ValidateTemplate 应用编程接口(API)验证模板的正确性

    B. 向显示待定更改并等待批准的 AWS CloudFormation 添加批准操作

    C. 在 AWS CloudFormation 中创建变更集以供审阅。如果更改被批准,则执行变更集

    D. 在 AWS CloudFormation 中创建变更集以供审阅。如果更改得到批准,则部署新模板

8. 你正在启动新的网络部署,该部署将基础设施作为代码模型加以利用。跟踪和可视化源代码更改的最佳方法是什么?

    A. 使用 GitHub 创建 Git 信息库

    B. 设置启用了版本控制的 Amazon S3 桶作为信息库

    C. 使用 AWS CloudFormation 变更集记录更改

    D. 使用 AWS CodePipeline 阶段跟踪代码状态

9. 你拥有一个包含虚拟私有云(VPC)的 AWS CloudFormation 堆栈,CIDR 范围为10.0.0.0/16。将模板更改为将两个子网添加到 VPC、子网 A 和子网 B,这两个子网的 CIDR 范围均为 10.0.0.0/24。更新堆栈时会发生什么?

    A. AWS CloudFormation 检测到错误,不执行任何操作

    B. AWS CloudFormation 创建子网 A,然后尝试创建子网 B;如果失败,就停止

    C. AWS CloudFormation 以不确定的顺序创建子网 A 和子网 B;当其中一个操作失败时,就将停止

    D. AWS CloudFormation 以不确定的顺序创建子网 A 和子网 B;当其中一个操作失败时,就回滚两个子网

10. AWS CloudFormation 堆栈包含一个子网,该子网对你的基础设施至关重要,并且不应被删除,即使堆栈使用更新的模板执行这个操作。在这种情况下,保护子网的最佳方法是什么?

    A. 添加拒绝堆栈策略 Update:Delete 和 Update:Replace

    B. 使用禁止调用 EC2:DeleteSubnet 的 AWS Identity and Access Management (IAM)服务角色

    C. 将 DeletionPolicy 属性添加到具有 Retain 值的子网资源中

    D. 删除与子网绑定的 AWS:CloudFormation 标签

第11章

服务要求

本章涵盖的 AWS 认证高级网络-专项考试目标包括但不局限于以下知识点。

知识点 4.0：配置与应用服务集成的网络
● 4.6 协调 AWS Cloud 服务要求与网络要求

11.1 服务要求简介

AWS Cloud 平台提供了 90 多个客户可以利用的服务。其中许多服务或者驻留在虚拟私有云(VPC)中，或者可以选择这样做。了解服务和网络交互如何工作，无论是综合而言还是针对每个服务，对于在 AWS 中规划和操作网络都是至关重要的。通过了解服务要求并将其映射到网络要求，可以恰当地分配资源，并确保 AWS Cloud 服务在 VPC 环境中正确运行。

11.2 弹性网络接口

弹性网络接口是一种虚拟网络接口，可以将其连接到 VPC 中的实例。更简单而言，可以将其称为网络接口。许多 AWS 管理的服务可以通过网络接口启动，以允许它们驻留在 VPC 中，同时还可以由 AWS 管理。有关网络接口的更多信息，请参阅第 2 章中的相关信息。

11.3 AWS Cloud 服务及其网络要求

本节介绍具有特定网络要求的 AWS Cloud 服务。每个服务的描述和网络要求将一起提供。

11.3.1 Amazon WorkSpaces

Amazon WorkSpaces 是一种在 AWS 上运行的、受管的、安全的桌面即服务(DaaS)解决方案。使用 Amazon WorkSpaces，可以轻松地为最终用户提供基于云的虚拟 Microsoft Windows 桌面，使他们能够随时随地从任何受支持的设备访问所需的文档、应用程序和资源。

每个 Amazon WorkSpace 桌面配备了两个网络接口：一个位于客户指定的 VPC 中；另一个位于 AWS 管理的 VPC 中，允许从 Amazon WorkSpaces 客户端进行外部连接。Amazon 管理的

VPC 具有以下一种私有的无类域间路由(Classless Inter-Domain Routing，CIDR)：172.31.0.0/16、192.168.0.0/16 或 198.19.0.0/16。为了避免与 VPC CIDR 发生冲突，会自动选择 CIDR。

提示:

如果架构中的其他地方正在使用 AWS 管理 VPC CIDR 范围，则会遇到路由问题。

Amazon WorkSpaces 包含以下网络要求。

Amazon WorkSpaces 客户端应用程序 你需要一台支持 Amazon WorkSpaces 的客户端设备，你还可以使用个人计算机互联网协议(Personal Computer over Internet Protocol，PCoIP)零客户端连接到 Amazon WorkSpaces。零客户端连接还需要在客户 VPC 中运行 PCoIP 连接管理器。

运行 Amazon WorkSpaces 的 VPC Amazon WorkSpaces 部署至少需要两个子网，因为每个 AWS Directory Service 构造在多可用区部署中需要两个子网，每个子网应具有足够的容量以满足将来的增长需求。每个 Amazon WorkSpaces 在其中一个 VPC 的子网中都有网络接口。

用于验证用户身份并提供对 Amazon WorkSpaces 的访问权限的目录服务 Amazon WorkSpaces 目前与 AWS Directory Service 和活动目录(Active Directory，AD)一起工作。可以将户内的活动服务器与 AWS Directory Service 一起使用，以支持现有的企业用户以及与 Amazon WorkSpaces 一起使用的登录凭证。

用于控制 Amazon WorkSpaces 访问权限的安全组 出入 Amazon WorkSpaces 客户的特定 VPC 网络接口的网络由安全组控制。

11.3.2 Amazon AppStream 2.0

Amazon AppStream 2.0 作为受管的、安全的应用程序流服务，允许将桌面应用程序从 AWS 流式传输到任何运行 Web 浏览器的设备，而无须重写它们。Amazon AppStream 2.0 提供了对用户即时访问所需应用程序的功能，并为他们选择的设备提供响应迅速、流畅的用户体验。

一组应用程序可从专属于单个用户的 Amazon AppStream 2.0 实例运行。可以创建可配置的实例表，自动扩展以满足用户要求。每个 Amazon AppStream 2.0 实例都配置了两个网络接口：一个驻留在客户特定的 VPC 中，另一个驻留在允许外部连接到 Amazon AppStream 2.0 应用程序的 AWS 管理的 VPC 中。

Amazon AppStream 2.0 具有以下网络要求。

与 HTML5 兼容的 Web 浏览器 Amazon AppStream 2.0 可通过任何与 HTML5 兼容的现代 Web 浏览器提供应用程序。

运行 Amazon AppStream 2.0 应用程序的 VPC 你至少需要一个子网才能运行 Amazon AppStream 2.0。为了获得高可用性，应该使用两个子网。实例组中的每个 Amazon AppStream 2.0 实例在 VPC 子网中都包含网络接口。为每个唯一的用户连接使用新的实例。

用于控制 Amazon AppStream 2.0 访问权限的安全组 出入 Amazon AppStream 2.0 客户的特定 VPC 网络接口的网络由安全组控制。

11.3.3 AWS Lambda (在 VPC 中)

AWS Lambda 作为一种计算服务，允许在不配置或不管理服务器的情况下运行代码。AWS

Lambda 仅在需要时执行代码，并自动从每天的几个请求扩展到每秒数千个请求。你只需要对所用的计算时间付费，当代码没有运行时，不需要支付任何费用。使用 AWS Lambda，几乎可以为任何类型的应用程序或后台服务运行代码，所有这些都是不需要任何管理的。AWS Lambda 在高可用的计算基础设施上运行代码，并执行计算资源的所有管理，包括服务器和操作系统维护、容量供应以及自动缩放、代码监视和日志记录。你只需要使用 AWS Lambda 支持的语言 (Node.js、Java、C#和 Python 等)提供代码。

　　默认情况下，AWS Lambda 在受管网络中运行，这种网络的要求和扩展由 AWS 管理。AWS 提供了从客户 VPC 中运行 AWS Lambda 功能的选项。

提示：

当在 VPC 中使用 AWS Lambda 时，在增加额外的 AWS Lambda 函数执行以提供更多的弹性网络接口时，会有"冷启动"时间。

　　AWS Lambda 具有以下网络要求。

　　具有足够容量的 VPC 子网　　AWS Lambda 函数是按需执行的，因此 IP 地址要求将随调用个数而变化。在最极端的情况下，可能高达 1000 个(目前每个区域并发的 AWS Lambda 函数执行的软限制)。对于所需 IP 地址个数的估计，可以使用以下公式进行计算：

$$预计的并发执行峰值 \times (内存/1.5GB)$$

你应当使用跨越可用区的多个子网以实现可用性。

　　允许从 AWS Lambda 访问的安全组　　AWS Lambda 利用安全组控制对每个 AWS Lambda 函数的网络访问。注意，出于安全原因，AWS Lambda 服务中内置的入站访问是受限的。

　　对互联网访问的网络地址转换(Network Address Translation，NAT)　　AWS Lambda 函数不能分配公有 IP。互联网连接需要 NAT 网关或客户管理的 NAT 实例。

提示：

对于地址分离和安全组强化，可以创建专属的子网来运行 AWS Lambda 函数。

11.3.4　Amazon ECS

　　Amazon ECS 是一种高度可扩展、高性能的容器管理服务，支持 Docker 容器，允许你轻松地运行应用程序。Amazon ECS 的工作方式有两种：一种是作为 Amazon 弹性计算云 (Amazon EC2)实例的受管集群，另一种是作为 AWS Fargate(一种部署和管理容器而不必管理任何底层基础设施的技术)。Amazon ECS 无须安装，并且不需要操作和扩展自己的集群管理基础设施。通过简单的应用程序编程接口(Application Programming Interface，API)调用，就可以启动和停止支持 Docker 的应用程序，查询集群的完整状态，并访问许多熟悉的功能，如安全组、Elastic Load Balancing、Amazon EBS 卷以及 AWS Identity and Access Management (IAM)角色。

AWS Management Console 中的默认设置为 Amazon ECS 集群创建了新的虚拟私有云(VPC)和子网,但也可以使用现有的 VPC。运行在受管 Amazon EC2 实例上的 Amazon ECS 使用 AWS CloudFormation 创建集群和 Amazon EC2 实例,这些都可以在 AWS Management Console 中进行跟踪。这些类型的容器在提供的 Amazon EC2 实例中运行。另一方面,运行在 AWS Fargate 上的 Amazon ECS 使用了 AWS 管理的容器基础设施。通过应用负载均衡器和网络负载均衡器与 Amazon ECS 集成,可以执行端口到后台容器的映射。

每个容器既可以与底层 Amazon ECS 实例共享网络堆栈,也可以通过专用的网络接口进行操作。容器网络连接包含以下四种模式。

桥接 这是默认模式,可通过从容器的内部网络"桥接"到公共 Docker 网络来工作。

主机 使用这种模式,容器将直接映射到主机网络。

awsvpc 这种模式允许将弹性网络接口直接连接到每个容器。这是运行在 AWS Fargate 上的容器的唯一可用模式。

none 这种模式禁用容器的外部网络。

Amazon ECS 包含以下网络要求。

运行 Amazon ECS 的 VPC 你至少需要一个子网来运行 Amazon ECS。对于可用性,建议在不同的可用区中使用多个子网。对于基于实例的 Amazon ECS,集群中的每个实例都需要子网中的 IP 地址。如果使用 awsvpc 模式,则每个容器都需要子网中的 IP 地址。你应当提前计划,以便使每个子网都有足够可用的 IP 地址。

控制 Amazon ECS 访问的安全组 出入每个 Amazon ECS 实例的网络由安全组控制。安全组需要打开运行容器端口上数据流的功能。

接入互联网,访问 Amazon ECS 服务端点 容器实例需要外部网络访问才能与 Amazon ECS 服务端点通信。如果容器实例没有公共 IP 地址,那么它们必须使用 NAT 或 HTTP 代理。

11.3.5 Amazon EMR

Amazon EMR 提供了一种受管的 Hadoop 框架,使跨动态可扩展的 Amazon EC2 实例处理大量数据变得简单、快速和经济高效。Hadoop 是一种支持数据密集型操作的开源 Java 软件框架,是在大型商业硬件集群上运行的分布式应用程序。你还可以在 Amazon EMR 中运行其他流行的分布式框架,例如 Apache Spark、HBase、Presto 和 Flink,并与其他 AWS 数据存储(如 Amazon S3 和 Amazon DynamoDB)中的数据进行交互。

可以在公有子网或私有子网中启动 Amazon EMR。考虑到 Hadoop 框架的高吞吐量要求,Amazon EMR 集群在单个可用区内启动,以提高性能和优化成本。

Amazon EMR 包含以下网络要求。

在 VPC 中已启用域名系统(DNS)主机名 Amazon EMR 要求在 VPC 上启用主机名,以获得正确的主机名到地址的解析。

用于 VPC 的私有 CIDR 为了保证名称解析正确工作,应当只使用私有 IP 范围(10.0.0.0/8、172.16.0.0/12 和 192.168.0.0/16)。VPC CIDR 使用公共 IP 可能会导致名称解析问题。

与 AWS Cloud 服务连接 要进行登录,至少需要访问 Amazon S3 (Amazon S3 VPC 端点可用于连接)。调试支持需要访问 Amazon SQS。如果 Amazon EMR 需要和 Amazon DynamoDB 表进行交互,则需要 DynamoDB 连接(可以使用 VPC 端点)。

11.3.6　Amazon Relational Database Service (Amazon RDS)

　　Amazon Relational Database Service (Amazon RDS)使在云中建立、操作和扩展关系型数据库变得简单。Amazon RDS 提供了经济高效且可调整大小的容量，同时能自动执行耗时的管理任务，如硬件供给、数据库设置、补丁和备份。Amazon RDS 允许你专注于自己的应用程序，这样就可以为它们提供所需的快速性能、高可用性、安全性和兼容性。Amazon RDS 可用于六个流行的数据引擎：Amazon Aurora、PostgreSQL、MySQL、MariaDB、Oracle 和 Microsoft SQL Server。

　　Amazon RDS 使用多可用区部署为数据库实例提供高可用性和故障转移支持。Amazon RDS 使用几种不同的技术来提供故障转移支持。Oracle、PostgreSQL、MySQL 和 MariaDB 数据库实例的多可用区部署使用了 Amazon 的故障转移技术。SQL Server 数据库实例使用了 SQL Server 镜像。Amazon Aurora 实例将数据的副本存储在多个可用区的数据库集群中，而无论数据库集群中的实例是否跨越多个可用区运行。Amazon RDS 还为 MySQL、MariaDB 和 PostgreSQL 提供了读副本。

　　Amazon RDS 包含以下网络要求。

　　运行 Amazon RDS 的 VPC　你需要一个子网来运行 Amazon RDS。如果选择多可用区(Multi-AZ)部署，那么在不同的可用区中至少需要两个子网。如果需要使用 Amazon RDS 读副本，则需要一个子网。使用 Amazon RDS 子网组可以指定将 VPC 中的哪些子网用于 Amazon RDS。

　　允许访问 Amazon RDS 的安全组　Amazon RDS 利用安全组来控制对数据库的入站和出站访问。

11.3.7　AWS Database Migration Service (AWS DMS)

　　AWS Database Migration Service (AWS DMS)可帮助你快速、安全地将数据库迁移到 AWS。源数据库在迁移期间保持完全的可操作性，从而最大限度减少对依赖数据库的应用程序的宕机时间。AWS DMS 可以将数据迁移(迁出和迁入)到最广泛使用的商业和开源数据库。

　　AWS DMS 包含以下网络要求。

　　运行 AWS DMS 的 VPC　你至少需要一个子网来运行 AWS DMS。如果选择多可用区部署，那么在不同的可用区中至少需要两个子网。为实现高可用性，建议部署多个可用区。如果需要互联网连接，则 AWS DMS 实例应位于具有公有 IP 的公有子网或者具有 NAT 网关或 NAT 实例的私有子网中。建议使用与 AWS DMS 的私有连接。

　　允许访问 AWS DMS 的安全组　AWS DMS 利用安全组来控制对数据库的入站和出站访问。你需要对安全组进行配置，以允许对服务将用作源或目标的每个数据库进行出站访问。

11.3.8　Amazon Redshift

　　Amazon Redshift 作为快速、受管的数据仓库，使用标准 SQL 和现有的商业智能(BI)工具，使数据分析变得简单并且经济高效。它允许通过复杂的查询优化、高性能本地磁盘上的列存储和大规模并行查询对结构化的 PB 级数据进行复杂的分析查询。大多数结果在几秒内就会出来。

　　在 Amazon Redshift 中，有一个主节点(leader node)和一个或多个计算节点。计算节点存储数据并执行查询。主节点是开放数据库连接(Open Database Connectivity，ODBC)/Java 数据库连接(Java Database Connectivity，JDBC)的接入点，并在计算节点上生成执行计划。用户不直接与计算节点进行交互。

Amazon Redshift 可以部署在标准或增强的路由配置中。通过增强型 VPC，所有的数据流强制通过 VPC。增强型 VPC 路由影响会 Amazon Redshift 访问其他资源的方式，因此 COPY 和 UNLOAD 命令可能会失败，除非正确配置 VPC。你必须在集群的 VPC 和数据源之间专门创建网络路径。

Amazon Redshift 包含以下网络要求。

运行 Amazon Redshift 的 VPC　你需要一个子网来运行 Amazon Redshift。子网必须为每个节点提供足够的 IP 地址，并为主节点提供额外的 IP 地址。AWS 提供了允许公有 IP 的选项。如果需要公有连接，则应使用公有子网。

用于集群访问的安全组　你至少需要一个安全组来控制访问集群。

在 VPC 上启用 DNS 主机名　Amazon Redshift 要求在 VPC 上启用主机名，以获得正确的主机名地址解析。

与 Amazon S3 连接　如果配置了增强型路由，那么可以通过 Amazon S3 VPC 端点连接同一区域中的 Amazon S3 存储桶。与其他区域的 Amazon S3 或公共 AWS Cloud 服务的连接需要公有 IP、互联网网关、NAT 网关或 NAT 实例。

11.3.9　AWS Glue

AWS Glue 作为受管的提取、转换和加载(ETL)服务，使客户可以轻松地准备和加载数据，以进行分析。在 AWS Management Console 中通过几次单击就可以创建和运行 ETL 作业。只需要将 AWS Glue 指向 AWS 上存储的数据，AWS Glue 就会发现数据并将相关的元数据(例如，表定义和模式)存储在 AWS Glue 的数据目录中。一旦编目，数据就立即可以被搜索、查询，并可用于 ETL 操作。AWS Glue 生成代码，执行数据转换和数据加载过程。

AWS Glue 包含以下网络要求。

运行 AWS Glue 的 VPC　每个到数据源的 AWS Glue 连接都需要 VPC 子网络接口。

允许通过 AWS Glue 访问的安全组　AWS Glue 利用安全组来控制对数据源的访问。你至少需要一个访问数据源的安全组。AWS Glue 还要求一个或多个安全组具有允许 AWS Glue 连接的入站源规则(允许安全组的所有入站数据流的自引用规则)。

用于互联网访问的 NAT　你无法为 AWS Glue 网络接口功能分配公有 IP。如果 AWS Glue 通过公有 IP 地址访问数据源，则需要使用 NAT 网关或客户管理的 NAT 实例进行互联网连接。

11.3.10　AWS Elastic Beanstalk

AWS Elastic Beanstalk 作为一种易用的服务，用于部署和缩放 Web 应用程序和服务，这些服务是在熟知的服务器上，如 Apache、Nginx、Passenger 和 IIS，使用 Java、.NET、PHP、Node.js、Python、Ruby、Go 和 Docker 开发的。

你可以简单地上传代码，之后 AWS Elastic Beanstalk 会自动进行部署管理，从容量配置、负载均衡、自动扩展到应用程序健康监控。同时，你仍然可以为应用程序完全控制服务的 AWS 资源，并且可以随时访问底层资源。

AWS Elastic Beanstalk 可以通过简单的 Web GUI 配置应用程序的自动缩放和负载均衡，而无须手动配置资源。AWS CloudFormation 用于创建和管理 AWS Elastic Beanstalk 应用环境。可以从 AWS Management Console 的 AWS CloudFormation 中跟踪部署状态。Amazon EC2 控制台可以用来查看已创建的 Amazon EC2 资源。

AWS Elastic Beanstalk 包含以下网络要求。

运行 AWS Elastic Beanstalk 的 VPC 如果不进行定制，AWS Elastic Beanstalk 会选择使用默认的 VPC。如果配置了自定义网络，则必须正确配置 VPC(带有子网和互联网网关)、安全组、网络访问控制列表和路由，这样应用程序就可以进行访问。架构根据部署应用的连接需求以及公有部署还是私有部署的不同而有所不同。

允许访问的安全组 AWS Elastic Beanstalk 利用安全组来控制对 Amazon EC2 实例的访问。连接到 AWS Elastic Beanstalk 应用程序时需要 Amazon EC2 实例的入站规则，以及使用了负载均衡的负载均衡器。对用户数据报协议(User Datagram Protocol，UDP)端口 123 的出站访问需要打开网络时间协议(Network Time Protocol，NTP)数据流进行时间同步。

互联网连接 AWS Elastic Beanstalk 需要通过直接分配的公有 IP 地址或通过 NAT 的互联网连接。注意，Linux 实例不支持代理服务。

11.4 本章小结

在本章中，你回顾了 AWS Cloud 服务及其网络要求。

Amazon WorkSpaces 作为通过 Amazon WorkSpaces 客户端应用程序或零客户端硬件提供的虚拟桌面解决方案，至少需要两个子网，以允许虚拟桌面连接到 VPC 内运行的其他资源。对于用户身份验证，需要在 VPC 中运行目录服务。

Amazon AppStream 2.0 作为应用程序流服务，可与标准的 HTML5 兼容的 Web 浏览器配合使用，它通过一个或两个子网允许应用程序连接到 VPC 内运行的其他资源(为了可用性，应使用多个子网)。

AWS Lambda 作为无服务器的代码执行服务，可以在没有 VPC 的情况下运行，也可以放在 VPC 中，以允许访问 VPC 中的资源(为了实现可用性，应该使用多个子网)。如果 VPC 内运行的 AWS Lambda 需要互联网访问，则必须使用 NAT。

Amazon ECS 作为容器管理服务，可管理用于运行容器的 Amazon EC2 实例。容器实例至少需要一个子网，建议在不同的可用区中使用多个子网以实现高可用性。

Amazon EMR 作为受管的 Hadoop 框架，在运行时需要一个子网。VPC CIDR 需要私有 IP 地址以及启用的 DNS 主机名。登录时需要连接到 Amazon S3。调试时需要访问 Amazon SQS。使用 Amazon DynamoDB 表中的数据时需要访问 Amazon DynamoDB。

Amazon RDS 作为提供受管关系型数据库的服务，支持 Amazon Aurora、PostgreSQL、MySQL、MariaDB、Oracle 和 Microsoft SQL Server，它需要至少一个子网(对于多个可用区部署需要两个或多个子网)。

AWS DMS 可帮助在相同或不同类型的数据库之间迁移数据。AWS DMS 需要至少一个子网，对于多可用区部署则需要两个子网。

Amazon Redshift 是受管的数据仓库。Amazon Redshift 集群需要一个公有子网或私有子网，并且要求在 VPC 上启用 DNS 主机名。你可以选择启用增强型 VPC 路由以强制所有数据流通过VPC。如果启用了增强型 VPC 路由，那么必须提供与 Amazon S3 的连接。

AWS Glue 是受管的 ETL 服务。与数据源的连接需要位于子网中的网络接口。AWS Glue 还需要一个或多个安全组以允许 AWS Glue 连接的入站源规则(允许安全组的所有入站流量的自引用规则)。

AWS Elastic Beanstalk 作为易于使用的服务,用于部署和扩展 Web 应用程序以及服务。可以使用默认 VPC,也可以使用自定义 VPC。你需要对安全组进行配置,以允许到 NTP 的出站连接和来自 AWS Elastic Beanstalk 应用程序客户端的入站连接。无论是通过直接公有 IP 分配还是 NAT 启动的 Amazon EC2 实例,都需要互联网连接。

了解每个服务的要求将有助于映射到网络要求,并帮助你有效地设计适当的网络访问。这些知识将有助于你为考试设计和识别适当的网络架构。

11.5 考试要点

了解 Amazon VPC 子网中的弹性网络接口是什么以及如何使用。 许多 AWS Cloud 服务可以驻留在 VPC 中。连接到 VPC 子网的弹性网络接口有助于实现这种连接。

了解每个服务的互联网连接要求。 某些服务和部署选项需要互联网连接。这种连接可以通过使用 NAT、公有 IP 地址或代理来完成。适当的连接类型因每个服务而异。一般而言, 绝大多数服务都可以使用 NAT。

了解每个服务的 VPC 架构。 每个 AWS 服务应至少使用两个不同可用区的子网。许多服务,如 AWS Lambda 以及 Amazon ECS,支持使用两个以上的可用区以增加冗余和扩展能力。

了解服务之间的互连性需求。 AWS 的服务生态系统通常协同工作,以提供众多的功能。例如, AWS Glue 可以跨不同的户内和 AWS 资源执行 ETL,Amazon WorkSpaces 可以使用多个 AWS 服务进行身份验证。了解这些需求是设计适当的网络架构的关键。

应试窍门

确保了解每个 AWS 服务的网络要求,以及如何恰当地设计网络以支持它们。

11.6 复习资源

如果需要更多信息,可访问 AWS 网站上的以下网页。

Amazon WorkSpaces:https://aws.amazon.com/workspaces/

Amazon AppStream 2.0:https://aws.amazon.com/appstream2/

Amazon RDS:https://aws.amazon.com/rds/

AWS DMS:https://aws.amazon.com/dms/

Amazon EMR:https://aws.amazon.com/emr/

Amazon Redshift:https://aws.amazon.com/redshift/

AWS Glue:https://aws.amazon.com/glue/

AWS Elastic Beanstalk::https://aws.amazon.com/elasticbeanstalk/

AWS Lambda:https://aws.amazon.com/lambda/

11.7　练习

熟悉 AWS Cloud 服务及其要求的最佳方法是通过 AWS Management Console 进行试验。在 AWS 环境中学习并熟悉网络要求的经验是其他方式所无法替代的。

在完成每个练习后，确保删除创建的资源以避免产生费用。

练习 11.1

部署 Amazon WorkSpaces

在本练习中，你将练习部署 Amazon WorkSpaces。

(1) 以 Administrator 或 Power User 身份登录到 AWS Management Console。

(2) 导航到控制台中的 Amazon WorkSpaces。

(3) 选择 Launch WorkSpaces。

(4) 创建一个新目录。选择 Simple AD 并填写所需字段。选择默认 VPC 作为网络设置。建立目录需要几分钟的时间。

(5) 目录状态为 Active 后，导航到 AWS Management Console 左侧的 Amazon WorkSpaces 选项卡。

(6) 单击 Launch WorkSpaces 按钮。

(7) 选择建立的目录，然后选择下一步。

(8) 创建新用户并添加电子邮件地址。选择下一步。登录信息将通过电子邮件发送到你提供的地址。

(9) 选择要启动的捆绑包。确保选择符合 AWS Free Tier 的 WorkSpace。

(10) 选择下一步，然后单击 Launch WorkSpace。

(11) 使用 Amazon WorkSpaces 客户端连接到 WorkSpace。尝试在 VPC 内启动其他服务，并从 WorkSpace 连接到这些服务。

(12) 导航到 AWS Management Console 的 Amazon EC2 部分，并选择左侧的网络接口。查看描述并找到 WorkSpace。这是 WorkSpace 在默认 VPC 中使用的网络接口。

你现在已经成功部署了 Amazon WorkSpaces，并与 Amazon WorkSpaces 客户端进行了连接。

练习 11.2

部署 Amazon RDS

在本练习中，你将练习部署 Amazon RDS 实例。

(1) 以 Administrator 或 Power User 身份登录到 AWS Management Console。

(2) 在控制台中导航到 Amazon RDS，然后单击 Launch a DB Instance 按钮。

(3) 选择 Amazon Aurora。选择 db.t2.small 作为 DB Instance Class。完成表单上所需的设置字段，然后单击 Next Step。

(4) 接受使用默认 VPC 的默认设置，然后选择 Launch DB Instance。

(5) 导航到 AWS Management Console 的 Amazon EC2 部分，并选择左侧的网络接口。查看

描述以确定 Amazon RDS 对应的弹性网络接口。这是 Amazon RDS 实例在默认 VPC 中使用的网络接口。

你现在已经成功部署了一个 Amazon RDS 数据库。

练习 11.3

部署 AWS Elastic Beanstalk 应用

在本练习中，你将练习部署 AWS Elastic Beanstalk 应用。

(1) 以 Administrator 或 Power User 身份登录到 AWS Management Console。

(2) 在控制台中导航到 AWS Elastic Beanstalk 并单击 Get Started 按钮。

(3) 输入应用程序名称并选择 Node.js 作为平台。单击 Create Application 按钮，这将创建一个简单的 AWS Elastic Beanstalk 应用程序。创建该应用程序需要几分钟时间。

(4) 在 AWS Management Console 中导航到 AWS CloudFormation。在其中可以跟踪正在运行以提供 AWS Elastic Beanstalk 基础设施的 AWS CloudFormation 脚本的状态。

(5) 在 AWS Management Console 中导航到 Amazon EC2，在其中可以看到已经创建了 Amazon EC2 实例。如果将实例的弹性 IP 地址放入 Web 浏览器，就可以看到示例应用程序正在运行。

你现在已经通过 AWS Elastic BeanStalk 部署了一个简单的 Web 应用程序。

练习 11.4

启动 Amazon EMR 集群

在本练习中，你将启动一个 Amazon EMR 集群。

(1) 以 Administrator 或 Power User 身份登录到 AWS Management Console。

(2) 在控制台中导航到 Amazon EMR，然后单击 Create Cluster 按钮。

(3) 在 Amazon EC2 密钥对下，选择 Proceed Without an Amazon EC2 Key Pair 选项，然后单击 Create Cluster。

(4) 导航到 AWS Management Console 的 Amazon EC2 部分，并选择左侧的网络接口。查看安全组，确定包含文本 ElasticMapReduce 的安全组。这些是 Amazon EMR 节点正在使用的网络接口。

你现在已经启动了一个 Amazon EMR 集群。

练习 11.5

启动 Amazon Redshift 集群

在本练习中，你将在默认 VPC 中启动一个 Amazon Redshift 集群。

(1) 以 Administrator 或 Power User 身份登录到 AWS Management Console。

(2) 在控制台中导航到 Amazon Redshift，然后单击 Launch Cluster 按钮。

(3) 填写集群名称和密码字段，然后单击 Continue。

(4) 保留默认的单节点集群设置，然后单击 Continue。

(5) 保留默认网络设置，然后单击 Continue。

(6) 查看配置，然后单击 Launch Cluster。

(7) 导航到 AWS Management Console 的 Amazon EC2 部分，并选择左侧的网络接口。浏览描述，找到 Amazon Redshit。这是 Amazon Redshift 节点在默认 VPC 中使用的网络接口。

你现在已经成功启动了一个 Amazon Redshift 集群。

11.8　复习题

1. 以下哪些 AWS Cloud 服务为在虚拟私有云(VPC)中运行的应用程序提供最终用户连接？
(选择两个答案)

    A. 远程桌面协议

    B. PCoIP

    C. Amazon AppStream 2.0

    D. Amazon WorkSpaces

2. WorkSpace 实例与几个网络接口绑定？

    A. 1

    B. 2

    C. 3

    D. 4

3. 运行在 VPC 中的 AWS Lambda 如何与互联网连接？(选择两个答案)

    A. 互联网网关

    B. NAT 实例

    C. NAT 网关

    D. 公有 IP

4. Amazon EMR 需要以下哪些？(选择 3 个答案)

    A. 在 VPC 中允许使用的 DNS 主机

    B. 私有 IP 地址

    C. 互联网连接

    D. Amazon S3 连接

5. 哪个 AWS Cloud 服务允许无服务器代码执行？

    A. Amazon EC2

    B. Amazon RDS

    C. Amazon EMR

    D. AWS Lambda

6. 用户如何通过 Amazon WorkSpaces 访问互联网？(选择两个答案)

    A. 不需要任何动作，默认是允许的

    B. 通过将公有 IP 地址分配给互联网网关相连的 VPC 中的每个实例

    C. 通过 NAT 网关

    D. 在 WorkSpace 配置中指定互联网连接

7. 以下哪个服务提供受管的数据库实例？

    A. Amazon ECS

    B. Amazon RDS

    C. AWS Lambda

    D. Amazon SQS

8. 以下哪一项是 Amazon RDS 高可用功能所需要的？

    A. 包含两个子网的多可用区

    B. Amazon RDS 快照

    C. 包含一个子网的多可用区部署

    D. 默认提供高可用性

9. 以下哪个服务将自动提供和扩展应用程序基础设施，用户只需要提供应用程序代码？

    A. Amazon ECS

    B. Elastic Load Balancing

    C. AWS Elastic Beanstalk

    D. AWS CloudFormation

10. 开发人员希望创建一个简单的应用程序，使用 AWS Elastic Beanstalk 在 AWS 上运行。网络管理员必须设置什么？

    A. 负载均衡器

    B. Amazon EC2

    C. 安全组

    D. 以上都不正确

11. 应用程序开发人员希望在户内数据库和 Amazon RDS 之间，在不同的数据库引擎之间自动复制数据。以下哪些步骤允许这样做？(选择两个答案)

    A. 建立一个 AWS DMS 实例

    B. 允许通过 VPC 访问户内数据库服务器

    C. 打开所有数据库服务器的互联网连接

    D. 创建一个安全组，允许 Amazon RDS 和本地数据库之间的连接

12. 你的团队将提供一个 10 节点的 Amazon Redshift 集群。子网中应该有多少个 IP 地址可用？

    A. 9

    B. 10

    C. 11

    D. 12

13. 你的团队创建了一个多可用区的 Amazon RDS 实例。前端应用层通过自定义 DNS A 记录连接到数据库。主数据库出现故障后，前端应用服务器无法再访问数据库。需要进行哪些更改以确保故障转移时的可用性？

　　A. 名称需要更新

　　B. 主 Amazon RDS 需要恢复

　　C. 应用需要使用第二个 Amazon RDS 实例的 IP 地址

　　D. 应用需要使用 Amazon RDS 主机名连接到数据库

混合网络架构

本章涵盖的 AWS 认证高级网络-专项考试目标包括但不局限于以下知识点。

知识点 1.0：大规模设计和实现混合 IT 网络架构
- 1.1 实现混合 IT 的连接性
- 1.2 在指定场景下，决定适当的混合 IT 架构连接解决方案
- 1.4 评估利用 AWS Direct Connect 的设计替代方案
- 1.5 定义混合 IT 架构的路由策略

知识点 4.0：配置与应用服务集成的网络
- 4.2 评估混合 IT 架构中的 DNS 解决方案

知识点 5.0：安全与规范的设计和实施
- 5.4 利用加密技术保护网络通信

12.1 混合架构简介

本章旨在让你了解如何使用本书到目前为止已讨论的技术和 AWS Cloud 服务来设计混合架构。我们将详细介绍如何利用 AWS Direct Connect 和虚拟私有网络(VPN)实现通用的混合 IT 应用架构。在我们的讨论中，混合指的是户内应用程序与云中的 AWS 资源通信的场景。我们将关注这些场景在连接方面的特性。

在核心范畴内，AWS VPN 连接和 AWS Direct Connect 允许在户内应用程序和 AWS 资源之间进行通信。它们的特性各不相同，对于某些类型的应用，其中一种可能比另一种更好。一些混合应用程序可能需要同时使用这两者。我们将在本章中介绍这些场景。

我们将研究几个应用架构，如三层 Web 应用程序、活动目录(Active Directory)、语音应用和远程桌面(Amazon 工作区)。研究在混合模式下运行时这些应用的连接要求，以及 AWS VPN 连接或 AWS Direct Connect 如何帮助满足这些要求。我们还将深入探讨如何设计特殊的路由方案，如转递路由。

连接的选择

在混合部署中，你将拥有户内服务器和客户端，这些服务器和客户端需要与驻留在虚拟私

有云(VPC)环境中的 Amazon EC2 实例连接。建立这种连接有三种方法。

通过公共互联网的公有 IP 访问 AWS 资源　可以为 Amazon EC2 实例分配公有 IP 地址。然后，户内应用程序可以使用已分配的公有 IP 访问这些实例。这是最容易实施的方法，但从安全和网络性能的角度看，这可能不是最可取的方法。从安全的角度看，可以使用安全组和网络访问控制列表(ACL)来保护 Amazon EC2 实例，从而仅限制户内服务器 IP 的数据流。你还可以在本地防火墙中将弹性 IPv4 地址或 IPv6 地址放置在白名单里面。可以通过在传输层使用传输层安全性(TLS)或在应用程序层使用加密库来实现数据流加密。带宽和网络性能将取决于户内的互联网连接，以及 Amazon EC2 实例的类型和大小。

利用公共互联网上的站点到站点 IPsec VPN, 使用私有 IP 访问 AWS 资源　使用公共互联网，可以在户内环境和 VPC 之间设置加密隧道。此隧道负责以安全、加密的方式在两个环境之间传输所有数据流。可以在虚拟私有网关(VGW)或 Amazon EC2 实例上终止 VPN。当在 VGW 上终止 VPN 时，AWS 负责 IPsec 和边界网关协议(BGP)配置，并负责 VGW 的正常运行、可用性和补丁/维护。你负责在自己一端配置 IPsec 和路由。在 Amazon EC2 实例上终止 VPN 时，你负责部署软件、IPsec 配置、路由、高可用性和扩展性。有关更多详细信息，请参阅第 4 章"虚拟私有网络(VPN)"。由于 VPN 连接贯穿互联网，因此通常可以便捷地设置它们，并且通常可以利用现有的网络设备和连接。注意，这些连接也会受到抖动和带宽变化的影响，这取决于数据流在互联网上的路径。一些应用可以使用 VPN 高效运行。对于其他需要更一致网络性能或高网络带宽的混合应用，AWS Direct Connect 将是更合适的选择。

利用 AWS Direct Connect 服务, 通过专用线路访问 AWS 资源　消除公共互联网在性能、延迟和安全方面的不确定性的最佳方法是在 VPC 和户内数据中心之间建立专用线路。AWS Direct Connect 允许在网络和某个 AWS Direct Connect 位置之间建立专用网络连接。有关更多详细信息，请参阅第 5 章"AWS Direct Connect"。

12.2　应用架构

现在你对连接方法有了更清晰的了解，下面让我们研究需要混合 IT 连接的各种应用类型，以及如何在每个用例中利用这些连接方法。

12.2.1　三层 Web 应用程序

三层 Web 应用程序通常也称为 Web 应用程序堆栈。这种类型的应用由多层组成，每层执行特定的功能，并在自己的网络边界上与其他层进行隔离。通常，堆栈由 Web 层组成，Web 层负责接收最终用户所有的传入请求；然后是应用程序层，应用程序层负责实现应用的业务逻辑；最后是数据库存储层，数据库存储层负责存储应用程序数据。

通常，你希望所有这三层都在户内或 AWS 中，以尽量减少层与层之间的延迟，但在某些情况下，混合解决方案更适合。例如，你可能正处于应用向 AWS 迁移的过渡阶段，或者希望使用 AWS 通过 Amazon EC2 实例增加户内资源，例如在用户的 AWS 和户内资源之间分派应用数据流。在这种情况下，应用程序栈跨越了 AWS 和户内部署，成功部署的关键组件是户内数据中心和 VPC 之间的连接。

在这个阶段性的迁移过程中，可以从 AWS 中部署 Web 层开始，而应用程序层和数据库存储层仍然保留在户内。最初，你可以在 AWS 和户内部署 Web 服务器，通过应用负载均衡器或网络负载均衡器在这两个堆栈中分散数据流。应用负载均衡器和网络负载均衡器可以将流量直接路由到位于 VPN 或 AWS Direct Connect 另一端的户内 IP 地址。你需要确保负载均衡器位于一个子网中，该子网具有返回户内网络的路由。我们建议在部署之前测试此方案的延迟和用户体验。图 12.1 描述了这个混合用例。

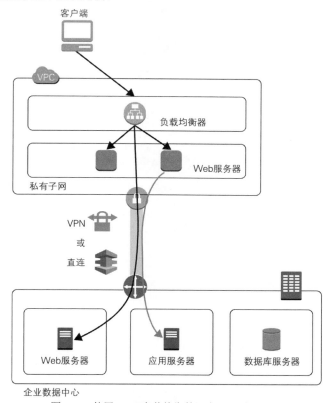

图 12.1　使用 AWS 负载均衡的混合 Web 应用程序

在多个环境之间平衡数据流量的另一种方法是使用基于 DNS 的负载均衡。在这个场景中，使用 AWS 中的网络负载均衡器来平衡到达 Web 层的数据流量。你需要创建到达域名的 DNS 记录映射，域名包含网络负载均衡器和本地负载均衡器的 IP。如果使用 Amazon Route 53 作为 DNS 提供商，则可以选择支持的七种路由策略中的任何一种，这样可在网络负载均衡器和户内负载均衡器之间实现负载均衡数据流。一个例子是使用权重路由策略，使用该策略可以创建两个记录，一个用于户内服务器，另一个用于网络负载均衡器，并为每个记录分配相对权重，相对权重对应于要向每个资源发送的数据流量。有关 Amazon Route 53 路由策略的更多详细信息，请参阅第 6 章 "域名系统与负载均衡"。该场景如图 12.2 所示。

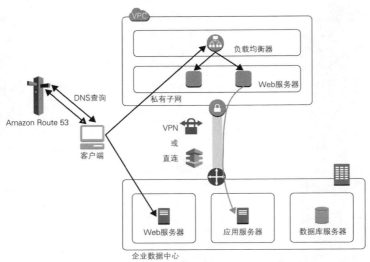

图 12.2　使用 DNS 和 AWS 负载均衡的混合 Web 应用程序

12.2.2　活动目录

对于云中的 Windows 和/或 Linux 工作负载,活动目录是必不可少的。在 AWS 上部署应用服务器时,可以选择用户内活动目录服务器并将其连接到用户的 VPC 环境。你还可以选择在 VPC 中部署活动目录服务器,该服务器将作为本地活动目录。这可以通过针对 Microsoft Active Directory (企业版)的 AWS Directory Service 并与户内活动目录服务器建立信任关系来实现。在任何一种情况下,都需要在户内数据中心和 AWS 之间使用 VPN 或 AWS Direct Connect 私有虚拟接口(VIF)。图 12.3 描述了这个混合用例。

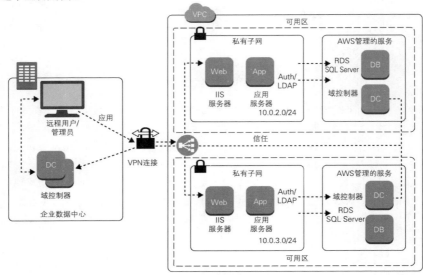

图 12.3　混合活动目录的设置

12.2.3　域名系统(DNS)

与活动目录类似,可以选择使用户内服务器(与活动目录域控制器共存或其他方式)为 Amazon EC2 实例分配 DNS 名称和/或解析户内服务器名称的 DNS 查询。无论哪种情况,都需要在 VPC 和户内数据中心之间建立连接。通常,一个或多个(用于高可用性)位于 VPC 内的 DNS 转发器负责将 VPC 服务的 DNS 查询转发到 VPC DNS,并将户内资源的 DNS 查询转发到户内 DNS 服务器。转发器和户内 DNS 服务器之间需要使用 AWS Direct Connect 或 VPN 进行正确连接。

12.2.4　需要持续网络性能的应用

某些应用需要特定级别网络的一致性,以确保最终用户拥有良好的体验。这需要特别关注,因为当使用混合架构时,数据流通常从户内环境流向 AWS。客户通常构建混合 IT 连接,以便所有应用共享相同的直连端口,从而竞争端口带宽。高带宽消耗的应用程序(如数据存档)会使线路饱和,影响其他应用的性能。

在研究如何避免应用程序性能降低时,可以考虑仅为需要服务质量(QoS)的应用数据流保留单独的 AWS Direct Connect。本质上,如果共享连接不能被策略化,那么最好拥有独立的连接。sub-1 Gbps 或 1 Gbps 连接可专用于此应用程序数据流,这将为应用程序提供正常运行所需的带宽。在图 12.4 中,应用程序 A 提供了专用的 1 Gbps AWS Direct Connect,而生产环境的其余部分共享 10 Gbps AWS Direct Connect。如果两个应用程序与户内的不同子网通信,则它们可以位于同一个 VPC 的两个不同的 VPC 子网中。可以使用路径预处理,使一个户内子网以 1 Gbps 链路为主,而使另一个户内子网以 10 Gbps 链路为主。如果两个应用程序与同一户内子网通信,就将它们放在不同的 VPC 中。确保 VPC 连接到不同的 AWS Direct Connect 网关。1 Gbps 链路上的私有 VIF 应连接到应用程序 A 的 AWS Direct Connect 网关。相应地,10 Gbps 链路应连接到生产应用。

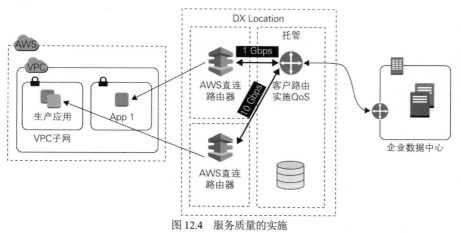

图 12.4　服务质量的实施

在 AWS 直连路由器中,给定端口上的所有数据流量都是共享的。某些数据流不能优先于其他数据流。但是，你可以在网络和网络设备中使用 QoS(服务质量)标记。当数据包离开户内网络边界并穿过服务提供商的网络(应符合差分服务码位(DSCP))时，可以正常应用 QoS。当数据流到达 AWS 时，DSCP 不用于修改 AWS 网络中的数据流转发，但报头仍保持接收时的状态。这样可以确保返回的数据流具有中间服务商以及户内设备管理数据流所需的 QoS 标记。

如果使用 VPN(通过互联网或 AWS Direct Connect)，那么 QoS 配置会根据在 AWS 端终止 VPN 的位置而有所不同。在 VGW 上终止 VPN 时，以及在 AWS Direct Connect 的情况下，QoS 标记不受 VGW 的影响。当在 Amazon EC2 实例上终止 VPN 时，可以遵守 QoS 标记和/或实现基于策略的转发，以使某些数据流优先于其他数据流量。这应当由加载到 Amazon EC2 实例的 VPN 软件进行支持，并根据需要进行适当的配置。使用诸如数据平面开发工具包(DPDK)的高级库，可以完全看到数据包标记，并可以实现自定义数据包转发逻辑。

注意:

当数据包离开 Amazon EC2 实例(终止 VPN)朝向最终的应用程序 A 服务器时，AWS 网络平面不执行 QoS。QoS 仅由操作系统级别的 Amazon EC2 实例用于转发决策，让应用程序 A 数据流优先于通过 VPN 隧道传输的生产数据流。

12.2.5　混合操作

可以使用 AWS CodeDeploy 和 AWS OpsWorks 部署代码以及启动户内和 AWS 中的基础架构，还可以使用 Amazon EC2 Run 命令在远程安全地管理在数据中心或 AWS 上运行的虚拟机。Amazon EC2 Run 命令提供了一种简单地对常见管理任务进行自动化的方法，例如，在 Linux 上执行 shell 脚本和命令，在 Windows 上运行 PowerShell 命令，安装软件或补丁，等等。通过这些工具，可以在户内和 AWS 上为虚拟机构建统一的操作平面。

为了使这些工具正常工作，需要启用从户内环境中访问 AWS 公有端点的功能。这种访问可以通过公有互联网，也可以通过 AWS Direct Connect 进行。通过创建 AWS Direct Connect 的公有 VIF，可以启用 Amazon 公有 IP 空间的所有 AWS 端点访问。所有进出 AmazonEC2、AWS CodeDeploy 和 AWS OpsWorks 端点的数据流量都将通过 AWS Direct Connect 线路进行发送。图 12.5 显示了这种数据流的一个例子。

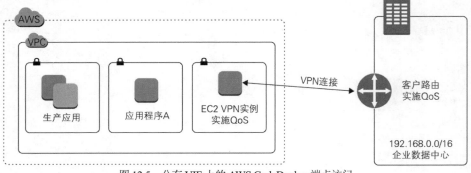

图 12.5　公有 VIF 上的 AWS CodeDeploy 端点访问

12.2.6　远程应用：Amazon Workspaces

Amazon Workspaces 是一种在 AWS 上运行的受管、安全的桌面即服务(DaaS)解决方案。第 11 章"服务要求"简要介绍了 Amazon Workspaces 的网络要求。在本节中，我们将介绍如何在使用 Amazon Workspaces 时利用混合连接。一个常见的用例是将户内活动目录服务器与 AWS Directory Service 连接起来，以便能够在 Amazon Workspaces 中使用现有的企业用户登录认证信息。我们在 12.2.5 节中介绍了如何使用 AWS Direct Connect 私有 VIF 或 VPN 来启用相同的功能。

另一个用例是为 Amazon Workspaces 用户提供对数据中心托管的内部系统的访问，例如内部网站、人力资源应用以及内部工具。你可以使用 AWS Direct Connect 私有 VIF 或 VPN 将 Amazon Workspaces 的 VPC 连接到户内数据中心。你将创建一个私有的 VIF 到托管 Amazon Workspaces 的 VPC。

第三个用例是从最终用户客户端访问 Amazon Workspaces。Amazon Workspaces 客户端通过 IP(PCOIP)代理端点连接到一组 Amazon Workspaces PC。客户端还需要访问其他几个端点，如更新服务、连接检查服务、注册和验证码等。这些端点位于 Amazon 公有 IP 范围内的 VPC 之外。可以使用 AWS Direct Connect 的公有 VIF 启用与这些 IP 范围(从户内网络到 AWS)的连接。连接选项如图 12.6 所示。

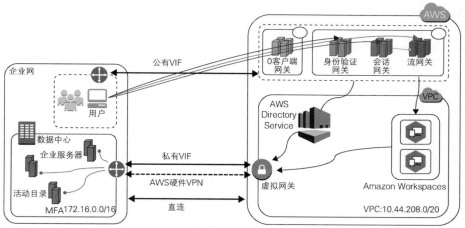

图 12.6　使用 AWS Direct Connect 和 VPN，实现到 Amazon Workspaces 的连接

12.2.7　应用存储访问

混合应用架构中最常用的两种 AWS 存储服务是 Amazon S3 和 Amazon EFS。在本节中，我们将回顾如何使用 AWS 直接连接 VPN 连接访问这些存储类型。

1. Amazon S3

从户内网络访问 Amazon S3 是最常见的混合 IT 用例之一。无论是使用 Amazon S3 作为主要存储层的应用程序，还是希望将数据归档到 Amazon S3，对访问服务的低延迟和高带宽都是我们所期望的。

　　Amazon S3 端点位于 Amazon 公有 IP 空间中。可以使用 AWS Direct Connect 公有 VIF 轻松地访问 Amazon S3 端点。如果 Amazon S3 是唯一在 AWS Cloud 服务中想要使用的公有 VIF，那么可以将户内路由器配置为仅由路由到达 Amazon S3 IP 的范围区间，并忽略 AWS 在公有 VIF 上通告的所有其他路由。通过编程调用 ec2-describe-prefix-lists API，可以确定每个 AWS 区域中 Amazon S3 的确切 IP 范围。此 API 调用以前缀列表格式描述可用的 AWS Cloud 服务，其中包括服务的前缀列表名称、前缀列表 ID 以及服务的 IP 地址范围。

　　另一种访问相同数据的方法是通过位于 AWS 文档中的"AWS 一般参考"的"AWS IP 地址范围"部分的 ip-ranges.json 文档。Amazon S3 IP 范围可以通过分析 JSON 文件(手动或编程)并查找服务值为 S3 的所有条目来定位。以下是 Amazon S3 条目的示例：

```
{
"ip_prefix": "52.92.16.0/20",
"region": "us-east-1",
"service": "S3"
}
```

提示：

不要将 Amazon S3 端点与 Amazon S3 的私有端点混淆。Amazon S3 端点是指负责接收所有 Amazon S3 绑定数据流的 Amazon S3 服务端点。Amazon S3 的 VPC 私有端点是网关端点，VPC 可以将数据流私下发送到实际的 Amazon S3 服务端点。

　　注意，随着 AWS 继续扩展我们的服务，AWS 向 Amazon S3 等服务添加公有范围时通告的 IP 范围将发生变化。这些更改将使用 BGP 路由通告在公有 VIF 上自动传播。但是，如果根据前面提到的 Amazon S3 IP 范围过滤路由或放置静态条目，那么需要跟踪这些更改。如果发生这种情况，可以通过订阅我们为此提供的 Amazon SNS 主题获得通知。该主题的 Amazon 资源名称(ARN)是 arn:aws:sns:us-east-1:806199016981:AmazonIpSpaceChanged。一旦 ip-ranges.json 文档发生更改，就会生成更改通知。收到更改通知后，你必须检查 Amazon S3 范围是否更改。这可以通过 Amazon SNS 触发的 AWS Lambda 函数实现自动化。

　　从户内网络访问 Amazon S3 的另一种方法是通过驻留在应用程序 VPC 中的 Amazon EC2 实例组代理所有数据流。具体想法是使用 AWS Direct Connect 私有 VIF 将 Amazon S3 绑定的数据流发送到位于 VPC 中的网络负载均衡器后面的 Amazon EC2 实例组。这些 Amazon EC2 实例运行 Squid，并通过 Amazon S3 的私有端点将所有数据流代理到 Amazon S3。该解决方案如图 12.7 所示。

　　你还可以利用本章后面将详细讨论的转递 VPC 体系架构，通过 AWS Direct Connect 访问 Amazon S3。在这种方法中，需要依赖 Amazon S3 IP 范围将数据流量发送到转递中心。同样的考虑也适用于 IP 范围的变化和订阅 Amazon SNS 主题。

注意：

确保运行代理服务器的子网拥有将 Amazon S3 数据流引导到 VPC 端点的路由表。

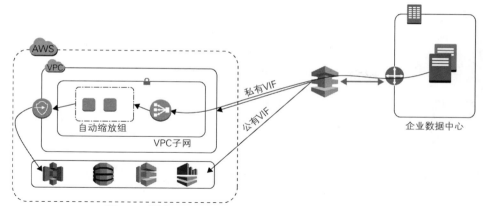

图 12.7　通过 AWS Direct Connect 私有 VIF 访问 Amazon S3

必须将最终客户端配置为使用代理，并在客户端代理设置中输入网络负载均衡器 DNS 名称作为代理服务器。

从吞吐量和延迟的角度看，利用公有 VIF(讨论的第一个选项)应该是最好的。你应当能够获得 Amazon S3 的全部带宽，这是由 AWS Direct Connect 端口速度决定的。涉及转递 VPC 架构的选项受到转递 Amazon EC2 实例吞吐量的限制。你还会受到 IPsec 数据包处理相关的额外延迟的影响。另外，可能要为 Amazon EC2 转递实例的计算成本以及 VPN 软件的软件许可进行付费。

在私有 VIF 上使用基于 Amazon EC2 代理层的选项支持水平缩放，因此可以为 Amazon S3 提供全带宽，这由 AWS Direct Connect 端口速度决定。但是，还需要考虑代理到中间主机的数据流会带来额外的延迟，以及运行这些主机的相关成本(如可能的 Amazon EC2 计算成本和代理软件许可证)。

2. Amazon EFS

使用 AWS Direct Connect 私有 VIF，可以简单地将 Amazon EFS 文件系统连接到户内服务器，将数据复制到 EFS，然后根据需要在云中进行处理，这样，数据就会长期保存在 AWS 中。

创建文件系统后，可以通过 IP 地址(VPC IP 范围的一部分)引用装载目标，网络文件系统(NFS)在户内装载它们，然后开始复制文件。你需要向装载目标的安全组添加规则，以便允许从户内服务器到端口 2049(NFS)的入站传输控制协议(TCP)和用户数据报协议(UDP)的数据流。

如果要使用 Amazon EFS 装载的 DNS 名称，则必须在 VPC 中设置 DNS 转发器。DNS 转发器将负责接收来自户内服务器的所有 Amazon EFS DNS 解析请求，并将其转发到 VPC DNS 以进行实际解析。

3. 混合云存储：AWS Storage Gateway

AWS Storage Gateway 是一种混合存储服务，它使户内应用能够无缝地使用 AWS Cloud 存储。可以将该服务用于备份和归档、灾难恢复、云爆炸、多个存储层和迁移。应用使用标准存储协议(如 NFS 以及互联网小型计算机系统接口(iSCSI))通过网关设备连接到服务。将网关连接到 AWS 存储服务(如 Amazon S3、Amazon Glacier 和 Amazon EBS)，从而为 AWS 中的文件、卷以及虚拟磁带提供存储。

为了能够将 AWS Storage Gateway 数据推送到 AWS,需要访问 AWS Storage Gateway 服务 API 端点和 Amazon S3 以及 Amazon CloudFront 服务的 API 端点。这些端点位于 Amazon 的公有 IP 空间,可以通过公共互联网或使用 AWS Direct Connect 公有 VIF 进行访问。

提示:

如果在传输大量数据时担心高网络成本和传输时间过长,可以使用 AWS 雪球 (snowball)。AWS Snowball 使用安全设备和 AWS Snowball 客户端来加速进出 AWS 的 PB 级数据传输,而无须混合 IT 连接。

12.2.8 应用互联网访问

需要互联网访问的应用使用 VPC 中的互联网网关作为默认网关。对于一些敏感的应用,可以选择部署基于 Amazon EC2 实例的防火墙作为默认网关,该防火墙能够进行高级威胁保护。另一种选择是将所有互联网绑定的数据流通过路由返回到户内地点,然后通过户内互联网连接发送。现有的内部安全堆栈可以对数据流包进行检查。如果想从自己拥有的 IPv4 地址范围中获取所有数据流,也可以选择将所有互联网流量放入户内。

无论是通过 VPN 还是通过 AWS Direct Connect 的任意一种方式将所有流量返回到本地,都需要向连接到 VPC 的 VGW 通告默认路由。建议在启用数据流量之前进行适当的带宽估计,以确保与互联网绑定的数据流量不会使链路饱和,这样混合 IT 数据流将使用这个链路。

12.3 在 AWS Direct Connect 上访问 VPC 端点以及客户托管端点

网关 VPC 端点和接口 VPC 端点允许你访问 AWS Cloud 服务,而无须通过 VPC 中的互联网网关或网络地址转换(NAT)设备发送数据流。客户托管端点允许在位于网络负载均衡器的后面将自己的服务作为端点公开给另一个 VPC。有关这些端点如何工作的更多详细信息,请参阅第 3 章"高级 Amazon Virtual Private Cloud (VPC)"。在本节中,我们重点介绍如何通过 AWS Direct Connect 或 VPN 访问这些端点。

网关 VPC 端点使用 AWS 路由表和 DNS 将数据流私有路由到 AWS Cloud 服务。这些机制能阻止从 VPC 外部(也就是通过 AWS Direct Connect、AWS 管理的 VPN)访问网关端点。来自 VPN 和 AWS 的连接通过 VGW 直连不能自然地访问网关端点。但是,可以构建自管理的代理层,以允许通过 AWS Direct Connect 专用 VIF 或 VPN 访问网关 VPC 端点。

接口 VPC 端点和客户托管端点都由 AWS 私有链接(PrivateLink)提供支持,它们可以通过 AWS Direct Connect 进行访问。在创建接口端点或客户托管端点时,AWS Cloud 服务具有区域 (region)和区间 DNS 名称,它们被解析为 VPC 内的本地 IP 地址。这些 IP 地址可通过 AWS Direct Connect 私有 VIF 访问。但是,不支持通过 AWS 管理的 VPN 或 VPC 伙伴网络访问接口 VPC

端点或客户托管端点。

如果要通过 VPN 访问接口 VPC 端点和客户托管端点，就必须在 Amazon EC2 实例上设置 VPN 终止点，并将所有传入数据流的 NAT 应用于 Amazon EC2 实例的 IP 地址。这种方法会隐藏源 IP，使数据流看起来像是从 VPC 中发出的。这种方法也适用于访问网关 VPC 端点。有关基于 Amazon EC2 实例的 VPN 终点的更多详细信息，请参阅第 4 章。

AWS Direct Connect 上的加密

在第 5 章中，我们简要讨论了如何通过在 AWS Direct Connect 上使用 IPsec 站点到站点 VPN 来启用加密。在本节中，我们将研究这种设置的详情以及可用的各种选项。

如果需要加密所有应用程序数据流，理想情况下应该在应用程序层使用 TLS。这种方法更具扩展性，并且不会对内联加密网关自带的高可用性和可扩展吞吐量带来挑战。如果应用程序无法使用 TLS(或其他加密库)加密数据，或者想要加密第 3 层数据流(如互联网控制消息协议 [ICMP])，则可以设置 AWS Direct Connect 上的站点到站点 IPsec VPN。

设置 AWS Direct Connect 上 IPsec VPN 的最简单方法是在 AWS 管理的 VPN 端点(VGW)上终止 VPN。如第 4 章所述，在设置 VPN 连接时，VGW 提供两个基于公有 IP 的端点，用于终止 VPN。这些公有 IP 可以通过 AWS Direct Connect 公有 VIF 访问。如果需要，可以将户内路由器配置为过滤公有 VIF 上由 AWS 路由器接收的路由，并且只允许到 VPN 端点的路由。这将阻止将 AWS Direct Connect 用于任何其他发送到 AWS 公有 IP 区间的数据流。图 12.8 描述了具体做法。

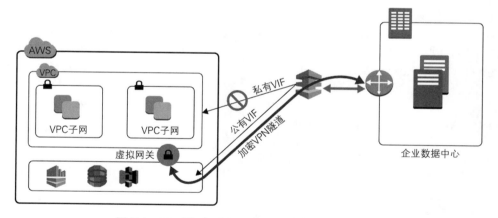

图 12.8　VPN 到 AWS Direct Connect 公有 VIF 上的 VGW

另一种加密 AWS Direct Connect 上数据流的方法是在 VPC 内设置到 Amazon EC2 实例的站点到站点 IPsec VPN。有关从户内环境将站点到站点 IPsec VPN 设置为 Amazon EC2 实例的详细信息，请参见第 4 章。在设置 AWS Direct Connect 时，可以使用私有 IP 来终止 VPN，而不是使用 Amazon EC2 实例的弹性 IP。为包含 Amazon EC2 实例的 VPC 设置一个私有 VIF，你将使用这个私有 VIF 访问 Amazon EC2 实例的私有 IP。图 12.9 描述了具体做法。

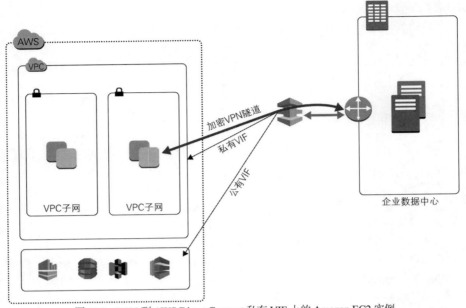

图 12.9　VPN 到 AWS Direct Connect 私有 VIF 上的 Amazon EC2 实例

注意，VPC IP 地址范围公告在私有 VIF 上。你可能希望使用路由域到达负责 VPN 终止的 Amazon EC2 实例。所有目的地为 VPC 中其他资源的数据流都应当通过 VPN 隧道接口。可以利用任何路由器功能/技术来实现这一点。

一种方法是利用虚拟路由和转发(VRF)，将 BGP 伙伴连接到私有 VIF 上，并使用 VGW 在路由器的单独 VRF 中进行处理，利用 VRF 为 Amazon EC2 实例设置 VPN。在 VRF 之外，到达 VPC IP 地址范围的下跳点是隧道接口。如图 12.10 所示，其中客户路由器直接连接到 AWS，使用私有 VIF 连接到具有无类域间路由(CIDR)172.31.0.0/16 的 VPC，对 VPC 的自然访问仅限于 VRF，在 VPC 中为 Amazon EC2 实例设置 VPN 隧道。客户路由器上的隧道接口成为下跳点，以连接路由器主路由表中的 VPC CIDR。

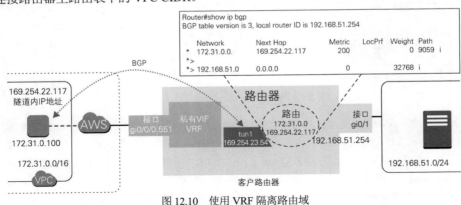

图 12.10　使用 VRF 隔离路由域

另一种避免从 VGW 和 Amazon EC2 实例接收相同路由的设置方法是，为 Amazon EC2 实例分配一个弹性 IP 地址，并使用公有 VIF 访问该弹性 IP 地址。如前所述，可以配置户内路由器以过滤公有 VIF 上的 AWS 路由器接收的路由，并且只允许路由到该弹性 IP 地址。这会阻止将 AWS Direct Connect 用于任何其他发送到 AWS 公有 IP 地址空间的数据流，如图 12.11 所示。

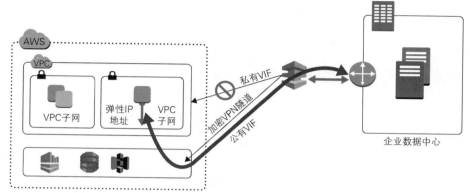

图 12.11　VPN 到 AWS Direct Connect 公有 VIF 上的 Amazon EC2 实例

为满足高可用性，在不同的可用区(AZ)中应该有两个 Amazon EC2 实例用于 VPN 终止。

你还应该使用互联网作为备份来实现这种设置，以防 AWS Direct Connect 连接发生中断。对于我们在公有 VIF 上创建到 VGW 端点的隧道的第一种方法，路由器必须在发生故障时通过互联网访问相同的端点。在发生故障时，必须重新建立 IPsec 隧道和路由，从而导致较少的宕机时间。如果要进行活跃-活跃设置，则必须在客户端设置具有不同源 IP 的二级活跃 VPN 连接，VGW 不能同时创建两个到达同一客户网关 IP 的 VPN 连接。

如果使用私有 IP 终止到 Amazon EC2 实例中私有 VIF 的 VPN，则无法实现对同一 IP 的互联网故障转移，因为 RFC 1918 IP 范围是公开但不可路由的。必须为 Amazon EC2 实例分配弹性 IP 地址，并使用互联网上的弹性 IP 地址为其设置 VPN 通道。可以通过 BGP AS 路径预置和本地首选参数，使 VIF 上的 VPN 隧道成为主 VPN 隧道，将基于互联网的 VPN 隧道设置成备份通道。

12.4　在混合 IT 中使用转递路由

第 3 章和第 4 章讨论了转递路由，以及在 AWS 上直接建立转递路由的一些限制。这两章还讨论了如何利用 Amazon EC2 实例通过设置 VPN 隧道来启用转递路由。此外，在第 5 章中，你看到了如何将转递 VPC 架构与 AWS Direct Connect 相连。在本节中，我们将深入探讨转递 VPC 架构。

在混合连接范畴内，转递 VPC 架构允许户内环境访问 AWS 资源，同时通过一对 Amazon EC2 实例转递所有数据流，如图 12.12 所示。

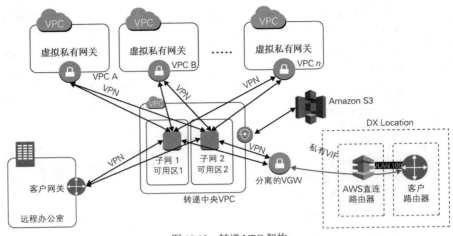

图 12.12 转递 VPC 架构

在这种架构中，我们拥有的转递中央 VPC 由装载了 VPN 终止软件的 Amazon EC2 实例组成。这些 Amazon EC2 实例存在于不同的可用区中以实现高可用性，并充当所有远程网络的中转点。分支 VPC 使用 VGW 作为 VPN 终止端点。从每个分支 VPC 到中央 Amazon EC2 实例有成对的 VPN 隧道。远程网络通过冗余、动态路由的 VPN 连接与转递 VPC 进行连接，这种连接处在户内 VPN 终止端点设备和转递中心的 Amazon EC2 实例之间。这种设计支持 BGP 动态路由协议，可以使用该协议在发生潜在网络故障时自动路由数据流，并将网络路由传播到远程网络。

所有来自 Amazon EC2 实例的通信，包括企业数据中心或其他供应商网络与转递 VPC 之间的 VPN 连接，都使用转递 VPC 互联网网关以及实例的弹性 IP 地址。

通过使用分离的 VGW，AWS Direct Connect 可以很简单地与转递 VPC 解决方案一起使用。这是一个已创建但未绑定到特定 VPC 的 VGW。在 VGW 中，AWS VPN CloudHub 提供了通过 BGP 从 VPN 和 AWS Direct Connect 接收路由的能力，然后将它们彼此重新通告/反射。这使 VGW 能够形成连接的中心。

12.4.1 转递 VPC 架构考量

使用 VPC 伙伴网络与使用转递 VPC 进行分支 VPC 到分支 VPC 的通信

对于一些跨分支的 VPC 通信，可以使用 VPC 伙伴网络，而不是通过转递中央 VPC 中的 Amazon EC2 实例发送数据流。一种常见的场景是当拥有两个(或更多个)安全区域(一个受信任区域和其他不受信任区域)时，使用转递 VPC 在属于受信任区域和不受信任区域的 VPC 之间进行通信。对于属于同一受信任区域的 VPC，可以绕过转递 VPC 直接使用 VPC 伙伴连接。直接使用 VPC 伙伴连接可以提供更好的吞吐量和可用性，同时减少转递 VPC Amazon EC2 实例上的流量负载。

为了使这个场景能正常工作，需要建立到目标 VPC 的 VPC 伙伴连接，并在分支 VPC 子网路由表中添加指向伙伴连接的条目，作为到达远程 VPC 的下跳点。注意，两个分支 VPC 仍然与转递 VPC 相连。除了创建 VPC 伙伴连接以及在路由表中添加新的静态条目之外，不需要对架构进行任何更改。假设从转递 VPC 而来的路由从 VGW 传播到分支 VPC 子网路由表中，那么除了指向刚才创建的伙伴连接的静态条目外，还需要一个以 VGW 作为下跳点的路由，该路由到达目标 VPC。静态路由条目优先处理。如果删除静态路由，所有数据流都将返回到转递 VPC 路径，如图 12.13 所示。

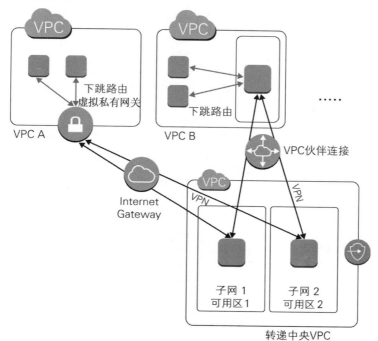

图 12.13　VPC 伙伴连接与为分支-分支通信服务的转递 VPC

使用 AWS Direct Connect 网关与在户内环境中转递 VPC 基础设施以进行分支 VPC 通信

类似于分支 VPC 到分支 VPC 的基本通信原理，如果想从户内环境访问受信任的 VPC，可以利用 AWS Direct Connect 将数据流直接发送到 VPC，而不是将数据流发送到转递 VPC。在这种情况下，户内路由器将获得两条用于分支 VPC CIDR 的路由：一条来自分离的 VGW，另一条来自分支 VPC VGW。分支 VPC VGW 中的分支 BGP 路由公告具有较短的 AS 路径，并且将是首选路径，如图 12.14 所示。

使用 VGW 与使用 VPC 伙伴连接上的 Amazon EC2 实例将分支 VPC 连接到中央

在我们的架构中，分支 VPC 利用 VGW 功能进行路由和故障转移，以维护到转递 VPC 实例的高可用网络连接。VPC 伙伴连接不用于到中央的连接，因为 VGW 端点不能通过 VPC 伙伴访问。可以选择在分支 VPC 中部署 Amazon EC2 实例来终止 VPN，而不是使用 VGW。在这种架构中，可以利用 VPC 伙伴来实现分支和中央 Amazon EC2 实例之间的 VPN 连接。但是，这不是推荐的方法，因为必须在每个分支的 VPC 中维护和管理额外的 Amazon EC2 VPN 实例，这种方法更昂贵，可用性低，并且难以管理和操作。选择该路由的好处是能接收相比 VGW 能支持的更多中心到分支 VPN 带宽，如图 12.15 所示。

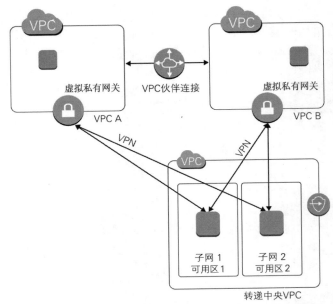

图 12.14　转递 VPC 与支持混合数据流的 AWS Direct Connect 网关(一)

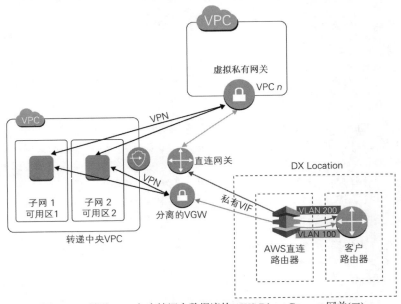

图 12.15　转递 VPC 与支持混合数据流的 AWS Direct Connect 网关(二)

使用分离的 VGW 与转递 VPC 中从户内 VPN 设备到 Amazon EC2 实例的 VPN

在我们的架构中,我们利用分离的 VGW 作为 AWS Direct Connect 线路和转递 VPC 基础设施之间的桥接点。将 AWS Direct Connect 私有 VIF 设置为分离的 VGW,也可以将私有 VIF 设置成到转递 VPC 的 VGW 的连接,并设置从户内 VPN 终止端点设备到转递 VPC 中 Amazon EC2

实例的 VPN。如前所述，这类似于在 AWS Direct Connect 上设置 VPN。在我们的架构中，默认
情况下我们没有选择该路由，因为必须在户内管理 VPN，这会导致额外的开销。选择该路由的
一个原因在于希望能够接收高 VPN 吞吐量，这可以通过扩展转递 Amazon EC2 实例来实现(假
设户内 VPN 基础设施可以支持高于 VGW VPN 所支持的高 VPN 吞吐量)。有关扩展基于 Amazon
EC2 实例的 VPN 终止端点的 VPN 吞吐量的更多信息，请参阅第 4 章。如果拥有 10Gbps 的 AWS
Direct Connect，这将是可行的，如图 12.16 所示。

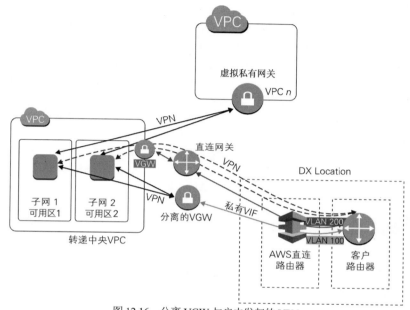

图 12.16　分离 VGW 与户内发起的 VPN

使用 BGP 路由与使用中央和分支之间的静态路由

在我们的架构中，我们使用 BGP 路由，也可以在分支 VPC 和转递 Amazon EC2 实例之间
设置静态路由。虽然这是一种有效的联网方式，但建议使用 BGP，因为可以无缝和自动地从故
障路由中恢复并且重新路由数据流。

12.4.2　转递 VPC 场景

转递 VPC 的设计可以利用以下几个场景。

- 可以作为一种机制来减少与大量 VPC 建立 VPN 连接所需的隧道数量。在这种情况下，
转递点(转递 VPC 中的一对 Amazon EC2 实例)成为户内 VPN 终止端点和 VPC 之间的
中介。只需要设置一次由户内设备到转递点的一对 VPN 隧道。在新的 VPC 被创建以
后，可以在 VPC 的 VGW 与转递点之间设置 VPN 隧道，而无须更改户内设备的任何
配置。这是一种理想的模式，因为 AWS 中 VPN 隧道的创建可以自动完成，但是更改
户内设备上的 VPN 配置需要人工完成，并且可能需要很长的审批过程。

- 可以用来为所有混合数据流构建安全层。因为转递点对所有混合数据流都可见，所以还可以在转递点构建高级威胁保护层来检查所有入站/出站数据流。如果有不受信任的远程网络连接到转递中央 VPC，这将是一个很有用的功能。
- 当想要将户内/远程网络连接到具有相同重叠 IP 地址范围的 VPC 时，转递点也很有用。转递点变成了 NAT 层，可将 IP 转换到不同的范围，以实现两个网络之间的通信。
- 允许远程访问 VPC 端点和客户托管端点。与前面的场景类似，转递点将负责为所有传入的数据包执行源 NAT。注意，远程网络只能访问位于中央 VPC 中的端点。除非使用 Amazon EC2 实例在分支 VPC 中终止 VPN，否则无法访问分支 VPC 端点。
- 可以用于在 AWS 上构建高度可用的客户端到站点 VPN 基础设施。转递 Amazon EC2 实例充当远程客户端的 VPN 终端设备。通常，远程 VPN 客户端内置了负载均衡机制，这会将它们与 VPN 隧道以及建立的 Amazon EC2 VPN 实例进行连接。一旦连接建立，它们就可以访问任何连接到转递中心的分支 VPC 和户内环境。
- 可以跨全球多个 AWS 区域(region)和远程客户站点，允许你利用 AWS 创建自己的全球 VPN 基础设施。分支 VPC 中的 VGW 和中央 VPC 中的 Amazon EC2 实例都利用公有 IP 地址进行 VPN 终止，因此即使它们位于不同的 AWS 区域，它们也可以进行连接。此外，只要远程客户网络具有互联网连接或 AWS Direct Connect，无论从哪里都可以访问中央 VPC，然后加入 VPN 基础设施，如图 12.17 所示。

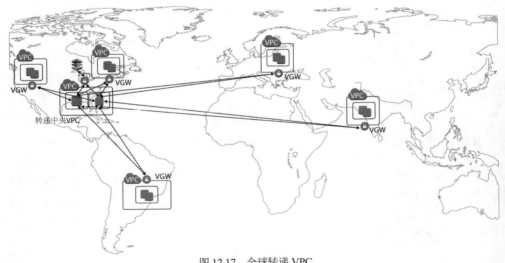

图 12.17　全球转递 VPC

根据用户的数据流访问模式，用户可以在每个 AWS 区域部署转递中心，并在跨区域的 VPC 伙伴网络上使用 IPsec 或通用路由封装(GRE)VPN 在网格中桥接这些转递中心。如果用户在本区域内的分支网络之间有很多通信，那么这将是理想的实现方式，如图 12.18 所示。

图 12.18　全球转递 VPC 与区域转递中心

 提示：
转递 VPC 不是为自然访问 AWS 资源实现的默认架构。如果想要从户内环境访问远程区域中的 VPC，那么应当使用私有 VIF 上的 AWS Direct Connect 网关进行访问，而不是设计转递 VPC 架构。对于前面列出的场景，应当实施转递 VPC。

 提示：
由于跨区域 VPC 伙伴在默认情况下是加密的，因此可以使用 GRE VPN 连接转递中心以提高性能并减少网络延迟。

12.5　本章小结

在本章中，我们研究了如何利用 AWS Direct Connect 和 VPN 构建混合 IT 架构。可以利用这些技术以混合模式运行应用程序。

如果正在将三层 Web 应用程序迁移到 AWS，那么可以使用应用负载均衡器或 DNS 负载均衡在 AWS 和户内数据中心之间分配 Web 层，也可以仅在 AWS 中使用 Web 层，而将应用程序层和数据库存储层放置在户内。可以利用 AWS Direct Connect 私有 VIF 将 AWS 中的 Web 层连接到户内的应用程序层。还可以使用 AWS Direct Connect 或 VPN 使户内活动目录和 DNS 服务器能够由 VPC 内的资源进行访问。

对于需要 QoS 的应用，可以选择使用单独的 AWS Direct Connect 连接对数据流与其他应用程序数据流进行隔离。如果正在互联网上使用基于 Amazon EC2 实例的 VPN 或 AWS Direct Connect，那么可以在 VPN 终止端点上执行 QoS 标记。注意，像 VGW 这样的 AWS 端点不支持 QoS 标记，但会保持它们不被修改。

可以利用 AWS 直连或 VPN，使用 AWS CodeDeploy、Amazon OpsWorks 以及 Amazon EC2 Run 命令启用混合操作。这些服务的端点可以由 AWS Direct Connect 公有 VIF 访问。

VPN 或 AWS Direct Connect 是 Amazon 工作区架构的关键部分，它们允许访问本地活动目录和其他几个内部服务器。最终用户也可以使用它们的 Amazon 工作区客户端，通过 AWS Direct Connect 公有 VIF 连接到工作区。

Amazon S3 是各种应用(包括混合 IT 应用)中使用最广泛的 AWS 存储服务之一。驻留在户内的应用程序可以通过 AWS Direct Connect 公有 VIF 访问 Amazon S3。还可以使用 Amazon S3 的 IP 地址范围限制路由器上的数据流，使其只能访问 Amazon S3。这是可能的方式，因为默认情况下，AWS 通过 AWS Direct Connect 公有 VIF 来公告整个 Amazon 公有 IP 范围。你还可以在自己的 VPC 中设置由 Amazon EC2 实例组构成的代理层，并将其用作访问 Amazon S3 的中间点。所有数据流被代理到该层，然后该层使用 VPC 私有端点向 Amazon S3 发送数据流。你可以在透明模式或非透明模式下进行设置。

在混合 IT 设置中，另一个常见的访问存储服务是 Amazon EFS。可以通过 IP 地址引用 Amazon EFS mount 目标来访问 Amazon EFS。这些 IP 地址属于 VPC IP 范围，因此可以通过 AWS Direct Connect 私有 VIF 访问。

你还可以使用 AWS Direct Connect 访问接口 VPC 端点以及客户托管端点，它们均由 AWS PrivateLink 支持。AWS VPN 连接不支持对这些网关的访问，但是可以利用基于 Amazon EC2 实例的 VPN 终止端点及源 NAT 来启用这种访问。网关 VPC 端点不能通过 AWS Direct Connect 或 VPN 直接访问。但是，可以使用一组代理实例或基于 Amazon EC2 实例的 VPN 终止端点和源 NAT，这种方式类似于前面讨论的 Amazon S3 设置。

我们研究了如何通过设置 IPsec VPN 覆盖在 AWS Direct Connect 上实现加密。你可以在 VGW 上终止 VPN 连接，这需要利用 AWS Direct Connect 公有 VIF。你还可以通过使用其私有 IP 的 AWS Direct Connect 私有 VIF 或使用其弹性 IP 地址的公有 VIF，在 VPC 内设置到 Amazon EC2 实例的隧道。你应当考虑将基于互联网的 VPN 连接作为备份，以防 AWS Direct Connect 连接出现故障。

我们讨论了如何使用转递 VPC 架构来解决转递路由挑战。在这种架构中，我们拥有的转递中央 VPC 包含一对安装了 VPN 终止软件的 Amazon EC2 实例。这些 Amazon EC2 实例充当所有远程网络的中转点。所有分支 VPC 都使用 IPsec VPN 连接到一对 Amazon EC2 实例，在它们的末端使用 VGW 作为 VPN 终止端点。AWS 直连则使用分离的 VGW 集成到这种架构中，并将 AWS Direct Connect 路由域与 VPN 基础设施连接起来。在创建转递 VPC 架构时，有多个架构可供选择。在我们的示例中，我们决定在分支 VPC 中使用 VGW 终止 VPN，而不是使用一对 Amazon EC2 实例。这使我们能够利用 VGW 固有的主备高可用功能，并减少维护开销。出于类似的原因，我们利用独立的 VGW，而不是通过 AWS Direct Connect 的私有 VIF 从户内直接设置 VPN 到 Amazon EC2 实例。

我们还探讨了如何在某些用例中利用 VPC 伙伴，从而绕过转递中心。同样，我们可以使用 AWS Direct Connect 网关直接从户内访问 VPC，而不是通过转递中心。转递 VPC 架构有一些用例，包括减少将户内环境连接到大量 VPC 所需的 VPN 隧道数量，以及在转递点实现安全层。当希望将户内/远程网络连接到具有相同重叠 IP 地址范围的 VPC 时，转递 VPC 也很有用处。转递 VPC 还允许远程访问 VPC 端点和客户托管端点。最后，转递 VPC 可用来构建全球 VPN 基础设施。

12.6　考试要点

理解如何利用 AWS Direct Connect 和 VPN 来启用多个混合应用程序。可以利用 AWS Direct Connect 和 VPN 从户内环境访问 VPC 和其他 AWS 资源。这种连接对于支持许多混合应用程序至关重要，例如使用 AWS CodeDeploy、AWS OpsWorks 和 Amazon EC2 Run 命令的三层 Web 应用程序，还有目录、DNS 以及混合操作。从连接的角度看，这些应用中的每一种都有特定的要求，理解如何使用 AWS Direct Connect 和 VPN 来满足这些要求是很重要的。

理解如何通过 AWS 直连以及 VPN 访问 Amazon S3 和 Amazon EFS 等存储服务。户内部署的应用可以使用 AWS Cloud 服务进行存储和归档。了解如何使用 AWS Direct Connect 和 VPN 访问 Amazon S3 和 Amazon EFS 非常重要。应用可以使用 AWS Direct Connect 公有 VIF 访问 Amazon S3，也可以通过 AWS 直连私有 VIF 上 VPC 中的代理层访问 Amazon S3。Amazon EFS 共享可以在私有 VIF 上使用私有 IP 进行装载。

理解如何通过 AWS 直连和 VPN 访问 VPC 网关端点和 AWS PrivateLink 端点。接口端点和客户托管端点都可以通过 AWS Direct Connect 私有 VIF 访问。VPN 不允许访问这些端点，但可以使用基于 Amazon EC2 的 VPN 终端及源 NAT 进行连接。不能通过 AWS 直接连接从本地访问 VPC 网关端点。但是，可以在 VPC 中构建代理层，或者使用基于 Amazon EC2 实例的 VPN 终点和源 NAT 来访问端点。

理解如何在 AWS Direct Connect 上实现加密。可以通过 AWS Direct Connect 设置 IPsec VPN 连接以实现加密。可以通过 AWS Direct Connect 公有 VIF 或通过私有 IP 的 AWS Direct Connect 私有 VIF 在 VPC 内设置 Amazon EC2 实例来终止 VGW 上的 VPN 连接，还可以使用弹性 IP 地址在公有 VIF 上设置 VPN。使用这种基础设施的互联网备份是额外的冗余选项。

理解转递 VPC 架构的工作原理以及各种设计决策背后的基本逻辑。转递 VPC 架构利用一对 Amazon EC2 实例作为远程网络的转递点。这是在中央和分支模型中实现的：Amazon EC2 实例位于中央 VPC 中，分支 VPC 在一端使用 VGW 设置到中央的 IPsec VPN 隧道。远程的内部网络可以利用 AWS Direct Connect 或 IPsec VPN 连接到中心。

理解实现转递 VPC 架构的各种用例。可以利用转递 VPC 架构满足几个要求，例如减少将户内环境连接到大量 VPC 所需的 VPN 隧道数量，在转递点实施安全层，克服 VPC 和户内网络之间的重叠 IP 地址范围，建立对 VPC 端点和客户托管端点的远程访问，以及构建全球 VPN 基础设施。

应试窍门

可能有些问题会要求根据考试中给定的场景选择正确的连接解决方案。仔细识别场景测试的参数(例如，高可用性、性能、成本，等等)，并根据这些参数评估本章中提到的连接选项，以得出正确的答案。

12.7 复习资源

全球转递 VPC 解决方案概述:

https://aws.amazon.com/answers/networking/aws-global-transit-network/

转递 VPC 实施手册:

http://docs.aws.amazon.com/solutions/latest/cisco-based-transit-vpc/welcome.html

AWS 答案-网络部分:

https://aws.amazon.com/answers/networking/

AWS re:Invent 2017——多个 VPC 网络互连:转递以及共享架构(NET404)。
https://www.youtube.com/watch?v=KGKrVO9xlqI

AWS re:Invent 2017——扩展数据中心到云:连接选项以及 Co(NET301)。
https://www.youtube.com/watch?v=lN2RybC9Vbk

12.8 练习

理解混合 IT 连接如何工作的最佳方法是设置并使用混合 IT 连接访问各种 AWS Cloud 服务,这是本章练习的目标。

练习 12.1

使用网络负载均衡器建立混合的三层 Web 应用程序

在本练习中,你将建立一个由 Web 层、应用程序层和数据库存储层组成的三层 Web 应用程序。网络层将在 VPC 和户内。网络负载均衡器将数据流分配到 VPC 和户内的 Web 层。你将使用 AWS Direct Connect 连接 VPC 和户内数据中心。

在开始练习之前,确保现有的 VPC 已包含多个子网。你还应该有一个可以部署在 VPC 和户内的 Web 应用程序。如果没有,可以安装开源的 Apache HTTP Web 服务器,也可浏览 AWS Marketplace 以查找 Web 服务器软件,并创建一个简单的 Web 应用程序。

(1) 在户内数据中心与 AWS 之间建立 AWS Direct Connect。创建一个连接到 VPC 的私有 VIF,供本练习使用。配置路由以允许 VPC 和户内网络之间的流量。如果无法访问 AWS Direct Connect 线路,可以通过创建到 VPC 的 VPN 连接完成此练习。必须使用 Amazon EC2 实例通过 VGW 终止 VPN,才能完成此练习。

(2) 在户内启动 Web 应用程序堆栈并测试它能否正常工作。注意户内 Web 层实例的 IP 地址。

(3) 在 Amazon EC2 实例上启动应用程序堆栈的 Web 层。注意 Web 层实例的 IP 地址。

(4) 测试 AWS 中的 Web 层和户内应用程序层之间的连接。

(5) 在 AWS Management Console 仪表板中,导航到 Amazon EC2 仪表板,然后导航到负载均衡器配置页面。

(6) 创建新的网络负载均衡器。创建目标类型为 IP 的新目标组。根据应用程序选择正确的端口号。

(7) 使用步骤(2)中记录的 IP 地址注册 Web 层，然后使用步骤(3)中记录的 Amazon EC2 实例 IP 地址和负载均衡器一起注册。

(8) 将数据流发送到网络负载均衡器端点。你应该可以看到数据流同时经过户内 Web 服务器和 AWS 中的 Web 层。

你现在已经成功部署并测试了一个混合的 Web 应用程序。你学习了如何在 AWS 和户内通过网络负载均衡器以及 AWS Direct Connect 来分配流量，还观察了 VPC 中的服务器如何与户内服务器进行通信。

练习 12.2

在 AWS Direct Connect 上访问 Amazon S3

在本练习中，你将设置所需的基础设施，以便使用高速 AWS Direct Connect 从户内访问 Amazon S3 对象。

(1) 在户内数据中心和 AWS 之间建立 AWS Direct Connect。

(2) 创建公有 VIF。使用创建公有 VIF 时指定的参数配置路由器。

(3) 确保 BGP 伙伴连接已启动，并且路由器正在接收 AWS 路由。

(4) 配置户内服务器，使其指向路由器作为默认网关。

(5) 在通过 AWS Direct Connect 发送之前，将路由器配置为将所有数据包的 NAT 应用于公有 IP。

 注意:
用于应用 NAT 的公有 IP 应该在路由器通过 AWS Direct Connect 公告的 IP 范围之内。

(6) 登录到服务器，然后尝试从 Amazon S3 下载对象。

你现在已经成功地为应用程序设置了访问 Amazon S3 的连接。

练习 12.3

在 AWS Direct Connect 上设置加密

在本练习中，你将通过 AWS Direct Connect 设置加密的 IPsec 隧道，此加密隧道将用于访问 VPC。

(1) 在户内数据中心和 AWS 之间建立 AWS Direct Connect。

(2) 创建公有 VIF。使用创建公有 VIF 时指定的参数配置路由器。

(3) 确保 BGP 伙伴连接已启动，并且路由器正在接收 AWS 路由。

(4) 导航到 Amazon VPC 控制台并创建新的 VPN 连接。选择连接到 VPC 的 VGW 和表示户内 VPN 终止端点设备的客户网关 IP。

注意:

作为客户网关 IP 使用的公有 IP 应该是路由器通过 AWS Direct Connect 通告的 IP 地址范围的一部分。如果路由器具有的功能不需要使用单独的设备来完成,那么也可以在路由器上终止 VPN。

(5) 从 AWS Management Console 下载 VPN 配置文件,并使用该文件配置户内 VPN 终端设备。

(6) VPN 终端设备应该使用路由器作为默认网关,并且也应该有路由,以到达作为路由器下跳点的 VGW IP。

(7) 当 VPN 启动时,验证是否正在接收作为 VPN 隧道内路由广播的 VPC IP 范围。

(8) 你的 VPN 设备应该是内部服务器到达 VPC IP 范围的下跳点。

(9) 使用 ping 命令测试从内部服务器到 Amazon EC2 实例的连接。

你现在已经成功地在 AWS Direct Connect 上设置了加密隧道。

练习 12.4

建立转递 VPC 全球基础设施

在本练习中,你将学习如何设置跨越多个 AWS 区域的转递 VPC 基础设施,你还可以使用 AWS 直连将转递 VPC 基础设施连接到户内基础设施。

在开始练习之前,请先熟悉下面介绍的转递 VPC 架构和组件:

```
http://docs.aws.amazon.com/solutions/latest/cisco-based-transit-vpc/
appendix-a.html
```

所需构件在以下网址可以找到:

```
https://github.com/awslabs/aws-transit-vpc
```

注意:

如果需要了解更详细的步骤,请参考以下指南:

https://s3.amazonaws.com/solutions-reference/transit-vpc/latest/cisco-based-transit-vpc.pdf

(1) 在任何具有两个公有子网和一个连接的互联网网关的 AWS 区域中创建一个 VPC,将这个 VPC 作为转递中央 VPC。

(2) 在多个 AWS 区域中创建具有私有子网的多个分支 VPC。在这些分支 VPC 中启动一个 t2.nano Amazon EC2 实例,可以对其执行 ping 命令以进行可达性测试。确保这些分支 VPC 上连接了 VGW。

注意:

本练习中的分支 VPC 中需要避免重叠 IP 地址。

(3) 启动如下列出的 AWS CloudFormation 模板：

```
http://docs.aws.amazon.com/solutions/latest/cisco-based-transit-vpc/
appendix-b.html
```

注意启动 AWS CloudFormation 模板时输入的参数。

(4) 如果没有许可证，可以选择为 Cisco 云服务路由器(Cisco Cloud Service Router，CSR)提供自己的许可证(BYOL)。当模板启动向导中出现提示时，输入转递 VPC ID 和公有子网。注意两个参数：Spoke VPC Tag Name 和 Spoke VPC Tag Value。

(5) 完成部署 AWS CloudFormation 模板后，导航到 Output 选项卡。该选项卡将显示由 AWS CloudFormation 模板创建的资源的详细信息，例如 CSR 实例的 IP 地址。

(6) 导航到 Amazon VPC 仪表板。使用步骤(3)中的参数(Spoke VPC Tag Name 和 Spoke VPC Tag Value)标记在步骤(2)中创建的分支 VPC 的 VGW。这个标记将被 AWS Lambda 函数检测到，并使用 API 调用在分支 VPC 和 CSR 实例之间建立 VPN 连接。

(7) 现在，使用 AWS Direct Connect 将户内数据中心连接到转递 VPC 基础设施。导航到 AWS Management Console 并创建一个新的 VGW。不要将这个 VGW 连接到任何 VPC。使用步骤(3)中的参数标记这个 VGW。这将创建从 VGW 到转递 CSR 实例的 VPN 连接。

(8) 在户内数据中心和 AWS 之间建立 AWS Direct Connect。为步骤(6)中创建的 VGW 创建私有 VIF。配置路由以启用 VPC 和户内网络之间的数据流。现在，你应该可以看到通过私有 VIF BGP 伙伴的 VGW 向户内路由器通告的所有分支 VPC 路由。

(9) 测试从户内服务器到分支 VPC 的服务器的 ping 连接。

现在你已经成功构建了全球转递 VPC 基础设施。

12.9 复习题

1. 你有一个户内应用程序，它需要访问 Amazon S3 存储。在设计低抖动、高可用性和高可扩展性的高带宽访问时，如何启用这种连接？

    A. 设置 AWS Direct Connect 公有 VIF

    B. 设置对 Amazon S3 的公有互联网访问

    C. 设置 AWS Direct Connect 私有 VIF

    D. 设置能到达 VGW 的 IPsec VPN

2. 你在 AWS 中为不同的项目设置了两个虚拟私有云(VPC)，另外还为混合 IT 连接设置了 AWS Direct Connect。你的安全团队要求使用第 7 层入侵防御系统(IPS)/入侵检测系统(IDS)检查所有进入这些 VPC 的数据流。在考虑成本优化、可扩展性和高可用性的前提下，你将如何构建这种架构？

    A. 使用一对 Amazon EC2 实例作为所有数据流量的转递点，建立转递 VPC 架构。这些转递实例将运行第 7 层 IPS/IDS 软件

    B. 在终端服务器上使用基于主机的 IPS/IDS 检查

    C. 在每个 VPC 中部署内联的 IPS/IDS 实例，并在路由表中添加条目，以指向作为默认网关的 Amazon EC2 实例

    D. 将 AWS WAF 作为所有混合数据流的内联网关使用

3. 你已经设置了转递虚拟私有云(VPC)架构，并希望将分支 VPC 连接到中央 VPC。考虑到最小的管理开销，你应该在分支上选择什么终止端点？

    A. VGW

    B. Amazon EC2 实例

    C. VPC 伙伴网关

    D. 互联网网关

4. 你的任务是在户内数据中心和 AWS 之间设置 IPsec 虚拟私有网络(VPN)连接。你有一个户内应用程序，它将把敏感的控制信息交换给虚拟私有云(VPC)中的 Amazon EC2 实例。在 VPN 隧道中，此数据流应优先于所有其他数据流。考虑到最低的管理开销，你将如何设计此解决方案？

    A. 在加载了支持服务质量(QoS)的软件的 Amazon EC2 实例上终止 VPN 连接，并使用差分服务代码点(DSCP)标记优先处理通过 VPN 隧道发送和接收的应用数据流

    B. 在虚拟私有网关(VGW)上终止 VPN，并使用 DSCP 标记优先处理通过 VPN 隧道发送和接收的应用数据流

    C. 终止两个 Amazon EC2 实例上的 VPN 连接。将一个实例用于敏感的控制信息，将另一个实例用于其余数据流

    D. 将敏感应用程序移动到单独的 VPC，为这些 VPC 创建单独的 VPN 隧道

5. 以下哪一个端点可以通过 AWS Direct Connect 访问？

    A. NAT 网关

    B. 互联网网关

    C. VPC 端点

    D. 接口 VPC 端点

6. 你必须在户内设置 AWS 存储网关设备，以使用文件网关模式将所有数据归档到 Amazon S3。你的数据中心和 AWS 之间具有 AWS Direct Connect 连接。你已经将私有虚拟接口(VIF)连接到虚拟私有云(VPC)，并希望将所有数据流发送到 AWS。你将如何设计这种架构？

    A. 在 VPC 中的 Amazon EC2 实例上设置 Squid HTTP 代理，配置存储网关以使用此代理

    B. 在 VPC 中设置存储网关设备并将其用作网关

    C. 通过专用 VIF 在存储网关和 VPC 之间创建 IPsec 虚拟私有网络(VPN)隧道

    D. 配置存储网关为使用 VPC 上的私有端点

7. 你有一个混合 IT 应用，它需要访问 Amazon DynamoDB。你已经在数据中心和 AWS 之间设置了 AWS Direct Connect。所有写入 Amazon DynamoDB 的数据都应在写入数据库时加密。你将如何启用从户内应用到 Amazon DynamoDB 的连接？

    A. 设置公有 VIF

    B. 设置私有 VIF

    C. 设置公有 VIF 上的 IPsec VPN

    D. 设置私有 VIF 上的 IPsec VPN

8. 你有一个转递虚拟私有云(VPC)，并且在 US-East-1 中使用中央 VPC 设置，分支 VPC 分布在多个 AWS 区域。孟买和新加坡的 VPC 服务器在相互连接时存在巨大的延迟。你将如何重新构建 VPC 以维护转递 VPC 架构，并减少整个架构中的延迟？

  A. 在孟买区域建立本地转递中央 VPC。将孟买和新加坡的 VPC 连接到此中央 VPC。在两个中心之间的跨区域 VPC 伙伴上设置 IPsec 虚拟私有网络(VPN)

  B. 在新加坡区域建立本地转递中央 VPC。将孟买和新加坡的 VPC 连接到此中央 VPC。在两个中心之间的跨区域伙伴 VPC 上设置通用路由封装(GRE)VPN

  C. 在位于 US-East-1 的中央 VPC 中添加 Amazon EC2 实例，专用于来自孟买和新加坡区域的数据流

  D. 在 US-East-1 区域添加转递中央 VPC。将孟买和新加坡的 VPC 连接到这个新的中央 VPC，然后使用 VPC 伙伴连接两个中心

9. 你在虚拟私有云(VPC)中有一个应用，它需要访问户内活动目录服务器才能加入公司域。考虑到将域加入请求时的低延迟，你将如何启用此设置？

  A. 在连接到 VPC 的虚拟私有网关(VGW)上设置终止的虚拟私有网络(VPN)

  B. 设置 AWS Direct Connect 公有 VIF

  C. 设置 AWS Direct Connect 私有 VIF

  D. 设置终止于 VPC 中 Amazon EC2 实例的 VPN

10. 以下哪一个是利用 VPC 架构的良好用例？

  A. 允许户内资源访问全球 AWS 中的任何 VPC

  B. 允许户内资源访问 Amazon S3

  C. 允许户内资源在访问 AWS 资源的同时出于合规原因检查所有数据流

  D. 允许户内资源访问其他远程网络

第13章

网络故障排除

本章涵盖的 AWS 认证高级网络-专项考试目标包括但不局限于以下知识点。

知识点 2.0：设计和实施 AWS 网络
- 2.1 应用 AWS 网络概念

知识点 6.0：网络管理、优化以及故障排除
- 6.1 对指定的场景排除并解决网络问题

13.1　网络故障排除简介

　　AWS 提供了许多网络功能，可以在 AWS Cloud 内外与互联网连接，并以混合方式与户内环境连接。本章讨论解决这些网络连接可能出现的问题的工具和技术。此外，本章还讨论一些常见的故障排除场景。熟悉 AWS 故障诊断工具以及如何对常见情况进行故障诊断是本章将要重点介绍的考试内容。

13.2　故障排除方法

　　故障排除可以采用自下而上的方法(逐一遍历开放系统互连(OSI)模型)，也可以采用自上而下的方法(在可能导致问题的范围中工作)，每种方法都有自己的优点，可以结合使用它们，以帮助快速解决问题。解决方法也可以根据故障排除发生的环境进行更改。

　　系统地从第 1 层到第 7 层遍历 OSI 模型通常是一种有效的问题定位方法。这种方法可以通过考虑具体环境来进行优化。例如，在虚拟私有云(VPC)中，默认情况下所有子网都自带路由。这可以排除 VPC 中的第 2 层和第 3 层通信问题；因此，故障排除应从第 4 层开始。另外，当通过 Amazon EC2 实例设置自定义路由时，可能需要进行第 3 层故障排除，以确保按预期进行路由。

　　退后一步并采取自上而下的方法来确定网络问题的潜在范围也是解决问题的一种有价值的方法。例如，了解服务限制有助于解决其他困难问题。这种解决方法的另一个有用示例是，能够识别安全组和网络访问控制列表(ACL)问题而无须逐层挖掘网络堆栈。

13.3　网络故障解决工具

AWS 提供了一套丰富的工具，可以与传统工具结合使用，以帮助解决网络连接问题。本节将讨论传统工具和 AWS 自带工具。

13.3.1　传统工具

下面我们将讨论传统的网络故障诊断工具，其中许多你可能已经熟悉。

1. 数据包捕获

对于需要深入检查数据包的故障排除，数据包捕获可能很有用。数据包捕获工具有 Wireshark(Windows/Linux)和 tcpdump(Linux)，它们可以在 Amazon EC2 实例上运行。通过在接口级别监听，这些工具能够查看从网络发送和接收的数据包，从而显示数据包报头和有效负载。

2. ping

ping 是使用互联网控制消息协议(ICMP)记录网络往返时间的实用程序，通常用于测试主机是否启动并在网络上进行应答。ping 对于在 AWS 中进行故障排除非常有用。需要注意的是，只有当网络 ACL、安全组和操作系统防火墙全部配置为允许 ICMP 通信时，ping 才能发挥作用。注意，在许多网络设备和操作系统上，默认情况下通常不启用 ICMP 通信。

3. traceroute

traceroute 实用程序用于发现目标 IP 或主机名的路径，有助于验证数据流通过网络跟踪的路由。具体工作原理是：发送 ICMP 包，并增加活跃时间(TTL)值。注意，并非网络路径中的所有设备都会响应 ICMP 请求，因此可能没有路由中所有下跳点的值。此外，traceroute 在 VPC 内或跨 VPC 伙伴连接中不会提供有意义的结果，因为每个链接只有一个网络跳跃点。

4. telnet

telnet 是基于文本的 TCP 实用程序。telnet 的默认端口号为 23，可以将 telnet 设置为在任何用户指定的端口上启动的 TCP 连接。如果服务能够在端口上运行并响应数据流，则对于故障排除非常有帮助。

5. nslookup

nslookup 是命令行实用程序，用于将主机名解析为 IP 地址。在网络故障排除中，确认域名系统(DNS)服务器设置并确定要解析的主机名的 IP 地址是非常有用的。

13.3.2　AWS 自带工具

下面我们讨论 AWS 自带的故障排除工具，这些工具提供了额外的洞察力，增强了传统故障排除工具的功能。

1. Amazon CloudWatch

Amazon CloudWatch 是针对 AWS Cloud 资源以及在 AWS 上运行的应用的监控服务。可以使用 Amazon CloudWatch 来收集和跟踪度量，收集和监控日志文件，设置报警，以及自动对 AWS 资源中的更改做出反应。

表 13.1 所示的服务会将网络度量发送给 Amazon CloudWatch，这对故障排除很有用。

表 13.1　Amazon CloudWatch 度量

Amazon CloudWatch 度量	描述
Amazon EC2	向 Amazon CloudWatch 发送度量，记录每个 Amazon EC2 实例出入的字节数和数据包数
Amazon VPC VPN	将度量发送到 Amazon CloudWatch，记录通道状态和字节的输入输出
AWS Direct Connect	将度量发送到 Amazon CloudWatch，记录连接状态、每秒进出位、每秒进出包数、循环冗余检查(CRC)错误计数和连接指示级别进出(仅适用于 10 Gbps 端口速度)
Amazon Route 53	将度量发送到 Amazon CloudWatch，记录健康检查计数、连接时间、健康检查百分比、健康检查状态、SSL 握手时间和到达第一个字节的时间
Amazon CloudFront	将度量发送到 Amazon CloudWatch，记录请求、下载和上传的字节数、上传的字节数、总错误率、4xx 和 5xx 错误率
Elastic Load Balancing	将度量发送到 Amazon CloudWatch，记录正常主机计数、4xx 和 5xx 负载均衡器错误计数、后端/目标错误计数(2xx、3xx、4xx 和 5xx)以及一些其他度量
Amazon RDS	将度量发送到 Amazon CloudWatch，记录网络接收和传输吞吐量
Amazon Redshift	将度量发送到 Amazon CloudWatch，记录网络接收和传输吞吐量

注意：还有很多其他的 Amazon CloudWatch 度量没有列出。

2. Amazon VPC Flow Logs

Amazon VPC Flow Logs 能够捕获有关访问和来自 VPC 中网络接口的 IP 数据流信息。日志流数据通过 Amazon CloudWatch Logs 进行存储。创建流日志后，可以在 Amazon CloudWatch Logs 中查看和检索数据。

Amazon VPC Flow Logs 可以帮助完成许多任务，例如，排除特定数据流未到达实例的原因。

如果看到数据流记录在流日志中，那么就知道它们正在访问 VPC。反过来，如果发现有 DENY 条目，那就会指向权限问题，并且可以帮助用户诊断过度限制的安全组规则或网络 ACL。你还可以使用流日志作为安全工具来监视到达实例的数据流。流日志还可以导出到其他服务，如 Amazon ElasticSearch Service，以深入了解数据流并实现可视化。

3. AWS Config

使用 AWS Config，可以捕获 AWS 资源配置更改的全面历史记录，以简化操作问题的故障排除。AWS Config 可用于帮助识别可能导致操作问题的 AWS 资源更改。AWS Config 利用 AWS CloudTrail 记录将配置更改关联到账户中的特定事件。可以从 AWS CloudTrail 日志中获取调用更改的事件应用程序编程接口(API)调用的详细信息(例如，谁发出请求、何时以及从哪个 IP 地址发出)。

4. AWS Trusted Advisor

AWS Trusted Advisor 是在线资源，可通过优化 AWS 环境帮助降低成本、提高性能和安全性。AWS Trusted Advisor 提供了实时指导，并依照 AWS 的最佳实践提供资源。报告的部分度量和建议是围绕 VPC、弹性 IP 和负载均衡器的网络相关服务限制。这些服务限制指标有助于快速确定是否已达到服务限制，它们允许你主动请求增加限制。

5. AWS Identity and Access Management (IAM)策略模拟器

AWS Identity and Access Management (IAM)策略模拟器是排查 IAM 权限问题的非常有用的工具，它能评估你选择的策略，并确定指定的每个操作的有效权限。AWS Identity and Access Management (IAM)策略模拟器使用的策略评估引擎与向 AWS Cloud 服务发出实际请求时使用的策略评估引擎相同。

13.4 故障排除常见场景

一些常见的场景和技术可能会遇到网络连接问题。本节将讨论每种情况以及故障排除中需要考虑的要点。

13.4.1 互联网连接

默认情况下，新的 VPC 没有公共互联网连接，所以需要用户设置互联网连接。

从 Amazon EC2 实例连接到互联网有五个要求：

- 为实例分配公有 IP 地址(注意，对于 IPv6，由 AWS 分配的所有 IP 地址都是公有的)或在具有公有 IP 地址的公有子网中包含地址转换(NAT)网关。
- 将互联网网关与 VPC 绑定。
- 在公有子网的路由表中有到达互联网网关的默认路由。如果使用 NAT 网关，那么私有子网的默认路由应该是 NAT 网关实例。
- 在实例安全组中打开出站端口(用于 Web 数据流的 80 和 443 端口)。
- 在子网的网络 ACL 中打开入站和出站端口(80 和 443 出站端口以及临时入站端口范围)。

13.4.2 VPN

AWS 提供受管的虚拟私有网络(VPN)服务，以方便户内环境和虚拟私有网络之间的连接。VPN 创建之后，可以从 VPC 控制台下载 IPsec VPN 配置，用来配置本地网络中连接 VPN 的防火墙或设备。

如果 VPN 隧道中的数据流有问题，应检查以下内容：

(1) 验证 VPN 隧道是否连接(有关互联网密钥交换[IKE]阶段故障排除的详细信息，请参阅 13.4.3 节)。

(2) 验证虚拟私有网关(VGW)是否连接正确的 VPC。

(3) 在每个子网路由表中,验证是否存在以 VGW 为目的地的向 VPN 子网传播的静态路由。

(4) 验证子网网络 ACL 和实例安全组是否设置为允许想要通过 VPN 的数据流。

这些步骤可以使用自顶向下的方法进行优化。例如，如果某些数据流正在通过 VPN 连接，而其他流量没有通过，则可以跳过有关解决 VPN 隧道连接问题的步骤，并开始查看路由和安全组/网络 ACL。

注意：

如果没有数据流量通过 VPN 隧道，那么 VPN 隧道可能会关闭。如果没有任何数据流通过 VPN 隧道，那么使用连续的 ping 命令以确保 VPN 隧道保持正常运行是很有帮助的。

13.4.3　IKE 阶段 1 和 IKE 阶段 2 故障排除

如果 VPN 隧道建立失败，应调查 IPsec 隧道的 IKE 阶段 1 和 IKE 阶段 2。

如果在建立 IKE 阶段 1 连接时出现问题，则应检查以下内容：

(1) 验证是否使用了 IKEv1 而不是 IKEv2，AWS 仅支持 IKEv1。

(2) 验证是否使用了 Diffie-Hellman(DH)组 2。

(3) 确认 IKE 阶段 1 的活跃时间设置为 28 800 秒(480 分钟或 8 小时)。

(4) 验证 IKE 阶段 1 是否使用了 SHA(安全散列算法)-1 散列算法。

(5) 验证 IKE 阶段 1 是否使用了 AES(高级加密标准)-128 作为加密算法。

(6) 验证客户网关设备是否使用下载隧道的 AWS VPN 配置中指定的正确预共享密钥(PSK)进行配置。

(7) 如果客户网关端点位于 NAT 设备后面，验证离开客户户内网络的 IKE 数据流是否来自配置的客户网关 IP 地址和用户数据报协议(UDP)端口 500，你还可以通过禁用客户网关设备上的 NAT 遍历来进行测试。

(8) 验证是否允许从网络传递到 AWS VPN 端点的端口 500(以及端口 4500，假设使用了 NAT 遍历)上的 UDP 数据包。确保客户网关和 VGW 之间没有设备阻止 UDP 端口 500，包括检查可能阻止 UDP 端口 500 的互联网服务提供商(ISP)。

如果在建立 IKE 阶段 2 连接时出现问题，则应检查以下内容：

(1) 验证封装的 ESP(安全有效负载)协议 50 没有被阻止入站或出站。

(2) 验证安全关联的活跃期是否为 3600 秒(60 分钟)。

(3) 验证防火墙 ACL 没有干扰 IPsec 通信。

(4) 验证 IKE 阶段 2 是否使用了 SHA-1 散列算法。

(5) 验证 IKE 阶段 2 是否使用 AES-128 作为加密算法。

(6) 验证是否启用了完全前向保密(PFS)，以及是否正在使用 DH 组 2 生成密钥。

(7) 增强 AWS VPN 端点以支持一些额外的高级加密和散列算法，例如 IKE 阶段 2 的 AES-256、SHA-2(256)以及 DH 组 5、14～18、22、23 和 24。如果 VPN 连接需要这些附加功能，请与 AWS 联系以验证是否正在使用增强的 VPN 端点。通常，必须重新创建 VPC 的 VGW 以移动到增强的 VPN 端点。

(8) 如果使用的是基于策略的路由，确认在加密域中正确定义了源网络和目的网络。

13.4.4　AWS Direct Connect

　　AWS Direct Connect 允许在你的网络和某个 AWS Direct Connect 地点之间建立一个私有网络连接。使用行业标准 802.1q 虚拟局域网(VLAN)，可以将这个专用网络连接划分为多个虚拟接口(VIF)。这允许使用相同的连接访问公共资源，例如使用公有 IP 地址空间存储在 Amazon S3 中的对象，以及使用私有 IP 空间在 VPC 中运行的私有资源(如 Amazon EC2 实例)，同时维持公有和私有环境之间网络的分离。VIF 可以随时重新配置以满足不断变化的需求。

　　AWS Direct Connect 可以直接在 AWS Direct Connect 地点建立，也可以通过 AWS 合作伙伴网络(APN)扩展到别的地点。一些 APN 合作伙伴还以 sub-1 Gbps 的速度提供托管 VIF。注意，这些托管 VIF 不是完整的 AWS Direct Connect，它们只支持单个 VIF。

　　以下是排除 AWS Direct Connect 连接故障时需要考虑的事项：

- AWS Direct Connect 需要单模光纤。
- VIF 必须具有公有或私有边界网关协议(BGP)自主系统号(ASN)。如果使用的是公有 ASN，则必须是它的拥有者。
- 对于公有 VIF，必须指定拥有的公有 IPv4 地址(/30)。
- 对于 IPv6，无论 VIF 的类型如何，AWS 都会自动分配/125 IPv6 无类域间路由(CIDR)。不能指定自己的伙伴 IPv6 地址。
- 每个 AWS Direct Connect 连接被限制为 50 个 VIF。
- 每个 BGP 会话的路由数被限制为 100。如果路由数超过这个限制，就可能会导致端口抖动。
- AWS Direct Connect 支持物理连接层最多 1522 字节的最大传输单元(MTU)。如果网络路径不支持这个限制，那么应该在路由器上设置低于 1500 字节的 MTU 值，以避免出现问题。
- 必须将安全组和网络 ACL 配置为允许访问。
- 需要在每个子网路由表中启用路由传播，以便显示通过 BGP 学习的路由。

13.4.5　安全组

　　安全组是隐式拒绝。除非创建了允许传入或传出数据流的规则，否则数据流不会流动。这意味着，即使两个实例位于同一子网中，除非创建了允许通信的规则，否则它们将无法相互通信。安全组也是有状态的，这意味着如果创建了入站或出站规则，将允许返回数据流。

　　以下是在排除安全组故障时需要考虑的事项：

- 入站和出站规则的个数限制为 50。
- 每个网络接口最多可添加五个安全组。
- 安全组只可以添加"允许"规则。

　　Amazon VPC Flow Logs 对于解决与安全组相关的问题非常有用。如果没有适当的规则，那么数据流将被记录为拒绝的数据包。

13.4.6　网络访问控制列表(ACL)

　　默认情况下，VPC 上的网络访问控制列表(ACL)被设置为允许所有入站和出站数据流。如果网络 ACL 设置更严格，则必须小心允许所有必需的数据流。注意，网络 ACL 不像安全组那样有状态，必须使用允许规则显式允许返回到出站端口的数据流。例如，为了仅在子网中将出站锁定到端口 80 和 443，还需要对临时端口(端口 1024～65535)使用入站允许规则。在子网上实施网络 ACL 之前，应先对网络数据流以及使用中的端口和协议有很好的认识。

以下是排除网络 ACL 故障时需要考虑的事项：

- 网络 ACL 不像安全组那样有状态。
- 返回数据流可能需要开放临时端口 1024～65535。
- 每个 ACL 最多有 20 个入站和出站规则。
- 默认情况下，每个自定义网络 ACL 拒绝所有入站和出站数据流，直到添加规则。
- 从编号最低的规则开始评估。一旦规则匹配数据流，规则就会被应用，而不管任何编号更高的规则可能会与之发生冲突。

应用程序通常通过多个端口进行通信，并且通常需要返回数据流的入站规则。Amazon VPC Flow Logs 对于解决网络 ACL 相关问题非常有用。如果没有允许规则或有已定义的阻止规则，那么数据流将被记录为拒绝的数据包。

13.4.7　路由

VPC 内的路由由连接到每个子网的路由表控制。注意，除非路由表与子网显式关联，否则 VPC 的主路由表将用于每个子网。了解路由注意事项以及 VPC 内路由的工作方式有助于故障排除。以下是对路由表进行故障排除时的一些常见注意事项：

- 使用路由表中与数据流匹配的具体路由。
- 分别处理 IPv4 和 IPv6 路由。
- 不能修改 VPC CIDR 的默认本地路由。
- 当在 VPC 中添加互联网网关、仅出口互联网网关(用于 IPv6)、VGW、NAT 设备、伙伴连接或 VPC 端点时，必须更新使用这些网关或连接的任何子网的路由表。
- 路由表中的非传播路由个数被限制为 50。
- VPC 路由表中的可传播路由个数被限制为 100。如果达到此限制，则应使用更多的常规路由或默认路由。
- 如果使用自定义 Amazon EC2 实例作为路由器，则需要将其弹性网络接口作为目的地添加到路由表中。注意，还必须禁用数据流的源/目标检查。

提示：
路由传播在路由表中默认不启用。必须显式地启用路由表以接收由 BGP 通告的路由或将路由静态地分配给 VGW。

13.4.8　VPC 伙伴连接

VPC 伙伴连接是两个 VPC 之间的网络连接，可使用私有的 IPv4 地址或 IPv6 地址在它们之间路由数据流。任何 VPC 中的实例都可以像在同一网络中一样彼此通信。你可以在自己的 VPC 之间创建 VPC 伙伴连接，也可以与另一个 AWS 账户中的 VPC 建立伙伴连接。在这两种场景中，VPC 必须位于同一个 AWS 区域。

AWS 通过 VPC 现有基础设施创建 VPC 伙伴连接；VPC 伙伴连接既不是网关也不是 VPN 连接，并且不依赖于单独的物理硬件。通信没有单点故障或带宽瓶颈。

在排除 VPC 伙伴连接故障时，需要考虑以下事项：

- VPC 伙伴连接不可转递。不在目的地 VPC CIDR 中的数据流不会通过伙伴链路。
- 不能使用 VPC 伙伴连接访问互联网或 VPN 连接。
- 需要在每个子网路由表中添加一条路由记录，以远程 VPC CIDR 和伙伴连接作为目的地。这需要在 VPC 伙伴连接的两端同时进行。
- 不允许冲突或重叠的 VPC CIDR 范围。
- 每个 VPC 最多有 50 个 VPC 伙伴连接。通过打开 AWS 支持请求，可以将限制增加到最大 125。
- 需要设置安全组和网络 ACL，以允许数据流在源和目标实例之间流动。

13.4.9　AWS Cloud 服务相关的连接

驻留在 VPC 外部的 AWS Cloud 服务需要公共 IP 地址才能访问，这可以通过 NAT 网关、公共 IP 地址、代理服务器来实现，也可以通过在 VPC 上设置端点来实现(假设端点对服务可用)。

当访问 AWS Cloud 服务时，应检查以下注意事项：

- 必须有互联网网关、代理或 VPC 端点，以允许从私有 IP 地址与 VPC 进行连接。
- 如果使用了 VPC 端点，那么路由表中应该有以 VPC 端点为目标的路由。
- 应检查安全组和网络 ACL，确认它们设置正确以允许实例和服务进行通信。
- IAM 角色(假设正在使用)允许与服务通信。如果使用了 VPC 端点，那么必须将端点上的 IAM 策略设置为允许访问。IAM 策略模拟器工具有助于解决权限问题。

13.4.10　Amazon CloudFront 连接

Amazon CloudFront 作为全球内容交付网络(CDN)服务，可以低延迟、高速传输的方式向浏览者安全地交付数据、视频、应用程序和 API。Amazon CloudFront 已与 AWS 集成，这两个物理地点可直接连接到 AWS 全球基础设施以及与服务无缝工作的软件，包括用于分布式拒绝服务(DDoS)缓解的 AWS Shield、Amazon S3、Elastic Load Balancing 或作为应用程序源的 Amazon EC2 以及 AWS Lambda，这样就可以实现在靠近浏览者的地点运行自定义代码。

以下是解决 Amazon CloudFront 连接问题时需要考虑的一些常见事项：

- 如果使用的是自定义 DNS 条目，那么必须是指向 Amazon CloudFront 配送中心域名的 CNAME。
- 如果 Amazon CloudFront 源发端是 Amazon S3 存储桶，那么对象要么是公开可读的，要么具有创建的源发端访问标识(OAI)，并将配送连同权限一起分配给 Amazon S3 对象。
- HTTP 502 状态码(故障网关)表示 Amazon CloudFront 无法为请求的对象提供服务，因为无法连接到源发端服务器。如果看到 502 错误，则应确认与源发端服务器的连接。
- HTTP 503 状态码(服务不可用)通常表示源发端服务器上的容量不足。如果发现 503 错误，则应确认源发端服务器的容量。

13.4.11　Elastic Load Balancing 功能

Elastic Load Balancing 自动将传入的应用数据流量分布在多个 Amazon EC2 实例上，从而能够在应用中实现容错，无缝地提供路由应用数据流所需的负载均衡容量。

由于 Elastic Load Balancing 的可伸缩性，AWS 管理的 Elastic Load Balancing 实例组的数量将会增加和减少，以满足需求。这种扩展需要为 Elastic Load Balancing 子网分配足够数量的可用 IP 地址。如果不考虑 Elastic Load Balancing 实例组的扩展，可能会导致错误和负载均衡器无法均衡数据流量。

在解决 Elastic Load Balancing 问题时，需要考虑以下一些常见的注意事项：

- 验证公有负载均衡器仅驻留在公有子网中。
- 验证负载均衡器安全组和网络 ACL 是否允许来自客户端的入站数据流和到达客户端的出站数据流。
- 验证负载均衡器目标的安全组和网络 ACL 是否允许从一个负载均衡器子网到另一个负载均衡器子网的入站数据流和出站数据流。
- 确认健康检查的默认成功代码为 200(如果应用程序使用其他成功代码，则应修改此处的设置)。
- 验证是否在负载均衡器上启用了黏性会话，否则状态连接将无法正常工作。

13.4.12　域名系统

域名系统(DNS)提供主机名到 IP 的解析。AWS 会在 VPC 中默认创建 DNS 服务器。AWS 包含名为 Amazon Route 53 的受管 DNS 服务，可以创建公有和私有托管区。私有托管区仅在 VPC 中可用，而公有托管区可在全球范围内访问。

DNS 条目在域中拥有每个 DNS 记录的 TTL 值，TTL 值指定客户端缓存 DNS 查询值的时间。这些 TTL 值只是建议，可以在中间 DNS 服务器、操作系统和单个应用上通过缓存来忽略它们。因此，DNS 查询可能需要一些时间才能解析为正确的值，即使在 TTL 周期失效后也是如此。

以下是解决 DNS 问题时需要考虑的事项：

- AWS 将 VPC CIDR 中的第二个 IP 地址分配为 DNS 服务器。如果需要自定义 DNS 服务器，则可以创建备用动态主机配置协议(DHCP)选项集。
- 如果在条目更新后 DNS 条目没有正确解析，那么 DNS 条目的 TTL 可能没有过期。
- DNS 值可以由 ISP、操作系统和应用程序缓存，即使在 TTL 失效后，它们也可能返回不正确的值。
- 只能使用 CNAME 记录指向 AWS Cloud 服务。使用 A 记录可能会导致错误。
- 对于 Amazon Route 53 私有托管区，EnableDnsHostnames 和 EnableDnsSupport 必须设置为 true。

nslookup 命令是解决 DNS 问题的有效工具，可用于确定主机名解析哪个 IP 地址。

13.4.13　达到服务限制

每个 AWS Cloud 服务都有某种限制。既有硬限制，这种限制不能增加；也有软限制，它们可以通过 AWS 支持请求后增加。了解这些限制非常重要。当意识到服务限制是问题的根本原因后，可以节省大量的故障排除时间。AWS 网站上的每个服务页面都列出了限制。网络限制的子集也可以在 AWS Trusted Advisor 中看到：

- 弹性 IP 地址
- Amazon VPC
- 每个安全组的子网个数
- 互联网网关
- 活跃负载均衡器

当创建或分配资源时，达到限制后，许多服务会在 API 应答或 AWS Management Console 中显示错误。

13.5　本章小结

在本章中，你回顾了在 AWS 中排除连接故障以及从 AWS 到户内网络连接的核心概念。核心故障排除工具包括：

- 传统工具
  - ➢　数据包捕获
  - ➢　ping
  - ➢　traceroute
  - ➢　telnet
  - ➢　nslookup
- AWS 自带工具
  - ➢　Amazon CloudWatch Logs
  - ➢　Amazon VPC Flow Logs
  - ➢　AWS Config
  - ➢　AWS Trusted Advisor
  - ➢　IAM 策略模拟器

在本章中，你还回顾了一些常见的故障排除场景。获得故障排除经验的最佳方法是使用工具并解决可能出现的常见问题。建议你完成本章后面的练习，以获得有关 AWS 中网络故障排除的动手实践经验。

13.6　考试要点

理解故障排除方法。理解如何解决常见的网络异常，以及如何在云或混合环境中解决这些异常与户内网络的不同，这十分重要。

理解故障排除工具。 除了传统的故障排除工具之外，本章还讨论了一些你应当熟悉的 AWS 工具。

理解互联网连接所需的条件。 从 Amazon EC2 实例连接到互联网必须满足以下 5 个条件：

- 为实例分配公有 IP (注意，对于 IPv6，所有由 AWS 分配的地址都是公共的)或在公有子网中具有公有 IP 的 NAT 网关。
- 将网络网关与 VPC 绑定。
- 在公有子网的路由表中拥有到互联网网关的默认路由。如果使用了 NAT 网关，那么私有子网的默认路由应该是 NAT 网关实例。
- 在实例安全组中打开出站端口(端口 80 和 443 用于 Web 数据流)。
- 在子网网络 ACL 中打开入站和出站端口(出站端口 80 和 443 以及临时入站端口)。

对比网络 ACL 与安全组。 安全组是有状态的，而网络 ACL 没有状态。安全组存在隐式拒绝。必须添加规则以允许网络数据流。如果使用网络 ACL，则必须注意确保允许返回数据流(无论是入站还是出站)。

理解路由如何与 Amazon VPC 协同工作。 VPC 中有用于 CIDR 的自带路由。到 CIDR 以外目的地的所有其他路由都需要添加到路由表中。在最初创建 VPC 时，所有子网都有主路由表，然后可以添加其他路由表。路由表包含到子网的一对一映射，但是多个子网可以共享同一个路由表。更具体的路由具有较高的偏好。

理解 VPN IPsec 以及如何进行故障排除。 建立到达 IPsec 的 VPN 隧道包含两个阶段。你应该知道每个阶段的要求，以及当一个或两个阶段都无法完成时如何进行故障排除。你还应该了解路由如何与 VPN 隧道一起工作，以及在使用 AWS Direct Connect 时如何作为备用通道工作。

理解 AWS Direct Connect 和故障排除方法。 在通过 AWS Direct Connect 进行数据流量传输之前，必须完成一些要求。私有 VIF(连接到 VPC)和公有 VIF(连接到公共 AWS Cloud 服务)之间也存在差异。对于托管 VIF，每个 VIF 只能创建一个 VIF。

理解 VPC 伙伴连接以及有效与无效配置。 如果存在重叠或冲突的 CIDR 地址，则无法建立 VPC 伙伴。VPC 伙伴连接不可转递。任何不在 CIDR 范围内的数据流都不会通过 VPC 伙伴连接。

理解 DNS 和 Amazon Route 53 如何工作以及如何进行故障排除。 默认情况下，由 AWS 管理的端点在 VPC 内提供 DNS 解析。Amazon Route 53 可用于托管 VPC 内的私有区和 VPC 外的公有区。CNAME 应用于指向 AWS 提供的端点主机名。

应试窍门

熟悉 AWS 网络故障诊断工具，以及何时使用哪种工具最适合。

13.7　复习资源

更多详情，可参阅以下 AWS 网址。

AWS 故障排除 Amazon VPC 连接：

https://aws.amazon.com/premiumsupport/knowledge-center/connect-vpc/

AWS VPN 故障排除：

https://aws.amazon.com/premiumsupport/knowledge-center/vpn-tunnel-troubleshooting/

AWS Direct Connect 故障排除：

http://docs.aws.amazon.com/directconnect/latest/UserGuide/Troubleshooting.html

AWS CloudFront 故障排除：

http://docs.aws.amazon.com/AmazonCloudFront/latest/DeveloperGuide/Troubleshooting.html

AWS 实例 SSH 连接故障排除：

https://aws.amazon.com/premiumsupport/knowledge-center/instance-vpc-troubleshoot/

13.8 练习

熟悉故障排除的最佳方法是安装并利用本章提到的工具。在 AWS 环境中学习、熟悉网络工作方式以及学习如何解决常见故障的经验是无法取代的。

练习 13.1

设置流日志
如果还没有完成第 2 章中的练习，请完成。

(1) 以 Administrator 或 Power User 身份登录到 AWS Management Console。

(2) 在 AWS Management Console 的 Amazon CloudWatch 部分创建 Amazon CloudWatch 日志组。

(3) 导航到 AWS Management Console 的 Amazon VPC 部分，选择名为 My First VPC 的 Amazon VPC。

(4) 选择 Flow Logs，然后单击 Create New Flow Logs。填写所需字段。你需要一个 IAM 角色，有一个向导可以帮助你自动创建所需的角色和权限。确保选择了接受(ACCEPT)和拒绝(REJECT)数据流日志选项。

现在，你已经在自定义 VPC 上启用了流日志。

练习 13.2

使用 ping 测试实例到实例的连接
在本练习中，你将使用 ping 工具测试同一子网中两个实例之间的通信。

(1) 打开到公有子网中实例的 SSH 连接。

(2) 使用 ping 命令尝试访问私有子网中的实例。

(3) 你将注意到 ICMP 数据流失败，除非已经修改了安全组。

(4) 在 AWS Management Console 的 Amazon VPC 部分导航到 Security Groups。

(5) 创建一个新的安全组，以允许来自每个实例所属子网的入站/出站 ICMP 数据流。

(6) 在 AWS Management Console 的 Amazon EC2 部分，选择每个实例并附加新创建的安全组，选项包括 Actions、Networking，然后是 Security Groups。

这些实例现在可以互相执行 ping 命令了。

练习 13.3

检查 Amazon VPC Flow Logs

在本练习中，你将使用 Amazon VPC Flow Logs 来查看网络流量。

(1) 导航到 AWS Management Console 的 Amazon CloudWatch 部分，然后单击 Logs。等待至少 10 分钟，以确保流日志已经报告给 Amazon CloudWatch。

(2) 单击创建的流日志的名称。

(3) 单击与私有实例弹性网络接口关联的日志。

(4) 滚动浏览日志。你将看到初始公有子网到专用子网的拒绝(REJECT)条目。

(5) 继续滚动日志。你将看到在你创建安全组以启用 ICMP 数据流时的接受(ACCEPT)条目。

你现在可以成功地使用 Amazon VPC Flow Logs 查看网络流量。

练习 13.4

使用 traceroute

在本练习中，你将使用 traceroute 工具来确定网络数据流的路由。

(1) 创建一个新的 VPC，将它与现有的 VPC 进行伙伴连接。

(2) 在新的 VPC 中创建 t2.micro 实例并启用入站 ICMP 数据流。

(3) 使用 SSH 访问公共 Amazon EC2 实例，从 VPC 伙伴机的 IP 地址运行 traceroute。

(4) 你将注意到数据流通过默认的路由流向互联网，traceroute 最终将超时。

(5) 使用新创建的 VPC 的 CIDR 和 VPC 伙伴连接的目标，将路由添加到连接到公有子网的路由表中。

(6) 再次运行 traceroute。你将注意到数据流虽然不会穿过 VPC 伙伴连接，但却仍然无法完成。

(7) 使用现有 VPC 的 CIDR 和 VPC 伙伴连接的目标，将路由添加到新 VPC 的路由表中。

(8) 再次运行 traceroute。这一次将顺利完成并返回响应。

使用 traceroute 工具，可以识别路由问题，并可通过向路由表中添加路由来更正错误。

练习 13.5

使用 AWS Trusted Advisor 排查网络服务限制

在本练习中，你将使用 AWS Trusted Advisor 检查网络服务限制。

(1) 以 Administrator 或 Power User 身份登录到 AWS Management Console。

(2) 导航到 Amazon VPC 控制台并创建三个额外的 VPC，你会接收到错误。

(3) 导航到 AWS Trusted Advisor 仪表板并选择 Performance，向下滚动并展开 Service Limits。

(4) 通过窗口导航到 Amazon VPC Limit。你看到已经达到用于此练习的 AWS 区域中五个 VPC 的限制。你可能需要刷新服务限制检查才能看到这一点。

如果希望增加 VPC 限制，可以提交服务请求。

13.9 复习题

1. 你将应用负载均衡器放置在两个有状态的 Web 服务器的前面。用户在访问网站时开始报告间歇性的连接问题。为什么网站没有响应？

    A. 网站需要打开端口 443

    B. 必须在应用负载均衡器上启用黏性会话

    C. Web 服务器需要将安全组设置为允许从 0.0.0.0/0 传来的所有传输控制协议(TCP)

    D. 子网上的网络访问控制列表(ACL)需要允许有状态的连接

2. 你创建了一个新的实例,并且能够通过 SSH 从公司网络连接到这个实例的私有 IP 地址。但是,该实例没有互联网访问权限。你的内部策略禁止直接访问互联网。访问互联网需要什么？

    A. 给实例分配公有 IP 地址

    B. 在实例的安全组中保证端口 80 和 443 没有设置为拒绝

    C. 在私有子网中部署 NAT 网关

    D. 确保子网路由表中的默认路由通往户内网络

3. 在私有子网中创建网络地址转换(NAT)网关。你的实例无法与互联网通信。你该怎么做？

    A. 给互联网网关添加默认路由

    B. 确认允许出站端口 80 和 443 上的数据流

    C. 删除 NAT 网关，然后将它部署在公有子网内

    D. 将实例置于公有子网中

4. 对于从公有子网到互联网的连接，以下哪一项不需要？

    A. 公有 IP

    B. NAT 网关

    C. 安全组的出站规则

    D. 网络 ACL 中的入站规则

    E. 网络 ACL 中的出站规则

    F. 互联网网关

    G. 互联网关的默认路由

5. 你正在尝试将两个新的虚拟私有云(VPC)伙伴连接添加到具有 24 个现有伙伴连接的 VPC 中。第一个连接工作正常，但第二个连接返回错误消息。你应该怎么做？

    A. 向 AWS 支持部门提交请求以增加 VPC 伙伴连接限制

    B. 选择另外一个 AWS 区域以设置 VPC 伙伴连接

    C. 重试请求，错误可能消失

    D. 部署连接到 VPC 的 VPN 实例

6. 你为没有互联网连接的虚拟私有云(VPC)创建了一个新的端点。你的实例无法连接到 Amazon Amazon S3。问题可能是什么？

　　A. 路由表中没有通往 Amazon S3 VPC 端点的路由

　　B. Amazon S3 桶在另外一个区域

　　C. 桶的访问列表没有配置正确

　　D. VPC 端点没有正确的 AWS IAM 策略与之绑定

　　E. 以上都对

7. 最近，你为托管在 AWS 上的高可用应用的专用托管区设置了 Amazon Route 53。添加一些记录后，你注意到实例主机名没有在虚拟私有云(VPC)中解析。你应该做什么？(选择两个答案)

　　A. 在实例的安全组中允许端口 53

　　B. 建立 DHCP 选项集

　　C. 将 VPC 的 enableDnsHostnames 设置为 true

　　D. 将 VPC 的 enableDnsSupport 设置为 true

8. 你发现默认的虚拟私有云(VPC)已在早上被同事从区域 US-East-1 中删除。你将在下午部署许多新服务。你应该怎么做？

　　A. 这并不重要，不需要做任何行动

　　B. 指定建立的 VPC 为默认 VPC

　　C. 发出 AWS 支持请求以重建 VPC

　　D. 执行 API 调用或按照 AWS Management Console 中的步骤建立默认 VPC

9. 你负责公司的 AWS 资源。你注意到某个 IP 地址范围的大量数据流由国外没有客户的地区而来。对数据流量的进一步调查表明，数据流的源头正在扫描 Amazon EC2 实例上的开放端口。下列哪种资源可以阻止 IP 地址到达实例？

　　A. 安全组

　　B. NAT 网关

　　C. 网络 ACL

　　D. VPC 端点

10. 以下哪些工具可以记录数据流的源以及目的地 IP 地址？(选择两个答案)

　　A. 流日志

　　B. 在实例上捕获数据包

　　C. AWS CloudTrail

　　D. AWS Identity and Access Management (IAM)

第 14 章

计 费

本章涵盖的 AWS 认证高级网络-专项考试目标包括但不局限于以下知识点。

知识点 2.0：设计和实施 AWS 网络
- 2.6 根据网络设计和应用数据流评估和优化成本分配

具体包括以下内容：
- VPC 内的数据传输费用
- 在 Amazon VPC 外与 AWS Cloud 服务的数据传输费用
- 当使用 AWS Direct Connect 时的数据传输费用
- 互联网上的数据传输费用

14.1 计费简介

AWS 网络相关服务的计费通常是复杂的，甚至在初期使用时会感到困惑。

在本章中，我们将评估出入 AWS 内托管服务的特定数据流的费用。

网络相关费用有三个组成部分：
- 服务或端口小时费用
- 数据处理费用
- 数据传输费用

服务或端口小时费用可以包括虚拟私有网络(VPN)、AWS Direct Connect 和网络地址转换(NAT)网关等服务，一旦配置了服务，就按小时收费。其他服务费用可以反映包含的数据传输部分，这部分不单独收费。

数据处理费用适用于 NAT 网关和 Elastic Load Balancing 等服务。

数据传输费用是指当数据通过网络传输时 AWS 收取的费用。此时，数据流的至少一端位于 AWS 区域内。

在本章中，所有例子都使用了写作时 US-East-1(北弗吉尼亚州)区域的定价。你应该在 AWS 网站上查看最新的定价，注意不同的 AWS 区域可能使用不同的定价。如果服务存在分级定价，本章将使用第一个非免费价格。

14.1.1 服务或端口小时费用

以下特定于网络的服务除了数据传输外,还需要支付服务或端口小时费用。

1. VPN 连接

VPN 连接按连接小时数计费。这意味着,一旦提供由 AWS 管理的 VPN,并且 VPN 可用后,连接小时费用就开始计费了。AWS 管理的 VPN 将 VPC 上的虚拟私有网关(VGW)连接到客户网关。删除 VPN 连接将停止连接小时计费。除了连接小时费用以外,还需要根据客户网关的地点收取数据传输费用。对于大多数架构,客户网关位于客户网络内,数据传输按互联网费率收费。以 US-East-1 区域为例,从 AWS 向外输出的每 GB 成本为 0.09 美元。在此场景中,入站数据传输不需要付费。

2. AWS Direct Connect

AWS Direct Connect 按端口小时计费。这意味着,在为你提供 AWS 直接连接后,端口小时计费在状态第一次变为"可用"时或 90 天后(以先发生者为准)开始。如果是由 AWS Direct Connect 伙伴提供的托管连接,则在接收账户接受连接后,将收取端口小时费用。在这两种情况下,对连接的账户都要收取端口小时费用。

在创建虚拟接口(VIF)之前,无法有效地使用 AWS Direct Connect。VIF 会建立边界网关协议(BGP)会话,并允许数据流动。创建 VIF 后,AWS Direct Connect 的数据传输计费将开始,并计入拥有 VIF 的账户。拥有 VIF 的账户可以不同于拥有 AWS Direct Connect 连接的账户。AWS Direct Connect 数据传输速率也适用,并且每个区域和 AWS Direct Connect 地点的数据传输速率不同。但是,AWS Direct Connect 数据传输速率始终低于标准互联网输出速率。

3. AWS PrivateLink

从网关设置可用的那一刻起,便根据 NAT 网关的小时数收费。当 NAT 网关被删除时,这些计费将停止。当 NAT 网关处理数据流并执行 NAT 时,无论数据流的来源或目的地如何,对处理的数据量都要收费。此外,标准数据传输费用适用于通过 NAT 网关的数据流量。在大多数架构中,这将是互联网的出站费用。

4. NAT 网关

NAT 网关从网关配置且可用时开始按小时计费。当 NAT 网关被删除时,这些计费将停止。当 NAT 网关处理流量并执行 NAT 时,不管流量的源或目的地如何,都会对处理的数据量收取费用。此外,标准数据传输费用适用于通过 NAT 网关产生的流量。在大多数架构中,这是互联网的输出速率。

5. Elastic Load Balancing

Elastic Load Balancing 有三种不同类型的负载均衡器。

应用负载均衡器 对应用负载均衡器运行的每小时或不足一小时,以及负载均衡器每小时使用的负载均衡器容量单元(LCU)的数量,都会收取费用。

网络负载均衡器　对网络负载均衡器运行的每小时或不足一小时，以及每小时负载均衡器使用的 LCU 数量进行收费。

典型负载均衡器　对典型负载均衡器运行的每小时或不足一小时，以及通过负载均衡器传输的每 GB 数据都要收费。

对于应用负载均衡器和网络负载均衡器，可变组件基于 LCU 的数量。LCU 测量负载均衡器处理数据流量的维度(平均一小时)。

测量的维度如下：

新连接或数据流量　每秒新建立的连接数。许多技术(例如，HTTP 或 WebSocket)会为了提高效率而重用传输控制协议(TCP)连接。新连接的数量通常低于请求或消息计数。

活跃连接或数据流　每分钟的活跃连接数。

带宽　负载均衡器处理的数据流量(以 Mbps 为单位)。

评估规则(仅适用于应用负载均衡器)　规则数的乘积由负载均衡器和请求率处理。对最初的 10 个处理规则不收取费用：

$$规则评估=请求率×(处理的规则数-10 个规则)$$

只对一小时使用率最高的维度实行收费。

应用负载均衡器的 LCU 包含以下内容：

- 每秒 25 个新连接
- 每分钟 3000 个活跃连接
- 2.22 Mbps(可转换为每小时 1 GB)
- 每秒 1000 次规则评估

如果配置的规则少于 10 个，则在 LCU 计算中会忽略规则计算维度。

网络负载均衡器的 LCU 包含以下内容：

- 每秒 800 个新的非 SSL 连接或数据流
- 100 000 个活跃连接或数据流量(每分钟采样)
- 2.22 Mbps(可转换为每小时 1 GB)

14.1.2　数据传输类型

AWS 数据传输通常在资源或服务接口上进行计量。在确定相关数据流的来源和目的地后，以适当的费率收费。在 AWS Direct Connect 上使用私有 VIF 时可能会出现例外。如果数据流被确定为具有可通过 VIF 到达的目标，则数据传输参照直连地点以及 AWS Direct Connect 定价网页上确定的特定 AWS 区域，按照 AWS 出站计算的适当费率进行收费。

1. 数据传输：互联网

互联网关于数据传输的定义是：数据流在 AWS 拥有的公有 IP 地址和非 AWS 拥有的公有 IP 地址之间流动。此定义不包括两个 AWS 区域之间的数据流或同一 AWS 区域中公有 IP 之间的数据流。

对于从互联网到 AWS 公有 IP 的数据传输不收取费用。从 AWS 公有 IP 向互联网传输数据的费用为：对于第一个 10 TB，每 GB 收费 0.09 美元。

2. 数据传输：区域到区域

当数据流在不同的 AWS 区域内的 AWS 公有 IP 之间流动时，区域间的费用为每 GB 0.02 美元。这项收费适用于从一个区域出站的数据流。对于两个不同的 AWS 区域的双向数据传输，每个数据流在每个方向(出口)仅收费一次。然而，由于双向流动，每个数据流实际上是分开收费的。

至于 AWS 公有 IP 是否与 Amazon EC2 实例或 AWS Cloud 服务(如 Amazon S3)关联，不会对数据传输费用产生影响。

3. Amazon CloudFront

Amazon CloudFront 有一系列从边缘站点向最终用户/内容浏览者向外传输数据的费用。

当用于 Amazon CloudFront 配送的源发端托管在 AWS 区域(例如，在 Amazon S3 或 Amazon EC2 实例上)时，不收取出站数据传输费用。但是，如果 Amazon CloudFront 也被用于上传内容，那么入站数据传输将按照每 GB 跨区域费率 0.02 美元收取费用。

4. 数据传输：通过公有 IP 的同一区域

如果数据源来自同一区域，进出 AWS 区域服务(如 Amazon S3、Amazon SQS 或 Amazon SES)的数据流不收费。服务/资源是否由同一个账户拥有并不重要。

一种例外是，如果数据流在两个 Amazon EC2 实例之间使用公有 IP(在相同或不同的 AWS 账户中)，那么数据传输在两个方向的收费为每 GB 0.01 美元。不管数据流是否保持在可用区内，都按相同的费用收费。

5. 数据传输：跨可用区

对于同一个 VPC 中的两个 Amazon EC2 实例之间的数据流，但在不同的可用区内，每个方向的数据流收取每 GB 0.01 美元的费用。此数据流还包括访问 VPC 内提供的服务(如 Amazon RDS 和 Amazon Redshift)。

6. 数据传输：VPC 伙伴连接

在不同的 VPC 中，两个 Amazon EC2 实例之间的数据流在每个方向的收费为每 GB 0.01 美元，这还包括访问伙伴 VPC 提供的服务(例如，Amazon RDS 和 Amazon Redshift)。伙伴 VPC 的可用区和客户账户不影响此费用。

7. 数据传输：可用区内

如果 Amazon EC2 实例在同一可用区内，并且它们在同一个 VPC 中，那么它们之间的数据传输不收取任何费用。

8. VPN 端点 VGW

用于 IPsec VPN 端点的 AWS 托管 VPN 解决方案使用的 VGW IP 地址包含在区域的 AWS 公有 IP 定义中。因此，如果在另一个用作客户网关的区域中使用 Amazon EC2 实例构建软件 VPN，那么每个方向的数据流量按每 GB 收费 0.02 美元，而不是可能认为的每 GB 0.09 美元的互联网费率。

9. AWS Direct ConnectVIF

当通过AWS 直连公共VIF 传输数据时，AWS计费系统会验证数据流的目标IP是否在AWS Organizations/计费家族的列表中。这些IP 地址是在创建公共 VIF 时定义的。如果 IP 地址与你的某个账户相关联，并且 VIF 的 BGP 状态为"活跃"(表示通告这些前缀)，那么从组织拥有的资源传输数据时将采用较低的 AWS Direct Connect 速率(根据使用的 AWS Direct Connect 地点和 AWS 区域计算)。

如果不满足这些条件，那么数据流仍可能通过 AWS Direct Connect 流动；但是，将按互联网费率向资源所有者收费。

14.1.3 场景

本节提供应用程序架构中常见的构件示例，以及如何对网络构件进行收费。

1. 场景 1

这个场景显示了在两个不同区域之间使用 Amazon EC2 实例的两个不同 AWS 客户之间的定期数据传输(见图 14.1)。

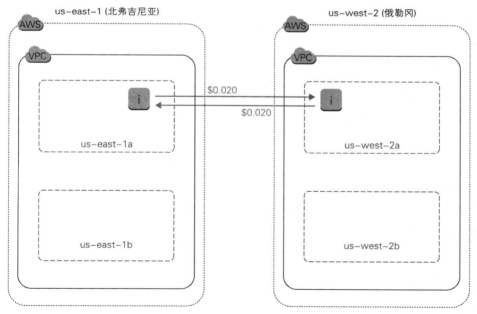

图 14.1　场景 1

2. 场景 2

在这个场景中，一个高度可用的应用程序在 Amazon EC2 实例之间复制数据，这个应用程序既在一个 AWS 区域内，也在灾难恢复时选择的不同 AWS 区域内(见图 14.2)。

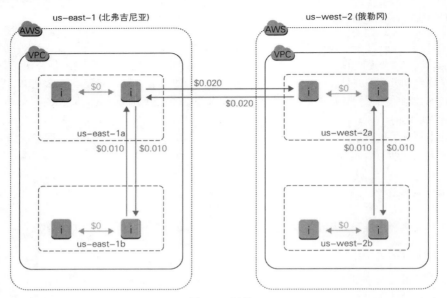

图 14.2　场景 2

3. 场景 3

这个场景使用 AWS Direct Connect 访问组织拥有的 Amazon S3 桶和另一个客户拥有的 Amazon S3 桶(见图 14.3)。

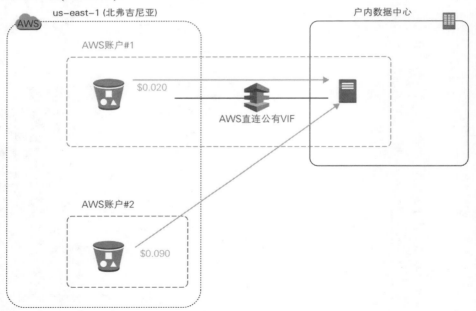

图 14.3　场景 3

4. 场景 4

在一个账户中使用 AWS Direct Connect 访问另一个账户中的 Amazon EC2 实例，这两个账户都属于同一个 AWS 客户(见图 14.4)。

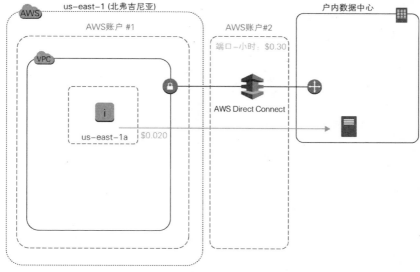

图 14.4　场景 4

5. 场景 5

单个 AWS 区域内的转递 VPC 设计(见图 14.5)。

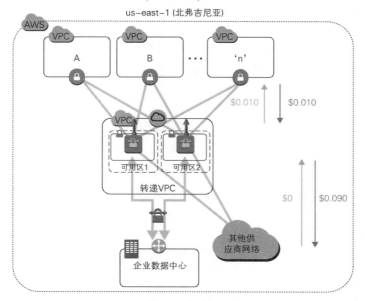

图 14.5　场景 5

6. 场景 6

多个 AWS 区域的转递 VPC 设计(见图 14.6)。

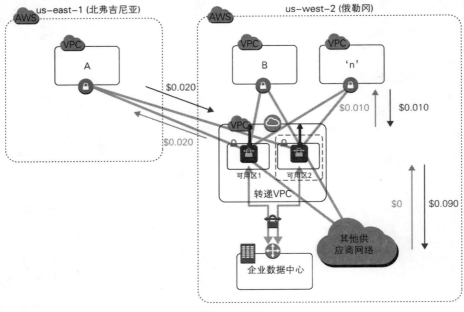

图 14.6　场景 6

14.2　本章小结

为了理解 AWS 中的网络计费,你必须清楚特定数据流的来源和目的地。你可以使用这些信息将数据流的每一端归纳为本章和 AWS 文档中提到的服务和端口小时费用类别之一,这样就可以确定不同的数据传输类别适用于哪些特定的数据流。不管是哪种类型,重要的是要了解每个方向的每个数据流是否收取一次或两次费用。

14.3　考试要点

理解与 AWS 网络相关的计费关键要素。端口小时/服务费、数据传输和数据处理是用于计算网络相关费用的三个关键要素。

理解 AWS 直连如何影响计费。私有 VIF 只需要将出站数据传输速率从互联网(每 GB 0.09 美元)降低到 AWS Direct Connect 速率(每 GB 0.02 美元)。公有 VIF 在应用降低的费率之前需要考虑多个因素,特别是资源的所有者、VIF 的所有者、AWS Organizations 内 VIF 的关系、白名单 IP 前缀、BGP 状态以及前缀是否通告,等等。

理解如何组合相关组件以获得架构的成本。VGW IPsec VPN 端点在 AWS 区域内。数据传输费用可能有两个要素，这取决于由于 VPN 设备或类似机制造成重新启动数据流的地点。在某些情况下，例如在两个可用区之间，会对数据流收取两次费用。

应试窍门
记住服务的具体费用与认证无关；但是，了解它们如何应用于不同的数据流场景非常重要。

14.4　复习资源

AWS 账户计费文档：

https://aws.amazon.com/documentation/account-billing/

Amazon VPC 计费：

http://aws.amazon.com/vpc/pricing

AWS Direct Connect 计费：

https://aws.amazon.com/directconnect/pricing/

Amazon CloudFront 计费：

https://aws.amazon.com/cloudfront/pricing/

Amazon EC2 计费：

https://aws.amazon.com/ec2/pricing/

14.5　练习

熟悉 AWS 计费模型和相关费用的最佳方法是配置自己的架构，然后使用可用资源(例如，AWS 成本和使用报告)了解每个组件的费用。

有关完成这些练习的帮助，请参阅 https://aws.amazon.com/documentation/account-billing/上的 AWS 文档和 AWS 网站上的各个服务定价页面。

练习 14.1

创建账单报警

在本练习中，你将创建账单报警，当账户使用量超过指定限制时会收到通知。

(1) 以 Administrator 或超级用户(Power User)身份登录到 AWS Management Console。

(2) 导航到 Preferences，选中 Receive Billing Alerts 复选框。

(3) 导航到 Amazon CloudWatch 控制台，选择 Alarms，然后选择 Billing。

(4) 创建报警，当 AWS 总费用每月超过 20 美元时，发送电子邮件通知。

在你成功完成这个练习后，当费用超过 20 美元时，你将会收到一封电子邮件。

设置预算

在本练习中，如果预计每月成本将超过特定的每月成本阈值，那么可以使用 AWS 预算来配置通知邮件。

(1) 以 Administrator 或 Power User 身份登录到 AWS Management Console。

(2) 导航到 Budgets，选择 Create Budget。

(3) 填写 Name 字段，选择成本金额，并将 Period 设置为 Monthly。

(4) 将 Notify Me When 设置为 Forecasted, Greater Than 100。

(5) 将你的电子邮件地址添加到联系人列表中。

(6) 单击 Create。

成功完成此练习后，你将在预测支出超过 100 美元时收到通知。

启用 Cost 和 Usage 报告

在本练习中，你将启用 Cost 和 Usage 报告，并在 Amazon S3 中检索它们。

(1) 以 Administrator 或 Power User 身份登录到 AWS Management Console。

(2) 导航到 Reports，选择 Create a Report。

(3) 命名报告并将时间单位设置为 Hourly。

(4) 输入所有相关资源的 ID，选择要将报告保存到的 Amazon S3 存储桶和前缀。

(5) 24 小时后，下载报告。

成功完成此练习后，你将在 Amazon S3 存储桶中定期创建报告。

14.6 复习题

1. 在两个具有伙伴连接的不同虚拟私有云(VPC)中有两个 Amazon EC2 实例。两个 VPC 都在同一可用区中。你在账单上看到的这两个 Amazon EC2 实例之间的数据传输费用是多少？

    A. 每个方向每 GB 0 美元

    B. 每个方向每 GB 0.01 美元

    C. 每个方向每 GB 0.02 美元

    D. 每个方向每 GB 0.04 美元

2. 以下关于 Amazon S3 传输数据的陈述中，哪一项不正确？

    A. 从非 AWS 公有 IP 到 Amazon S3 的数据传输不收费

    B. 从 us-west-2 的 Amazon EC2 到 eu-west-1 的 Amazon S3 存储桶的数据传输不收费

    C. 在同一区域中由 Amazon EC2 到 Amazon S3 的数据传输不收费

    D. 由 Amazon S3 到 Amazon CloudFront 边缘站点的数据传输不收费

3. 你选择使用 AWS Direct Connect 公有虚拟接口(VIF)将 IPsec VPN 从 VPC VGW 传输到客户网关。通过 VPN 进行的所有数据传输的收费标准是多少？

    A. 每 GB 0 美元

    B. 每 GB 0.02 美元

    C. 每 GB 0.05 美元

    D. 每 GB 0.09 美元

4. 以下哪种类型的数据传输不收费？

    A. 从 eu-west-1 的 Amazon EC2 到 us-east-1 的 Amazon S3

    B. 从户内数据中心到 us-east-1 的 Amazon S3

    C. 从 eu-west-1 的 Amazon EC2 到户内数据中心

    D. 从 us-east-1 的 Amazon S3 到 eu-west-1 的 Amazon EC2

5. 假设你每月的费用可能超过 200 美元，你希望提前收到电子邮件通知。以下哪种机制最适合生成此通知？

    A. 在 Amazon CloudWatch 中建立计费预警

    B. 建立预算

    C. 启用 Cost 和 Usage 报告

    D. 访问计费控制台

6. 创建 AWS Direct Connect 后，最早开始接收端口小时数收费的时间点是什么？

    A. 创建 90 天以后

    B. 连接第一次可用时

    C. 在传输 100MB 的数据以后

    D. 当建立 VIF 时

7. 以下哪一项不用于网络地址转换(NAT)网关的计费？

    A. NAT 网关小时计费

    B. NAT 网关数据处理费用

    C. 活跃会话期费用

    D. 数据传输费用

8. 以下哪一项是从 Amazon S3 到 Amazon CloudFront 的数据传输费用？

    A. 每 GB 0.00 美元

    B. 每 GB 0.01 美元

    C. 每 GB 0.02 美元

    D. 根据边缘站点不同而不同

9. 当在 AWS 直连上使用公有虚拟接口(VIF)时，可以访问一个 Amazon S3 桶，该 Amazon S3 桶由非组织成员拥有。谁来支付这个 Amazon S3 桶的数据传输费用？

    A. AWS Direct Connect 连接的所有者

    B. Amazon S3 桶的所有者

    C. 公有 VIF 的所有者

    D. 没有人，不收费

10. 可以从自己拥有的 Amazon EC2 实例连接到同一账户中另一个 Amazon EC2 实例的公有 IP 地址。这两个实例都在同一可用区中。这个场景在 us-east-1 中的费用是多少？

    A. 无，同一个可用区的数据传输不收费

    B. 每个方向每 GB 0.01 美元

    C. 每个方向每 GB 0.09 美元

    D. 一个方向没有费用，另一个方向每 GB 0.09 美元

第15章

风险与规范

本章涵盖的 AWS 认证高级网络-专项考试目标包括但不局限于以下知识点。

知识点 5.0：安全与规范的设计和实施
- 5.1 评估符合安全和合规目标的设计要求
- 5.2 评估支持安全和合规目标的监控策略
- 5.3 评估用于管理网络数据流的 AWS 安全功能
- 5.4 利用加密技术保护网络通信

15.1 一切从威胁建模开始

在 AWS(或其他任何地方)上构建任何类型的工作负载环境之前，从监管、分类和伴随要求的角度考虑要处理数据的性质(通常是在保密性、完整性以及可用性的背景下)，并确定提议的环境是否合适是非常重要的。人类不善于客观地评估风险，因此应该使用或扩展众多风险特征描述和评估框架中可用的那个。

在共享责任模型分界线的 AWS 一端，AWS 具有来自自身环境威胁的模型，这推动了底层 AWS 环境的许多设计决策。例如，由于 AWS 应用编程接口(Application Programming Interface, API)端点面向互联网，因此它们可以高度扩展并进行严格监控。另外，它们的入站网络连接需要根据数据流的形态。所有与互联网相连的 AWS 生产网络还具有客户不可见的数据包计分和过滤功能。这些功能用于保护 AWS 基础设施，所有客户都可以通过在 AWS 上处理数据而从中获益。数据包计分和过滤功能构成了 AWS Shield 服务的重要组成部分，本章后面将更详细地描述这一部分。

我们建议使用 AWS 处理威胁模型的一些方法，它们包括：

职责分离　这是在特定的、安全敏感的操作环境中使用的方法，并要求多人协同工作以执行操作。需要人与人之间协作的操作有时也称为"多眼规则"。

最少权限　这涉及对人员以及系统进程授权，从而执行需要执行的操作以及在某个时间需要执行的操作。从 AWS Identity and Access Management (IAM)的角度看，这通常包含授予用户和进程一组最小的默认权限，并要求对某个角色进行身份验证，以便仅在需要时执行更多的特权操作。

需要知道　这可以被认为是职责分离的延伸。如果需要通过特定的方式与环境交互以完成工作，那么只需要对这些环境有足够的了解，这样就可以用这些方式成功地与它们交互，同时在出现问题时有向上汇报的途径。AWS Cloud 服务是由 API 驱动的，因此对于抽象服务，只需要知道 API 调用、响应以及日志记录和报警事件，就可以成功地使用它们，而不需要"幕后所发生事情"的全部细节。

15.1.1 规范与范围

在确定自己的工作量大致适合在 AWS 上部署之后，下一步是确定可以使用哪些服务以及如何使用这些服务，以满足与工作量相关的任何规范或监管框架方面的要求。AWS 为许多服务遵守许多外部标准，参见 https://aws.amazon.com/compliance/services-in-scope/。在此背景下，Amazon VPC 构件，如安全组、网络访问控制列表(NACL)、子网、虚拟私有网关(VGW)、互联网网关、网络地址转换(NAT)网关、VPC 私有端点以及域名系统(DNS)等服务，将全部归入 Amazon VPC。

如果服务不在特定标准的范围内，这并不一定意味着必须将服务从需要符合特定标准的环境中排除。相反，服务不能用于处理标准定义为敏感的数据。常用且推荐的方法是将特定合规要求范围内的环境与不合规的分开，这不仅包括在单独的 VPC 中，而且也包括在单独的 AWS 账户中。账户和 VPC 也作为明确定义的技术范围边界供审计人员考虑。

如果参与合规工作已经有一定的时间，就会理解，将合规的事情 A 连接到合规的事情 B，结果不一定是合规的事情。虽然 AWS 拥有由第三方审计人员根据许多外部合规标准认证的独立服务，但仍有可能用合规部件构建不合规环境。为了构建审计人员更可能批准的环境，AWS 在企业加速计划(Enterprise Accelerator Program)下提供了资源。这些内容包括将标准中规定的控件映射到 AWS 中用于实现和实施它们的电子表格，以及将一组模块化的 AWS CloudFormation 模板结合在一起，以合理地反映预期网络设计和相关文档。

提示：

如果需要满足其他合规标准，美国国家标准与技术研究所(NIST)特别关注的资源集是值得检查的，因为 NIST 800-53 中的大量技术控制意味着可能与你要求的标准控制有合理的重叠部分。

15.1.2 审计报告和其他文件

最终，判断环境是否符合法规要求的仲裁者是审计人员。为了帮助理解 AWS 环境，我们提供免费的在线培训课程，可以通过电子邮件 awsaudittraining@amazon.com 请求访问。这是对企业加速计划中众多白皮书和资源的补充。

可用资源包括以下这些。

AWS 安全流程概述白皮书 包括人员因素(如职责分离)、需要知道和服务维护：

https://d0.awsstatic.com/whitepapers/aws-security-whitepaper.pdf

AWS 安全最佳实践白皮书 包括配置建议、数据删除过程和物理安全：

https://d0.awsstatic.com/whitepapers/security/aws_security_best_practices.pdf

AWS 风险与规范白皮书 提供客户合规调查问卷中常见问题的答案，此外还包含云安全联盟(CAIQ)调查问卷的完整副本和信息安全注册评估师计划(IRAP)评估：

https://d0.awssstatic.com/whitepapers/compliance/AWS_Risk_and_Compliance_Whitepaper.pdf

AWS 还提供了一些来自外部审计师的在线报告。这些报告让你能够获得有关 AWS 技术、组织、环境和操作实践的第三方审查的详细信息。它们也可以帮助审计人员确定部署的整个环境是否在 AWS 共同责任模式划分方面符合规范性要求。

这些审计报告可通过 AWS Artifact 服务免费提供(https://aws.amazon.com/artifact/),可通过基于 AWS Management Console 的门户和 API 显示报告。注意,在下载报告和范围界定文件之前,需要单独单击保密协议(NDA)。虽然不需要符合支付卡行业数据安全标准(PCI DSS)的合规要求,但是 PCI DSS 审计报告包含有关 AWS 在管理程序中协助内部调查和客户到客户分离的信息。如果 PCI DSS 客户到客户分离保证不足以满足威胁模型,那么也可以使用 Amazon EC2 专用实例。这些实例使用不同的置放算法来确保客户机仅在托管属于用户客户机实例的物理服务器上启动,而不属于其他客户。

15.2 所有者模型与网络管理角色

如第 8 章"网络安全"所述,管理底层的 AWS 网络是 AWS 的责任。即使可用区由一个或多个数据中心组成,每个可用区的网络也是该可用区的 Amazon EC2 网络中连续开放系统互连(OSI)第 2 层空间的一部分。该层可分为多个 VPC,并通过互联网网关连接到 Amazon 边界网络,Amazon 边界网络连接所有公有 AWS 区域,并提供 AWS API 端点。

Amazon VPC 环境旨在反映管理传统数据中心环境的最常见方式,以及对这些环境的访问权限。因此,将网络权限分配给工作人员中的不同团队是合理的。职责分离是 AWS 维护人为安全的关键机制。可以使用 IAM 策略为不同的 IAM 角色分配安全组、网络 ACL 等权限。还可以考虑移动到完整的 DevOps/DevSecOps 模型,尽可能将人从数据和系统管理过程中去除。

15.3 控制对 AWS 的访问

IAM 控制非根用户对 AWS API 的所有访问,IAM 现在可以通过 AWS Organizations 的服务控制策略(Service Control Policy,SCP)进行扩充。第 8 章已对 SCP 进行了深入讨论。

IAM 策略是遵从主体、操作、资源、条件(PARC)模型的 JSON 文档。IAM 策略包含以下组件。

效果 效果可以是允许或拒绝。默认情况下,IAM 用户没有使用资源和 API 操作的权限,因此所有请求都被拒绝。显式允许会覆盖默认值。显式拒绝会覆盖任意数量的允许,这在策略复杂性增加时很有用。

主体 与策略关联的实体或服务。通常,IAM 主体是应用策略的实体(如用户、组或角色)。

操作 操作是指用户授予或拒绝对特定 API 操作的权限。

资源 资源受操作的影响。一些 Amazon EC2 API 操作允许在策略中包含特定的资源,这些资源可以由操作创建或修改。如果需要在语句中指定资源,则需要使用 Amazon 资源名(ARN)。如果 API 操作不支持 ARN,使用*通配符指定 API 操作可以影响所有资源。

条件 条件是可选的。它们可用于控制策略何时生效。

每个服务都有自己的一组操作，有关这些操作的详细信息通常可以在服务的开发人员指南中找到。

图 15.1 显示了评估策略时使用的决策树。

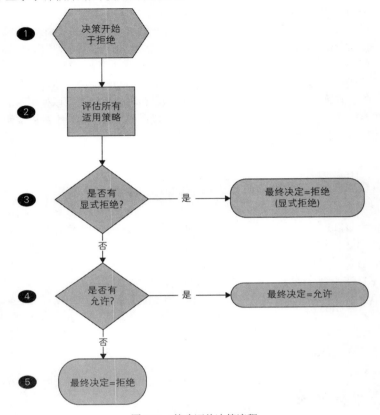

图 15.1　策略评估决策流程

IAM 策略也可以与 SourceIp 条件一起使用，在许多情况下，这会限制由 SourceIp 条件进行 API 调用的源 IP 地址。可以通过 OR 条件指定多个 IP 范围。例如：

```
"IpAddress" : {
"aws:SourceIp" : ["192.0.2.0/24", "203.0.113.0/24"]
}
```

只有当以用户身份直接调用测试的 API 时，aws:SourceIp 条件关键字才会在 IAM 策略中起作用。如果使用服务来代表调用目标服务，则目标服务将看到调用服务的 IP 地址而不是原始用户的 IP 地址。例如，使用 AWS CloudFormation 调用 Amazon EC2 构建实例时，就可能发生这种情况。目前无法通过调用服务将源 IP 地址传递给目标服务，以便在 IAM 策略中进行评估。对于这些类型的服务 API 调用，不要使用 aws:SourceIp 条件关键字。

15.3.1　AWS Organizations

在引入 AWS Organizations 之前，AWS 账户中的根用户是传统的全能用户，因此 IAM 策略约束不适用于根用户。有了 AWS Organizations 以后，可以将 SCP 应用于子账户，这样子账户中的根用户(以及所有其他 IAM 用户)不仅受 SCP 的约束，而且不能读取或更改它们。

SCP 与 IAM 策略非常相似，但目前不支持 IAM 条件或细粒度资源构件。虽然常见的方法是在创建账户时使用 SCP 来拒绝访问不需要或不想要的 AWS Cloud 服务，但也可以在账户生命周期中的任何阶段使用与 IAM 策略相同的粒度来拒绝访问特定的 API 调用。

以网络连接为例，当 SCP 生效时，便有能力拒绝连接互联网网关、连接 VGW 或伙伴 VPC，这样，SCP 就可以强制与任何 VPC 建立互联网隔离。

SCP 可以分配给组织中的单个子账户，也可以分配给组织单位(OU)中的账户。AWS Organizations 的主账户不能将影响根用户的 SCP 应用于自身，因此根用户只能在 AWS Organizations 的主账户中继续作为传统的全能用户使用。

15.3.2　Amazon CloudFront 配送中心

我们需要根据客户地理位置限制对 AWS 中托管服务的访问，为此，Amazon CloudFront 内置了对基于 IP 地理限制的支持(例如，遵守被拒绝和受限制方的列表)。虽然按 IP 地址映射位置是一门不精确的科学(特别是当客户机使用代理时)，但它仍然是可以用作证明合规性参数的控件。

虽然 Amazon CloudFront 配送是根据预期的地理使用情况付费的，但是数据可能会缓存在任何 Amazon CloudFront 存在点(POP)中，并从中发出，而无论配送的配置如何。这样做的一部分原因是，在发生分布式拒绝服务(DDoS)攻击时，可以使用 Amazon Route 53 分片(sharding)透明地在不受攻击范围内的 PoP 之间均衡负载。

15.4　加密选项

AWS 对 API 调用系统使用加密、事务验证以及 IAM 授权，我们建议客户在支持的情况下默认加密静态数据。传输过程中的加密有一些细微差别，我们将在下面的内容中进行详细介绍。

15.4.1　AWS API 调用与互联网 API 端点

API 调用是使用 AWS 的 Sigv4 算法进行的，Sigv4 算法通过加密通信通道提供每个事务的身份验证和完整性，此加密通道具有基于 API 端点一端证书/密钥对的单向加密信任。API 端点一端的加密服务由 AWS 自己的传输层安全性(TLS)的 s2n 实施提供，这是一种从零开始用 C 语言编写的、经过正式验证的最小实施，代码是开源的，可在以下网址使用和分析：https://github.com/awslabs/。API 端点证书是使用 Amazon Trust Services 签名的，Amazon Trust Services 全局根证书颁发机构(CA)，并且也可以由 AWS Certificate Manager 使用。

与双向加密握手(类似于 TLS 相互身份验证)对 API 调用端点进行身份验证不同，AWS 使用

Sigv4 算法对每个事务进行身份验证。所有的 AWS 软件开发工具包(SDK)都实现了 Sigv4 算法,与使用 boto3(Python SDK)的 AWS Command Line Interface (CLI)一样。目前,唯一执行传统双向的 AWS Cloud 服务客户端和 AWS 端 API 端点之间加密握手的是 AWS 物联网(IoT)服务。

s2n(以及稍后将介绍的 Elastic Load Balancing、应用负载均衡器、Amazon RDS 以及 Amazon CloudFront 密码套件)提供 SSL(安全套接字层) 3.0 和 TLS 1.2 及其所有更新版本,另外还提供 Diffie-Hellman 加密(DHE)和椭圆曲线 Diffie-Hellman 加密(ECDHE)。尽管在发现 Oracle 关于填补降级的旧加密(POODLE)漏洞后,已经弃用了 SSL,但仍有大量活跃客户使用需要 SSL 的设备,这就是为什么 SSL 仍然作为 AWS API 支持端点的原因。如果关心从 HTTPS 到 AWS API 端点的连接的加密方式,我们建议将客户机配置为只接受选择的协议和加密方式。

15.4.2 选择加密套件

正如我们已经讨论过的,API 端点和 AWS IoT 提供了一系列客户端可选的加密选项。这些选项也可用于 Elastic Load Balancing、应用负载均衡器以及 Amazon CloudFront,同时服务器端的控制也提供了这些功能。每个负载均衡器和 Amazon CloudFront 配送的加密套件都可以作为配置的一部分进行选择。AWS 建议始终选择最新的加密套件,除非有令人信服的业务需求不需要这样做。

如果密码算法、密钥长度或模式已被 AWS 安全机制弃用,可提供新的加密套件,删除已弃用的密码算法、密钥长度和模式。例如,在 POODLE 情况下,Amazon CloudFront 和 Elastic Load Balancing 会在 24 小时内发布新的纯 TLS 加密套件。但是,当发生这种弃用事件时,你应该检查配置,以确保使用满足需要的、合适的加密套件。

15.4.3 AWS 环境传输过程中的加密

Amazon CloudFront、Elastic Load Balancing、Amazon API 网关以及 AWS IoT 通常都在网络接口上终止连接。所以在那里终止加密也是正常的,尽管 Elastic Load Balancing 也可以配置为直通(pass-through)模式,以允许在 Amazon EC2 实例中(通常)通过代理来终止密码文本。当协议不是 HTTPS 或者涉及密码算法、密钥长度和模式的非常规组合时,通常使用直通模式。

Amazon CloudFront 没有直通机制,内容分发网络(CDN)的主要目的是尽可能将内容缓存到靠近消费者的位置,因此缓存密文没有实际用途。此外,为了执行深度数据包检查,AWS Web 应用防火墙(AWS WAF)必须能够看到明文。

应用负载均衡器和 Amazon CloudFront 都能够使用 AWS Certificate Manager 提供的密钥。由 AWS Certificate Manager 生成的域验证(DV)证书具有 13 个月的有效期,并在到期前 30 天自动更新。在 AWS Certificate Manager 中生成的证书/密钥对可用于应用负载均衡器和 Amazon CloudFront,但私钥不能下载到 Amazon EC2 实例中。如果需要使用扩展验证(EV)密钥,则应根据常规过程从 CA 中获取这些密钥,并将它们上传到 AWS Certificate Manager 中。

如果需要,应用负载均衡器和 Amazon CloudFront 还可以分别使用不同的密钥重新加密数据,以便传输到 VPC 和源发端。

出于安全政策或外部法规需要,可以选择加密 VPC 传输中的所有数据。但是,值得考虑的是,传输中的加密到底是合规性要求,还是根据自己实际的威胁模型的需要。VPC 被定义为

OSI 第 2 层的私有网络，并在 SOC(服务组织控制)1 和 PCI DSS 审计报告中被判定为私有网络。许多客户对 VPC 中的所有通信全部进行加密；但是，可能并没有这么严格。当对 VPC 内部流量加密做决定时，确保咨询威胁模型，审查相关的信息保证或合规框架，并评估组织风险概况。

15.4.4　在负载均衡器和 Amazon CloudFront PoP 中进行加密

应用负载均衡器和 Amazon CloudFront 可以使用由 AWS Certificate Manager 生成或导入的密钥来终止入站连接的 TLS 和 SSL。AWS 负载均衡器只能进行单向信任连接；在网络级别，不存在使用绑定到每一方的非对称加密密钥对客户端和负载均衡器之间的连接进行相互身份验证的方法。如果需要这种相互认证，那么应该检查 AWS Marketplace 中的第三方负载均衡器，以获得合适的选项。

15.5　网络活动监控

云环境的优势之一就是所有资源创建和修改操作都必须通过 API 执行。没有任何机制能够在不执行 AWS API 调用的情况下，更改 AWS 环境中 AWS 级别的资源处置。这使得 API 成为单一的控制点、可视点和审计点。在云环境中，没有可以隐藏虚拟服务器的虚拟桌面。

AWS 为 API 本身提供了日志功能(AWS CloudTrail)，包括 API 调用产生的影响(AWS Config)、网络数据流(Amazon VPC Flow Logs)、Amazon EC2 实例统计(Amazon CloudWatch 和 Amazon CloudWatch Logs)以及负载均衡器处理的会话(Elastic Load Balancing 日志)，等等。在考虑管理、监控和报警功能时，请记住，此类功能至少需要与正在管理、监控和报警的实时服务环境一样稳定、响应迅速、可扩展以及提供安全性。在列出了所有日志记录功能后，AWS 可以透明地处理所涉及服务的扩展。AWS CloudTrail、AWS Config、Elastic Load Balancing 以及 Amazon CloudFront 日志默认被发送到 Amazon S3(AWS Config 日志也可以发送到 Amazon SNS 主题)。此外，Amazon S3 存储桶容量可以扩展以容纳所涉及的数据。Amazon CloudWatch、Amazon CloudWatch Logs 以及 Amazon VPC Flow Logs 被记录到单独的流机制。

不同的日志机制具有不同的传递延迟。目前 Amazon CloudWatch 的传递延迟最低，从毫秒到秒不等。对于使用 AWS Lambda 的自动事件分析和响应，Amazon CloudWatch 事件目前是首选的 AWS Lambda 触发机制。

这些日志记录源中的每一个都需要在每个区域中启用，Amazon VPC Flow Logs 需要在每个 VPC 中进行配置，并且 Amazon CloudWatch 日志代理需要在每个 Amazon EC2 实例上安装和配置，除非选择使用首选安全信息和事件管理(SIEM)的本地代理操作代替操作系统和应用级别日志。

15.5.1　AWS CloudTrail

AWS CloudTrail 的数据源是对具有 AWS CloudTrail 支持的 AWS Cloud 服务的 API 调用。拥有 API 的成熟生产服务将支持 AWS CloudTrail，并非所有服务在预览模式下都支持 AWS CloudTrail，有些服务在投入生产时仅集成 AWS CloudTrail。当前支持的服务列表位于 http://docs.aws.amazon.com/awscloudtrail/latest/userguide/cloudtrail-supported-services.html。

AWS CloudTrail 日志被发送到的 Amazon S3 桶可以使用首选的 Amazon S3 加密机制进行加密。我们建议使用 AWS KMS 管理密钥(SSE-KMS)进行服务器端加密。在 AWS 日志记录服务中，AWS CloudTrail 还可以将日志记录摘要传递到同一个桶；如果使用的桶策略对密钥前缀进行访问授权，则可以将这些摘要用作对实际 AWS CloudTrail 记录的完整性检查。摘要每小时发送一次，包含在一小时内写入的每个对象的 SHA-256 摘要。如果采用区块链的方式，那么摘要还包含先前摘要记录的摘要，以便随着时间的推移可以检测到篡改摘要对象。如果在一小时内没有写入对象，则传递空的摘要文件。

如果禁用日志文件完整性验证，则摘要文件链将在一小时后断开。在禁用日志文件完整性验证期间，AWS CloudTrail 不会为传递的日志文件创建摘要文件。这种机制同样适用于停止 AWS CloudTrail 日志记录或删除跟踪的情况。

如果停止日志记录或删除跟踪，AWS CloudTrail 将提供最终摘要文件。最终摘要文件可以包含所有剩余的日志文件的信息，这些日志文件包括到 StopLogging 事件之前的所有信息。

AWS CloudTrail 记录在 API 调用执行后 5～15 分钟内被发送给 Amazon S3。AWS 也在不断努力以减少这种递送延迟。

15.5.2　AWS Config

可以将 AWS Config 视为对 AWS CloudTrail 的逻辑补充。当 AWS CloudTrail 记录 API 调用时，AWS Config 记录这些 API 调用对 AWS 资源的影响。如果使用信息技术基础结构库(ITIL)模型，那么 AWS Config 将作为配置管理数据库(CMDB)，用于 AWS 资源级别范围内的服务。

为 AWS Config 启用的一组 AWS Cloud 服务以及其中的资源可从以下网址获取：http://docs.aws.amazon.com/config/latest/developerguide/resource-config-reference.html#supported-resources。

AWS Config 跟踪 AWS 资源配置中的更改，并定期将更新的配置详细信息发送到指定的 Amazon S3 存储桶中。对于每个 AWS Config 记录的资源类型，每 6 小时发送一次配置的历史文件。每个配置历史文件都包含有关在 6 小时内更改的资源的详细信息，并且包含一种类型的资源，例如 Amazon EC2 实例或 Amazon EBS 卷。如果没有发生配置更改，则 AWS Config 不会发送文件。

AWS Config 更改的 Amazon SNS 通知通常在不到一分钟的时间内就可以做好发送准备，并且在与选择的发送机制相关的延迟时间内递送。

当你将 DeliverConfigSnapshot 操作与 AWS CLI 一起使用时，或者将 DeliverConfigSnapshot 操作与 AWS Config API 一起使用时，AWS Config 会将配置快照发送到 Amazon S3 桶。配置快照包含 AWS Config 在 AWS 账户中记录的资源的配置详细信息。配置历史文件和配置快照采用 JSON 格式。

AWS Config 拥有自己的 AWS Lambda 触发器，触发的 AWS Lambda 函数称为 AWS 配置规则。除了能够触发自己的函数来分析和响应更改外，AWS 还设计了一组由 20 多个函数组成的受管配置规则，这些规则可在众多客户群中使用。这些功能可用于分析合规性中通常涉及的各个配置项，并将问题报告给选择的 Amazon SNS 主题。这些函数的源代码可以在 https://github.com/awslabs/aws-config-rules 上找到。

AWS Config 规则功能通常在记录更改后的几秒内触发，但更改事件和日志写入之间可能会有几分钟的延迟。

AWS Management Console 允许将以下三种方法中的任何一种用于 AWS 配置数据：

时间表　对于每个资源，可以查看自启用 AWS Config 以来配置的历史记录，前提是 AWS Config 一直在持续运行。

快照　对于某个账户和区域的所有范围内的 AWS 资源，可以在启用 AWS Config 后的任何时间点获取配置的描述，前提是 AWS Config 一直在持续运行。

流　如果更希望通过流机制使用 AWS Config 记录，而不是从 Amazon S3 存储桶中检索它们，那么可以选择这种方法。

15.5.3　Amazon CloudWatch

可以使用 Amazon CloudWatch 获得系统范围内的可视性，包括资源利用率、应用性能和运行状况。可以使用这些洞察来做出反应并保持应用平稳运行。

Amazon CloudWatch 最初是为了使基于虚拟机监控程序的统计信息作为普遍适用的性能度量提供，而对它们进行统计分析，并提供可以触发自动缩放和其他操作的报警系统。除了对特定于服务的指标进行监视和报警外，Amazon CloudWatch 还常用于对 AWS 账户计费进行监视和报警。

Amazon CloudWatch 根据不同的服务提供不同间隔的 AWS 服务标准度量。一些服务(如 Amazon EC2)提供详细的度量，通常以一分钟作为间隔。Amazon CloudWatch 将有关度量的数据存储为一系列数据点。每个数据点都有相关的时间戳。

你还可以使用 AWS CLI 或 API 将自己的度量发布到 Amazon CloudWatch。这些信息的统计图已发布在 AWS Management Console 中。自定义度量具有一分钟粒度的标准分辨率。对于自定义度量，还可以使用一秒钟的高分辨率粒度。

Amazon CloudWatch 具有报警功能。可以使用报警代替自己自动启动操作。报警在指定的时间段内监视单个度量，并根据度量阈值执行一个或多个指定操作。这些操作是发送到 Amazon SNS 主题的通知或自动缩放策略。你还可以将报警添加到仪表板。

报警仅对持续状态更改执行操作。Amazon CloudWatch 报警不会仅因为处于特定状态而执行操作。状态必须已更改并保持在指定个数的时间段。

创建报警时，请选择大于或等于要监视的度量频率的周期。例如，Amazon EC2 的基本监控每隔五分钟为实例提供一次度量。在基本监控指标上设置报警时，请选择至少 300 秒(5 分钟)的时间段。Amazon EC2 的详细监控每分钟为实例提供度量。在详细监控度量上设置报警时，请选择至少 60 秒(1 分钟)的时间段。

如果在高分辨率度量上设置报警，可以指定 10 秒或 30 秒的高分辨率报警，也可以设置 60 秒任意倍数的常规报警。每个报警可配置最多五个操作。

15.5.4　Amazon CloudWatch Logs

Amazon CloudWatch 处理源自 AWS 和客户的文本日志数据。Amazon EC2 实例日志(使用 Amazon CloudWatch 日志代理)、Amazon VPC Flow Logs 以及 AWS CloudTrail 记录(在其中设置重定向)都可以将记录发送到 Amazon CloudWatch 日志。AWS Lambda 函数还可以使用 print()函数向 Amazon CloudWatch 日志发送任意输出，这通常用于调试和日志记录。

默认情况下，Amazon CloudWatch 日志代理每隔 5 秒发送一次日志数据，可以配置间隔时间。其他 Amazon CloudWatch 日志记录的派送在毫秒到秒之间。

Amazon CloudWatch 日志代理通过发起 AWS API 调用来提交日志记录。由于 Amazon CloudWatch 日志没有 VPC 私有端点,这意味着安全组、网络 ACL 和路由需要使用代理的实例对 Amazon 边界网络中的相关 API 端点进行 HTTPS 访问。

Amazon CloudWatch 处理过去 14 天到 15 个月内客户所有度量的存储。Amazon CloudWatch 保留以下度量数据:

- 数据点周期小于 60 秒,可保留 3 小时。这些数据点是高分辨率的自定义度量。
- 数据点周期等于 60 秒(1 分钟),可保留 15 天。
- 数据点周期为 300 秒(5 分钟),可保留 63 天。
- 数据点时间为 3600 秒(1 小时),可保留 455 天(15 个月)。

15.5.5　Amazon VPC Flow Logs

Amazon VPC Flow Logs 是基于每个 VPC、子网或接口启用的。它们提供网络数据流的类似网络数据流记录(可能贯穿整个 VPC),在采样时间窗口中从范围内的每个弹性网络接口中获取。Amazon VPC Flow Logs 被发送到基于 Amazon CloudWatch Logs 的日志组,日志组包含每个弹性网络接口的记录链接列表。

Amazon VPC Flow Logs 不记录进出 VPC 自带的 DNS 服务、Amazon EC2 元数据服务、动态主机配置协议(DHCP)服务或 Windows 许可证激活服务器的数据流量。

与其他 Amazon CloudWatch Logs 记录一样,Amazon VPC Flow Logs 数据在样本时间窗口结束后的几秒内发送。发送计划的例外情况是:使用了 Amazon CloudWatch Logs 速率限制,并且包括 Amazon VPC Flow Logs 数据在内的聚合数据的发送速率超出了上述限制。

与其他 Amazon CloudWatch Logs 一样,AWS Lambda 函数可以由作为 Amazon CloudWatch 事件到达的新日志数据触发,以便在到达时分析和响应日志记录。Amazon CloudWatch Logs 虽然可以作为流数据进入 AWS CloudTrail 管道,但也可以通过管道导入 Amazon ElasticSearch Service (有关详细信息,请参阅 http://docs.aws.amazon.com/amazon cloudwatch/latest/logs/CWL-ES-Stream.html)。根据合规性要求,在将日志数据提交到长期存储之前,可能需要对其执行一些预处理操作。例如,一些法律要求使用源 IP 地址的元组和时间戳来构成个人身份信息(PII)。

Amazon CloudWatch Logs 度量过滤器最常用的用途之一是扫描 Amazon VPC Flow Logs 记录中倒数第二个字段的拒绝(REJECT)标志。这里的原则是,在为环境设置适合的安全组和网络 ACL 之后,Amazon VPC Flow Logs 记录中的拒绝表明数据流试图到达或来自不应该到达的地方。触发器中用于将日志记录与源和目标 IP 地址关联的实例标记值得进一步调查。虽然 Amazon VPC Flow Logs 记录不执行完整的数据包捕获,但 Amazon VPC Flow Logs➤Amazon CloudWatch 度量过滤器➤Amazon CloudWatch 报警➤Amazon SNS 架构是基本网络入侵检测系统(NIDS)的简单方法。这种方法可以根据工作负载进行扩展,而无须执行任何操作,因为 AWS 会处理这些操作。有关 Amazon CloudWatch Logs 度量过滤器的更多信息,请访问 http://docs.aws.amazon.com/amazoncloudwatch/latest/logs/FilterAndPatternSyntax.html。

15.5.6　Amazon CloudFront

可以配置 Amazon CloudFront 来创建日志文件,其中包含有关 Amazon CloudFront 收到的每个用户请求的详细信息。这些访问日志可用于对 Web 和实时消息协议(RTMP)进行分派。如果启用日志记录,那么还可以指定使用 Amazon S3 存储桶保存 Amazon CloudFront 文件。

Amazon CloudFront 的数据源是 Amazon CloudFront 端点 PoP 以及它们支持的 HTTP、HTTPS 和 RTMP 连接。

Amazon CloudFront 在一小时内派发多达几次的访问日志。通常，日志文件包含有关 Amazon CloudFront 在给定时间段内收到的请求的信息。Amazon CloudFront 通常在日志中显示事件的一小时内将日志文件发送到 Amazon S3 桶。但是注意，一段时间内的某些或所有日志文件条目可能会延迟多达 24 小时。当日志条目延迟时，Amazon CloudFront 会将它们保存在日志文件中，日志文件名包括请求发生的日期和时间，而不是文件派送的日期和时间。

由于一小时可以收到多个访问日志，因此我们建议将给定时间段内收到的所有日志文件合并为一个文件，这样就可以更快速准确地分析数据。

15.5.7　其他日志源

大多数其他 AWS Cloud 服务都有自己的日志记录机制。在特定的网络环境中，Elastic Load Balancing 可以生成日志并发送到 Amazon S3 桶。

15.6　恶意活动检测

作为 AWS 共享责任模型的一部分，AWS 使用各种技术来监控和保护核心基础设施免受攻击。所有 AWS 客户在使用 AWS Cloud 时都能从这些技术中获益。请务必阅读第 8 章，其中包括 Amazon Macie 和 Amazon GuardDuty 等其他 AWS Cloud 服务。

15.6.1　AWS Shield 以及反 DDoS 手段

客户可以选择使用 AWS Cloud 服务(如 AWS WAF、Amazon CloudFront 以及 Amazon Route 53)来保护环境。AWS 还提供默认启用的保护服务，例如(客户透明的)BlackWatch 流量评分系统和 AWS Shield。AWS Shield 有两种形式：标准级别和高级级别。

AWS Shield Advanced 提供了针对多种类型攻击的扩展保护。

用户数据报协议(UDP)反射攻击　攻击者可以欺骗请求源，并使用 UDP 从服务器引发大量响应。指向受欺骗、受攻击的 IP 地址的额外网络数据流会降低目标服务器的速度，并阻止合法用户访问所需资源。

SYN 洪泛攻击　这种攻击的目的是通过让连接处于半开放状态来耗尽系统的可用资源。当用户像 Web 服务器一样连接到 TCP 服务时，客户机发送 SYN 包。服务器返回接收确认，然后客户机返回自己的确认，完成三路握手。在 SYN 洪泛攻击中，第三个确认永远不会返回，服务器一直等待响应。这会阻止其他用户连接到服务器。

DNS 查询洪泛攻击　在 DNS 查询洪泛攻击中，攻击者使用多个 DNS 查询来耗尽 DNS 服务器的资源。AWS Shield Advanced 有助于防止对 Amazon Route 53 DNS 服务器的 DNS 查询洪泛攻击。

HTTP 洪泛/缓存中断(第 7 层)攻击　使用 HTTP 洪泛攻击，包括 GET 和 POST 洪泛后，攻击者发送多个 HTTP 请求，这些请求看似来自 Web 应用的实际用户。缓存中断攻击是一种 HTTP 洪泛攻击，这种攻击使用 HTTP 请求查询字符串中的变体，阻止使用边缘站点的缓存内容，并强制从源发端 Web 服务器提供内容，从而对源发端 Web 服务器造成额外的潜在破坏性压力。

借助 AWS Shield Advanced，复杂的 DDoS 事件可以升级到 AWS DDoS 响应团队(DRT)，DRT 在保护 AWS、Amazon.com 及其子公司方面具有丰富的经验。

对于第 3 层和第 4 层攻击，AWS 提供自动攻击检测，并代表你提供主动缓解措施。对于第 7 层 DDoS 攻击，AWS 试图通过 Amazon CloudWatch 报警检测并通知 AWS Shield Advanced 级别的客户，但不主动应用缓解措施，这是为了避免无意丢失有效用户的数据流。

使用 AWS Shield Advanced 的客户对缓解第 7 层攻击有如下两种选择。

提供自己的缓解措施　AWS WAF 包含在 AWS Shield Advanced 中，无须额外费用。你可以创建自己的 AWS WAF 规则以缓解 DDoS 攻击。AWS 提供预先配置的快速入门模板，其中包括一组 AWS WAF 用于阻止常见的基于 Web 的攻击规则。你可以自定义模板以满足自己的业务需求。有关更多信息，请参阅 AWS WAF 安全自动化文档: https://aws.amazon.com/answers/security/aws-waf-security-automations/。在这种情况下，不涉及 DRT。但是，可以让 DRT 参与实施最佳实践指导，如 AWS WAF 普通保护。

聘用 DRT　如果希望在解决攻击时获得更多支持，可以联系 AWS 支持中心。这样，严重和紧急情况会直接发送给 DDoS 专家。有了 AWS Shield Advanced，复杂的情况可以升级到 DRT。如果是使用 AWS Shield Advanced 客户，那么还可以请求针对严重性案例的特殊处理说明。

案例的响应时间取决于选择的严重性和响应时间，这些都记录在 AWS 支持计划页面上。

DRT 能帮助对 DDoS 攻击进行分类，以识别攻击特征和模式。在你同意后，DRT 会创建和部署 AWS WAF 规则以减轻攻击。

当 AWS Shield Advanced 检测到针对某个应用的大型第 7 层攻击时，DRT 可能会主动与你联系。DRT 对 DDoS 事件进行分类，并创建 AWS WAF 缓解措施。之后，DRT 与你联系，在征求同意后使用 AWS WAF 规则。

15.6.2　AWS VPC Flow Logs 分析

流量日志数据是通过时间窗口平均计算的统计值。即便如此，它也仍然可以用来获得关于顶级说话者的洞察(从时间戳和源 IP 地址的组合中，过滤以排除 Amazon EC2 和 Amazon RDS 实例使用的地址)，以及是否有正在进行的攻击。我们已经讨论了如何使用 Amazon CloudWatch 过滤器度量来查找流日志记录中的拒绝(REJECT)，并且可以从绘制数据中获得更多感兴趣的信息。

图 15.2 来自内部研究，在内部研究中，一个高度强化且最小化的 Amazon EC2 Linux 实例使用了直接暴露在互联网上的弹性 IP 地址。使用 gnuplot 根据活动绘制目标端口的时间图，一些旋转显示了在空间中用于形成不同线条的多组点。

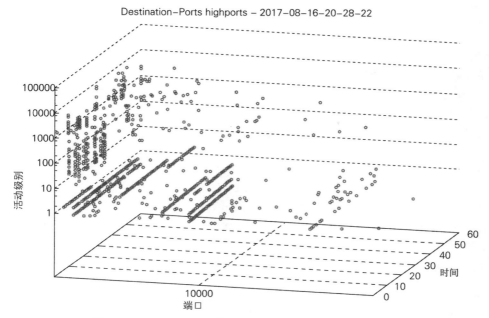

图 15.2　Amazon VPC Flow Logs 的旋转图：时间/目的地端口/活动

由于这些线条在"活动级别"轴上是不变的，并且随着时间的推移继续向上移动端口范围，因此可以合理地假设它们代表简单的端口扫描，而不启用任何隐藏或随机选项。

15.6.3　Amazon CloudWatch 报警以及 AWS Lambda

Amazon CloudWatch 还可以用于生成统计信息，并根据阈值触发警报。一个常见的例子是，如果 Amazon EC2 实例的日志显示在一分钟内有超过 10 次不成功的 SSH 登录尝试，则会引发报警。这样的日志可以很好地表明实例正在被持续窥探。Amazon CloudWatch 事件是 Amazon CloudWatch 的另一个功能，能从其他服务触发 AWS Lambda 函数的最低延迟。

15.6.4　AWS Marketplace 以及其他第三方产品

AWS Marketplace 包含大量来自第三方的安全工具。

1. 安全信息和事件管理(SIEM)

如果想在内部管理 SIEM(安全信息和事件管理)功能，请根据计划使用的服务，特别注意考虑 SIEM 可以接收和解析哪些 AWS 日志源。

2. 入侵检测系统(IDS)/入侵防御系统(IPS)/AWS Web 应用防火墙(AWS WAF)

除非是组织结构或政策的一部分，而对维护 IDS/ IPS 的团队和维护 Amazon EC2 实例服务的团队进行分离，否则建议使用实例而不是 VPC 内的网络型 IDS/IPS 这么做具体有以下三个优势。

(1) 虽然有些基于网络的 IDS/IPS 系统具有自动缩放功能，并作为非 AWS Marketplace 的 AWS CloudFormation 模板进行部署[而不是简单的 Amazon 虚拟机镜像(AMI)部署]；但是，如果在前端服务器上运行 IDS/IPS，就可以确认保护是根据服务能力自动向上或向下扩展。

(2) 在实例上使用这个功能，可以确保在任何加密边界上是明文的。如果使用独立主机执行 IDS/IPS，那么需要在 VPC 内部传输加密的情况下，解密并重新加密以进行转发。

(3) 更微妙的是，如果在实例上执行 IDS/IPS，那么可以从日志、加载等方面获得服务器应用对特定请求反应的特权视图。如果攻击者试图对环境实施应用/语义级别的中断，那么内联网络 AWS WAF 将识别出可疑的活动，因为服务实例将返回 404 错误，以响应许多故意错误格式的探测查询。但是，我们无法看到这些无效 URL 的处理是否会产生其他不利的影响，例如产生过多服务器端负载。实例级别的 WAF 将有更好的机会识别这些额外的不利影响。

这样做的缺点是，WAF 的计算成本很高，因此如果运行的是小型前端实例，则可能需要增加实例的大小。

15.6.5　Amazon Inspector

渗透测试包括连接到由服务环境呈现的网络监听器，确定并尝试激发绑定监听器的服务以设计规范之外的方式运行。然而，使用 Amazon Inspector 可以让你对 Amazon EC2 实例的行为有更全面的视图，无论是在渗透测试上下文中受到攻击时还是在未受攻击时。

Amazon Inspector 包括安装在 Amazon EC2 实例上的代理，代理通过 HTTPS 与 Amazon Inspector 可用的 AWS 区域中面向互联网的服务端点通信进行出站服务。代理具有内核模块，用以对实例进行检测。Amazon Inspector 提供了许多预编译测试套件来评估运行的实例和应用集，从而根据所选规则包来识别问题。

与作为配置和状态的时间点评估顺序运行的工具不同，Amazon Inspector 代理捕获配置数据的时间长达 24 小时。这个特性使 Amazon Inspector 能够识别和记录暂时性问题以及持久性问题。Amazon Inspector 通常用于检测开发/测试连续集成(CI)/连续交付(CD)链中的 Amazon EC2 实例，以便在测试工具执行候选代码发布时发现并描述安全问题。使用 Amazon Inspector 检测的 Amazon EC2 实例必须能够通过 HTTPS 与互联网进行出站通信，以便到达 API 端点。通信可以通过弹性 IP 地址、NAT 网关或 Squid 等代理进行定向。

15.6.6　其他合规检查工具

除了传统的 SIEM 功能外，许多公司正在开发工具，这些工具的目的不仅仅是监视，而是实现近乎实时的自动缓解。可以使用 Amazon CloudWatch 事件和 AWS Lambda 集成自己的检测和响应系统，如 AWS Re:Invent 2016 的"自动化安全事件响应，从想法到代码，再到执行"演示中所述，网址为 https://www.youtube.com/watch?v=x4gkage65ve。AWS Trusted Advisor 工具实现了各种可触发的环境检查，这些检查可以作为合规性检查功能使用。

15.7　渗透测试以及脆弱性评估

AWS 已认识到渗透测试的重要性，既要满足潜在的监管要求，也要作为一般的良好安全实践。AWS 每年执行和委托数千次渗透测试，以便在生产和开发过程中保持标准合规性和测试服务。由于与渗透测试相关的网络数据流与实际攻击相关的网络数据流不可区分，因此有必要向 AWS 申请授权，以便对出入 AWS 的环境执行自己的渗透测试，少数例外情况除外。

15.7.1　渗透测试授权范围和例外

根据授权，可以针对以下内容执行和管理渗透测试：
- Amazon EC2，t1.micro、m1.small 和 nano 实例类型除外
- Amazon RDS，微型(micro)、小型(small)和 nano 实例类型除外
- AWS Lambda 函数
- Amazon CloudFront 配送
- Amazon API 网关
- Amazon Lightsail

对于仅限于 OSI 第 4 层及以上层的测试，可以通过弹性负载均衡器进行测试，但必须经过授权。

你还可以根据相同的授权流程，从 AWS 环境(从 AWS 出站而不是从 AWS 入站)测试 AWS 外部的环境。

注意：

在没有 AWS 明确授权的情况下可以进行测试的例外情况是，测试来自 AWS Marketplace 的预先批准 AMI 的 Amazon EC2 实例的数据流。

AWS 已经与许多 AWS 应用市场供应商合作，审查和预授权一组选定的 AWS 应用市场 AMI，这样，在对使用这些 AMI 构建的 Amazon EC2 实例的数据流进行测试时就不会触发滥用报警。可使用 AWS Marketplace 中的"预授权"(pre-authorized)关键字搜索这些产品。

禁止对任何 AWS 资源执行拒绝服务(DDoS)攻击或模拟攻击，而允许使用其他类型的测试来调查部署在其中的服务或资源的安全性，包括模糊性。

测试目标必须是自己拥有的资源(如 Amazon EC2 或户内实例)。禁止对 AWS 拥有的资源(如 Amazon S3 或 AWS Management Console)进行测试。

15.7.2　申请和接收渗透测试授权

渗透测试授权的最长时间窗口为 90 天。AWS 认识到对于许多客户，尤其是那些执行连续部署的客户，渗透测试也是由部署事件触发的连续过程。因此，可以在现有时间窗口有效的情况下，为新的时间窗口发出渗透测试授权请求。这使得多个时间窗口可以"滚动在一起"成为连续进行的时间块。渗透测试授权具有 48 个工作小时的服务级别协议(SLA)。如果两个时间窗

口需要一起滚动，AWS 建议在现有时间窗口的最后一整周开始时申请新的授权。

为了申请渗透测试授权，请使用基于 Web 的申请表或发送电子邮件。电子邮件允许没有 AWS 根用户权限的用户提交申请，而基于 Web 的表单当前需要根用户权限。

如果是账户中的 IAM 用户，请填写以下字段并发送信息至 aws-security-cust-pen-test@amazon.com。

- 账户名
- 账号
- 电子邮件地址
- 其他抄送电子邮件地址
- 第三方联系方式(可选)
- 要扫描的 IP
- 目标或来源
- Amazon EC2/Amazon RDS 实例 ID
- 源 IP
- 区域
- 时区
- 预期峰值带宽(Gbps)
- 开始日期/时间
- 结束日期/时间

如果需要测试 Amazon API 网关/AWS Lambda 或 Amazon CloudFront,请提供以下附加信息。

- API 或 Amazon CloudFront 分发 ID
- 区域
- 源 IP(如果提供了私有 IP，请说明是否为 AWS IP，包括账户或户内 IP)
- 渗透测试时长
- 是否有 AWS 保密协议
- 如果第三方正在进行测试(来源)，AWS 是否有这个实体的保密协议
- 期望的峰值数据流量是多少(例如，10 个 rps 还是 10 万个 rps)
- 期望的峰值带宽是多少(例如，0.1 Mbps 还是 1 Mbps)
- 测试细节/策略
- 你将监控哪些标准/指标以确保渗透测试成功
- 如果发现任何问题，是否有办法立即停止数据流
- 两个紧急联系人的电话和电子邮件

根据无类域间路由(CIDR)块提出授权请求而不是单个 IP 地址时，IPv4 范围不得大于/24，IPv6 范围不得大于/120。

渗透测试授权团队应在 48 个工作小时内通过电子邮件回复。通过的审批将包括申请批准编号。未通过的审批将包括关于请求中提交信息的一个或多个澄清请求。只有在获得授权号以后，测试才能继续。

15.8　本章小结

AWS 在共享责任模型分界线的 AWS 一端具有威胁模型和缓解控制，需要在分界线的自己一端采用相同的方法。

AWS 使用的许多缓解控制措施在我们免费发布的审计报告中已有描述，可通过 AWS Artifact 服务单击 NDA 获取。

众所周知，人脑在客观评估风险方面很差，因此正式的模型和框架是必要的。

合规框架具有范围。一个服务可能不在合规性要求的范围内，但这并不意味着不能使用它，需要使用满足审计人员要求的机制将它与敏感的数据信号路径隔离开来。根据合规服务建立的环境不一定就是合规环境，但 AWS 提供了有助于设计和构建合规性的材料。

AWS 服务在设计中包括了在网络管理团队和服务器以及无服务器基础设施管理团队之间实现职责分离的能力。

IAM 具有细粒度操作权限和灵活的主体、资源和条件元素，可以使用它们选择细粒度范围的允许和拒绝操作。

AWS Organizations 的 SCP 可用于对组织中的子账户实施强制访问控制。

Amazon CloudFront 和 Amazon Route 53 应一起使用以实施有效的 DDoS 缓解。AWS Shield 服务支持进一步有用的 DDoS 缓解功能。

默认情况下，AWS API 调用是加密的。当密码算法被弃用时，对 AWS 服务的加密套件应立即进行更新。AWS Certificate Manager 可以提供、管理和自动续订使用 Amazon CloudFront 和 AWS 负载均衡器的域验证证书/密钥对。静态数据加密应该被视为默认状态。如果有法规要求，可以使用 CloudHSM 以满足 HSM 要求；否则，建议使用 AWS KMS 选项。VPC 中传输的加密通常是个人风险偏好的问题，许多外部标准并不强制要求。

大多数 AWS 服务都可以生成日志。日志生成和存储的扩展与服务自身的可伸缩性保持一致。不同的日志源在事件发生和日志记录派送之间有不同的延迟。这些日志可广泛用于维护 ITIL 合规性和执行简单的基于网络的入侵检测，以及在编写日志记录的事件中由触发的代码使用，在这种情况下，代码可以自动处理日志记录内容中的问题。

AWS Marketplace 包含许多来自供应商的以安全为中心的产品，有些你可能已经十分熟悉，因此通常可以在 AWS 的数据中心直接部署相同的第三方安全技术。

当用于检测 Amazon EC2 实例时，Amazon Inspector 可以揭示与 AWS 建议相反和/或在公有 CVE 数据库中记载的持续和短暂软件的错误行为和错误配置。

在 AWS 批准且满足特定条件之后，可以对某些 AWS 服务进行渗透测试。

15.9　考试要点

了解 AWS 提供的合规文件。风险与规范白皮书以及其他 AWS 白皮书，可从 https://aws.amazon.com/security/security-resources/获得，包括那些专注于特定合规标准(如 HIPAA) 的白皮书。检查通过位于 https://aws.amazon.com/artifact/awsartifact 的服务提供的审计报告集，以及通过企业加速器计划提供的 NIST 800-53 和 PCI-DSS 文档。

　　了解 AWS 符合的合规标准和认证以及范围界定。 了解 https://aws.amazon.com/compliance 上的信息并识别哪些服务至少适用于一个外部标准。了解在支持需要保持符合标准的环境的情况下，使用不在特定标准范围内的服务可能是适当的情况。此外，还要意识到需要满足审计人员的要求，当此类服务与标准定义为敏感的数据接触时，不会出现这种情况。

　　了解威胁建模。 威胁建模是理解风险的基础。控制框架基于合规性要求以及减少风险列表中的事项以满足自身风险偏好所需的机制。进行威胁建模有许多标准和框架，其中一些有免费的公开文档；请阅读其中的一部分。

　　了解哪些日志可以由哪些 AWS 服务生成，由哪些 AWS 日志服务聚合这些日志，哪些工具可以在分析这些日志后发出报警，并且了解如何对感兴趣的事件采取行动。 AWS 在日志收集、聚合、监控、分析和修复方面有许多演示、论文和服务文档。从服务文档开始，还要了解每个日志记录服务的事件和记录之间的延迟。

　　了解 AWS Shield 服务如何与其他 AWS 服务协同工作，以减轻和管理不同类型的 DDoS 攻击。 除了阅读服务文档外，https://www.youtube.com/watch？v=w9fSW6qMktA 上演示了服务的不同方面应如何协同工作以减少对数据流的攻击。

　　了解 AWS 渗透测试的要求和范围。 包括哪些服务可以和不可以进行渗透测试，测试窗口的持续时间，如何申请初始测试授权和授权更新，以及如何获知何时被授予权限。

15.10　复习资源

实践中的 AWS 共享安全责任模型：
https://youtu.be/RwUSPklR24M

IAM 建议实践：
https://youtu.be/R-PyVnhxx-U

AWS 中的加密选项：
https://youtu.be/DXqDStJ4epE

规范、日志、分析以及报警：
https://www.brighttalk.com/webcast/9019/261915

AWS 安全入门：
https://www.brighttalk.com/webcast/9019/256391

AWS 安全检查列表：
https://www.brighttalk.com/webcast/9019/257297

自动化安全事件响应：
https://www.brighttalk.com/webcast/9019/258547

AWS 规范——验证 AWS 安全性：
https://www.brighttalk.com/webcast/9019/260695

安全化企业大数据负载：

https://www.brighttalk.com/webcast/9019/261911

跨多账户构建安全架构：

https://www.brighttalk.com/webcast/9019/261915

AWS 安全最佳实践：

https://www.brighttalk.com/webcast/9019/264011

软件安全以及最佳实践：

https://www.brighttalk.com/webcast/9019/264917

AWS 风险与规范白皮书：

https://d0.awsstatic.com/whitepapers/compliance/AWS_Risk_and_Compliance_Whitepaper.pdf

15.11　练习

有关完成这些练习的帮助，请参阅下面每个相关 AWS 服务的用户指南和相关文档。

练习 15.1：

https://aws.amazon.com/documentation/inspector/

练习 15.2：

https://aws.amazon.com/documentation/artifact/

练习 15.3：

https://aws.amazon.com/premiumsupport/trustedadvisor/

练习 15.4：

https://aws.amazon.com/documentation/cloudtrail/

练习 15.5：

https://aws.amazon.com/documentation/config/

练习 15.1

使用 Amazon Inspector

在本练习中，你将使用 Amazon Inspector 来识别 Amazon EC2 实例中的静态和动态安全问题。

(1) 在 Amazon Inspector 的可用区中提供 Amazon Linux EC2 Linux 实例，不要给实例打补丁。

(2) 确保实例可以通过公有子网中的弹性网络接口或 NAT 网关访问互联网。

(3) 安装 Amazon Inspector 代理。

(4) 创建评估目标。

(5) 使用常见漏洞和暴露规则包创建评估模板。

(6) 选择 Create，运行评估 15 分钟。

(7) 完成评估后，检查结果。

(8) 生成并查看评估报告。

现在，你有了一份针对当前 CVE 数据库的评估报告。

查看每份评估，检查有关每个问题性质的信息以及如何减轻问题的详细信息。可以执行进一步的评估并随着时间的推移绘制结果图，看看安全监控和管理程序是否有效。当实例及其运行的应用正在进行渗透测试时，在启用所有规则包的情况下运行评估报告通常相比测试人员的报告能更深入地了解应用的行为。

练习 15.2

使用 AWS Artifact

在本练习中，你将使用 AWS Artifact 来查看当前的 AWS SOC 1 报告。

(1) 登录到 AWS Management Console。

(2) 选择 AWS Artifact。

(3) 在 Reports 之下，导航至当前的 AWS SOC 1 报告，选择 Get This Artifact。

(4) 审查条款和条件。

(5) 使用 Adobe Acrobat 下载并打开报告。

现在，你有了一份审计报告的副本，其中详细描述了 AWS 用于范围内服务安全的物理和逻辑控制，以及获取通过 AWS Artifact 服务发布的审计报告和其他材料副本的方法。这不仅包括当前和以前版本的 SOC 报告，还包括 ISO 证书和 PCIDS 审计报告，以及用于满足 iRAP、MTCS 等各种区域标准合规要求的工作手册。AWS Artifact 还包含一份连续性保证书，保证在当前 SOC 报告发布之后和当前日期，一份新的 SOC 报告正在准备中。

练习 15.3

使用 AWS Trusted Advisor

在本练习中，你将使用 AWS Trusted Advisor 识别网络配置弱点。

(1) 登录到 AWS Management Console。

(2) 找到练习 15.2 中与正在运行的实例关联的安全组。

(3) 添加允许从 0.0.0.0/0 传来的 TCP 端口 3389 的入站安全组规则。

(4) 从 AWS Management Console 中选择 AWS Trusted Advisor，选择 Security。

(5) 检查结果，现在应该包括安全组对不受限制的端口的发现。你可能需要刷新安全检查。

(6) 删除步骤(3)中的入站安全组规则。

你刚刚使用了 AWS Trusted Advisor 的一个功能来识别和报告环境配置中的安全漏洞。每当对 AWS 基础设施配置进行更改时，或当定期以及使用编程方式(如 CloudWatch 事件和 Lambda 之类的机制)进行更改时，就可以调用 AWS Trusted Advisor 提供的测试(可用的测试根据 AWS 支持合同级别而不同)，作为检查配置更改没有包含特定弱点的简单方法。

练习 15.4

启用 AWS CloudTrail 加密和日志文件验证

在本练习中，你将启用 AWS CloudTrail、日志文件加密和日志文件验证。

(1) 登录到 AWS Management Console。

(2) 从服务列表中选择 AWS CloudTrail。

(3) 创建跟踪，捕获来自所有区域的所有管理事件和所有 Amazon S3 数据事件。

(4) 为日志存储指定 Amazon S3 存储桶。

(5) 启用日志文件加密验证。

(6) 当下一个 AWS CloudTrail 日志文件发送到 Amazon S3 时，通过在 Amazon S3 控制台中查看对象的 Overview 选项卡，确认文件加密为 AWS KMS。

(7) 使用 AWS CLI 的 aws cloudtrail validate-logs 命令验证日志文件。

你刚刚设置了用于捕获 AWS 账户的所有 API 调用日志的 AWS 自带机制，并配置了静态加密选项(用以提供机密性，因为只有你有权访问加密密钥，除非扩展了 AWS KMS 密钥授予或在 IAM 中授予其他人这样做的权限，这种认可超越了 API 本身提供的功能)。可以将它们用作 SIEM 系统的日志数据源，或者在写入日志以及使用自己的代码扫描和分析新日志时触发 Lambda 函数，然后触发操作以警告或解决出现的问题。为了使 SIEM 或 Lambda 函数能够读取日志记录，不仅需要 Amazon S3 桶的读访问权限，还需要 KMS 密钥的授予解密权限。

练习 15.5

启用 AWS Config 服务

在本练习中，你将启用 AWS Config 服务。

(1) 登录到 AWS Management Console。

(2) 打开所有资源，包括全局资源的录制。

(3) 将数据记录到 Amazon S3 存储桶中。

(4) 启动 Amazon EC2 实例。

(5) 登录到实例后，终止实例。

(6) 等待 15 分钟。

(7) 转到 AWS Config 控制台的资源部分。

(8) 查找 Amazon EC2 实例资源，包括已删除的资源。

(9) 单击 AWS Config 时间表，查看实例历史记录。

你刚刚启用了 AWS Config 服务，从而为 AWS 资源提供了配置管理数据库，并且使用时间表视图检查了服务所做的一些记录。你的 AWS Config 数据库将继续记录服务中的更改，因为这些更改是为了响应 API 调用而进行的；这些更改将反映到所涉及资源的时间表中，并且你还可以获得快照视图，快照视图提供了服务启动后任意时间账户内所有 AWS 资产范围内的处置详情。如有需要，还可以使用 EC2 System Manager 代理，并使用 Inventory 工具将 Amazon EC2 实例包管理信息集成到实例的时间表中。

15.12 复习题

1. Amazon VPC Flow Logs 报告根据哪些 VPC 功能接受和拒绝数据？(选择两个答案)

   A. 安全组

   B. 弹性网络接口

   C. 网络 ACL

   D. 虚拟路由器

   E. Amazon S3

2. 从 AWS 控制台启动时，Amazon Inspector 的最低运行时间是多少？

   A. 1 分钟

   B. 5 分钟

   C. 10 分钟

   D. 15 分钟

3. 合规文件可从哪里获得？

   A. Amazon Management Console 的 AWS Artifact

   B. AWS 网站的合规门户网页

   C. AWS 网站的服务内容页面

   D. AWS Management Console 的 AWS Trusted Advisor

4. Amazon IAM 使用哪种访问模型？

   A. PARC

   B. EARC

   C. PERC

   D. REACT

5. AWS CloudTrail 记录摘要使用哪种散列算法？

   A. SHA-256

   B. MD5

   C. RIPEMD-160

   D. SHA-3

6. 渗透请求可以通过 AWS 的哪种方式提交？

   A. 寄件

   B. 邮件

   C. 社交媒体

   D. AWS 支持

7. AWS 渗透测试授权的最大期限是多少？

   A. 24 小时

   B. 48 小时

   C. 30 天

   D. 0 天

8. 谁负责 Amazon VPC 的网络数据流保护？

   A. AWS

   B. 客户

   C. 共享模式

   D. 网络提供商

9. 哪个授权功能可以限制根用户的行为？

   A. Amazon Identity and Access Management (IAM)策略

   B. 桶策略

   C. 服务控制策略

   D. 生命周期策略

10. 哪个 AWS Cloud 服务提供有关常见漏洞和暴露的信息？

   A. AWS CloudTrail

   B. AWS Config

   C. AWS Artifact

   D. Amazon Inspector

第 16 章

场景和参考架构

本章涵盖的 AWS 认证高级网络-专项考试目标包括但不局限于以下知识点。

知识点 1.0：大规模设计和实现混合 IT 网络架构

- 1.2 在指定场景下，决定适当的混合 IT 架构连接解决方案

知识点 2.0：设计和实施 AWS 网络

- 2.2 根据客户要求，在 AWS 上定义网络架构
- 2.3 根据对现有实施的评估提出优化设计

16.1　场景和参考架构简介

　　AWS 提供了许多网络服务和功能，以帮助你在云中构建具备高可用性、可靠性、可扩展性和安全性的网络。本章介绍通过组合这些网络组件以满足常见客户需求的场景和参考架构。这些场景包括实现创建混合网络并跨越多个区域和地点的网络模式。本章末尾的练习有助于你在 AWS 上设计合适的网络架构。了解如何构建网络以满足客户需求是通过考试所必须掌握的内容，我们强烈建议你完成本章中的练习。

16.2　混合网络场景

　　假设你在一家公司工作，该公司希望将旗舰应用从公司的数据中心扩展到 AWS。该应用已成功在为公司的欧洲客户提供服务，现在要求你将该应用的功能快速扩展到 eu-central-1 区域。该应用当前的网络设计如图 16.1 所示。

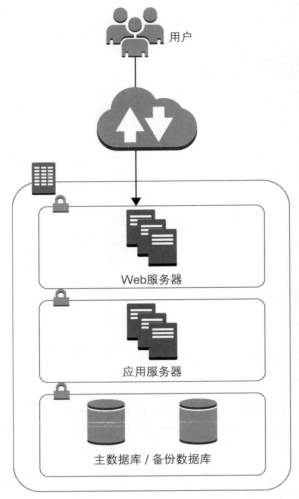

图 16.1 该应用当前的网络设计

如你所见，该应用使用 Web 层、应用程序层和数据库存储层实现了传统的 N 层架构。所有用户数据都存储在关系数据库中。你的初始任务是扩展 Web 层和应用程序层，以满足对 Web 服务器和应用服务器资源不断增长的需求。因此，提出图 16.2 中描述的网络架构。

这种设计不仅添加了 Amazon Route 53，而且在 AWS 和现有的户内资源之间提供了基于域名系统(Domain Name System，DNS)的路由。这种设计托管了 Web 层和应用程序层，以及相关的 Elastic Load Balancing，最后还为应用访问关系数据库提供了后端连接。

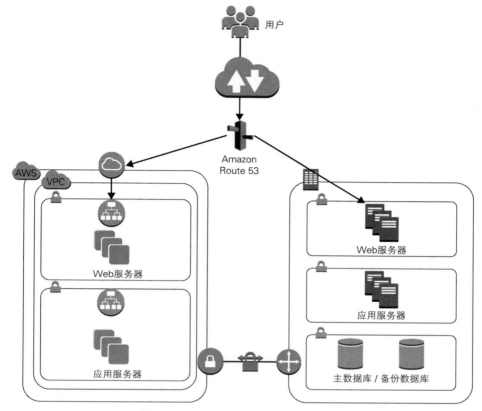

图 16.2　Web 服务器和应用服务器网络设计

 提示：
了解不同的 Amazon Route 53 路由策略的含义。

对于这种网络设计，建议使用 Amazon Route 53 权重轮转(Weighted Round Robin，WRR)路由和健康检查，以允许根据希望发送给 AWS 的数据流与户内资源的百分比上下调配数据流量。不建议使用其他 Amazon Route 53 路由选项(例如，基于延迟的路由)，因为与户内资源相比，这些选项对发送到 AWS 的数据流量没有太大的控制。若缺少控制，可能会导致一些不理想的场景，例如：

- 过多的数据流量仍然被引导至户内资源并造成超载。
- 太多的数据流量被引导到 AWS，使 AWS 资源过载。理想情况下，团队应当正确地实现自动伸缩等 AWS 功能，以利用云中的弹性功能。但这样的混合网络场景通常需要更高程度的网络流量控制，以确保网络和团队在扩展预期方面保持一致。
- 太多的数量流量被引导到 AWS，会导致你在 AWS 和户内网络之间提供的后端网络连接过载。

图 16.2 所示的设计在户内保留应用数据,因此需要仔细考虑后端连接。许多客户从虚拟私有网络(Virtual Private Network,VPN)连接开始,因为 VPN 连接的构建速度通常比 AWS Direct Connect 更快。VPN 连接可用于试验云爆炸,也可作为建立 AWS Direct Connect 连接的桥梁,以及在后端连接带宽相对较低并且可以容忍受互联网影响的可变延迟和抖动时使用。应利用 AWS Direct Connect 来满足高带宽需求,例如需要多个 10 Gbps 连接,你甚至能够以最小的网络抖动为应用提供一致的网络延迟。

提示:
了解不同类型的后端连接的含义,并寻找最合适的连接选项以满足网络需求。

根据应用需求,这种设计还可以通过多种不同的方式进行扩展,包括:

- 为简单起见,图 16.2 中没有描述多个可用区及相关子网的使用。AWS 的最佳实践是对每个应用程序层使用多个可用区。
- 数据库存储层可以移动到 AWS。如果希望迁移到托管数据库服务(如 Amazon RDS),或者当应用遇到户内扩展挑战时,这一点尤其有用,因为这些挑战可以通过迁移到更具扩展性的数据库(如 Amazon Aurora)来解决。
- 可以在 AWS 和户内网络之间复制数据库存储层的可读副本。复制数据库可能会降低后端网络数据流或应用数据库读操作的延迟。同样,可以利用数据库缓存层(如 Amazon ElastiCache)来提高应用的读操作性能。
- 可以包括 Amazon CloudFront,以减少向用户提供内容的延迟,并将请求卸载到 AWS 或户内应用资源中。
- 可以包括 AWS WAF,为 AWS 和户内应用提供额外的安全层。

16.3 多地点弹性恢复

考虑一家公司,它希望为应用实现多地点弹性恢复。应用必须能够根据用户需求适当地上下扩展,并且必须能够在多个数据中心(包括整个区域丢失)发生故障时生存。在发生多区域灾难的情况下,该公司仍然希望能够为用户提供静态版本的网站。为此,我们将按区域、多区域和灾难恢复组件来细分需求。

图 16.3 描述了一种高度可用的区域设计。Amazon Route 53 将用户引导到配置了 Web 应用防火墙规则、跨区域负载均衡、连接排空以及实例运行状况检查的应用负载均衡器。应用负载均衡器负责将安全规则应用于用户数据流,同时在多个可用区的所有健康实例上均匀分布有效的请求负载。另外还集成了多可用区自动伸缩组,以确保在从应用负载均衡器中删除 Amazon EC2 实例之前,能够将未完成的请求处理完毕。这种组合可以保护应用免受可用区中断的影响,确保运行最少数量的 Amazon EC2 实例,并且可以根据需要通过向上或向下扩展每个组的 Amazon EC2 实例来响应负载的变化。

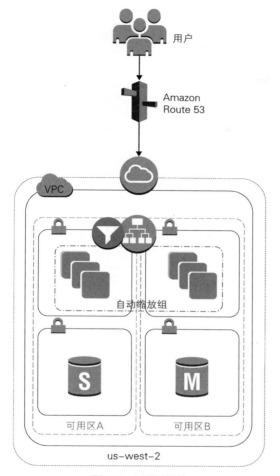

图 16.3　区域可用性

 提示：
了解如何将多个服务中的功能一起用于监控应用的运行状况。

最后，配置 Amazon EC2 实例以连接到多可用区的 Amazon RDS 数据库。Amazon RDS 会创建主数据库实例，并同步地将所有数据复制到另一个可用区中的从属数据库实例。Amazon RDS 监视主实例的运行状况，并在发生故障时自动故障转移到从实例。

图 16.4 将该应用的网络架构扩展到了另一个区域。在本例中，将第一个区域的网络基础设施复制到第二个区域，包括应用的 VPC、子网、应用负载均衡器和 Web 应用防火墙规则、Amazon EC2 实例和自动缩放配置。此外，这个域中的 Amazon Route 53 管理别名记录将更新为包含带有运行状况检查和故障转移路由策略的负载均衡器，以便在发生区域故障时将数据流从主区域重新路由到辅助区域。此外，Amazon RDS 配置会更新，以便在新的区域中创建应用数据库的异步读副本。如果发生区域故障，可以将 Amazon RDS 读副本升级为主数据库实例。

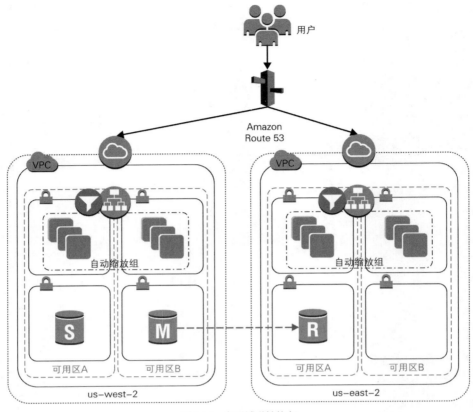

图 16.4　多区域弹性恢复

　　这种设计的一种变化可能包括添加 Amazon CloudFront 和 AWS WAF 来集中管理 Web 应用防火墙规则。另一种变化可能包括创建基于延迟的 Amazon Route 53 路由策略而不是故障转移策略。可使用这种方法创建活跃-活跃环境,该环境基于最小化网络延迟将请求路由到最近的健康负载均衡器。这个场景需要与应用团队紧密协作,以确保满足额外的数据库网络连接要求。管理数据库连接的方法包括:

- 在第二个区域中配置应用以利用本地数据库副本进行读操作。
- 实现 VPC 之间的跨区域网络连接,允许辅助区域中的 Amazon EC2 实例连接到主数据库以执行写操作。有关更多信息,请参阅以下章节:
  - ➢ 第 2 章 "Amazon VPC 与网络基础"中的 VPC 伙伴连接
  - ➢ 第 4 章 "虚拟私有网络(VPN)"中与 Amazon EC2 实例的 VPN 连接
  - ➢ 第 12 章 "混合网络架构"中的转递 VPC
- 实现一个应用编程接口(Application Programming Interface,API),该接口利用 Amazon Route 53 故障转移路由策略将用户的写操作定向到主数据库实例所在的区域。

　　图 16.5 扩展了该架构,以包括最终的多区域灾难恢复故障转移环境。在本例中,我们为应用创建了两个额外的 Amazon Route 53 别名。用户被引导到应用的用户友好的域名(如www.domain.com),域名由 Amazon Route 53 配置,故障转移别名记录作为主域名指向应用的生

产域名(如 prod.domain.com)，应用程序的静态应用域名(如 static-app.domain.com)用于故障转移。

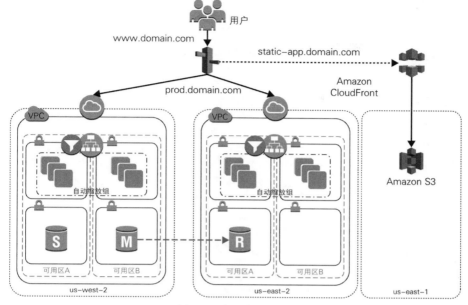

图 16.5　多区域容灾计划

生产环境域名保留了之前的配置，其中包括指向每个区域的应用负载均衡器和运行状况检查的记录。静态域名被配置为 CName 记录，以指向包含 Amazon S3 桶的源发端托管应用的静态版本的 Amazon CloudFront 配送。在这个场景中，应用的用户友好域名将数据流定向到生产环境中应用的健康负载均衡器。如果跨多个可用区(AZ)和地区的所有资源都不健康，那么 Amazon Route 53 将引导用户进入另一个区域的 Amazon CloudFront 配送中心和 Amazon S3 桶。

此外，Amazon CloudFront 还可以用于客户的静态和动态内容。使用 Amazon CloudFront，内容可以从分布在世界各地的边缘站点递送给用户，这样可以减少后端资源的负载，并提供许多额外的好处。

16.4　本章小结

在本章中，你了解了一些附加场景，其中可以组合多个 AWS 网络服务和功能，以便在云中构建具备高可用性、可靠性、可扩展和安全性的网络，以满足常见的客户需求。这些场景包括创建混合网络以支持应用扩展到 AWS，以及实现跨多个区域和地点的高可靠应用。

16.5 复习资源

AWS 全球基础设施：

https://aws.amazon.com/about-aws/global-infrastructure/

Amazon EC2：

https://aws.amazon.com/ec2/

Amazon VPC：

https://aws.amazon.com/vpc/

AWS Direct Connect：

https://aws.amazon.com/directconnect/

Elastic Load Balancing：

https://aws.amazon.com/elasticloadbalancing/

Amazon Route 53：

https://aws.amazon.com/route53/

Amazon CloudFront：

https://aws.amazon.com/cloudfront/

AWS WAF：

https://aws.amazon.com/waf/

AWS Shield：

https://aws.amazon.com/shield/

AWS Organizations：

https://aws.amazon.com/organizations/

AWS Config：

https://aws.amazon.com/config/

AWS CloudTrail：

https://aws.amazon.com/cloudtrail/

AWS CloudFormation：

https://aws.amazon.com/cloudformation/

AWS Service Catalog：

https://aws.amazon.com/servicecatalog/

AWS Guard Duty：

https://aws.amazon.com/guardduty/

Amazon Macie：

https://aws.amazon.com/macie/

Amazon Inspector：

https://aws.amazon.com/inspector/

16.6　考试要点

了解不同类型的 Amazon Route 53 路由；并知道每种路由的使用时机。 Amazon Route 53 提供了许多不同的路由策略。这些路由策略将影响如何将网络流发送到应用。确保了解每个选项的含义，以便能够将最合适的路由功能映射到不同的应用需求。复习第 6 章"域名系统与负载均衡"，以了解有关 Amazon Route 53 功能的更多信息。

了解不同类型的户内网络连接要求，并知道每种要求的使用时机。 AWS 提供了 VPN 和 AWS Direct Connect，用于连接本地网络和 AWS。你应当熟悉每个选项的含义，并且可以应用适当的解决方案来满足应用的连接要求。复习第 4 章和第 5 章，以了解每个选项的详细信息。

了解 Amazon Route 53 和 Elastic Load Balancing 等服务的健康检查功能。 AWS 提供了监控应用运行状况的许多功能。你不仅应当熟悉这些功能，而且还应熟悉如何一起使用它们，以提供端到端的应用运行状况监视和故障应用组件的动态路由。复习第 6 章，以了解更多关于 Amazon Route 53 功能的信息。

应试窍门

小心测试题中提出的要求,这些要求通常是根据其他非常相似的答案决定正确答案的关键。

16.7　练习

你应该已经对本章涵盖的所有服务完成了前面章节中的练习。可以花点时间回顾和复习前面的章节及相关练习,确保已熟悉每个服务或功能的含义。以下练习旨在帮助你考虑其他场景,并确定如何构建网络连接解决方案。

练习 16.1

企业共享服务

考虑在 AWS 上为应用创建共享服务网络的常见网络方案。

(1) 考虑驻留在典型共享服务网络中的服务类型。共享服务可以包括轻型目录访问协议 (LDAP)或活动目录(AD)、DNS、网络时间、源代码存储库或代码构建系统。

(2) 考虑这些服务的不同需求以及这些服务从共享服务 VPC 向其他账户公开的不同方式。

(3) 回顾第 2 章,考虑使用 VPC 伙伴连接可以共享哪些服务。

(4) 回顾第 3 章,考虑使用 AWS PrivateLink 可以共享哪些服务。

(5) 回顾第 4 章和第 5 章,思考通过 VPN 或 AWS Direct Connect 访问共享服务的含义。

完成本练习后，你将回顾有关利用多个 AWS 网络服务支持企业共享服务用例的章节。

练习 16.2

网络安全

考虑控制网络进出数据流的常见网络场景。

(1) 想想那些通常用来监视和控制网络数据流的控制类型。这些控制包括网络和 Web 应用防火墙、访问控制列表、网络监控、入侵检测和预防。

(2) 回顾第 2 章和第 3 章，思考如何使用每个 Amazon VPC 特性来控制或监控网络流量。具体来说，回顾以下内容：

- 安全组
- 网络访问控制列表(ACL)
- 路由表
- 不同类型的网关
- 网络地址转换(NAT)实例
- Amazon VPC Flow Logs
- 不同类型的 VPC 端点
- AWS 私用链接(PrivateLink)

(3) 回顾第 8 章，并考虑各种服务和功能，这些服务和功能有助于实现安全监管、保护动态和静态数据、保护 AWS 账户以及协助网络检测和响应。具体来说，检查以下服务。

监管服务
- AWS Organizations
- AWS Config
- AWS CloudTrail
- AWS CloudFormation
- AWS Service Catalog

控制数据流的服务
- AWS Shield
- Amazon Route 53
- Amazon CloudFront
- AWS WAF
- 安全组
- 网络 ACL

AWS 账户服务
- Amazon GuardDuty
- Amazon Macie
- Amazon Inspector

网络检测和响应服务
- Amazon VPC Flow Logs
- Amazon CloudWatch

完成本练习后，你将回顾有关利用多个 AWS 网络服务支持企业共享服务用例的章节。

16.8　复习题

1. 以下哪个 Amazon Route 53 路由策略最适合将应用逐步迁移到 AWS？
   A. 权重路由策略
   B. 基于延迟的路由策略
   C. 故障转移路由策略
   D. 地理位置路由策略

2. 将户内网络连接到 AWS 时，以下哪个选项会重用现有网络设备和互联网连接？
   A. VPN 连接
   B. AWS Direct Connect
   C. VPC 私有端点
   D. 网络负载均衡器

3. 以下哪一个 Amazon Route 53 路由策略最适合引导用户使用当地货币支付的应用资源？
   A. 权重路由策略
   B. 基于延迟的路由策略
   C. 故障转移路由策略
   D. 地理位置路由策略

4. 当前 Web 应用的网络安全架构包括应用负载均衡器、锁定的安全组和限制性 VPC 路由表。我们已经要求实施额外的控制，以暂时阻止数百个不连续的恶意 IP 地址。你应该将以下哪些 AWS 服务或功能添加到此架构中？
   A. AWS WAF
   B. 网络 ACL
   C. AWS Shield
   D. Amazon VPC AWS PrivateLink

5. 之前的网络管理员使用 Amazon EC2 实例和 10GB 网络实现了一种转递 VPC 架构，以方便不同区域的多个 AWS VPC 和户内资源之间的通信。但随着时间的推移，转递 VPC Amazon EC2 实例的网络带宽已经因户内流量饱和，导致应用请求失败。可以提出下列哪些设计建议来减少应用故障？
   A. 实施 AWS Direct Connect 并且迁移到 AWS Direct Connect 网关
   B. 在转递 VPC 实例的 ENI 上启用 SR-IOV
   C. 将网络数据流卸载到 AWS PrivateLink，方便与户内资源进行连接
   D. 将 10GB 的 Amazon EC2 实例升级到 25GB 并包含 ENA

6. 之前的网络管理员实施了一个转递 VPC 架构，以促进多个 AWS 网络和户内资源之间的通信。但随着时间的推移，转递 VPC Amazon EC2 实例的网络带宽已经因跨区域流量饱和。应该为这个网络推荐哪种高可用设计？

    A. 将跨区域升级流迁移到每个 VPC 中 Amazon EC2 实例之间的点对点 VPN 连接

    B. 禁用 VPC 路由表上的路由传播，以禁用跨区域数据流

    C. 利用 VPC 跨区域的 VPC 伙伴连接

    D. 实施网络 ACL 以速率限制跨区域数据流

7. 我们支持托管在 ap-northeast-1 和 eu-central-1 中的应用。来自世界各地的用户有时会抱怨页面加载时间过长。哪种 Amazon Route 53 路由策略可提供最佳用户体验？

    A. 权重路由策略

    B. 基于延迟的路由策略

    C. 故障转移路由策略

    D. 地理位置路由策略

8. 将户内网络连接到 AWS API 时，以下哪个选项提供的网络抖动和延迟最少？

    A. VPN 连接

    B. AWS Direct Connect 私有 VIF

    C. AWS Direct Connect 公有 VIF

    D. VPC 端点

9. 以下哪种 Amazon Route 53 路由策略的组合可以为特定位置的服务提供冗余备份连接？(选择两个答案)

    A. 权重路由策略

    B. 基于延迟的路由策略

    C. 故障转移路由策略

    D. 地理位置路由策略

    E. 简单路由策略

10. 能够为私有子网中的 Amazon EC2 实例提供 IPv4 出口访问互联网，而无需网络管理的可扩展方法是什么？

    A. 为所有 VPC 创建具有网络地址转换的转递 VPC

    B. 创建仅出口的互联网网关

    C. 在每个可用区中创建多个 Amazon EC2 NAT 实例

    D. 创建 NAT 网关

11. 你的用户开始抱怨应用性能不佳。你确定户内 VPN 连接由于到本地 Microsoft 活动目录(AD)环境的身份验证和授权数据流量已饱和。以下哪个选项可减少户内网络流量？

    A. 将 Microsoft AD 复制到共享服务网络中的 Amazon EC2 实例并迁移到 VPC 伙伴连接

    B. 从 VPN 连接迁移到多个 AWS Direct Connect 连接

    C. 在 AWS Directory Service 和户内 Microsoft AD 之间创建信任关系，并迁移到 VPC 伙伴连接

    D. 将网络数据流卸载到 AWS PrivateLink，以方便与 Microsoft AD 进行户内连接

复习题答案

第 1 章：高级网络简介

1. B。AWS Direct Connect 提供客户环境和 AWS 之间的私有连接。

2. C。Amazon CloudFront 是内容分发网络(CDN)，从 AWS 边缘站点运行。

3. D。AWS 区域包含两个或更多个可用区。可用区包含一个或多个数据中心。边缘站点遍布互联网。

4. D。AWS 区域包含两个或更多个可用区。可用区包含一个或多个数据中心。一个区域包含一个由两个或多个数据中心组成的集群。

5. A。AWS 区域包含两个或更多个可用区。可用区包含一个或多个数据中心。如果将实例分布在多个可用区中，那么当一个实例失败时，则可以设计应用程序，以便另一个区域中的实例可以处理请求。

6. C。Amazon Virtual Private Cloud (Amazon VPC)允许客户创建逻辑共享的 AWS 区域内的网络。

7. A。AWS Shield 提供 DDoS 缓解。AWS Shield 标准选件可供所有客户免费使用。

8. A。AWS 全球基础设施由公司 Amazon 运营。

9. B。Amazon VPC 是定义的 AWS 区域中独立的逻辑部分。

10. B。映射服务维护 VPC 中每个资源的拓扑信息。

11. D。创建 Amazon VPC 时，选择要使用的 IPv4 地址范围，还可以选择在 Amazon VPC 上启用 IPv6。

12. B。Amazon Route 53 是受管的域名系统(DNS)服务。可以使用 Amazon Route 53 进行域名注册。

13. A。AWS 直连允许你在自己的地点和 AWS 之间创建专用网络连接。AWS Direct Connect 能比互联网提供更一致的网络体验。

14. C。AWS WAF 允许创建 Web 访问控制列表(ACL)以保护 Amazon CloudFront 和 Elastic Load Balancing(例如，应用负载均衡器)环境。

15. B。Elastic Load Balancing 在 Amazon VPC 中的健康 Amazon EC2 实例之间提供应用程序数据流分配。

第 2 章：Amazon VPC 与网络基础

1. C。你需要两个公用子网(每个可用区一个)和两个专用子网(每个可用区一个)。因此，你需要四个子网。

2. B。当 NAT 网关执行多对一地址转换时，它使用一个 IPv4 弹性 IP 地址。为了使数据流路由到互联网，必须将 NAT 网关放置在具有到互联网网关的路由的公用子网中。

3. D。置放组用于在 Amazon EC2 实例之间提供最高性能的网络。

4. A。创建 Amazon VPC 时，默认情况下会创建路由表。必须手动创建子网和互联网网关。

5. A。每个 Amazon VPC 只能有一个互联网网关。

6. B。安全组是有状态的，而网络 ACL 是无状态的。

7. D。客户网关是 VPN 连接的客户端，互联网网关将网络连接到互联网。虚拟私有网关 (VGW)是 VPN 连接的 Amazon 一端。

8. D。通过将与不同子网相关联的弹性网络接口连接到一个实例上，可以使该实例实现双栖。

9. C。每个 Amazon VPN 连接提供两个 IPsec 隧道端点。

第 3 章：高级 Amazon VPC

1. D。VPC 端点是对其他公共服务的私有访问。此访问方法不会降低性能或提高可用性。此外，这些服务仍然可以通过公共 API 提供，除非将特定于服务的配置(如 Amazon Simple Storage Service (Amazon S3) 桶策略)配置为限制对 VPC 端点的访问。

2. D。当你限制对 VPC 端点的访问时，这是预期行为。代理也可能阻止访问。对象还在那里。VPC 端点策略没有专门应用于控制台的条件，并且端点策略不限制哪些资源可以访问 Amazon S3 存储桶。为了能够通过 AWS 管理控制台访问 Amazon S3 存储桶，你必须允许公共访问。

3. C 和 D。AWS PrivateLink 应用了源网络地址转换(NAT)，因此源 IP 将不会自然可用。VPC 伙伴允许双向通信，但不允许更好的性能或可扩展性。AWS PrivateLink 只是单向的。与 VPC 伙伴相比，AWS PrivateLink 支持更多的分支 VPC。AWS PrivateLink 不会提高性能，只能通过添加更多的资源才能实现。

4. A 和 B。AWS PrivateLink 只支持 TCP 流量，可以使用 AWS PrivateLink 端点的 IPv4 地址，而不是使用 DNS 名称。除了在应用程序级别定义的身份验证外，没有针对 VPC 端点的继承身份验证。无法通过 AWS PrivateLink 创建 VPN，因为不支持 IPsec。

5. A 和 D。必须启用 DNS 才能使 Amazon S3 端点正常工作。Amazon S3 端点不需要 IP 地址。端点也不受私有或公共子网的影响。Amazon S3 端点一定需要路由表中的路由。

6. B 和 E。入站安全组不定义出站策略。另外，NAT 实例可以有用于 8080 端口的 iptables 规则或类似的防火墙规则。NAT 实例可能会耗尽端口，但是多个实例几乎不可能同时耗尽 8080 端口，因为它们支持 65 000 个端口。网络 ACL 会阻止入站端口，在这种情况下不阻止出站端口。服务器也可能阻止访问端口 8080 时使用的地址或方法。

7. C。转递路由用于防止实例通过传递伙伴的 VPC 进行通信。如果实例配置为使用代理，那么每个跃点上的目标 IP 就是伙伴 VPC 中的一个实例。不能在伙伴 VPC 中定义到网卡的路由。

8. C 和 D。AWS PrivateLink 不使用前缀列表。实例不需要额外的接口就能使用 VPC 端点。实例需要支持 DNS 并使用正确的条目。安全组可以阻止对私有服务的访问。具有 AWS PrivateLink 的路由表没有 IP 地址。

9. A 和 D。如果处于最大允许路由配置，则无法创建新的 CIDR 范围。子网 VPC 不会影响新的 CIDR 范围。有效 CIDR 范围受限于基于原始 CIDR 的定义范围。其他 VPC 不会在添加时创建依赖项。VPC 是新的，因此不会与任何其他 VPC 进行伙伴连接。

10. D。路由、子网和新的 CIDR 范围有效。新的 CIDR 范围必须比现有的路由更明确，这里就是这样。CIDR 范围不需要连续。

11. C 和 D。AWS PrivateLink 可以扩展到这个用例，并提供中心服务。另一种选择是通过互联网访问这些服务，前提是进行身份验证且加密是强化的。VPC 伙伴不适用于数千个 VPC。如果没有关联的伙伴连接，则无法引用安全组。在两个 VGW 之间不能创建 VPN，因为两者都不会启动连接。

12. C。不能将不同的 RFC1918 CIDR 范围添加到现有的 VPC，也不能在现有子网上使用新的 CIDR 范围。此外，NAT 网关将不支持自定义 NAT。目前唯一的选择是给新的 VPC 增加伙伴连接。

13. B。这是对可转递路由规则的测试。从 VPC 路由和外部目的地的角度看，唯一具有外部源的连接是病毒扫描。VPN 中的数据流保持在实例上，并且可以路由。API 请求来自伙伴 VPC 中的一个实例，目的地是另一个实例。虽然 Web 请求看似外部源和目的地，但数据包是隧道式的，因此 VPC 将它视为新的流，其中源端是 VPN 服务器的网卡。

14. A 和 D。网络负载均衡器和接口 VPC 端点可以通过 AWS Direct Connect 访问。网关 VPC 端点需要使用代理。AWS 元数据服务不是网络接口，因此可以通过代理进行工作，但会返回特定于代理的结果。

15. C。大型 VPC 和复制处理方式不符合组织的要求。跨账户网络接口不会扩展，也不会路由代码，所以只有 AWS PrivateLink 能提供可扩展性并满足需求。

16. A 和 C。自动分配的地址不符合回收条件。只能回收账户拥有的弹性 IP 地址。标记不是必需的。在某些情况下，可以回收弹性 IP 地址。弹性 IP 地址与实例号无关，因为不会自动与实例关联，而是返回到账户。

第 4 章：虚拟私有网络(VPN)

1. A 和 E。VGW 是 Amazon VPC 的受管 VPN 端点，也可以在 Amazon EC2 实例上终止 VPN。

2. B。需要两个通道：每个虚拟私有网关(VGW)端点都需要一个。

3. B 和 C。创建动态隧道时，将使用 BGP；创建静态隧道时，将使用静态路由。

4. D。在基于 Amazon EC2 的 VPN 终止选项中，你负责操作系统级别向上所有基础设施的维护。AWS 负责维护底层硬件和管理程序。

5. A。源/目标检查属性控制是否在实例上启用源/目标检查。禁用源/目标检查属性将使实例能够处理非指定到这个实例的网络数据流。由于此 Amazon EC2 实例处理并将数据流路由到 VPC 中所有的 Amazon EC2 实例，因此必须禁用源/目标检查。

6. C。虚拟私有网关仅支持 IPsec VPN 协议。选项 B 和 D 不支持。选项 A 支持，但不是强制性的。

7. B。选项 A 错误，因为 VGW 不支持客户端到站点的 VPN。选项 C 虽然是有效的选项，但是存在实施以及维护自动化方面的管理开销。与选项 B 相比，选项 D 的可用性更低。

8. B。与站点到站点 VPN 不同，AWS 目前不提供此类 VPN 设置的受管网关端点。你必须使用 Amazon EC2 实例作为客户端到站点的 VPN 网关。

9. C。SSL 或传输层安全性(TLS)在应用层工作，并加密所有 TCP 数据流。SSL 是一种相比 IPsec 更有效的算法，并且更容易部署/使用。通过使用 SSL，还可以只加密需要 SSL 的应用程序的数据流，而使用 IPsec，所有数据流都是加密的。选项 D 是不正确的，因为涉及静止加密，而问题是如何在传输中实现加密。

10. A。VGW 端点的 IP 地址是自动生成的。这些 IP 地址用于终止 VPN 连接。

第 5 章：AWS Direct Connect

1. C。VGW 提供与 Amazon VPC 的连接。互联网网关提供对互联网的访问。VPC 端点用于特定的 AWS 云服务。伙伴连接用于连接到其他 VPC。

2. A。AWS Direct Connect 需要使用 BGP 交换路由信息。

3. D。1 个 LAG 中的最小连接数是 1。

4. D。AWS Direct Connect 支持公用和私有 VIF。

5. A。每个 AWS Direct Connect 地点至少有两个装置以提供弹性恢复，这就是说，如果需要，可以在单个地点建立弹性连接。

6. C。在私有 VIF 上可以放置 100 个前缀。

7. A。LAG 表现为独立的第 2 层连接。每个供给(VIF)会跨越 LAG，但只需要一个 BGP 会话。

8. B。从本地到 VPC 的路由始终具有高优先级。Amazon VPC 不允许使用相比 VPC 无类域间路由(CIDR)范围更具体的路由。

9. B。客户可以定义并将 VIF 分配给另一个 AWS 账户。此配置是托管 VIF。

10. D。停止对 AWS Direct Connect 计费的唯一机制是删除连接本身。即使删除了所有 VIF，也仍然需要支付连接的端口小时费用。

第 6 章：域名系统与负载均衡

1. A 和 E。有两种类型的托管区：私有托管区和公共托管区。私有托管区是容器，其中包含有关如何在一个或多个 Amazon VPC 中为域及子域路由数据流的信息。公共托管区也是容器，其中包含有关如何在互联网上为域路由数据流的信息。

2. D。Amazon Route 53 可以将查询路由到各种 AWS 资源。重要的是要知道哪些资源不适用，如 AWS CloudFormation 和 AWS OpsWorks。

3. C。如果想停止向资源发送数据流，可以将记录的权重值改为 0。

4. A。如果将健康检查与多值应答记录关联，则只有当健康检查正常时，Amazon Route 53 才会使用相应的 IP 地址响应域名系统(DNS)查询。如果不将健康检查与多值应答记录相关联，则 Amazon Route 53 始终认为记录是健康的。

5. D。你可以通过 AWS 管理控制台访问 Amazon Route 53 数据流。控制台为你提供了一个可视化编辑器，以帮助你创建复杂的决策树。

6. D。可以使用多值应答路由策略启用此功能。

7. A。典型负载均衡器和应用负载均衡器 IP 地址可能会随着负载均衡器的规模而变化。通过 IP 地址而不是 DNS 名称引用它们可能会导致某些负载均衡器端点使用不足或将数据流发送到不正确的端点。

8. B。当 enableDnsHostnames 属性设置为 true 时，Amazon 将为 Amazon EC2 实例自动分配 DNS 主机名。

9. D。enableDnsHostnames 表示在 VPC 中启动的实例是否将接收公共 DNS 主机名。enableDnsSupport 表示 VPC 是否支持 DNS 解析。对于 Amazon EC2 实例，两个都必须设置为 true 才能在 VPC 中接收 DNS 主机名。

10. B。网络负载均衡器支持负载均衡器的静态 IP 地址，还可以为负载均衡器启用的每个可用区分配一个弹性 IP 地址。

第 7 章：Amazon CloudFront

1. C。CDN 是全球分布的缓存服务器网络，可以加速网页和其他内容的下载。CDN 使用 DNS 地理位置来确定网页或其他内容的每个请求的地理位置。

2. D。如果内容已经在边缘站点上，并且延迟最低，那么 Amazon CloudFront 会立即发送。如果内容当前不在边缘站点上，那么 Amazon CloudFront 会从源发端服务器检索内容，然后再进行发送。

3. A、B 和 C。Amazon CloudFront 经过优化，可以与其他 AWS 云服务一起作为源发端服务器，包括 Amazon S3 存储桶、Amazon S3 静态网站、Amazon EC2 实例以及 Elastic Load Balancing。Amazon CloudFront 还可以与任何非 AWS 源发端服务器(如现有的户内 Web 服务器)无缝工作。

4. B。默认情况下，对象在 24 小时后在缓存中过期。

5. D。此功能从每个 Amazon CloudFront 边缘站点删除对象，而无论你在源发端服务器上为该对象设置的过期时间如何。

6. A。可以使用称为缓存行为的功能控制哪些请求由哪个源发端服务器提供服务，以及如何缓存请求。

7. D。当与 Amazon CloudFront 进行流式传输并使用其中一种协议时，Amazon CloudFront 会将视频分成更小的块，这些块缓存在 Amazon CloudFront 网络中，以提高性能和可扩展性。

8. C。添加备用域名时，可以在域名开头使用通配符*而不是单独指定子域。

9. D。为了在 Amazon CloudFront 上使用 ACM 证书，必须在美国东部(北弗吉尼亚州)区域申请或导入该证书。

10. D。为了让对象失效，可以指定单个对象的路径或以*通配符结尾的路径，*通配符可以应用于一个或多个对象。

11. B。Amazon CloudFront 可以创建日志文件，其中包含有关 Amazon CloudFront 接收的每个用户请求的详细信息。访问日志可用于 Web 和实时消息协议(RTMP)分派。当启用分派的日志记录时，可以指定 Amazon S3 存储桶，Amazon CloudFront 将在桶中存储日志文件。

第 8 章：网络安全

1. B。AWS Organizations 包括账户创建应用程序编程接口(API)，用于向组织添加新的账户。

2. D。AWS CloudFormation 模板包含环境的文本定义，使用的是 JSON 或 YAML 格式。当一个模板被激活时，它被称为堆栈。

3. A 和 B。删除与人有关的在 AWS 环境中执行的创建、操作、管理以及弃用等操作将显著提高整体安全性。人会犯错，人们会违反规则，人们会恶意行事。

4. C。Amazon Route 53 将名称服务器条状化为四个 TLD 服务器，以减轻 TLD 故障的影响。

5. B。源发端访问标识(OAI)是特殊的 Amazon CloudFront 用户，可以与 Amazon S3 存储桶关联以限制访问。

6. B。AWS Certificate Manager 使用 AWS KMS 来帮助保护私钥。

7. C。AWS WAF 可与 Amazon CloudFront、应用负载均衡器以及 Amazon EC2 集成。

8. C 和 D。AWS Shield 标准选项对所有 AWS 客户提供保护，以抵御最常见且频繁发生的基础设施(OSI 模型中的第 3 层和第 4 层)攻击，如 SYN/用户数据报协议(UDP)洪泛攻击、反射攻击等，以支持 AWS 中应用的高可用性。

9. A。VPC 端点允许在 Amazon VPC 和另一个 AWS 云服务之间创建私有连接，而无须通过互联网、NAT 设备、VPN 连接或 AWS Direct Connect 进行访问。

10. B。安全组是有状态的，而网络 ACL 是无状态的。

11. D。Amazon Macie 是一项安全服务，它使用机器学习来自动发现、分类和保护 AWS 中的敏感数据。

12. D。Amazon VPC Flow Logs 是一项功能，它使你能够捕获访问出入 VPC 网卡的 IP 数据流的信息。

13. A。配置 Amazon CloudWatch 定时事件，以便每小时调用一个 AWS Lambda 函数。AWS Lambda 函数处理威胁情报数据并填充 AWS WAF 条件。AWS WAF 可与应用负载均衡器关联。

第 9 章：网络性能

1. A 和 D。NAT 网关比 NAT 实例具有更高的性能。尝试更大的实例类型可以增加私有子网实例的带宽容量。默认情况下，Amazon Linux 已启用增强型网络。对于任何给定的前缀，只能存在一个路由。

2. D。增强型网络可以帮助减少抖动和提高网络性能。置放组和较低的延迟对于离开 VPC 的数据流没有帮助。网卡不影响网络性能。应用负载均衡器无法帮助解决性能问题。

3. B。使用多个实例将提高性能，因为任何给定的到 Amazon S3 的数据流将限制在 5 Gbps 以下。移动实例不会增加 Amazon S3 的带宽。置放组也不会增加 Amazon S3 的带宽。Amazon S3 在自然情况下不能置于网络负载均衡器之后。

4. A 和 B。当计分机制可用时，R4 实例使用网络输入/输出(I/O)计分以允许更高带宽，这可能会影响基线性能测试。另外，数据库可能对 TCP 流的性能产生其他应用级别的影响。

5. A 和 C。操作系统必须支持适当的网络驱动程序才能正确分类实例类型。除了驱动器的支持以外，还需要标记 AMI 或实例为增强型网络支持。

6. D。互联网不支持巨型帧，VPN 不会增加吞吐量。增加每秒数据包数很可能会降低吞吐量。可以采取其他措施，例如调整操作系统传输控制协议(TCP)堆栈、使用网络加速器或更改应用机制。

7. C。置放组对应用的益处远远大于其他功能，比如对延迟和吞吐量极为敏感的高性能计算(HPC)。

8. C。跨多个实例分布数据流，以确保任何给定数据流的带宽或实例不限制整体性能。增强型网络可以帮助提高性能，但不会增加规模。BGP 和 VPC 路由也不会增加数据传输的规模。

9. A。Amazon EBS 提供的 IOPS 将有助于减少延迟并创建更一致的磁盘性能。

10. C。抖动是数据包之间的延迟差异。可以通过增加一致延迟来减少抖动。增强型网络和消除 CPU 或磁盘瓶颈有助于减少抖动。

11. C 和 D。C4 实例支持 Intel 虚拟函数驱动程序，C5 实例支持 ENA 驱动程序。此外，必须为实例标记增强性网络。Amazon VPC 中没有特定的实例路由。

12. D。如果吞吐量较低，在 Amazon VPC 中增加 MTU 可以提高性能。除非存在应用问题，否则使用最大可用 MTU(9001 字节)将有助于提高性能。抖动不是典型的吞吐量问题。在没有使用 QoS 时，Amazon VPC 公平地对待所有数据包。对每个实例使用网络负载均衡器会降低性能。

13. A、C 和 E。AWS Direct Connect 提供比 VPN 或互联网连接更低的延迟和监控的可控性。QoS 可以在连接到 AWS Direct Connect 的线路上进行配置，但不能在 AWS 网络中进行配置。这通常意味着服务提供者网络将遵循差分服务码位(DSCP)，但是来自 AWS 的任何出口数据包将被平均丢弃。类似地，可以配置巨型帧，但这不会提供任何性能优势，因为巨型帧仅在 Amazon VPC 中支持。

14. A、D、E 和 G。Amazon CloudWatch 度量和主机度量是确定瓶颈的最有效方法。包捕获和其他选项在某些情况下会有所帮助，但它们不是最有效的。弹性网网接口不影响工作负载是否与网络绑定。

15. A 和 D。VPN 实例应支持增强型网络以获得可能的最大性能。作为一种协议，IPsec 可以降低吞吐量，从而对每秒数据包数和带宽施加更大的压力。VGW 由 AWS 管理。作为协议的 IPsec 无法通过网络负载均衡器工作，这主要是因为非传输控制协议(TCP)，如封装安全协议(ESP) 和用户数据报协议(UDP)。

16. B。置放组特定于可用区，这将降低可用性。

17. A 和 C。对于具有网络要求的实例，支持增强型网络是很重要的。此外，实例大小以及操作系统支持的家族将在很大程度上定义最大吞吐量和带宽。

18. D。网络负载均衡器相比典型负载均衡器能够为 TCP 数据流提供更低的延迟和更快速的延展。应用负载均衡器和 Amazon CloudFront 选项都需要与他人共享私钥。不能在 Elastic Load Balancing 上配置增强型网络。

19. C。使用 AWS Direct Connect 是最准确的答案。AWS Direct Connect 不提供自带加密功能。VPN 连接不按连接单独缩放。使用 TCP 调优或网络设备无法可靠地管理延迟。

20. D。MTU 允许应用程序发送更多数据，这可以提高吞吐量。默认情况下，巨型帧在 VPC 中启用，并且在置放组之外工作。

21. C。DPDK 是一组库和工具，用于减少操作系统中的网络开销。

22. D。弹性网络接口不影响任何支持增强型网络的实例的网络性能。

23. B。多路播放数据流需要第 2 层交换以及 VPC 中目前没有的路由基础设施。最好重新设计应用程序组件，并为置放组提供低延迟。

24. D。带宽是网络中任何一点的最大数据传输速率。

25. D。TCP 内置了拥堵管理协议，以适应数据流的变化。UDP 不是这样，因此 UDP 不会自然适应变化的网络条件。

第 10 章：自动化

1. A。AWS CloudFormation 可以检测语法错误，但不能检测语义错误。如果发出的服务调用返回错误，堆栈的创建或更新过程将停止。默认情况下，AWS CloudFormation 将堆栈回滚到以前的状态。

2. A。AWS CloudFormation 不知道路由必须首先等待网关连接完成，因此必须明确说明这种依赖关系。在模板中，资源的顺序是不相关的。等待可能有助于减少错误，但不能提供保证，并且可能导致创建或更新操作的速度不必要地变慢。

3. D。AWS CloudFormation 删除所有资源，除非资源的 DeletionPolicy 状态为 Retail(保留)。无法检测资源是否在使用(这可能会阻止资源被删除，但 AWS CloudFormation 仍将尝试这样做)。以 aws:开头的标签不能被用户更改。

4. A 和 E。AWS CodePipeline 可以监视 Amazon S3 上的 AWS CodeCommit、公共 GitHub 存储库和 ZIP 文件包。其他地方的存储库必须作为 ZIP 包发布到 Amazon S3。

5. C。在实例上安装的 Amazon CloudWatch Logs 代理可以用来监视日志文件。当添加数据到日志文件中时，代理会将它们发送到 Amazon CloudWatch Logs，在那里可以将数据聚合到单个日志组中。

6. D。在模板中使用参数是重用模板的最简单方法。其他的解决方式也可以工作，但是它们给模板引入了不必要的复杂性。

7. C。创建变更集时将显示新模板与当前堆栈状态的不同。执行变更集可确保只执行那些需要变更的操作。如果自生成更改集后堆栈发生更改，执行会被拒绝。否则，执行模板可能会覆盖中间发生的更改。ValidateTemplate API 仅验证模板语法的正确性。批准操作与 AWS CodePipeline 一起使用，而不是与 AWS CloudFormation 一起使用。

8. A。版本控制系统(如 Git)提供了对源代码所做更改的历史记录，并允许为实验开发创建多个分支。Amazon S3 版本控制只允许线性更改，不提供可视化功能。AWS CloudFormation 和 AWS CodePipeline 不记录历史记录。

9. D。AWS CloudFormation 无法检测到这种语义错误。资源创建是无序的，除非存在依赖关系，所以子网的创建顺序是不确定的。当遇到错误时，AWS CloudFormation 将尝试回滚更新。

10. A。堆栈策略可以防止在更新堆栈时修改、删除或替换资源。IAM 服务角色也可以有效地执行此操作，并且还禁止删除其他子网。当删除 AWS CloudFormation 堆栈时才可以应用 DeletionPolicy 而不是资源本身。以 aws:开头的标记是不能修改的。

第 11 章：服务要求

1. C 和 D。Amazon AppStream 2.0 和 Amazon Workspaces 都是 AWS 云服务，它们支持最终用户连接到在 VPC 内运行的应用程序。

2. B。每个工作区实例需要两个适配器连接：一个在客户虚拟私有云(VPC)中；另一个在 AWS 管理的 VPC 中。

3. B 和 C。AWS Lambda 需要 NAT 以连接到互联网。公共 IP 地址不能分配给 AWS Lambda 函数。

4. A、B 和 D。Amazon EMR 不需要互联网连接，但是需要 Amazon S3 连接、DNS 主机名和私有 IP 地址。

5. D。AWS Lambda 是 AWS 云服务，允许执行无服务器代码。

6. B 和 C。Amazon Workspaces 内连接到 VPC 的与 NAT 网关或公共 IP 连接的互联网网关需要互联网连接。这两个选项都需要用户配置，默认情况下没有设置。

7. B。Amazon RDS 是提供受管数据库实例的 AWS 服务。

8. A。多可用区部署需要两个子网，以便为 Amazon RDS 提供高可用性。

9. C。AWS Elastic Beanstalk 可以代表用户自动供给和扩展基础设施。

10. D。AWS Elastic Beanstalk 可以自动部署基础设施。自定义虚拟私有云(VPC)和安全组可以使用，但不是必需的。

11. A 和 B。AWS Database Migration Service (AWS DMS)方便了不同数据库引擎之间的复制。数据库之间的直接连接不是必需的。

12. C。Amazon Redshift 要求集群中的每个节点都有 IP，另外还有用于主节点的其他 IP。

13. D。连接时仅应当使用 Amazon RDS 主机名(或 CNAME)。在发生故障转移时可以进行更新。

第 12 章：混合网络架构

1. A。AWS Direct Connect 公共 VIF 允许从户内到 AWS 云服务的私有连接。

2. B。基于主机的 IPS/IDS 是一种更具可扩展性的解决方案，它不会对内连 IPS/IDS 网关带来的高可用性和吞吐量可扩展性带来挑战。它也更具成本效益，因为它不需要运行内联网关。

3. A。VGW 是受管理的端点。

4. A。可以在 Amazon EC2 实例上使用支持基于 QoS 标记的数据包操作的 VPN/路由软件。使用单独的 Amazon EC2 VPN 实例没有帮助，因为从 VPC 到户内的数据流只能使用一个 Amazon EC2 实例作为网关。使用两个 VPC 不起作用，因为从 VPC 到户内网关的数据流没有 QoS，因此竞争相同的路由器资源。

5. D。只有接口 VPC 端点可以通过 AWS Direct Connect 访问。

6. A。如果需要通过 VPC 发送所有数据流，则必须通过 Amazon EC2 实例代理所有数据流。AWS 存储网关在文件网关模式下支持 HTTP 代理。

7. A。可以使用公共 VIF 访问 Amazon DynamoDB。可以使用 Amazon DynamoDB 客户机库在将数据流写入数据库时对其进行加密。VPN 不是必需的。

8. B。可以通过在新加坡地区建立本地集线器来减少延迟。之后，数据流将从孟买地区的分支 VPC 流向新加坡地区的中央 VPC，然后流向新加坡地区的分支 VPC。GRE 应该在 IPsec 上使用以减少延迟，因为 GRE 不加密数据，所以加快了数据包的处理速度。

9. C。AWS Direct Connect 私有 VIF 启用从户内 Amazon EC2 实例到户内活跃目录服务器的连接。

10. C。转递 VPC 不应当用于基本的混合 IT 连接，而应该只在特殊情况下使用，例如内联数据包检查。

第 13 章：网络故障排查

1. B。黏性会话使会话期能够与同一个 Web 服务器保持在一起，以方便有状态的连接。

2. D。由于可以访问实例，但不能访问互联网，因此没有通过户内网络到互联网的默认路由。

3. C。NAT 网关需要在公用子网中才能与互联网通信。

4. B。除 NAT 网关外，其他由公用子网进行互联网连接的网关都是必需的。

5. A。默认情况下，每个 VPC 最多有 50 个 VPC 伙伴连接。

6. E。选项 A～D 都是可能的错误配置。

7. C 和 D。两个域名系统(DNS)设置都必须在 VPC 上启用，才能使私有托管区正常工作。

8. D。一些 AWS 云服务依赖于默认 VPC 的存在。可以选择创建新的默认 VPC。

9. C。网络 ACL 规则可以拒绝数据流。

10. A 和 B。流日志和包捕获是记录数据流的源和目标 IP 地址的两种方法。

第 14 章：计费

1. C。伙伴连接对离开或进入 VPC 的数据流收取每 GB 0.01 美元的费用；因此，单个数据流在每个方向上的费用为 0.02 美元。处于同一可用区不会影响定价。

2. B。由于数据被传输到另一个区域，你将要收取出口源区域的费用。

3. B。VGW IPsec 端点被视为 AWS 公共 IP，资源归你所有。由于这些因素，降低的 AWS Direct Connect 速率也适用。

4. B。户内数据中心不在 AWS 公共 IP 地址范围内的话不收费，因为数据传输按入互联网计费。

5. B。预算支持预测，并允许设置报警以触发当前账单。

6. B。当连接首次可用时或在创建 90 天后(以先发生者为准)开始收费。

7. C。在 Elastic Load Balancing 中，活跃会话费用将用作负载均衡器容量单元(LCU)的组件而不是 NAT 网关。

8. A。从 Amazon S3 到 Amazon CloudFront 的数据传输不收费。

9. B。存储桶的所有者总是为从存储桶传输数据支付费用。在这个特定的例子中，他们支付出互联网费用。

10. B。由于可用区在通过公共 IP 通信时不影响定价，因此按区域数据传输率收费。

第 15 章：风险与规范

1. A 和 C。安全组和网络 ACL 允许或拒绝数据流。这些决策反映在 Amazon VPC Flow Logs 数据中。

2. D。Amazon Inspector 支持 15 分钟～24 小时之间的评估。

3. A。AWS 工件提供对 AWS 安全和合规性文档(也称为审计工件)的按需访问。

4. A。IAM 使用了 PARC 访问模型。

5. A。AWS CloudTrail 记录摘要使用 SHA-256 进行散列。

6. B。AWS 通过认证的在线 Web 表单和电子邮件接收请求。

7. D。每次请求最多可请求授权 90 天。

8. C。AWS 负责维护 Amazon VPC 分离保证，但客户负责适当配置子网、安全组、NACL 和其他应用层机制。

9. C。除 IAM 用户外，AWS Organizations SCP 还适用于根用户的成员账户。

10. D。Amazon Inspector 是一种自动化的安全评估服务，有助于提高部署到 AWS 上的应用的安全性和合规性。

第 16 章：场景和参考架构

1. A。Amazon Route 53 的权重路由策略对特定应用程序资源的数据流提供了最大的控制。故障转移路由策略不支持逐步迁移，基于延迟的路由策略和地理位置路由策略对请求指向特定应用程序资源提供的管理控制有限。

2. A。VPN 连接通常重用现有的户内 VPN 设备和互联网连接。AWS Direct Connect 要求提供新的线路。选项 C 和 D 用于提供对单个应用或 AWS 服务的访问，而不是用于连接网络。

3. D。Amazon Route 53 的地理位置路由策略提供了根据地理位置引导用户的能力，因此是根据客户所在地引导客户使用应用程序的唯一方法。权重路由策略和故障转移路由策略不分位置。基于延迟的路由策略基于最终用户的延迟运行，这通常与最终用户的位置相关，但并不总是这样。

4. A。AWS-WAF 可以与应用负载均衡器集成，用于规模性的阻塞 IP 地址。网络 ACL 可以拒绝数据流，但不能达到所需的规模。AWS Shield 和 Amazon VPC AWS PrivateLink 不提供拒绝网络数据流的功能。

5. A。在这个场景中，户内网络连接的网络要求超过了在置放组之外运行的 Amazon EC2 实例的网络容量。此要求淘汰了选项 B 和 D。选项 C 提供了与户内资源交互不同的接口，但不会减少必须穿过的网络流量。AWS Direct Connect 允许户内连接扩展到单个 Amazon EC2 实例网络限制，AWS Direct Connect 网关为所有相接的 VPC 提供类似于传输 VPC 的体验。

6. C。选项 A 没有高可用功能。选项 B 禁用跨区域数据流，这不是所需的结果。选项 D 不可能。所以，选项 C 是最佳答案。

7. B。基于延迟的路由策略根据客户端延迟将请求路由到最近的位置。权重路由策略和故障转移路由策略不分位置。地理位置路由策略是不区分最终用户的延迟。

8. C。AWS Direct Connect 公共虚拟接口(VIF)支持对 AWS API 的户内访问。所有其他选项都需要额外的基础设施和配置，这会在网络设计中引入额外的复杂性和可变性。

9. C 和 D。Amazon Route 53 地理位置路由政策适用于将用户数据流导向至特定位置的服务。故障转移路由策略对于在主站点的运行状况检查失败时向冗余备份位置发送请求这个场景非常有用。

10. D。NAT 网关为私有网络中的 Amazon EC2 实例提供高可扩展的网络出口选项。仅出口互联网网关提供 IPv6 出口数据流。无论是转递 VPC 还是 Amazon EC2 NAT 实例，都不能像 NAT 网关那样具有可扩展性。

11. A。将用户和权限复制到 VPC 伙伴共享服务网络是减少户内网络流量的唯一选项。所有其他选项继续将所有身份验证和授权数据流发送到户内资源。